电磁脉冲对传输线耦合响应建模仿真

周 星　杨清熙　赵 敏　王川川　王庆国　张 岩　著

科学出版社

北 京

内 容 简 介

本书系统阐述电磁脉冲对传输线耦合响应建模与仿真问题。在分析典型电磁脉冲环境的基础上，介绍电磁脉冲对传输线及其网络的传导耦合、电磁脉冲在多导体传输线中的串扰、电磁脉冲对双导体传输线的辐射耦合、电磁脉冲对多导体传输线的辐射耦合、复杂结构线缆的传输线模型的建模方法等。

本书可供从事电磁兼容分析预测的工程师和科研人员参考，也可作为高等院校电磁场与微波技术、电气工程、电磁兼容等专业研究生的教材或参考书。

图书在版编目（CIP）数据

电磁脉冲对传输线耦合响应建模仿真 / 周星等著. —北京：科学出版社, 2021.11

ISBN 978-7-03-066033-6

Ⅰ. ①电… Ⅱ. ①周… Ⅲ. ①电磁脉冲-耦合传输线-脉冲响应-仿真模型-研究 Ⅳ. ①TN811②TN78

中国版本图书馆 CIP 数据核字(2020)第 169642 号

责任编辑：张艳芬 纪四稳/ 责任校对：王 瑞

责任印制：吴兆东 / 封面设计：蓝 正

科 学 出 版 社 出版

北京东黄城根北街 16 号

邮政编码：100717

http://www.sciencep.com

北京厚诚则铭印刷科技有限公司 印刷

科学出版社发行 各地新华书店经销

*

2021 年 11 月第 一 版 开本：720 × 1000 1/16

2024 年 3 月第三次印刷 印张：17

字数：329 000

定价：128.00 元

前　言

电磁脉冲是一种瞬态变化的电磁现象，是电磁环境的重要组成部分，包括静电放电、雷电、核电磁脉冲、超宽带电磁脉冲等。它的时域波形一般具有陡峭的前沿，在频域则覆盖了较宽的频带范围。由于电磁脉冲峰值高、频带范围宽，能够通过天线、线缆等多种耦合途径对电路及系统进行能量耦合，可以对传输线路、电子器件和电子设备造成干扰，使其潜在性失效或永久性损伤，其破坏力远远超过一般的电磁环境。特别是近年来随着脉冲功率技术的提高，用于军事和民用的各种新型脉冲源不断出现，使得脉冲的上升沿不断提高，脉冲的功率也不断增大，电磁脉冲带来的威胁在国内外引起广泛重视。

对于各种电子信息系统，传输线是电磁脉冲与电子系统耦合的主要途径之一。例如，雷电电磁脉冲、核电电磁脉冲等可以通过架空线缆、供电的多芯电缆、设备间的控制与通信线缆等对国家电网、电力系统、各种互联系统造成干扰。在电子设备内部，电磁脉冲可能通过微带线对端接的敏感器件造成干扰。因此，电磁脉冲对传输线的耦合建模计算与响应预测是电磁兼容领域的一个重要课题。

相对于窄带、功率较低的连续波，电磁脉冲对传输线的耦合仿真计算难度要大得多，一是电磁脉冲是宽频带信号，由于不同的频率响应特性不同，因此不能简单地用频域的方法来计算；二是电磁脉冲瞬时功率高，其在传输线负载耦合的瞬态高压信号远高于器件的正常工作电平，会将系统中大量的器件激发到非线性状态，而求解非线性负载的响应给建模仿真带来了很大困难。

本书采用不同的分析方法，如解析法、数值法、等效电路法等，分析电磁脉冲对有损和无损、均匀和非均匀、双导体和多导体等各种类型传输线的传导及辐照耦合的建模仿真过程，辅以典型的算例，尽可能地通过实验来验证各种方法的有效性。

全书共 6 章：第 1 章介绍典型的电磁脉冲环境、电磁脉冲干扰传播的主要途径，以及传输线的基本理论；第 2～5 章分别介绍电磁脉冲对传输线及其网络的传导耦合、多导体传输线间的串扰、电磁脉冲对双导体传输线的辐射耦合、电磁脉冲对多导体传输线的辐射耦合等情况的建模仿真方法、典型算例及实验验证；第 6 章介绍埋地电缆、双绞线、屏蔽电缆等复杂情况的电磁脉冲耦合仿真问题。

本书由周星提出纲目并统稿，第 1 章由周星撰写，第 2 章由周星、王庆国、杨清熙撰写，第 3 章由赵敏、王川川、张岩撰写，第 4、5 章由杨清熙、周星、王川川撰写，第 6 章由王川川、赵敏撰写。

由于作者学识水平有限，加之关于电磁脉冲对传输线耦合建模仿真的研究还在不断深入，书中难免有疏漏和欠妥之处，恳请读者批评指正。

作　者

2021 年 6 月

目 录

第1章 概 述

1.1 典型电磁脉冲环境分析

电磁脉冲(electromagnetic pulse, EMP)是一种短暂的瞬变电磁现象，包括静电放电电磁脉冲(electrostatic discharge electromagnetic pulse, ESDEMP)、雷电电磁脉冲(lightning electromagnetic pulse, LEMP)、核电磁脉冲(nuclear electromagnetic pulse, NEMP)、高功率微波(high power microwave, HPM)、超宽带电磁脉冲(ultra-wide band electromagnetic pulse, UWBEMP)等。其共同特点是：在时域上具有陡峭的上升沿或下降沿[纳秒(ns)级甚至皮秒(ps)级]，峰值场强极高(可达 10^4～10^5V/m)，且持续时间较短[微妙(μs)级甚至纳秒级]；在频域则覆盖较宽的频带。

1.1.1 静电放电电磁脉冲

静电是自然环境中最普遍的电磁辐射源。静电放电(electrostatic discharge, ESD)有时可以形成高电位、强电场和瞬时大电流，并产生强烈的电磁辐射而形成电磁干扰。静电放电作为一种看不见、甩不掉的危害源，具有频带宽、脉冲电流峰值大、发生频率高等特点。

早期人们对静电放电的研究主要集中在注入静电放电电流对电火工品、电子器件、电子设备及其他一些静电敏感系统的危害和静电放电产生的火花能对易燃易爆气体、粉尘等的引燃、引爆问题，而忽视了静电放电的电磁干扰效应。近年来，随着静电测试技术、测量仪器及测量手段的迅速发展，人们对静电放电这一瞬态过程的认识越来越清楚。在静电放电过程中会产生上升时间和持续时间极短的初始大电流脉冲，经过放电火花通道和金属导体的这种电流脉冲会产生强烈的电磁辐射形成静电放电电磁干扰。该电磁干扰会直接通过天线或传感器进入一些电子设备的内部，也可以通过机箱上的孔、缝，设备间的连接电缆、电源线等进入电子设备，在电路引线和器件管脚产生瞬态感应电压或电流，干扰电路和器件的正常工作。

静电放电产生的辐射电磁场在空间上可以分为由电荷激发的以静电场为主的近场和由电流微分项产生的远场。在近场或感应场中，电场和磁场与静电放电电流成正比，磁场可以近似地使用安培环路定律表示；在远场或辐射场中，电场和磁场与放电电流的时间变化率有关。研究表明，近场场强非常强，远场以辐射为主，波为球面波，其大小随距离的增大而减小。静电放电辐射电磁场的频带较宽，从几赫兹到上吉赫兹，频谱分布复杂。

1995 年，国际电工委员会颁布了《电磁兼容　试验和测量技术：静电放电抗扰度试验》(IEC61000-4-2)，并在 1998 年和 2000 年进行两次修正。其在 2002 年 3 月颁布了第二版标准《电磁兼容　试验和测量技术：静电放电抗扰度试验》(IEC61000-4-2)，标准中将人体-金属模型的电流波形作为典型的静电放电电流波形，其标准波形如图 1-1 所示。

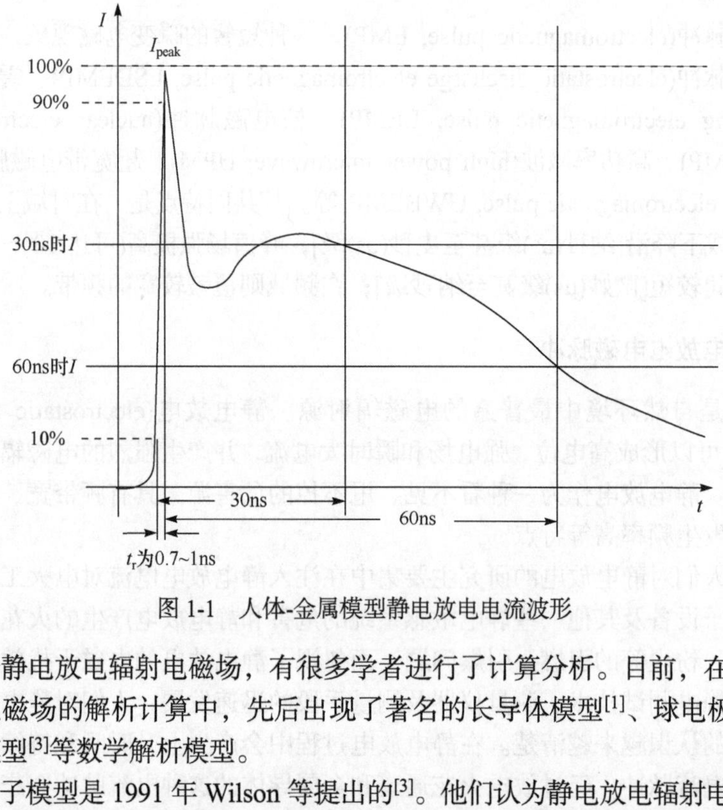

图 1-1　人体-金属模型静电放电电流波形

对于静电放电辐射电磁场，有很多学者进行了计算分析。目前，在对静电放电辐射电磁场的解析计算中，先后出现了著名的长导体模型[1]、球电极模型[2]和偶极子模型[3]等数学解析模型。

偶极子模型是 1991 年 Wilson 等提出的[3]。他们认为静电放电辐射电磁场主要由静电放电电弧产生，并且将静电放电电弧简化为位于无限大、导电的接地平板上电性小的时变线性偶极子，这样平板上半空间的电磁场就可很容易地通过偶极子及镜像偶极子所产生的电磁场计算得到。图 1-2 为 Wilson 偶极子模型示意图。

图 1-2 中 dl 为放电间隙的长度，R_1 为任意观察点 $A(z,r,\varphi)$ 到偶极子的距离，R_2 为任意观察点 $A(z,r,\varphi)$ 到镜像偶极子的距离，R 为任意观察点 $A(z,r,\varphi)$ 到偶极子与镜像偶极子中心的距离，z' 为偶极子到接地平板之间的距离。在柱坐标系下计算得到空间任意观察点 $A(z,r,\varphi)$ 处的电磁场为

$$E(z,r,\varphi,t)=e_r\frac{\mathrm{d}l}{2\pi\varepsilon_0}\frac{rz}{R^2}\left[\frac{3i(t-R/c)}{cR^2}+\frac{1}{c^2R}\frac{\partial i(t-R/c)}{\partial t}\right]$$
$$+e_z\frac{\mathrm{d}l}{2\pi\varepsilon_0}\left[\left(\frac{3z^2}{R^2}-1\right)\frac{i(t-R/c)}{cR^2}+\left(\frac{z^2}{R^2}-1\right)\frac{r^2}{c^2R}\frac{\partial i(t-R/c)}{\partial t}\right] \tag{1-1}$$

$$H(z,r,\varphi,t)=e_\varphi\frac{\mathrm{d}l}{4\pi}\sum_{j=1}^{2}\frac{r}{R_j^3}\left[i(t-R/c)+\frac{R_j}{c}\frac{\partial(t-R/c)}{\partial t}\right] \tag{1-2}$$

式中，ε_0 为真空的电容率；c 为光速；$i(t)$ 为偶极子上的时变电流；r 为径向坐标；$R_j=(z^2+r^2)^{1/2}$；e_r、e_z、e_φ 分别为圆柱坐标系中 r、z、φ 三个变量的单位矢量。

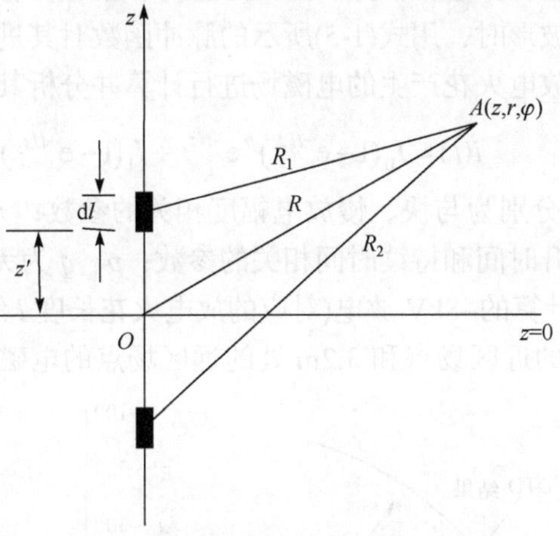

图 1-2 Wilson 偶极子模型示意图

可以看到，只要已知放电电流 $i(t)$ 就可以求出静电放电辐射电磁场的时空分布，但是该模型具有局限性，只能计算放电电流产生的场，没有考虑放电前静电荷对场的贡献，实际上放电前的静电场非常强。针对放电前静电荷对场的贡献，盛松林对偶极子模型进行了改进[4]，得到能够计算从近场到远场的整个时空电磁场的数学模型如下：

$$E(z,r,\varphi,t)$$
$$=e_r\frac{\mathrm{d}l}{2\pi\varepsilon_0}\frac{rz}{R^2}\left[\frac{3\int_0^t i(t'-R/c)\mathrm{d}t'-3Q_0}{R^3}+\frac{3i(t-R/c)}{cR^2}+\frac{1}{c^2R}\frac{\partial i(t-R/c)}{\partial t}\right] \tag{1-3}$$

$$+e_z\frac{\mathrm{d}l}{2\pi\varepsilon_0}\left\{\left(\frac{3z^2}{R^2}-1\right)\left[\frac{\int_0^t i(t'-R/c)\mathrm{d}t'-Q_0}{R^3}+\frac{i(t-R/c)}{cR^2}\right]-\frac{r^2}{c^2R^2}\frac{\partial i(t-R/c)}{\partial t}\right\}$$

$$H(r,t)=e_{\varphi}\frac{\mathrm{d}l}{2\pi R}\frac{r}{R}\left[\frac{i(t)}{R^2}+\frac{1}{cR}\frac{\partial i(t)}{\partial t}\right] \tag{1-4}$$

式中，Q_0为放电前的静电荷量。该模型考虑实际静电放电的放电电弧无限接近导电地面，认为$z'=0$，即$R_j=R=(z^2+r^2)^{1/2}$。

由式(1-3)和式(1-4)很容易看到，静电放电辐射电磁场存在以电流$i(t)$为主的近场区和以电流导数$\partial i(t)/\partial t$为主的远场区，在实际应用时可以根据具体对象所遭遇电磁场的影响程度对近场和远场项进行取舍而获得近似的电磁场时空分布。在使用这种模型进行计算时，由于涉及初始静电荷和电流的积分计算，计算过程比较复杂。

当放电电流为《电磁兼容试验和测量技术静电放电抗扰度试验》规定的人体-金属模型电流波形时，用式(1-5)所示的脉冲函数对其进行表示，利用改进的偶极子模型对静电放电火花产生的电磁场进行计算并分析其分布特征。

$$i(t)=I_0(1-\mathrm{e}^{-t/\tau_1})^p\,\mathrm{e}^{-t/\tau_2}+I_1(1-\mathrm{e}^{-t/\tau_3})^q\,\mathrm{e}^{-t/\tau_4} \tag{1-5}$$

式中，I_0、I_1分别为与快、慢放电幅度相关的参数；τ_1、τ_2、τ_3、τ_4分别为与快、慢放电上升时间和持续时间相关的参数；p、q为无量纲参数。

图 1-3 是计算的−8kV 放电(对应的放电火花长度l约为 1.5mm)时空间中距放电点 0.33m 处的近区场点和 3.2m 处的远区场点的电磁场，并把解析方法计算结

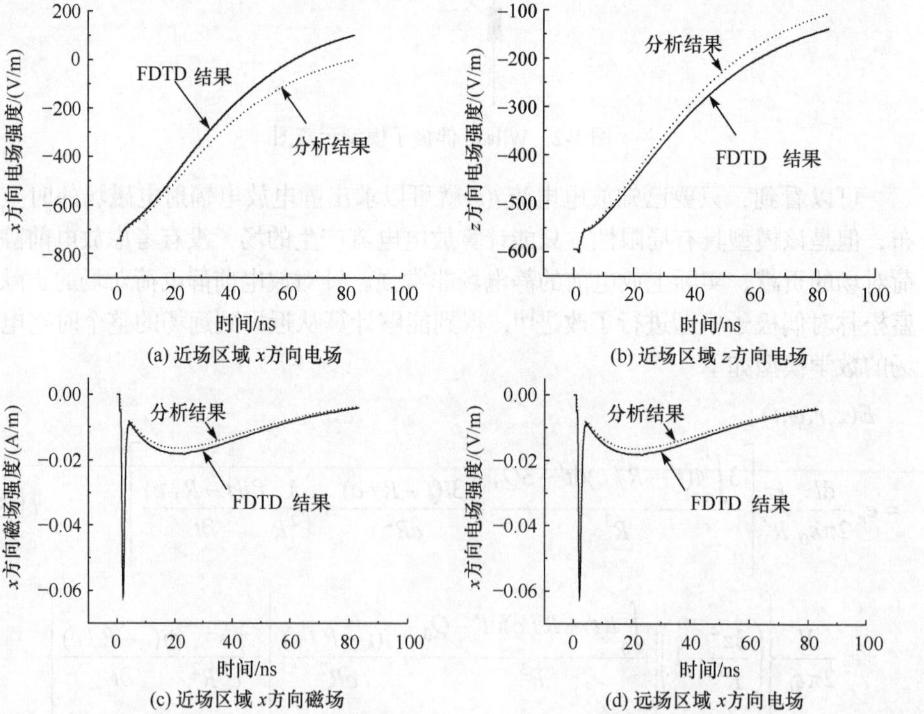

(a) 近场区域 x方向电场 (b) 近场区域 z方向电场

(c) 近场区域 x方向磁场 (d) 远场区域 x方向电场

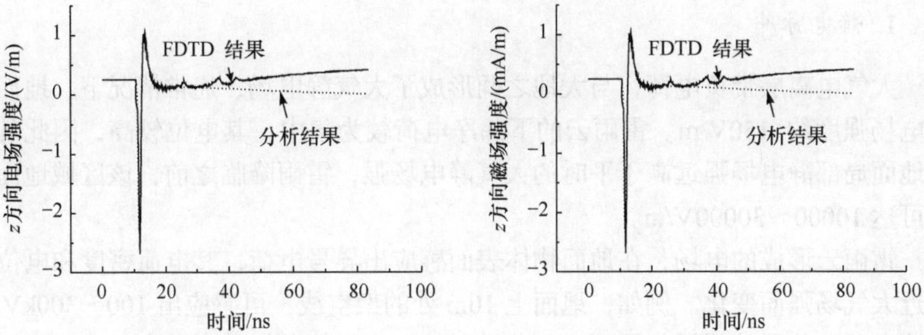

(e) 远场区域 z 方向电场　　(f) 远场区域 x 方向磁场

图 1-3　静电放电电磁场计算结果

果和时域有限差分数值解结果进行了比较(因 y 方向的电磁场波形与 x 方向的一致，故图 1-3 中只给出了 x 方向电磁场)。

1.1.2　雷电电磁脉冲

雷电也可以看成大规模的静电放电，其放电电流持续时间长，与一般的静电放电相比，雷电电磁脉冲场的频率较低，能量较大，雷电释放出的脉冲电流峰值最高可达上百千安。人类对雷电的研究已经有 200 多年历史，对雷电灾害的认识和预防主要是以防护直击雷为主。防雷技术发展到现阶段，对直击雷的防护已经日趋完善，大大降低了直击雷灾害的概率。对雷电电磁脉冲的认识和研究起步较晚，直到 20 世纪 70 年代，雷电的电磁干扰效应才引起重视。

雷电的放电长度一般为几千米，频谱范围主要为 1kHz～5MHz。发生闪击时，电压高达几百万伏，电流可达几十万安/微秒。闪电通道周围会产生强大的电磁效应、热效应、电动力效应、高电压效应和电磁辐射，因此无论是天线、架空电网、外露的电线、电缆、埋地电缆或裸露的金属体等都可能感应很大的感应过电压、过电流。

雷电电磁脉冲是伴随雷电放电产生的电流瞬变和强电磁场辐射，属于雷电的二次效应，出现的频率非常高，是最常见的天然强电磁干扰源之一。据统计，全球范围内每秒约发生 100 次闪电，闪电通道电流高达几十万乃至上百万安，电流上升率可达几万安/微秒，在闪电通道周围会产生强大的电磁感应效应、热效应、电动力效应、高电压波侵入和电磁辐射效应等。

根据国际电工委员会制定的《雷电电磁脉冲的防护》(IEC61312-1)，雷电电磁脉冲包括非直击雷产生的电磁场和电流瞬变。以此为依据，雷电电磁脉冲可以划分为三种形式：静电脉冲、地电流瞬变和电磁场辐射。以往防雷工程中强调的雷电电磁脉冲通常是指地电流瞬变和架空输电线的传导浪涌，而现在对电磁干扰辐射场的危害越来越重视。

1. 静电脉冲

大气电离层带负电荷，与大地之间形成了大气静电场，通常情况下，地面附近电场强度约 150V/m。雷雨云的下部净电荷较为集中，其电位较高，因此其下方地面局部静电场强远高于平时的大气静电场强，雷雨降临之前，该区域地面场强可达 10000～30000V/m。

雷雨云形成的电场，在地面物体表面感应出异号电荷，其电荷密度和电位随附近大气场强而变化。例如，地面上 10m 处的架空线，可感应出 100～300kV 的对地电压。落雷的瞬间，雷雨云电荷被释放，大气静电场急剧减小，地面物体的感应电荷失去束缚，会沿接地通路流向大地，由于电流流经的通道存在电阻，因此出现电压，这种瞬时高电压称为静电脉冲，也称为天电瞬变，如图 1-4 所示。对于接地良好的导体，静电脉冲极小，可以忽略。静电接地电阻较大的孤立导体，其放电时间通常大于雷电持续时间，静电脉冲的危害尤为明显。

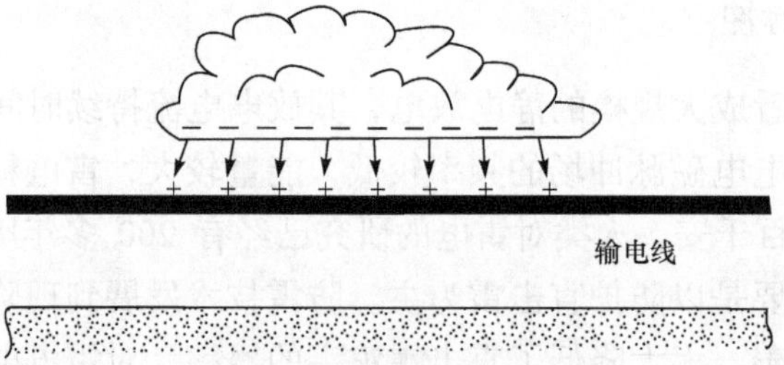

图 1-4　静电脉冲的形成原理

2. 地电流瞬变

地电流瞬变是由落雷点附近区域的地面电荷中和形成的。以常见的负地闪为例(图 1-5)，主放电通道建立后，产生回击电流，即雷雨云中的负电荷会流向大地，同时地面的感应正电荷也流向落雷点与负电荷中和，形成瞬变地电流。地电流流过的地方，会出现瞬态高电位；不同位置之间也会有瞬时高电压，即跨步电压，如图 1-5 中 A、B 两点所示。

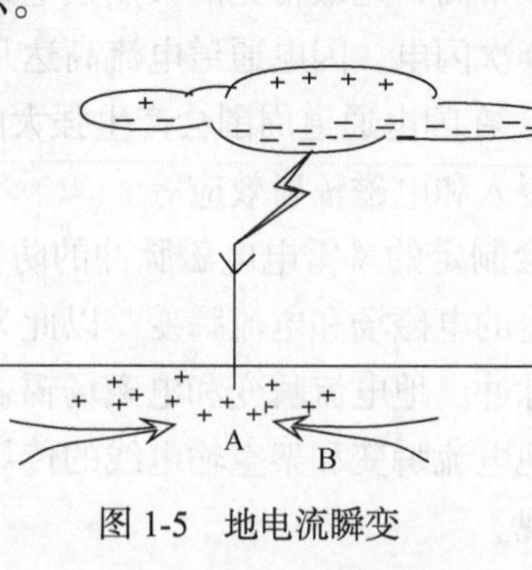

图 1-5　地电流瞬变

3. 电磁场辐射

雷电主放电通道一旦建立，云层电荷迅速与大地或云层异号感应电荷中和，回击电流急剧上升，受电荷电量、电位和通道阻抗影响，其上升速率最大可达500kA/μs。此时，放电通道构成等效天线，产生强烈的瞬态电磁辐射。无论是闪电在空间的先导通道或回击通道中闪电产生的瞬变电磁场，还是闪电流进入地上建筑物的避雷针系统后产生的瞬变电磁场，都会在一定范围产生电磁作用，对三维空间内的各种电子设备产生干扰和破坏作用。图 1-6 是雷电放电各个阶段辐射电场强度波形，可见从雷雨云起电、预放电、阶跃先导到回击、后续回击等所有过程都伴随着电磁辐射。

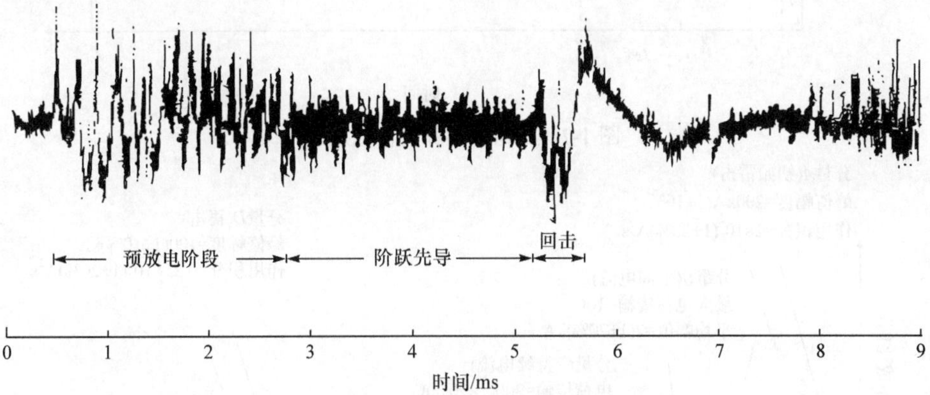

图 1-6　雷电辐射电场波形

雷电流是产生雷电电磁场的根源，《建筑物防雷设计规范》(GB 50057—2010)中规定首次回击电流波形为 10μs/350μs，后续回击电流波形为 0.25μs/100μs，该标准借鉴了国际标准《建筑物的雷电防护 第一部分：一般原则》(IEC61024-1)中的参数。

根据图 1-7 定义脉冲的时域参数：前沿即上升时间 $t_r = t_3 - t_1$，后沿即下降时间 $t_f = t_7 - t_5$，上升峰值时间 $t_{p1} = t_4$，下降峰值时间 $t_{p2} = t_7 - t_4$，脉冲宽度 $t_{FW} = t_7 - t_1$，半峰值脉冲宽度 $t_{FWHM} = t_6 - t_2$。雷电流波形通常用前沿上升时间和半峰值脉冲宽度比(t_r / t_{FWHM})来表示。

美军标《系统电磁环境效应要求》(MIL-STD-464A)中明确规定了用于雷电直接效应和间接效应的电流波形，图 1-8 为雷电直接效应环境，图 1-9 为雷电间接效应环境，表 1-1 为雷电间接效应波形参数，表 1-2 为邻近雷击(云对地闪)的电磁场参数，其规定 10m 处云对地闪电的磁场变化率为 2.2×10^9A/(m · s)，电场变化率

为 6.8×10^{11}V/(m · s)。

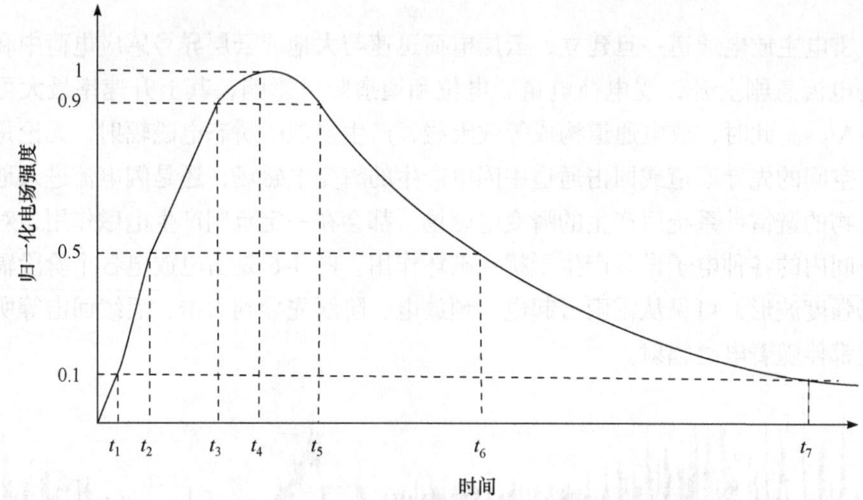

图 1-7　双指数型脉冲参数定义

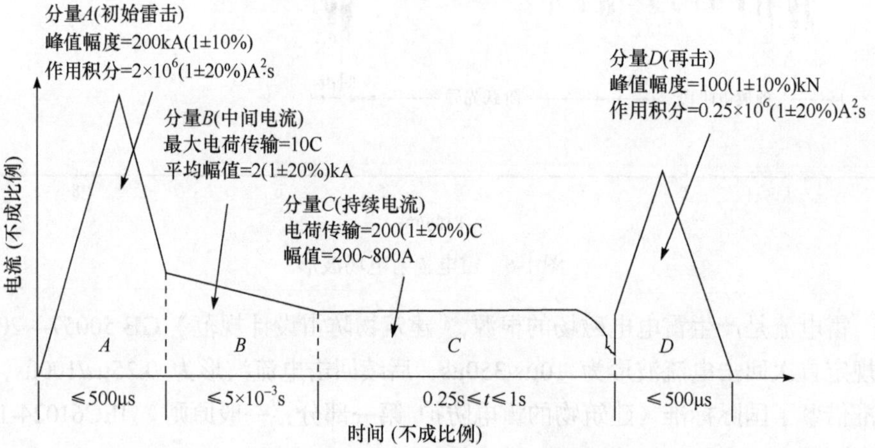

(a) 电流波形

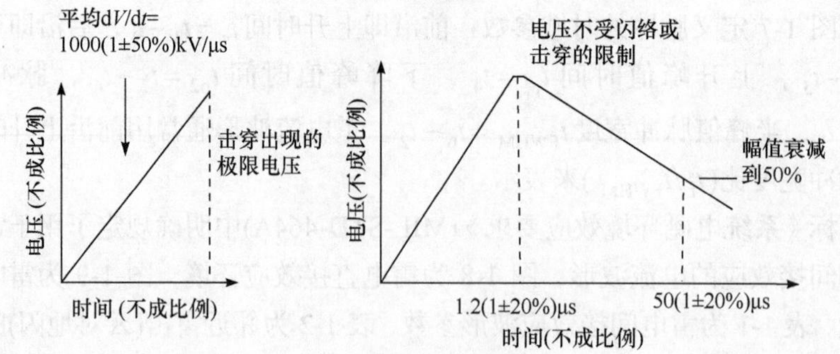

(b) 电压波形

图 1-8　雷电直接效应环境

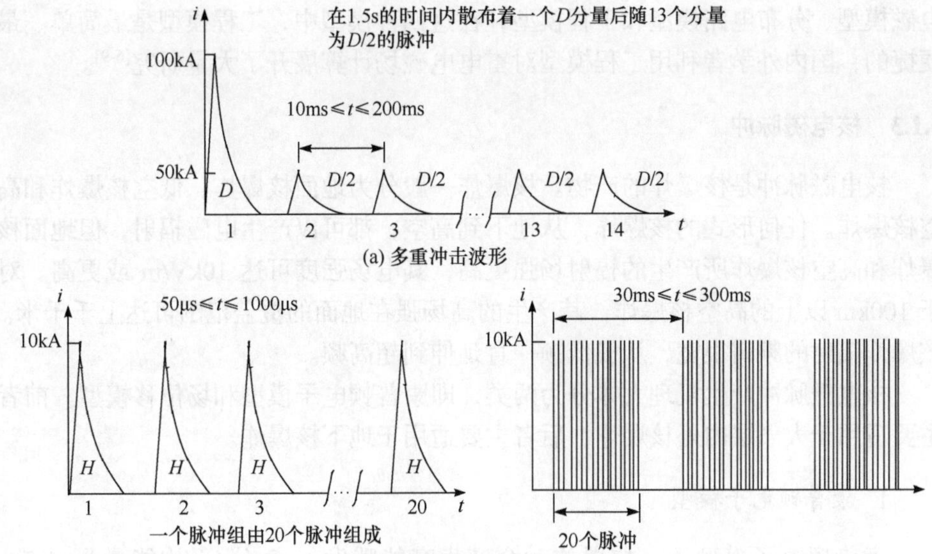

(a) 多重冲击波形

(b) 多重脉冲击波形

图 1-9 雷电间接效应环境

表 1-1 雷电间接效应波形参数

电流分量	说明	电流分量 $i(t)$的相关参数		
		I_0/A	α/s^{-1}	β/s^{-1}
A	严酷雷击	218810	11354	647265
B	中间电流	11300	700	2000
C	持续电流	0.5s 时的值为 400	不适用	不适用
D	再击	109405	22708	1294530
$D/2$	多重雷击	54703	22708	1294530
H	多重脉冲组	10572	187191	19105100

注：电流分量 $i(t)=I_0\left(e^{-\alpha t}-e^{-\beta t}\right)$，其中，$i$ 为电流；t 为时间。

表 1-2 邻近雷击(云对地闪)电磁场参数

10m 处的电磁场变化率	电磁场变化率值
磁场变化率	2.2×10^9A/(m · s)
电场变化率	6.8×10^{11}V/(m · s)

关于雷电辐射场的计算，国内外研究学者很多。在雷电放电通道模型方面，Rakov 和 Uman 根据控制方程的不同[5]，将雷电回击模型划分为气体动力学模型、

电磁模型、分布电路模型和工程模型，在这四种模型中，工程模型是最简单、最便捷的，国内外学者利用工程模型对雷电电磁场计算展开了大量研究[6-9]。

1.1.3 核电磁脉冲

核电磁脉冲是核爆炸的产物。核爆炸一般分为地面核爆炸、低空核爆炸和高空核爆炸。任何形式的核爆炸，从地下到高空，都可以产生电磁辐射，但地面核爆炸和高空核爆炸所产生的辐射场强更高，其电场强度可达 10kV/m 或更高。对于 100km 以上的高空核爆炸，其产生的高场强在地面的覆盖范围可达上千千米。核爆炸辐射的频谱很宽，从极低频一直延伸到超高频。

核电磁脉冲产生机理大体分为两类，即康普顿电子模型和场位移模型。前者主要适用于大气层内外核爆炸，后者主要适用于地下核爆炸。

1. 康普顿电子模型

康普顿电子模型下，核爆炸时会产生高能瞬发 γ 射线(平均能量为 1.5～2MeV)，γ 射线向外飞射过程中遇到周围空气或其他物质分子或原子，就产生相互作用。其主要过程是康普顿散射，经过一次散射后的 γ 光子还具有足够高的能量，可能再与物质发生作用。康普顿散射中产生了大量的康普顿电子，它们具有很高的能量(大约是 γ 光子的一半)，并且大体上是爆炸中心沿径向向外运动，形成康普顿电流，这种随时间变化的电流就可以激励出瞬变电磁场。

2. 场位移模型

核爆炸时产生的高温高压使爆心附近形成电导率极高的等离子区。等离子体的一个特点是磁力线不能从中穿过。因此，在爆炸过程中，随着等离子区域的迅速扩大，原来在该区域内的地球磁场的磁力线变得稀疏，而在等离子区域外部附近的磁力线被挤压后变得密集。也就是说，随着核爆炸的发生，地球磁场受到严重的扰动，因此产生了电磁辐射。这种辐射的频率极低，大约在亚声波频率范围，只对邻近的大金属结构产生影响。这种机理主要适用于地下核爆炸。由于土壤、岩石的衰减作用，这种辐射很少能到达地面及以上空间，一般不对系统构成严重威胁。因此，在后面介绍的核电磁脉冲，除非另有说明，都指由康普顿效应在各种核爆环境产生的电磁辐射。

由于高空核电磁脉冲场强极高、上升时间短、频谱宽、覆盖面积广，因此一般情况下如果没有特别说明，核电磁脉冲均指高空核电磁脉冲。

典型高空核电磁脉冲波形的表达式选择双指数形式，其时域和频域的表达式如下：

$$E(t)=kE_0\left(e^{-\alpha t}-e^{-\beta t}\right) \tag{1-6}$$

$$E(j\omega)=\frac{kE_0(\beta-\alpha)}{(\alpha+j\omega)(\beta+j\omega)} \tag{1-7}$$

式中，k 为修正系数；E_0 为标准场强值，一般取 50kV/m；α、β 为表征脉冲前后沿的参数。

目前研究比较广泛的双指数波形主要有贝尔实验室高空核电磁脉冲波形、1976 年出版的《电磁脉冲辐射与防护技术》波形、美军标《高中核电磁脉冲环境》(DOD-STD-2169)中规定的波形、1996 年国际电工委员会《电磁兼容性　第二部分：环境　第 9 节：HEMP 环境描述　辐射骚扰　基础电磁兼容出版物》(IEC61000-2-9)定义的波形、抗辐射加固专业组推荐波形。典型高空核电磁脉冲波形参数如表 1-3 所示。

表 1-3　典型高空核电磁脉冲波形参数

标准	年份	α/s^{-1}	β/s^{-1}	k	t_r/ns
《电磁脉冲辐射与防护技术》	1976	1.5×10^6	2.6×10^8	1.04	7.8
贝尔实验室的标准	1975	4.0×10^6	4.76×10^8	1.05	4.1
《电磁兼容性　第二部分：环境　第 9 节：HEMP 环境描述　辐射骚扰　基础电磁兼容出版物》	1996	4.0×10^7	6.0×10^8	1.30	2.5
《高中核电磁脉冲环境》	1985	3.0×10^7	4.76×10^8	1.285	3.1
抗辐射加固专业组的标准	2003	1.0×10^7	3.4×10^8	1.15	5.0

前三种描述方法高空核电磁脉冲的时域波形如图 1-10(a)所示。

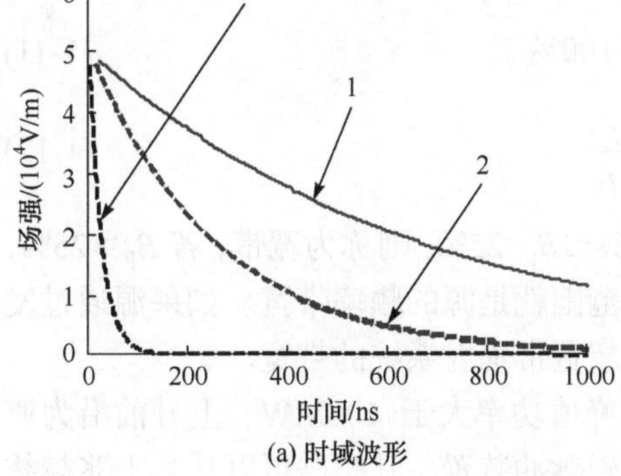

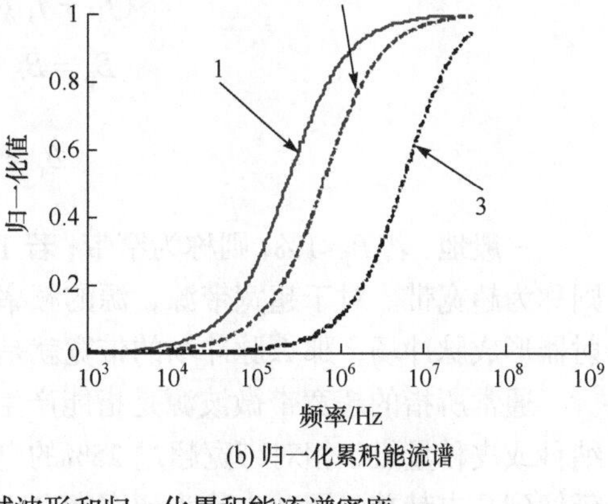

图 1-10　高空核电磁脉冲时域波形和归一化累积能流谱密度

1-《电磁脉冲辐射与防护技术》；2-贝尔实验室的标准；3-《电磁兼容性　第二部分：环境　第 9 节：HEMP 环境描述　辐射骚扰　基础电磁兼容出版物》

下面对三种高空核电磁脉冲描述方法的能量分布情况进行研究。由 Parserval 定理，根据高空核电磁脉冲电场的频谱定义能量谱密度 $S(f)$ 以描述能量随频率的分布，其表达式为

$$S(f)=\frac{2|E(f)|^2}{Z_0}=\frac{2k^2E_0{}^2(\beta-\alpha)^2}{Z_0(\alpha^2+4\pi^2f^2)(\beta^2+4\pi^2f^2)} \tag{1-8}$$

式中，$E(f)$ 为高空核电磁脉冲的频谱表达式；$Z_0=377\Omega$ 为空气中的波阻抗。将式(1-8)在频域积分即可得到电磁脉冲的累积能流为

$$W_f=\int_0^f S(f)\mathrm{d}f \tag{1-9}$$

定义归一化累积能流谱为 $W=\int_0^f S(f)\mathrm{d}f\Big/\int_0^\infty S(f)\mathrm{d}f$。

三种描述方法高空核电磁脉冲的归一化累积能流谱对比如图 1-10(b)所示。从图 1-10 中可以看出，《电磁兼容性　第二部分：环境　第 9 节：HEMP 环境描述　辐射骚扰　基础电磁兼容出版物》高空核电磁脉冲能谱频段分布最高，贝尔实验室标准次之，《电磁脉冲辐射与防护技术》能谱频段分布最低。

1.1.4　超宽带电磁脉冲

超宽带电磁脉冲是一种采用超宽带和短脉冲技术的高功率微波辐射。超宽带电磁辐射是一种瞬态电磁辐射，有的称为超短电磁脉冲，关于超宽带概念的定义并不统一，1997 年 Giri 给带宽作如下定义：若频率范围的上下极限分别为 f_{H} 和 f_{L}，那么相对带宽或宽带指数 B_{f}、百分比带宽 B_{p} 和带宽比 B_{r} 分别定义如下：

$$B_{\mathrm{f}}=\frac{f_{\mathrm{H}}-f_{\mathrm{L}}}{(f_{\mathrm{H}}+f_{\mathrm{L}})/2}\approx\frac{f_{\mathrm{H}}-f_{\mathrm{L}}}{f_0} \tag{1-10}$$

$$B_{\mathrm{p}}=B_{\mathrm{f}}\times 100\% \tag{1-11}$$

$$B_{\mathrm{r}}=\frac{f_{\mathrm{H}}}{f_{\mathrm{L}}} \tag{1-12}$$

一般地，若 $B_{\mathrm{p}}<1\%$，则称为窄带；若 $1\%\leqslant B_{\mathrm{p}}<25\%$，则称为宽带；若 $B_{\mathrm{p}}\geqslant 25\%$，则称为超宽带。对于超宽带源，源的频率范围就是源的频率带宽。如果源通过发射器形成脉冲场，那么脉冲场的带宽就是超宽带辐射系统的带宽。

通常所指的超宽带微波源是指能产生峰值功率大于 100MW、上升前沿为亚纳秒或皮秒量级、相对带宽超过 25%的电磁脉冲装置，其频谱可以从几十兆赫兹延伸到几吉赫兹，因此也称为超宽带电磁脉冲源。

超宽带电磁脉冲一般由超快电路直接激励的方法产生纳秒级超短电磁脉冲辐

射，它是一种无载频的窄脉冲，电磁波能量分散在一个很宽的频段内，频带宽度可达吉赫兹，可发射单次脉冲和重复多次脉冲(脉冲串)。由于直流分量无法通过天线辐射出去，因此超宽带辐射场的时域波形和源的波形是不同的。由于频带很宽，可以覆盖目标系统的响应频率，脉冲极窄可以穿越目标系统的保护电路，因此对电子设备有很大的威胁。这类武器的最大优点是可以做得小型、紧凑和轻便，置于车辆、飞机和卫星上的高功率超宽带电磁辐射源产生的电磁脉冲可以破坏电子信息系统、接收机前端或阻塞对方雷达。

超宽带电磁脉冲信号可以表现为多种形式，一般用于初级超宽带脉冲的波形有高斯脉冲和双指数(极性)脉冲，脉冲经超宽带时域天线辐射后一般为双极性脉冲波形。

1. 高斯脉冲

高斯脉冲信号是一种最常见的超宽带电磁脉冲信号，其时域形式为

$$E(t)=E_0\exp\left(\frac{-4\pi(t-t_0)^2}{\tau^2}\right) \tag{1-13}$$

式中，E_0为峰值场强；τ为高斯脉冲的宽度常数。脉冲峰值出现在$t=t_0$时刻，其频谱为

$$E(f)=\frac{\tau}{2}E_0\exp\left(\frac{-\pi f^2\tau^2}{4}-\mathrm{j}2\pi f t_0\right) \tag{1-14}$$

电场强度$E(t)$和磁场强度$H(t)$之间的换算关系按平面波计算，即为$H(t)=E(t)/377$。

2. 双极性脉冲

双极性脉冲一般是超宽带电磁脉冲场的波形，其时域形式为

$$E(t)=E_0k(t-t_0)\exp\left(-\frac{4\pi(t-t_0)^2}{\tau^2}\right) \tag{1-15}$$

式中，$k=\frac{\sqrt{8\pi}}{\tau}\mathrm{e}^{1/2}$；$E_0$为峰值场强；$\tau$为高斯脉冲的宽度。

脉冲峰值出现在$t=t_0$时，其时域波形如图 1-11 所示。

1.1.5　高功率微波

高功率微波与前面几种脉冲都不同，它是一种窄带脉冲。

高功率微波一般是指电磁波能量集中在以某一高频段为主的窄带内，峰值功率为 100MW～100GW，频率在 1～300GHz，跨越厘米波到毫米波范围的电

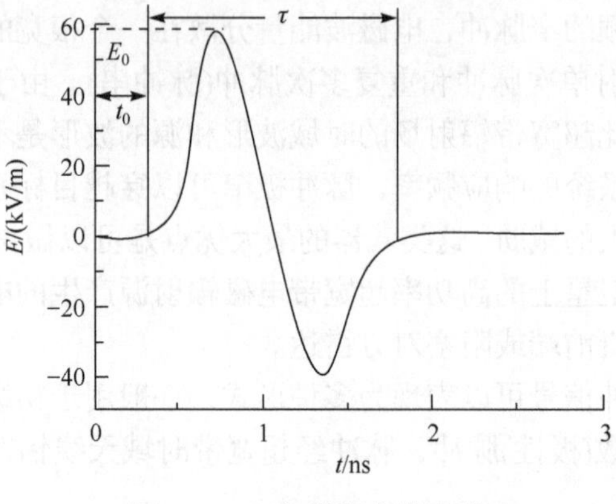

图 1-11　双极性超宽带波形

磁辐射。最新的研究成果表明，高功率微波装置的峰值功率已达太瓦(TW)数量级，其既可以以单脉冲方式工作，也可以多脉冲(脉冲串)方式工作。窄带高功率微波是有载频的高功率微波，源和场的时域波形均为脉冲调制正弦波，如图 1-12 所示。

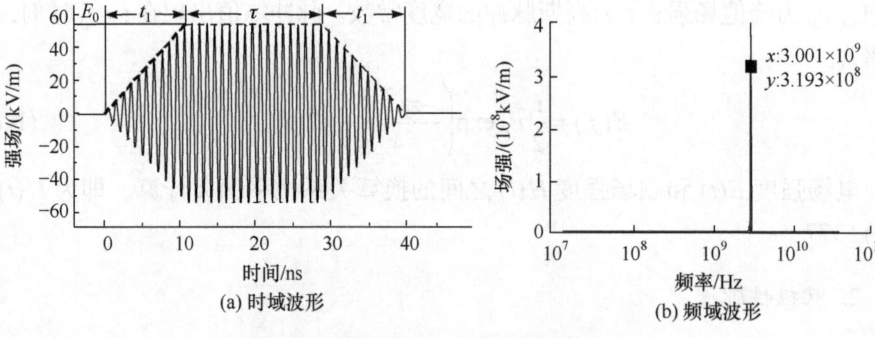

图 1-12　高功率微波时域和频域波形

它的时域波形可用式(1-16)近似表示：

$$E(t)=\begin{cases} E_0\dfrac{t}{t_1}\sin(2\pi f_0 t), & 0<t\leqslant t_1 \\ E_0\sin(2\pi f_0 t), & t_1<t<t_1+\tau \\ E_0\left(\dfrac{\tau+2t_1}{t_1}-\dfrac{t}{t_1}\right)\sin(2\pi f_0 t), & t_1+\tau\leqslant t<2t_1+\tau \end{cases} \tag{1-16}$$

式中，E_0 为峰值场强；τ 为脉冲宽度；t_1 为脉冲上升时间和衰落时间；f_0 为载波频率。

这样的高功率微波可以干扰或烧毁对方武器系统的电子元件、电子控制系统及计算机系统等，使它们不能正常工作，导致电子控制系统失效、中断甚至损坏。

在电子战中用来干扰和破坏雷达、战术导弹(特别是反辐射导弹)、预警飞机、C^4I 系统、通信台站、军用车辆战斗系统等，特别是对其中的计算机系统能造成严重的干扰或破坏。

高功率微波最重要的作用是作为定向能武器，干扰和欺骗敌方的电子系统，随着发射功率的增加，它还可用来摧毁敌方武器系统中的电子器件、雷达、电引信及 C^4I 系统。

概括来说，高功率微波武器的杀伤能力大致分为三级：

(1) 当以 0.01～1W/cm^2 功率通量的波束照射目标时，可使雷达、通信和导航等设备性能降低或失效，尤其是计算机的芯片更易失效或烧坏。

(2) 当以 10～100W/cm^2 功率通量照射目标时，其辐射形成的电磁场可进入飞机、导弹、坦克等武器的各种电子线路中，使电路功能混乱或损坏其电路元器件。

(3) 当以 10^3～10^4W/cm^2 功率通量照射目标时，能瞬间摧毁目标，引爆炸弹、导弹等。

高功率微波武器能以光速、全天候攻击敌方电子系统，能以最少的提前威胁特征信息覆盖多个目标空域，能以不同的战斗级别进行软杀伤和硬杀伤，也能对付海、陆、空范围很广的威胁，如防御所有类型导弹(尤其是反辐射导弹)，对入侵者进行干扰、欺骗，使车辆点火装置和各种飞机控制、探测、引信系统失灵等。俄罗斯采用射频电子战的概念，认为高功率微波定向能是电子对抗的自然延伸。因此，高功率微波武器又称射频武器，不仅包括传统电子战的功能，又增加了硬杀伤和攻击能力，扩大了杀伤范围。因此，美军于 1992 年相应地将电子战的定义修改为“利用电磁能和定向能，以控制电磁频谱或攻击敌人的任何军事行动”。显然，引入高功率微波武器(包括机载和天基)和激光武器，大大增强了电子战和信息战的威力，成为 21 世纪战场掌握电磁频谱、夺取制空权最重要的一环。

1.1.6 几种典型电磁脉冲干扰的比较

《电磁兼容性　第 1-5 部分：总则　高功率电磁对民用设备的影响》标准给出了这几种典型电磁脉冲的频谱对比，如图 1-13 所示。

由图 1-13 可以看出，从频域角度看，高功率微波和超宽带电磁脉冲的频谱主要分布于吉赫兹以上的频率范围，属于宽带微波段干扰，容易通过孔缝、天线等进入设备内部，常用作定向干扰源；高空核电磁脉冲和雷电电磁脉冲的频率成分主要分布于 200MHz 以下的频带内，属于宽带非定向性干扰。其中，高空核电磁脉冲的危害范围最大，在 300km 高度 10 万吨级的核爆炸，高空核电磁脉冲破坏区域能够覆盖全美国及加拿大、墨西哥的大部分地区；以地电流浪涌形式出现的雷电电磁脉冲，频带在零至十几千赫兹之间，属于低频范围。

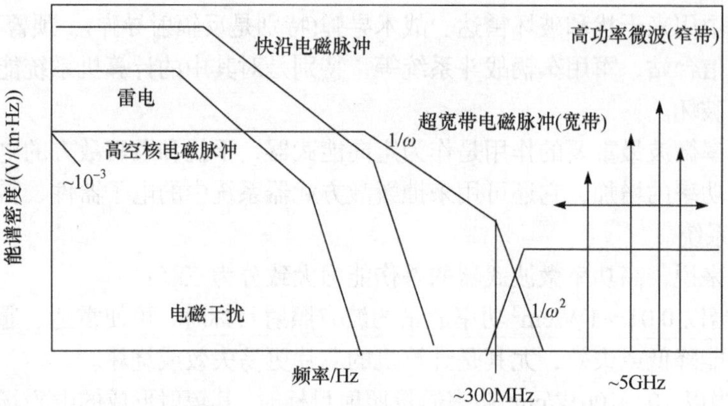

图 1-13　几种典型电磁脉冲的频谱比较

电磁脉冲形式的雷电电磁脉冲则是宽带电磁干扰，覆盖极低频(extremely low frequency，ELF)、甚低频(very low frequency，VLF)、高频(high frequency，HF)和甚高频(very high frequency，VHF)频段，影响区域半径达数十千米，与高空核电磁脉冲相比，其低频成分较多，上升速率较低，峰值场强较小，但是发生频率远大于后者。几种电磁脉冲的主要参数如表 1-4 所示。

表 1-4　几种电磁脉冲的主要参数

脉冲类型	上升时间	脉宽	覆盖频带	峰值功率或场强
静电放电电磁脉冲	<1ns	约 100ns	0～1GHz	每米几千伏
雷电电磁脉冲	<10μs	几十或几百微秒	数百千赫兹以下	每米几十千伏
高空核电磁脉冲	1～5ns	约 20ns	0～200MHz	每米几千伏～50kV/m
高功率微波	10～20ns	10ns～1μs	500MHz～40GHz	100MW～100GW
超宽带电磁脉冲	<1ns	<10ns	100MHz～几吉赫兹	几吉瓦～100GW

1.2　电磁脉冲干扰传播方式

通常认为电磁干扰有两种方式：一种是传导干扰方式，另一种是辐射干扰方式。因此，从被干扰的对象来看，电磁脉冲的干扰途径包括传导耦合与辐射耦合两种模式。

传导耦合是指电磁脉冲源通过导体、电容、电感、互感等金属导线或集总元件直接作用于敏感电路的能量传递方式。

辐射耦合是指电磁脉冲场通过各种等效天线，如通信线、电路板布线、机壳孔缝、发射与接收天线、电源线等，在电路中感应出电压或电流。

1.2.1　传导耦合

对于低频集总电路，传导耦合有三种耦合方式：电阻性耦合、电容性耦合和电感性耦合。对于高频电路，传导耦合还要考虑延时效应和反射等问题。

1. 电阻性耦合

电阻性耦合是最常见、最简单的传导耦合方式，如两个电路之间的信号连线、电源线和地线等。它们除了正常传送控制信号和提供电压或电流，还传递干扰信号。

图 1-14 是电阻性传导耦合的电路，电磁干扰源的能量通过导线的等效电阻 R_t 直接耦合到接收端 R_L 上。设 V_s 为干扰源，R_s 为干扰源内阻，则接收端电阻 R_L 上的电压为

$$V_L = \frac{R_L}{R_s + 2R_t + R_L} V_s \tag{1-17}$$

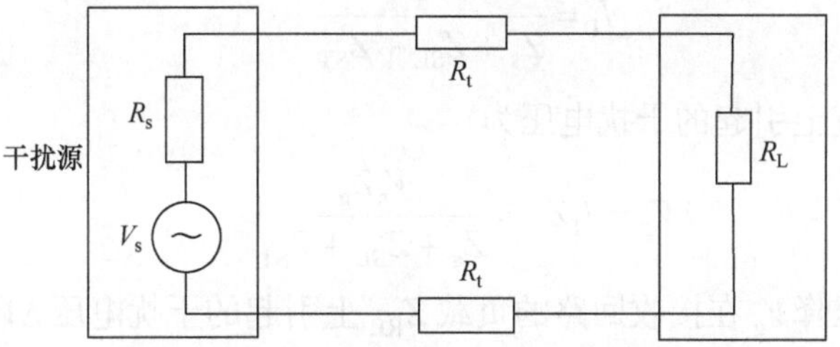

图 1-14　电阻性传导耦合电路

在实际工程中，公共地阻抗耦合和公共电源耦合是通常遇到的两种典型电阻性传导耦合形式。

公共地阻抗耦合是指电路与电路之间通过公共接地线的阻抗所产生的电磁能量传递。在实际应用中，经常有电路与电路间公用地线，或者设备与设备间的地接到同一个金属接地板等情况。地线的阻抗并不是绝对为零，印刷电路板(printed circuit board，PCB)上一根长 10cm、厚 0.03mm、宽 1mm 的铜箔地线，它的直流电阻 R_{DC}=57.33mΩ，如果电路工作在高频下，还要考虑它的电感影响，在 1MHz 频率下，该地线的阻抗约为 6.62×10^{2}Ω。由此可见，公共地阻抗耦合是不可低估的。图 1-15 显示了一种公共地阻抗耦合情况。

在图 1-15(a)中，干扰电流 I_1 可经过共用 GH 段地线阻抗耦合到 I_2 中，它可用图 1-15(b)所示的等效电路来分析。图中，V_s 为干扰源，Z_s、Z_{SL}、Z_{ST} 分别为干扰源内阻、干扰回路负载和干扰回路连接线阻抗，Z_R、Z_{RL}、Z_{RT} 分别为被干扰回路内阻、负载和连线阻抗，Z_g 为共地阻抗。

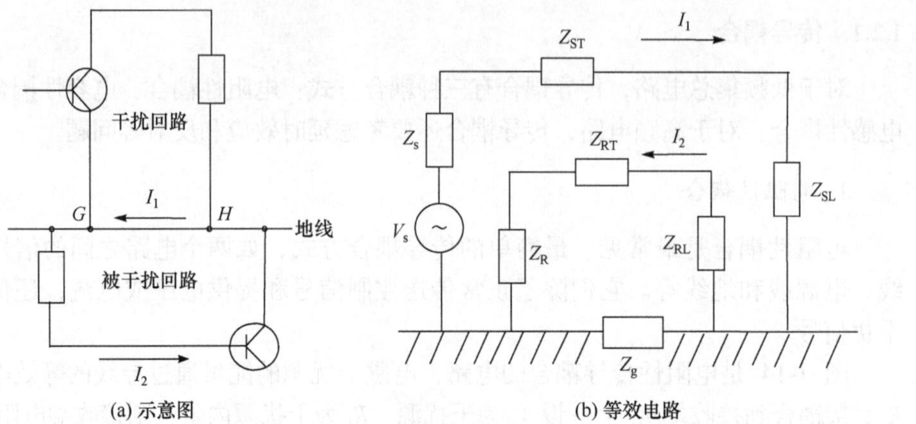

图 1-15 公共地阻抗耦合电路

在干扰回路中，一般有 $Z_s + Z_{SL} + Z_{ST} \gg Z_g$，因此可得回路电流为

$$I_1 = \frac{V_s}{Z_s + Z_{SL} + Z_{ST}} \tag{1-18}$$

I_1 在共地阻抗上引起的干扰电压为

$$V_g = I_1 Z_g = \frac{V_s Z_g}{Z_s + Z_{SL} + Z_{ST}} \tag{1-19}$$

共地阻抗电压降 V_g 在接收回路的负载 Z_{RL} 上引起的干扰电压 ΔV 为

$$\Delta V = \frac{Z_{RL}}{Z_R + Z_{RL} + Z_{RT}} V_g = \frac{Z_{RL} Z_g V_s}{(Z_R + Z_{RL} + Z_{RT})(Z_s + Z_{SL} + Z_{ST})} \tag{1-20}$$

2. 电容性耦合

两个电路中的导体，当它们靠得比较近且存在电位差时，一个电路中导体的电场变化就会影响另一个电路中导体的电位，反之亦然，两者相互作用、相互影响，使它们的电位发生变化，这种交链称为电容性耦合。两个导体的耦合程度取决于导体的形状、尺寸、相互位置及周围导体和介质的性质等。

图 1-16 是两根导线之间的电容耦合模型。图中，C_{10} 为导线 1 对地自电容，C_{20} 为导线 2 对地自电容，C_{12} 为导线 1、2 间的互电容，R 为导线 2 与地间的电阻，V_1 为干扰源电压，V_2 为导线 2 的感应电压。

导线 2 的感应电压为

$$V_2 = \frac{Z_2}{Z_2 + X_C} V_1 = \frac{j\omega C_{12} R}{1 + j\omega R(C_{12} + C_{20})} V_1 \tag{1-21}$$

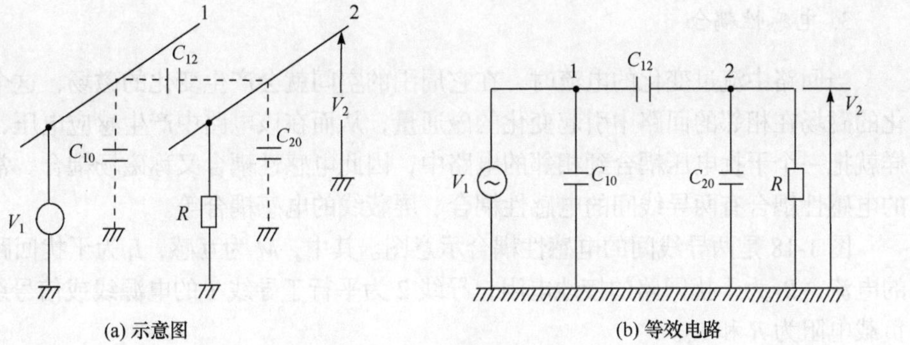

图 1-16　电容性耦合

当导线 2 的对地电阻 R 较小时，即 $R \ll 1/\left[\mathrm{j}\omega\left(C_{12}+C_{20}\right)\right]$ 时，V_2 可简化为

$$V_2 \approx \mathrm{j}\omega C_{12} R V_1 \tag{1-22}$$

当导线 2 的对地电阻 R 较大时，即 $R \gg 1/\left[\mathrm{j}\omega\left(C_{12}+C_{20}\right)\right]$ 时，V_2 可简化为

$$V_2 \approx \left(\frac{C_{12}}{C_{12}+C_{20}}\right) V_1 \tag{1-23}$$

图 1-17 给出了 V_2 随频率 ω 的变化曲线。当频率增加时，干扰电压逐渐达到最大值 $V_2 = C_{12}V_1/(C_{12}+C_{20})$，而该值与频率无关。

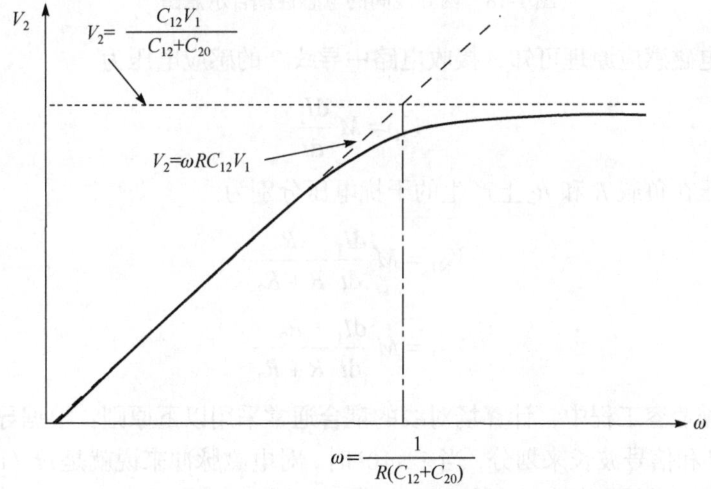

图 1-17　电容性耦合与频率的关系曲线

由以上推导的耦合结果可知，减小线间互电容，如使用屏蔽线或者增大两线之间的距离，就能减小电容性耦合。

3. 电感性耦合

当回路中流过变化的电流时，在它周围的空间就会产生变化的磁场，这个变化的磁场在相邻的回路中引起变化的磁通量，从而在该电路中产生感应电压，这样就把一个干扰电压耦合到相邻的电路中，因此电感性耦合又称磁场耦合。常见的电感性耦合有两导线间的电感性耦合、屏蔽线的电感耦合等。

图 1-18 是两导线间的电感性耦合示意图。其中，M 为互感，I_1 为干扰回路中的电流，R_1 为干扰回路的接地电阻；导线 2 为平行于导线 1 的电源线或信号线，负载电阻为 R 和 R_2。

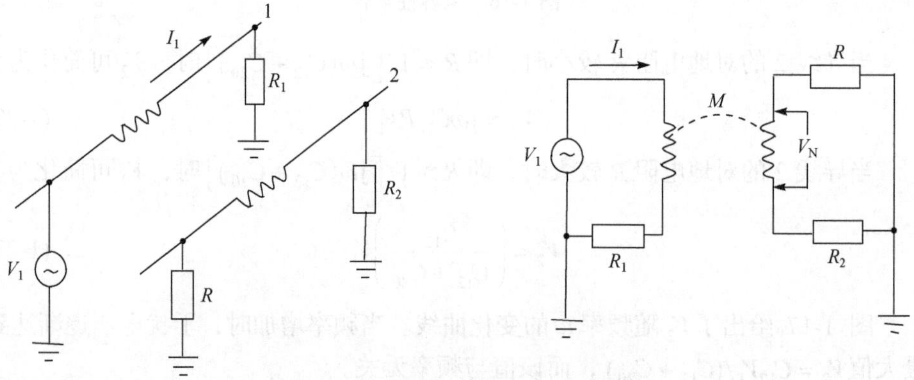

图 1-18　两导线间的电感性耦合示意图

根据电磁感应原理可知，接收电路中导线 2 的感应电压为

$$V_\mathrm{N}=M\frac{\mathrm{d}I_1}{\mathrm{d}t} \tag{1-24}$$

该感应电压在负载 R 和 R_2 上产生的干扰电压分别为

$$V_\mathrm{N1}=M\frac{\mathrm{d}I_1}{\mathrm{d}t}\frac{R}{R+R_2} \tag{1-25}$$

$$V_\mathrm{N2}=M\frac{\mathrm{d}I_1}{\mathrm{d}t}\frac{R_2}{R+R_2} \tag{1-26}$$

在电磁兼容工程中，计算场对线的耦合通常采用以下原则：根据导线的有效耦合长度 l 和信号波长来划分，当 $\lambda>10l$ 时，对电磁脉冲来说就是 $ct_\mathrm{r}/10>l$ (t_r 为电磁脉冲波形前沿时间)，为低频情况，可以认为导线上的分布参数是均匀分布的，可用集总参数来等效；当 $\lambda<10l$ 时，对电磁脉冲来说就是当 $l>ct_\mathrm{r}/10$ 时，为高频情况，导线上的分布参数就不能看成均匀的，必须采用电磁场理论中的传输线方程来分析。

以上分析考虑的是导线的长度较短时(相对于波长)，可以用集总参数来进行分析，当导线的长度较长时，对于传输线来说，由于线间既有分布电容又有分布电感，因此电容性耦合和电感性耦合是同时存在的，若是有损传输线，则还要考虑电阻性耦合，分析起来比集总参数要复杂得多，第 2 章和第 3 章将对这方面进行详细介绍。

1.2.2　辐射耦合

辐射耦合是通过辐射途径形成电磁能量，以电磁场的形式将能量从一个电路传输到另一个电路的耦合方式。前门耦合是指电磁场通过天线，包括电缆、波导管、架空线缆、地面电线和电话线耦合到系统中的一种耦合方式。后门耦合则是指电磁能量通过各种窗口，如接缝、开口、舱口、进气孔、排气孔及开关等穿透的一种耦合方式。

对于电磁脉冲干扰，电磁脉冲对输电线、信号线等长导线的辐射耦合，对电路板上的环形回路和一些类似极子天线的短导线，以及对孔洞的耦合，都是常见的干扰形式。

1. 场对天线的感应耦合

场对天线的耦合，采用解析的方法比较复杂，尤其是电大尺寸的天线耦合，一般都采用数值计算方法。对于电小尺寸的天线或等效天线，可以采用以下方法近似计算。

1) 场对电小天线的耦合

在印制电路板上，经常有一些类似单极子、偶极子的短导线，或者元件暴露的金属部分、接插件等，当它们的长度 $l < ct_r / 10$ 时，可以用集总参数进行计算。这些无意的广义天线可以抽象成单极子、偶极子等线状天线，如图 1-19(a)和(b)所示。

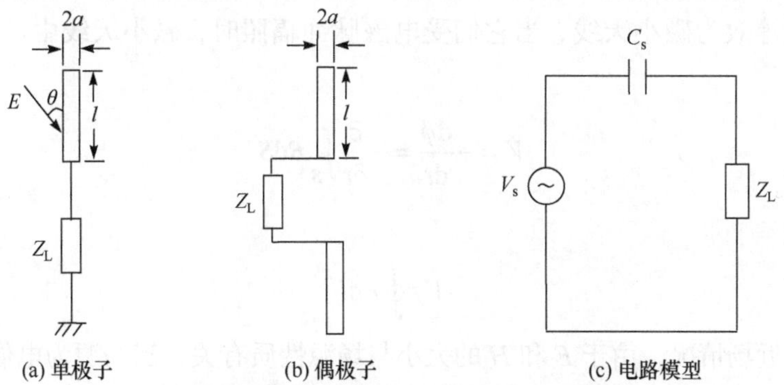

图 1-19　单极子、偶极子天线及其电路模型

任何一根长形金属都可以看成单极子天线，若为电小极子，则天线的感应电压为

$$V_s(t) = E(t) l_e \cos\theta \tag{1-27}$$

式中，θ 为入射场与天线轴线的夹角；l_e 为天线的有效长度；对于单极子 $l_e = l/2$，对于偶极子 $l_e = l$。

单极子和偶极子天线的等效电路模型如图 1-19(c)所示，若天线的半径为 a，则单极子天线的电容近似为

$$C_s = \frac{2l}{cZ_0} \tag{1-28}$$

偶极子天线的电容近似为

$$C_s = \frac{l}{cZ_0} \tag{1-29}$$

式中，c 为光速；Z_0 为特性阻抗，$Z_0 = 60\left[2\ln\left(\frac{2l}{a}\right) - 2\right]$。

对于高阻抗负载，即负载阻抗 $Z_L \gg \frac{1}{\omega C_s}$ 时，负载电压可表示为

$$V_L(t) \approx V_s(t) = E(t) l_e \cos\theta \tag{1-30}$$

对于低阻抗负载，即负载阻抗 $Z_L \ll \frac{1}{\omega C_s}$ 时，负载近似于短路，其电流为

$$I_L(t) = C_s \frac{\mathrm{d}V_s(t)}{\mathrm{d}t} = C_s l_e \cos\theta \frac{\mathrm{d}E(t)}{\mathrm{d}t} \tag{1-31}$$

2) 场对磁小天线的耦合

在印刷电路板上经常会有一些闭合回路，或者在电子设备中的金属导体回路，可以等效为磁小天线，当它们受电磁脉冲辐照时，磁小天线中产生的感应电压为

$$V = -\frac{\mathrm{d}\phi}{\mathrm{d}t} = -\frac{\partial}{\partial t}\int_S B\mathrm{d}S \tag{1-32}$$

或者

$$V = \oint E\mathrm{d}l \tag{1-33}$$

对于近场情况，由于 E 和 H 的大小与场源性质有关，当场源为电偶极子时，电场强度 E 大于磁场强度 H，近区场以电场为主导，场对闭合回路的感应为电场

感应；若场源为磁偶极子(电流环)，则磁场强度 H 大于电场强度 E，近区场以磁场为主导，场对闭合回路的感应为磁场感应。

对于远场情况，电磁场可以看成平面波，电场强度与磁场强度的比值处处相等，所以既可以通过电场沿回路路径进行计算，也可以通过磁场对回路面积积分进行计算。

当入射波的波长远大于环路的尺寸时，可以等效为磁偶极子天线，如图 1-20(a)所示。

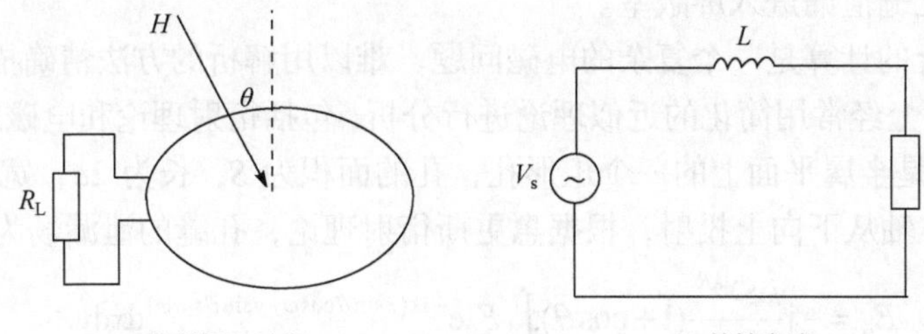

图 1-20 磁偶极子天线及等效电路

若环路面积为 S，入射磁场 H 与环路法线的夹角为 θ，则环路的感应电压为

$$V_s(t) = \mu_0 S \frac{\mathrm{d}H(t)}{\mathrm{d}t} \cos\theta \tag{1-34}$$

其等效电路如图 1-20(b)所示，若小环的半径为 r，导体的半径为 a，且 $r \gg a$，则环路自身的电感为

$$L = \mu_0 r \left[\ln \frac{8r}{a} - 2 \right] \tag{1-35}$$

当负载为高阻抗，即 $R_L \gg \omega L$ 时，负载电压为

$$V_L(t) \approx V_s(t) = \mu_0 S \frac{\mathrm{d}H(t)}{\mathrm{d}t} \cos\theta \tag{1-36}$$

当负载为低阻抗，即 $R_L \ll \omega L$ 时，负载近似短路，其电流为

$$I_L(t) = \frac{\mu_0 S H(t) \cos\theta}{L} \tag{1-37}$$

2. 场对线缆的耦合

当被辐照的印刷电路板上的导线、电缆、电力线等的长度 $l > ct_r / 10$ 时，就不能用集总参数进行计算，必须用传输线理论进行建模计算。

电磁脉冲对传输线的耦合分析很复杂，其在线上的感应电压或电流等效为若干沿线分布的源，其建模仿真方法有多种，根据不同的传输线类型，不同的负载类型建模仿真方法不同，第 4～6 章将对这方面进行详细介绍。

3. 场对孔缝的耦合

机壳、屏蔽室等，在安装仪表时留下的安装孔缝、电缆孔、通风孔等，电磁脉冲就会从这些孔缝泄漏和耦合，破坏了屏蔽的完整性，影响了屏蔽室的屏蔽性能。

当电磁脉冲主要成分的波长远小于孔缝尺寸时，电磁脉冲将无阻挡地进入屏蔽室内；若电磁脉冲主要成分的波长大于孔缝尺寸或者与孔缝尺寸相当，则电磁波只能通过孔缝泄漏进入屏蔽室。

孔缝耦合的计算是一个复杂的电磁问题，难以用解析的方法精确描述耦合场的分布，工程上经常用简化的近似理论进行分析，包括衍射理论和电磁对偶原理。

图 1-21 是金属平面上的一个矩形孔，孔的面积为 S，长为 $2a$，宽为 $2b$，入射电磁波沿 z 轴从下向上投射，根据惠更斯衍射理论，孔缝的泄漏场为

$$E_{\mathrm{p}}=-\mathrm{j}\frac{k\mathrm{e}^{-\mathrm{j}kR}}{4\pi R}(1+\cos\theta)\int_S E_0\mathrm{e}^{-\mathrm{j}k(x\sin\theta\cos\varphi+y\sin\theta\sin\varphi)}\mathrm{d}x\mathrm{d}y \tag{1-38}$$

式中，R 为观察点到坐标原点的距离；E_0 为矩形孔平面的入射场；θ为 R 与 z 轴的夹角；φ 为 R 在 xy 平面上的投影与 x 轴的夹角。

若是一圆形孔洞，孔的半径为 a，面积为 S，则泄漏场为

$$E_{\mathrm{p}}=-\mathrm{j}\frac{k\mathrm{e}^{-\mathrm{j}kR}}{4\pi R}E_0S(1+\cos\theta)\frac{2\mathrm{J}_1(ka\sin\theta)}{ka\sin\theta} \tag{1-39}$$

式中，J_1 为一阶贝塞尔函数。

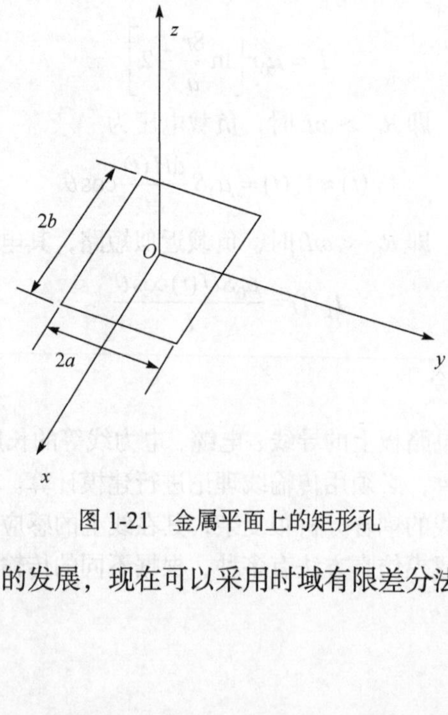

图 1-21　金属平面上的矩形孔

随着计算电磁学的发展，现在可以采用时域有限差分法、有限元法和矩量法

等数值方法精确计算电磁脉冲对孔缝的耦合。

1.3　传输线基本理论

1.3.1　传输线方程

当电磁波频率较高时，一段传输线的长度往往是其所传电磁波波长的许多倍，将传输线几何长度与电磁波波长的比值称为传输线的电气长度。若传输线的几何长度大于它所传输的电磁波波长或可比拟(电气长度 $l/\lambda \gg 1$)，则认为传输线为长线，故传输线理论又称长线理论。

图 1-22(a)所示为一段均匀传输线，因 $l/\lambda \gg 1$，故沿线电压 $u(z,t)$ 和电流 $i(z,t)$ 不仅是时间的函数，也是位置的函数，此时需要考虑传输线的如下分布参数。

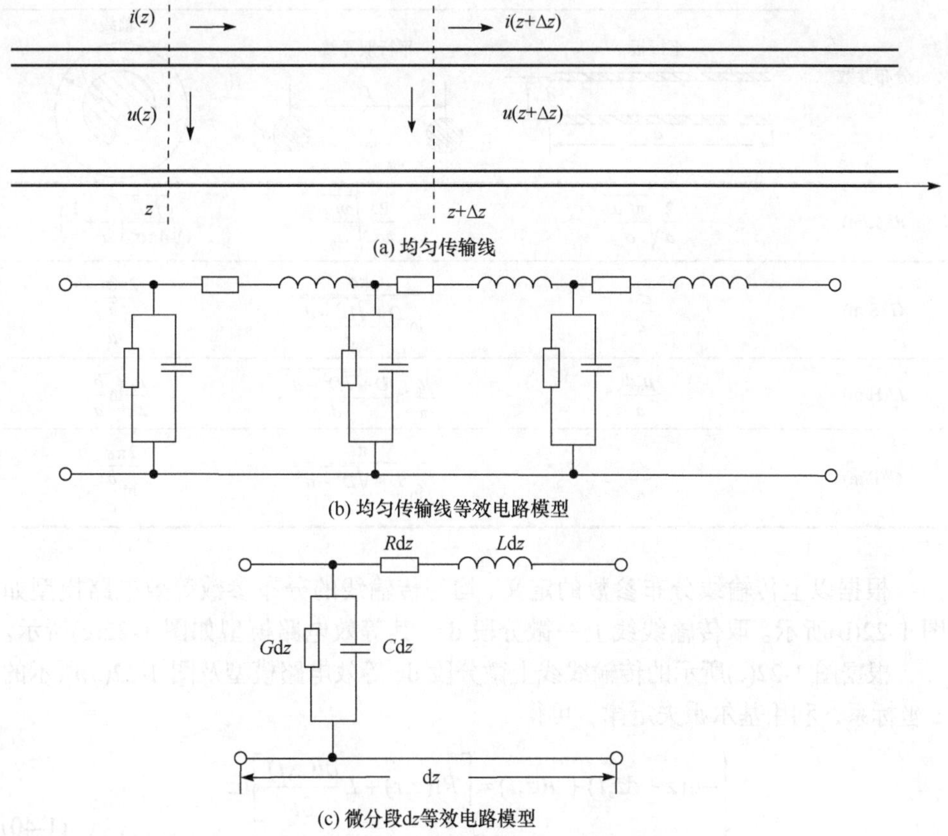

图 1-22　传输线及其等效电路模型

分布电容 C：单位长度线之间的并联电容。导体之间的电压在周围产生电场，表明导体之间存在电容，其值取决于导线截面尺寸、线间距及介质的介电常数。

分布电感 L：单位长度线上的串联电感。电流流过导体在周围将产生磁场，表明导体具有电感，其值取决于导线截面尺寸、线间距及介质的磁导率。

分布电阻 R：单位长度线上的电阻。电流流过导体时，导体发热产生损耗，取决于导线材料及导线的截面尺寸。若导线为理想导体，则 $R=0$。

分布电导 G：单位长度线之间的漏电导。介质因存在漏电流会带来损耗，取决于导线周围介质材料的损耗。若为理想介质，则 $G=0$。

因此，任何一段导线都具有上述分布参数。C、L、R、G 沿线均匀分布，即与距离无关的传输线称为均匀传输线，反之称为非均匀传输线。不同结构的传输线分布参数不同，表 1-5 列举了三种不同结构传输线的分布参数。

表 1-5　不同结构传输线的分布参数

分布参数	截面结构		
	平行板	平行双导线	同轴线
	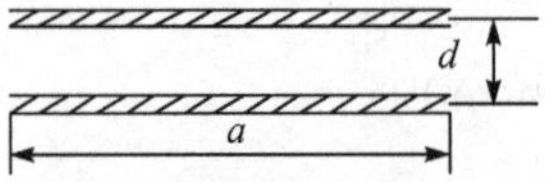	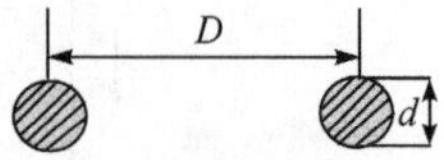	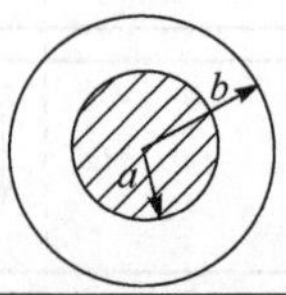
$R/(\Omega/\text{m})$	$\frac{2}{a}\sqrt{\frac{\pi f\mu_0}{\sigma_0}}$	$\frac{2}{\pi d}\sqrt{\frac{\omega\mu_0}{\sigma_0}}$	$\sqrt{\frac{f\mu_0}{4\pi\sigma_1}}\left(\frac{1}{a}+\frac{1}{b}\right)$
$G/(\text{S/m})$	$\frac{\sigma a}{d}$	$\frac{\pi\sigma}{\ln\frac{D+\sqrt{D^2-d^2}}{d}}$	$\frac{2\pi\sigma}{\ln\frac{b}{a}}$
$L/(\text{H/m})$	$\frac{\mu_0 d}{a}$	$\frac{\mu_0}{\pi}\ln\frac{D+\sqrt{D^2-d^2}}{d}$	$\frac{\mu_0}{2\pi}\ln\frac{b}{a}$
$C/(\text{F/m})$	$\frac{\varepsilon a}{d}$	$\frac{\pi\varepsilon}{\ln\frac{D+\sqrt{D^2-d^2}}{d}}$	$\frac{2\pi\varepsilon}{\ln\frac{b}{a}}$

根据以上传输线分布参数的定义，均匀传输线的分布参数等效电路模型如图 1-22(b)所示。取传输线线上一微分段 dz，其等效电路模型如图 1-22(c)所示。

根据图 1-22(c)所示的传输线线上微分段 dz 等效电路模型及图 1-22(a)所示的 z 坐标系，利用基尔霍夫定律，可得

$$\begin{cases}-u(z+\mathrm{d}z,t)+u(z,t)=\left[Ri(z,t)+L\dfrac{\partial i(z,t)}{\partial t}\right]\mathrm{d}z\\ -i(z+\mathrm{d}z,t)+i(z,t)=\left[Gu(z,t)+C\dfrac{\partial u(z,t)}{\partial t}\right]\mathrm{d}z\end{cases} \tag{1-40}$$

等式两边同时除以 dz，并令 $dz \to 0$，可得

$$\begin{cases} -\dfrac{\partial u(z,t)}{\partial z} = Ri(z,t) + L\dfrac{\partial i(z,t)}{\partial t} \\ -\dfrac{\partial i(z,t)}{\partial z} = Gu(z,t) + C\dfrac{\partial u(z,t)}{\partial t} \end{cases} \tag{1-41}$$

式(1-41)即传输线方程的一般形式。

1.3.2 传输线的特性参量

传输线的特性参量由传输线的几何形状、尺寸和材料决定，也称为传输线的本构参量或固有参量，主要包括传播常数γ、特性阻抗Z_0、输入阻抗Z_{in}、反射系数$\varGamma$、驻波系数ρ、相速v_p与相波长λ_p。

1. 传播常数

传播常数γ表示行波经过单位长度后振幅和相位的变化，其表达式为

$$\gamma = \sqrt{(R_1 + j\omega L_1)(G_1 + j\omega C_1)} = \alpha + j\beta \tag{1-42}$$

通常情况下γ为复数，实部α称为衰减常数，单位是 Np/m 或 dB/m。γ的虚部β称为相移常数，单位是 rad/m，表示沿线电压和电流每传输单位距离后其相位滞后的弧度。

对于无耗传输线，其$R=0$，$G=0$，则有

$$\gamma = \sqrt{j\omega L \cdot j\omega C} = j\omega\sqrt{LC} = j\beta \tag{1-43}$$

2. 特性阻抗

传输线的特性阻抗定义为单向电压和电流之比。设沿着+z 方向传输的电压和电流为U^+和I^+，称为入射电压和入射电流，设沿着−z 方向传输的电压和电流为U^-和I^-，称为反射电压和反射电流。那么传输线的特性阻抗Z_0为

$$Z_0 = \frac{U^+}{I^+} = \frac{U^-}{I^-} \tag{1-44}$$

$$Z_0 = \sqrt{\frac{R + j\omega L}{G + j\omega C}} \tag{1-45}$$

Z_0是一个复数，它不仅与传输线的分布参数有关，而且与传输信号的频率有关。对于无耗传输线，其$R=0$，$G=0$，则传输线的特性阻抗为一实数，其表达式为

$$Z_0 = \sqrt{\frac{L}{C}} \tag{1-46}$$

微波传输线传输的信号频率很高，选用的导体σ很大，填充介质绝缘性能好，其R、G很小，通常都满足$\omega L \gg R$，$\omega C \gg G$，所以有$R + \mathrm{j}\omega L \approx \mathrm{j}\omega L$，$G + \mathrm{j}\omega C \approx \mathrm{j}\omega C$，此时特性阻抗$Z_0$可写为式(1-46)。$Z_0$随频率变化的曲线如图 1-23 所示。

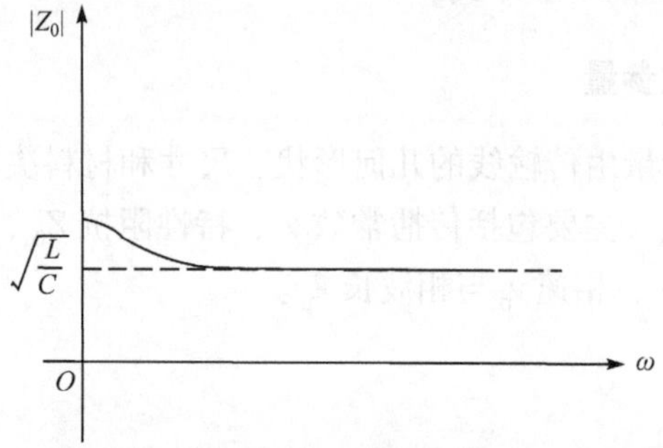

图 1-23　特性阻抗随频率的变化曲线

3. 输入阻抗

传输线上任一点处的电压 V 与电流 I 之比，具有阻抗的量纲，也符合欧姆定律，其物理意义是从该点处向传输线终端看过去的阻抗，故称为该点的输入阻抗，用Z_{in}表示为

$$Z_{\mathrm{in}} = \frac{V}{I} \tag{1-47}$$

对于无耗传输线，其$R = 0$，$G = 0$，故有

$$Z_{\mathrm{in}}(z') = Z_0 \frac{Z_{\mathrm{L}} + \mathrm{j}Z_0 z' \tan\beta}{Z_0 + \mathrm{j}Z_{\mathrm{L}} z' \tan\beta} \tag{1-48}$$

式中，z'为以负载到源端为正方向建立的坐标系；Z_{L}为终端负载阻抗。

4. 反射系数

传输线上任一点处反射电压与入射电压之比称为该点的电压反射系数，简称反射系数，用$\varGamma$表示为

$$\varGamma = \frac{V^-}{V^+} = |\varGamma| \mathrm{e}^{\mathrm{j}\theta} \tag{1-49}$$

传输线终端电压为V_{L}，电流为I_{L}，终端负载$Z_{\mathrm{L}} = \dfrac{V_{\mathrm{L}}}{I_{\mathrm{L}}}$，则终端反射系数$\varGamma_{\mathrm{L}}$为

$$\Gamma_{\rm L}=\frac{V_{\rm L}^{-}}{V_{\rm L}^{+}}=\frac{V_{\rm L}-I_{\rm L}Z_0}{V_{\rm L}+I_{\rm L}Z_0}=\frac{\dfrac{V_{\rm L}}{I_{\rm L}}-Z_0}{\dfrac{V_{\rm L}}{I_{\rm L}}+Z_0}=\frac{Z_{\rm L}-Z_0}{Z_{\rm L}+Z_0} \tag{1-50}$$

5. 驻波系数

驻波系数为传输线上电压最大值与最小值的比值，即

$$\rho=\frac{|V|_{\max}}{|V|_{\min}}=\frac{|I|_{\max}}{|I|_{\min}}=\frac{1+|\Gamma|}{1-|\Gamma|} \tag{1-51}$$

对于无源负载，$0\leqslant|\Gamma|\leqslant1$，$1\leqslant\rho\leqslant\infty$。

驻波系数的倒数称为行波系数，用 K 表示为

$$K=\frac{1}{\rho}=\frac{|V|_{\min}}{|V|_{\max}}=\frac{1-|\Gamma_{\rm L}|}{1+|\Gamma_{\rm L}|} \tag{1-52}$$

6. 相速与相波长

相速是传输线上单向波的等相位面行进的速度。对某个沿着+z方向传输的行波，其等相位面满足

$$\omega t_1-\beta z_1=\omega t_2-\beta z_2 \tag{1-53}$$

$$v_{\rm p}=\frac{{\rm d}z}{{\rm d}t}=\frac{z_2-z_1}{t_2-t_1}=\frac{\omega}{\beta} \tag{1-54}$$

对于无损传输线，有

$$\beta=\omega\sqrt{LC} \tag{1-55}$$

$$v_{\rm p}=\frac{\omega}{\beta}=\frac{1}{\sqrt{LC}} \tag{1-56}$$

相波长为等相位面在一个周期内移动的距离，即

$$\lambda_{\rm p}=z_2-z_1=\frac{2\pi}{\beta} \tag{1-57}$$

1.3.3　传输线的结构与类型

1. 传输线的结构

传输线的结构一般是根据传输线的形状(主要是指横截面的形状)来划分的。根据不同的应用场合，常用的传输线结构类型有平行双导线、同轴线、多导体传输线等；在实际应用中，出于电磁兼容考虑，为了减少干扰，还有一些特殊结构

的线缆，如双绞线、电磁兼容领域用于电磁环境模拟的平行板传输线等；此外，在很多互联系统中，有多于两个导体构成的多导体传输线等。

1) 平行双导线

平行双导线的截面形状如表 1-5 所示，平行双导线在电力系统中很常见，如架空导线，其工作频率一般从直流到兆赫兹量级。

对于敷设在室外、敷设距离较长的电力线缆和通信线缆等，在遭遇电磁脉冲环境时，很容易接受较大的瞬态干扰，给端接的负载电子或电气设备带来危害。

2) 同轴线

同轴线横截面的形状如表 1-5 所示，同轴线是一种封闭结构的传输线，其使用频率可以到吉赫兹量级。同轴线是一种常用的射频传输线，一般用于设备间的连接。

由于同轴线是一种封闭结构，其在电磁脉冲环境下的耦合建模仿真比较复杂，电磁脉冲先在外皮上感应高频电流，再通过转移阻抗等耦合成差模信号影响端接负载的正常工作。

3) 多导体传输线

有时设备间需要传输多路信号，常用多导体传输线进行传输，某些典型的多导体传输线模型如图 1-24 所示。图 1-25 为多芯线缆(多导体传输线)连接器，是多导体传输线与设备端口之间的连接部件。

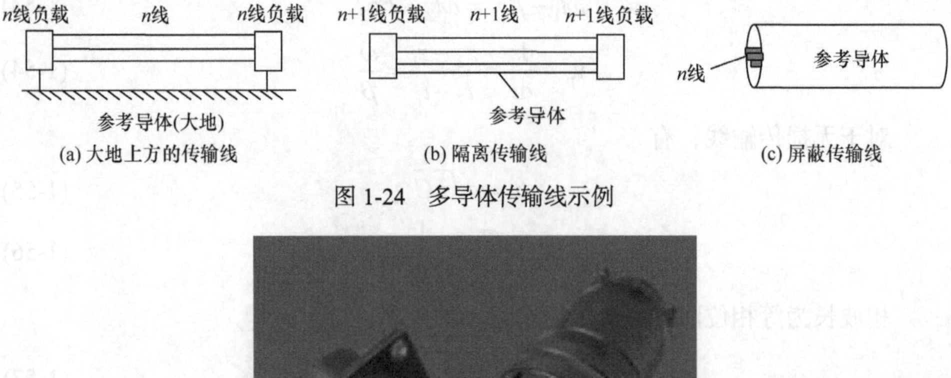

(a) 大地上方的传输线　(b) 隔离传输线　(c) 屏蔽传输线

图 1-24　多导体传输线示例

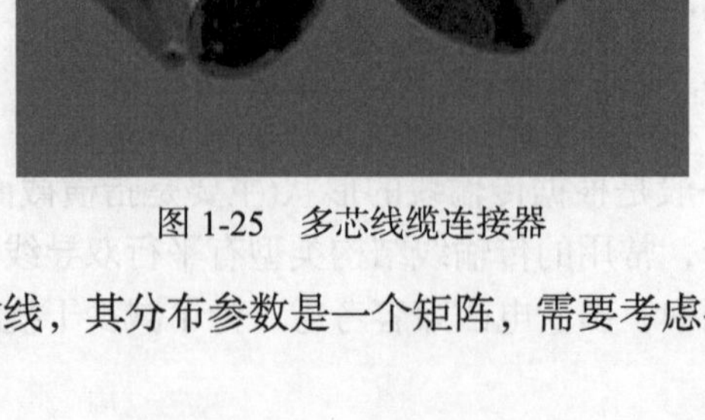

图 1-25　多芯线缆连接器

对于多导体传输线，其分布参数是一个矩阵，需要考虑导体之间的互容、互感等参数，计算起来比较复杂，本书第 3 章中会介绍这些参数的近似计算方法。电磁脉冲对多导体的作用需要考虑多导体之间的串扰问题和电磁脉冲对多导体的辐射耦合，这两部分内容将在第 3 章和第 5 章介绍。

2. 传输线的类型

1) 均匀传输线与非均匀传输线

前面推导传输线方程时，假定传输线是均匀传输线，即传输线单位长度参数与沿着轴向的位置 z 和时间 t 无关。传输线的单位长度参数由传输线的横向截面尺寸决定，若横向尺寸沿着传输线轴向变化，则单位长度参数将是位置 z 的函数，称这样的传输线为非均匀传输线，非均匀传输线方程可表示为

$$\begin{cases} -\dfrac{\partial u(z,t)}{\partial z} = R(z)i(z,t) + L(z)\dfrac{\partial i(z,t)}{\partial t} \\ -\dfrac{\partial i(z,t)}{\partial z} = G(z)u(z,t) + C(z)\dfrac{\partial u(z,t)}{\partial t} \end{cases} \tag{1-58}$$

因为传输线的单位长度参数是一个含变量的函数，所以以上传输线方程的求解变得十分困难。

如果传输线的导体与介质的横向尺寸沿着传输线轴向(z 向)是常数，即传输线单位长度参数是常数，那么该传输线是均匀传输线，否则是非均匀传输线。非均匀传输线包括两种情况：一种是结构非均匀，另一种是介质非均匀。

(1) 结构非均匀。结构非均匀是指传输线横截面的尺寸不均匀，即传输线横截面的尺寸随着位置 z 是变化的。结构非均匀传输线在印刷电路板的微带线结构中出现较多，如图 1-26 所示。

图 1-26 结构非均匀微带线

(2) 介质非均匀。传输线中导体间一般都包围介质，均匀传输线中的介质是均匀的，即介质的介电常数、电导率和磁导率等参数与空间位置无关；反之，若传输线中介质的参数随空间位置的变化而变化，则是非均匀介质传输线。

第 3 章和第 5 章涉及的非均匀传输线均指结构非均匀传输线，传输线中的介质都假定是均匀的。

2) 无耗传输线与有耗传输线

在前面推导的传输线单位长度分布参数，包含代表介质损耗的分布电导 G 和

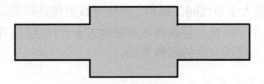

代表导体损耗的分布电阻 R。若假定传输线中的导体为理想导体，则 $R=0$；若假定传输线中的介质为理想介质，则 $G=0$，此时传输线为无耗传输线。

若介质是非理想介质，而是有损耗的，但只要介质是均匀的，即介质的 σ、ε、μ 等参数不变，传输线中传输的依然是横电磁波，传输线方程就成立。若导体是非理想导体，则在非理想导体表面 z 方向将产生一个电场 E_z，该电场与横向磁场形成一个指向导体内部的坡印亭矢量，表示导体焦耳热产生的能量损耗。但这个 z 方向的电场 E_z 破坏了 TEM 场结构的假设，不过，一般情况下，导体的损耗较小，合成的场结构与 TEM 场结构几乎相同，称为准 TEM。可以通过单位长度的分布电阻 R 来表示这种损耗。

1.3.4 传输线方程的应用限制

1. 传输线理论的应用假定条件

本书的所有仿真模型都是基于传输线理论开展的,其应用主要假定条件如下:

(1) 传输线的横截面尺寸相对于入射电磁波波长为电小尺寸，此时电磁波可看成只沿传输线轴向传播，传输线上的电磁波为 TEM。严格地说，TEM 只能在均匀介质中的无损传输线上存在，对于非均匀介质和有损传输线的情形，线上传输的电磁波实际上是横电波(transverse electric wave，TE)与横磁波(transverse magnetic wave，TM)的混合，一般不具有 TEM 的性质。但是，若传输线的横向尺寸远小于入射波波长，则沿波传播方向的电磁场分量比横向分量小得多，这种电磁波可以近似地认为是 TEM，即准 TEM。

(2) 沿传输线轴向方向，传输线系统的总电流是平衡的，即在传输线的任一截面处，响应电流的矢量和为零(导线电流+返回电流=0)。

(3) 导线长度远大于导线间的间距，否则导线更像是环天线，而不是传输线；导线间的间距应远小于波长；导线间的间距远大于导体半径。在此假设下，可忽略由电荷积聚在导线周围产生的准静态场。

2. 传输线中的高次模

当激励信号频率超过一定范围时，传输线横截面的电尺寸变大，这时传输线上除了 TEM 模式，可能还同时存在 TE 和 TM 模式的场结构，称为传输线的高次模。

不同结构和尺寸的传输线，出现高次模的频率不同。下面以同轴线为例，分析同轴线中的高次模。

1) 同轴线中的 TE 模

同轴线中的高次模分布与圆波导中场的分析方法相似。在 $a<r<b$ 区域，电

磁场横向分布函数为

$$\begin{cases} \boldsymbol{E}(r,\varphi)=\boldsymbol{a}_r E_r(r,\varphi)+\boldsymbol{a}_\varphi E_\varphi(r,\varphi)+\boldsymbol{a}_z E_z(r,\varphi) \\ \boldsymbol{H}(r,\varphi)=\boldsymbol{a}_r H_r(r,\varphi)+\boldsymbol{a}_\varphi H_\varphi(r,\varphi)+\boldsymbol{a}_z H_z(r,\varphi) \end{cases} \tag{1-59}$$

广义柱坐标系下导行波的横-纵向场分量的关系式为

$$\begin{cases} E_r=\dfrac{\mathrm{j}}{k_\mathrm{c}^2}\left(\mp\beta\dfrac{\partial E_z}{\partial r}-\dfrac{\omega\mu_0}{r}\dfrac{\partial H_z}{\partial\varphi}\right) \\ E_\varphi=\dfrac{\mathrm{j}}{k_\mathrm{c}^2}\left(\mp\dfrac{\beta}{r}\dfrac{\partial E_z}{\partial\varphi}+\omega\mu_0\dfrac{\partial H_z}{\partial r}\right) \\ H_r=\dfrac{\mathrm{j}}{k_\mathrm{c}^2}\left(\dfrac{\omega\varepsilon_0}{r}\dfrac{\partial E_z}{\partial\varphi}\mp\beta\dfrac{\partial H_z}{\partial r}\right) \\ H_\varphi=\dfrac{\mathrm{j}}{k_\mathrm{c}^2}\left(-\omega\varepsilon_0\dfrac{\partial E_z}{\partial r}\mp\dfrac{\beta}{r}\dfrac{\partial H_z}{\partial\varphi}\right) \end{cases} \tag{1-60}$$

沿+z 方向传输的 TE 纵向电场分量 $E_z=0$，H_z 满足横向亥姆霍兹方程：

$$\left(\frac{\partial^2}{\partial r^2}+\frac{1}{r}\frac{\partial}{\partial r}+\frac{1}{r^2}\frac{\partial^2}{\partial\varphi^2}\right)H_z(r,\varphi)+k_\mathrm{c}^2H_z(r,\varphi)=0 \tag{1-61}$$

通过变量分离 $H_z(r,\varphi)=R(r)\varPhi(\varphi)$，可得

$$\frac{1}{R(r)}\left(r^2\frac{\mathrm{d}^2R(r)}{\mathrm{d}r^2}+r\frac{\mathrm{d}R(r)}{\mathrm{d}r}+k_\mathrm{c}^2r^2R(r)\right)=-\frac{1}{\varPhi(\varphi)}\frac{\mathrm{d}^2\varPhi(\varphi)}{\mathrm{d}\varphi^2} \tag{1-62}$$

式(1-62)的左边只与变量 r 有关，等式的右边只与变量 φ 有关，要想等式恒成立，等式两边必须为一常数，令这个常数为 n^2，则有

$$\frac{1}{R(r)}\left(r^2\frac{\mathrm{d}^2R(r)}{\mathrm{d}r^2}+r\frac{\mathrm{d}R(r)}{\mathrm{d}r}+k_\mathrm{c}^2r^2R(r)\right)=-\frac{1}{\varPhi(\varphi)}\frac{\mathrm{d}^2\varPhi(\varphi)}{\mathrm{d}\varphi^2}=n^2 \tag{1-63}$$

式(1-63)写成两个方程为

$$r^2\frac{\mathrm{d}^2R(r)}{\mathrm{d}r^2}+r\frac{\mathrm{d}R(r)}{\mathrm{d}r}+(k_\mathrm{c}^2r^2-n^2)R(r)=0 \tag{1-64}$$

$$\frac{\mathrm{d}^2\varPhi(\varphi)}{\mathrm{d}\varphi^2}+n^2\varPhi(\varphi)=0 \tag{1-65}$$

考虑到同轴线的圆周对称性和 2π 的周期性，$\varPhi(\varphi)$ 的通解应为正弦或余弦函数，即

$$\varPhi(\varphi)=A_1\cos(n\varphi)+A_2\sin(n\varphi)=A\cos(n\varphi-\varphi_0) \tag{1-66}$$

令 $u=k_\mathrm{c}r$，方程(1-64)可写为

$$u^2\frac{\mathrm{d}^2R(r)}{\mathrm{d}u^2}+r\frac{\mathrm{d}R(r)}{\mathrm{d}u}+(u^2-n^2)R(r)=0 \tag{1-67}$$

其通解为

$$R(r)=B_1\mathrm{J}_n(u)+B_2\mathrm{Y}_n(u) \tag{1-68}$$

式中，$\mathrm{J}_n(u)$ 为第一类贝塞尔函数；$\mathrm{Y}_n(u)$ 为第二类贝塞尔函数或纽曼函数。

故 H_z 的解为

$$H_z(r,\varphi)=A\left[B_1\mathrm{J}_n(k_\mathrm{c}r)+B_2\mathrm{Y}_n(k_\mathrm{c}r)\right]\cos(n\varphi-\varphi_0)\mathrm{e}^{-\mathrm{j}\beta z} \tag{1-69}$$

由边界条件 $E_\varphi\Big|_{r=a,b}=0$，即 $\left.\frac{\partial H_z}{\partial r}\right|_{r=a,b}=0$，可得

$$B_1\mathrm{J}_n'(k_\mathrm{c}a)+B_2\mathrm{Y}_n'(k_\mathrm{c}a)=0 \tag{1-70}$$

$$B_1\mathrm{J}_n'(k_\mathrm{c}b)+B_2\mathrm{Y}_n'(k_\mathrm{c}b)=0 \tag{1-71}$$

式(1-70)除以式(1-71)，可得截止波数 k_c 满足以下方程：

$$\frac{\mathrm{J}_n'(k_\mathrm{c}a)}{\mathrm{J}_n'(k_\mathrm{c}b)}=\frac{\mathrm{Y}_n'(k_\mathrm{c}a)}{\mathrm{Y}_n'(k_\mathrm{c}b)} \tag{1-72}$$

用数值法对上述方程进行求解，可获得高次模 TE_{ni} 的截止波长，其中最低次模 TE_{11} 对应的近似解为

$$(k_c)_{\mathrm{TE}_{11}}\approx\frac{2}{a+b} \tag{1-73}$$

$$(\lambda_c)_{\mathrm{TE}_{11}}\approx\pi(a+b) \tag{1-74}$$

2) 同轴线中的 TM 模

同样，在 $a<r<b$ 区域，沿 $+z$ 方向传输的 TE 纵向电场分量 E_z 的解为

$$E_z(r,\varphi)=A[B_1\mathrm{J}_n(k_\mathrm{c}r)+B_2\mathrm{Y}_n(k_\mathrm{c}r)]\cos(n\varphi-\varphi_0)\mathrm{e}^{-\mathrm{j}\beta z} \tag{1-75}$$

由边界条件 $E_z\Big|_{r=a,b}=0$，可得

$$B_1\mathrm{J}_n(k_\mathrm{c}a)+B_2\mathrm{Y}_n(k_\mathrm{c}a)=0 \tag{1-76}$$

$$B_1\mathrm{J}_n(k_\mathrm{c}b)+B_2\mathrm{Y}_n(k_\mathrm{c}b)=0 \tag{1-77}$$

式(1-76)除以式(1-77)，可得截止波数 k_c 满足如下方程：

$$\frac{\mathrm{J}_n(k_\mathrm{c}a)}{\mathrm{J}_n(k_\mathrm{c}b)}=\frac{\mathrm{Y}_n(k_\mathrm{c}a)}{\mathrm{Y}_n(k_\mathrm{c}b)} \tag{1-78}$$

用数值法对上述方程进行求解，可获得高次模 TM_{ni} 的近似解为

$$(k_c)_{TM_{ni}} \approx \frac{i\pi}{b-a} \tag{1-79}$$

$$(\lambda_c)_{TM_{ni}} \approx \frac{2(b-a)}{i} \tag{1-80}$$

其中最低次模 TM_{01} 对应为

$$(\lambda_c)_{TM_{01}} \approx 2(b-a) \tag{1-81}$$

要想同轴线只传输 TEM 模，必须避开高次模，即

$$\lambda_{\min} > (\lambda_c)_{TE_{11}} \approx \pi(a+b) \tag{1-82}$$

3. 传输线模式与天线模式

外场激励下的传输线响应可分解为传输线模(又称差模)和天线模(又称共模)两部分，如图 1-27 所示。

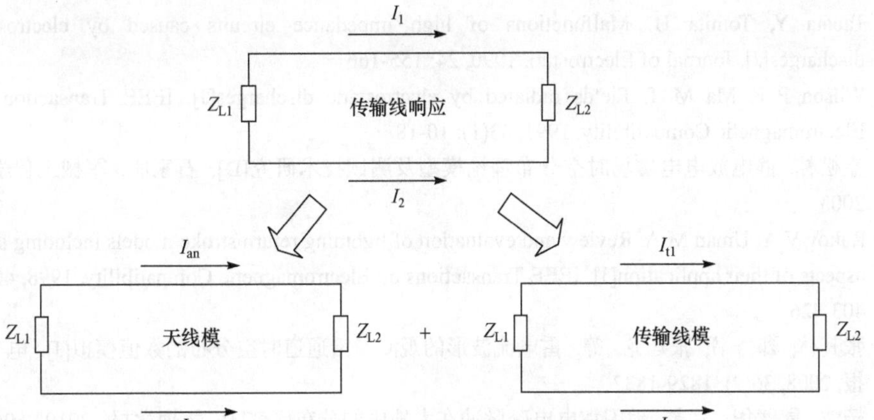

图 1-27 传输线响应的传输线模和天线模

天线模由等幅同向的电流组成，传输线向外辐射能量的绝大部分是由天线模电流产生的；传输线模由等幅反向的电流组成，它产生 TEM，即线上没有纵向的场分量，虽然也辐射能量，但因为反向电流的抵消，其只占总辐射能量的极少部分。天线模电流(I_{an})与传输线模电流(I_{tl})之和组成传输线的实际响应(I_1、I_2)，它们之间存在如下关系：

$$I_1 = I_{an} + I_{tl}, \quad I_2 = I_{an} - I_{tl} \tag{1-83}$$

若要分析传输线的电流响应，必须同时考虑天线模与传输线模，这就需要通过麦克斯韦方程组，结合边界条件进行分析，过程较为复杂。不过，在很多实际

的电磁兼容问题中，只需要关注传输线的负载响应。因为天线模电流在负载端附近很小，并且对于以理想导体地为公共回路的传输线，天线模电流几乎为零。因此，只需要考虑传输线模电流的贡献，这就极大地简化了分析的过程。本书涉及的传输线响应建模仿真只关心负载处的响应情况，因此只考虑传输线模，认为满足传输线理论应用的第二个假定条件，即沿传输线轴向方向，传输线系统的总电流是平衡的，即在传输线的任一截面处，响应电流的矢量和为零(导线电流+返回电流=0)。

多导体传输线的传输线模响应分析更为复杂。根据导体半径、包裹介质的不同，可能存在数个不同的传输线模电流，但最终必须满足线的任意横截面上的总电流等于零这个条件。

参考文献

[1] Pommerenke D. ESD: Transient fields, arc simulation and rise time limit[J]. Journal of Electrostati, 1995, 36: 31-54

[2] Tabata Y, Tomita H. Malfunctions of high impedance circuits caused by electrostatic discharges[J]. Journal of Electrostati, 1990, 24: 155-166

[3] Wilson P F, Ma M T. Fields radiated by electrostatic discharges[J]. IEEE Transactions on Electromagnetic Compatibility, 1991, 33(1): 10-18

[4] 盛松林. 静电放电电磁场时空分布理论模型及测试技术研究[D]. 石家庄: 军械工程学院, 2003

[5] Rakov V A, Uman M A. Review and evaluation of lightning return stroke models including some aspects of their application[J]. IEEE Transactions on Electromagnetic Compatibility, 1998, 40(4): 403-426

[6] 张其林, 郄秀书, 张廷龙, 等. 雷电流波形的观测及沿通道时空分布的数值模拟[J]. 电子学报, 2008, 36(9): 1829-1832

[7] 杨波, 周璧华, 孟鑫. 地闪雷电电磁脉冲在大地中的分布研究[J]. 物理学报, 2010, 59(12): 8978-8985

[8] Baba Y, Rakov V A. Electromagnetic fields at the top of a tall building associated with nearby lightning return strokes[J]. IEEE Transactions on Electromagnetic Compatibility, 2007, 49(3): 632-643

[9] Li D, Wang C, Liu X. General time-domain formula for horizontal electric field excited by lightning[J]. IEEE Transactions on Electromagnetic Compatibility, 2011, 53(2): 395-400

第 2 章　电磁脉冲对传输线及其网络的传导耦合

2.1　电磁拓扑概述

现代通信、控制、计算机等电子信息系统，一般由长线缆相互连接的多台设备组成，各种电子设备之间互联线缆形成传输网络。这些传输线网络及其连接的各种使用终端分布密度高，大多都工作在高频、低压状态，对电磁干扰极为敏感。因此，对现代电子系统进行分析和设计时，需要考虑其在强电磁环境中的工作状况。但是，随着电子技术的发展，现代电子系统变得越来越复杂，分析系统对强电磁环境的响应时，由于外界电磁环境可以通过传输线耦合、孔缝耦合等多种方式与系统相互作用，用经典方法分析时会显得无从下手或准确性偏低。为此，Baum 首次提出利用拓扑学研究电磁脉冲对复杂电子系统的电磁干扰和电磁耦合问题，提出了电磁拓扑概念，为人们提供了一套系统分析的理论工具[1]。其后，许多学者将此理论用于复杂电子装备在强电磁环境下的建模分析并获得了成功。

2.1.1　电磁拓扑的概念

电磁拓扑学的基本思想是把研究对象空间分解成若干子空间，把整个复杂的电磁耦合问题分割成一组相对独立、易于解决的小电磁问题。把一个复杂系统分解成几个不同的区域，区域之间可以通过电磁属性相互关联。电磁系统的电磁拓扑模型既与系统各电磁元件的空间几何位置有关，又与各电磁元件自身的电磁特性有关，因此是结构属性与电磁属性的二元体。其中被包含在电磁交互通路中的电磁元件称为区域，处于耦合通路中的屏蔽层称为隔层。当用区域和隔层表示一个电磁系统时，称为电磁系统的电磁拓扑。基于电磁拓扑对电子系统进行分解时，必须建立在对系统拓扑研究的基础上，研究构成系统各个部分空间的几何结构和电磁属性关系，使其在拓扑变换时保持等价性。电磁拓扑以图论为基础，用系统的观点对电子信息系统的干扰耦合进行宏观分析，建立电磁应力(电磁场、电流、电压等)耦合的拓扑学分析数学模型，称为电磁拓扑模型。

电磁拓扑理论用于复杂电子信息系统的电磁脉冲研究时，一般可分为两步：第一步是电子信息系统的拓扑分解表达(定性描述)，即根据具体的电子信息系统绘制系统的拓扑图(拓扑结构的几何描述)和干扰流程图(干扰传播路径的电磁描述)；第二步是电磁交互作用的求解(定量求解)，线缆及天线的感应和传输是最重要的耦合传播通道，因此可以将干扰流程图抽象化为屏蔽线缆管道传输线互联网络，进而由网络传播超矩阵和散射超矩阵参数描述线缆网络，然后基于 BLT 方程求解内部多导体传输线网络节点感应电压和感应电流。

为了进行直观说明，对图 2-1 所示的某电子系统进行拓扑分解，得到图 2-2 所示系统拓扑图。建筑物腔体可视为外部屏蔽层，电子设备壳体可视为内部屏蔽层，电磁干扰可通过窗户等透射耦合进去，或通过信号线和电源线入口等孔缝耦合进去，也可以通过信号线和电源线等本身传导耦合进去，最终进入电子系统内部，对敏感器件造成影响甚至损伤。

电磁脉冲对电子系统的耦合途径主要有天线耦合，电源线、信号线耦合和孔缝耦合等方式，其耦合情况和对电子系统的影响描述如下。

1. 天线耦合

电磁脉冲耦合到通信系统的收发天线就会感应电压或电流，当然还要考虑该天线的频段响应和增益，频率很高时在很短的天线上就能感应很大的电压。这些电压或电流通过线缆传输到系统内部会影响系统的正常工作，严重时将会损毁电子线路及其元器件。

2. 电源线、信号线耦合

电磁脉冲通过电子系统的电源线、输入端和输出端信号线，耦合电磁脉冲能量而产生一定强度的电压或电流信号，然后又以传导耦合的方式进入系统。

3. 孔缝耦合

为了通风散热和方便电缆线进出，需要在屏蔽机箱上开孔。当孔缝的尺寸大于电磁波波长的 1/2 时，电磁波可以进入机箱内部，机箱的屏蔽效能将大为降低。当小孔中有贯通导线穿过时，若电磁脉冲入射电场与贯通导线在机箱外的部分平行，则贯通导线可直接从入射场中耦合电磁能量并将其引入机箱的内部电路，从而使机箱内电路的耦合电流显著增强。另外，屏蔽机箱外壳感应电流形成的散射场通过与贯通导线耦合，也能在机箱内电路上产生较强的耦合电流，而且耦合电流峰值可随贯通导线外露于机箱部分长度的增加而增加。

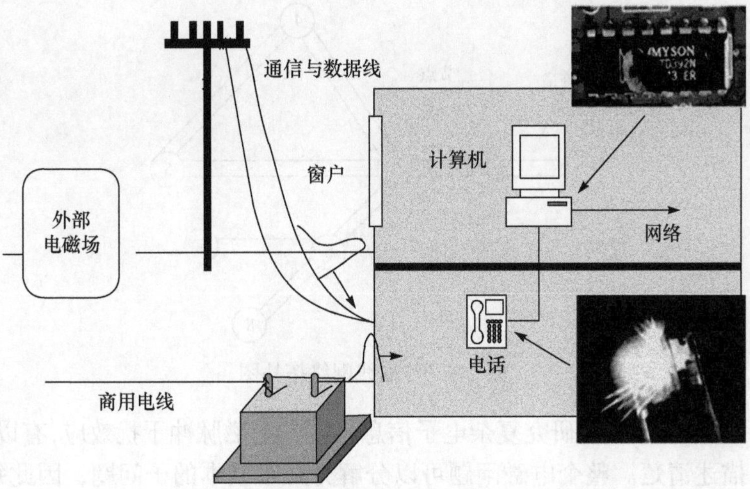

图 2-1　物理问题示意图

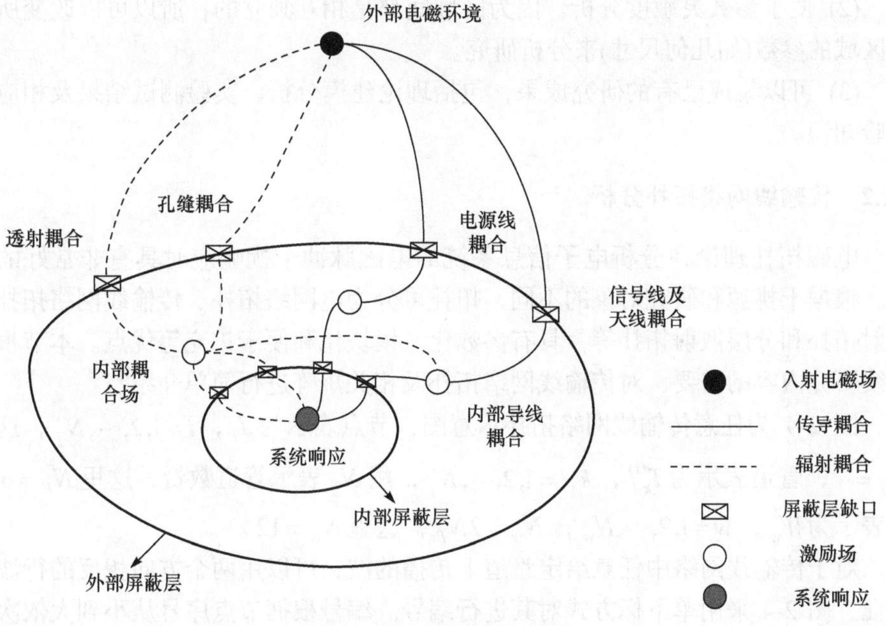

图 2-2　系统拓扑图

根据具体的电子系统及其拓扑图，可以直观地看出主要能量耦合的路径和相互间的关系。这样就可以将具体系统的主要干扰途径抽象化为图 2-3 所示的屏蔽线缆管道、节点互联网络，进而由网络传播超矩阵和散射超矩阵参数描述线缆网络，然后基于 BLT 方程求解内部传输线网络节点感应电压和感应电流。

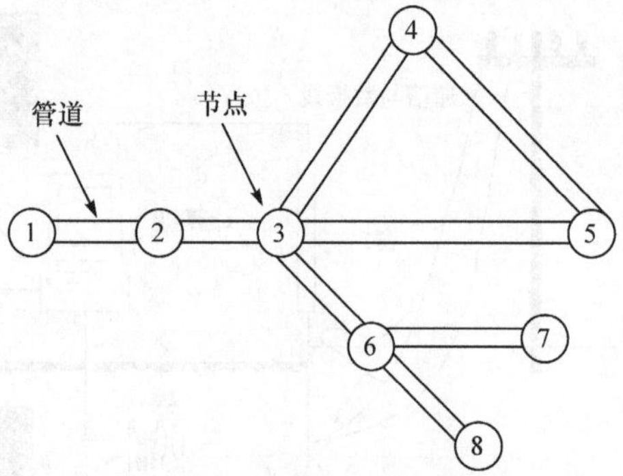

图 2-3　传输线网络拓扑图

利用电磁拓扑方法研究复杂电子信息系统的电磁脉冲干扰效应,有以下特点:

(1) 描述清楚。整个电磁问题可以分解为几个基本的子问题，因此每一部分都可以用特定的方法去研究。

(2) 便于参数灵敏度分析。因为区域间都是相互独立的，所以可以改变所研究区域的参数(如几何尺寸)来分析研究。

(3) 可以集成已有的研究成果，包括理论建模分析、实验测试结果及相应的经验知识。

2.1.2　传输线网络拓扑分析

电磁拓扑理论在分析电子信息系统的电磁脉冲干扰响应时具有非常好的效果。根据干扰源和研究对象的不同，拓扑可分为电网络拓扑、传输线网络拓扑、散射拓扑和分层散射拓扑等，具有参数化、模块化和便于扩充等优点。本节根据后续研究内容的需要，对传输线网络拓扑及相关矩阵进行简单介绍。

图 2-4 为任意传输线网络拓扑示意图，节点表示为 J_i ，$i=1,2,\cdots,N_j$ ，这里 $N_j=4$ ；管道表示为 $T_{k,l}^{(i)}$ ，$k,l=1,2,\cdots,N_j$ ，用 N_T 表示管道数量，这里 $N_T=6$ ；波表示为 W_w ，$w=1,2,\cdots,N_w$ ，$N_w=2N_T$ ，这里 $N_w=12$ 。

对于传输线网络中任意给定管道上传播的波，可以用两个方向相反的行波来表征，图 2-4 采用单下标方式对其进行编号。编号根据节点序号从小到大依次进行。连接节点 1 的管道有三个，因此节点 1 的去波也有三个，依次按与之相连的管道另一端节点序号从小到大的顺序对波进行编号，于是连接节点 2 的管道上是 W_1，连接节点 3 的管道上是 W_2，连接节点 4 的管道上是 W_3。同理，连接节点 2 的三个管道上的波依次编号为 W_4、W_5、W_6；连接节点 3 的五个管道上的波依次编号为 W_7、W_8、W_9、W_{10}、W_{11}；连接节点 4 的管道上的波为 W_{12}。一般地，节点与管道的编号可以适当灵活，但其编号一定要有规则。

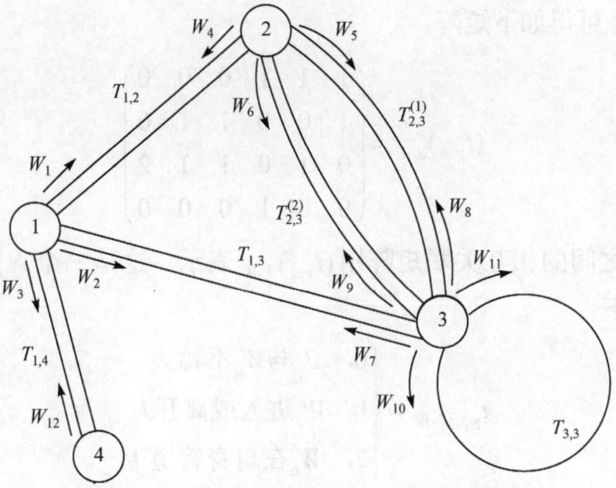

图 2-4　任意传输线网络拓扑示意图

图 2-4 给出的传输线网络拓扑图中共有四个节点和六条管道。接下来介绍几个网络特征矩阵，用于描述节点、管道及波等要素之间的相互关系。

对于含有 N_J 个节点的传输线网络，节点与节点之间的相互关联矩阵用 $(\boldsymbol{t}_{\gamma,\gamma'})_{J\text{-}J}$ 表示，这是一个 $N_J \times N_J$ 的矩阵，其元素定义如下：

$$t_{\gamma,\gamma';J\text{-}J}=\begin{cases}N_T', & \gamma \neq \gamma' \\ 0, & \gamma \neq \gamma'\text{且两节点互不相连} \\ 1, & \gamma=\gamma' \\ 1+2n_t', & \gamma=\gamma'\text{且有自身管道}\end{cases} \tag{2-1}$$

式中，N_T' 为连接节点 J_γ 和 $J_{\gamma'}$ 的管道数量；n_t' 为自身管道的数量。以图 2-4 为例，可得如下矩阵：

$$(\boldsymbol{t}_{\gamma,\gamma'})_{J\text{-}J}=\begin{pmatrix}1 & 1 & 1 & 1 \\ 1 & 1 & 2 & 0 \\ 1 & 2 & 3 & 0 \\ 1 & 0 & 0 & 1\end{pmatrix} \tag{2-2}$$

同样，节点与管道之间的相互关联矩阵用 $(\boldsymbol{t}_{\gamma,n})_{J\text{-}T}$ 表示，这是一个 $N_J \times N_T$ 的矩阵，其元素定义如下：

$$t_{\gamma,n;J\text{-}T}=\begin{cases}0, & J_\gamma\text{与}T_n\text{不相连} \\ 1, & J_\gamma\text{与}T_n\text{相连} \\ 2, & J_\gamma\text{有自身管道}\end{cases} \tag{2-3}$$

以图 2-4 为例，可得如下矩阵：

$$(\boldsymbol{t}_{\gamma,n})_{J\text{-}T}=\begin{pmatrix}1&1&1&0&0&0\\1&0&0&1&1&0\\0&1&0&1&1&2\\0&0&1&0&0&0\end{pmatrix}\tag{2-4}$$

节点与波之间的相互关联矩阵用$(\boldsymbol{t}_{\gamma,u})_{J\text{-}W}$表示，这是一个$N_J\times N_W$的矩阵，其元素定义如下：

$$t_{\gamma,u;J\text{-}W}=\begin{cases}0,\quad J_\gamma\text{与}W_u\text{不相关}\\1,\quad W_u\text{进入或离开}J_\gamma\\2,\quad W_u\text{在自身管道上}\end{cases}\tag{2-5}$$

以图 2-4 为例，可得如下矩阵：

$$(\boldsymbol{t}_{\gamma,u})_{J\text{-}W}=\begin{pmatrix}1&1&1&1&0&0&1&0&0&0&0&1\\1&0&0&1&1&1&0&1&1&0&0&0\\0&1&0&0&1&1&1&1&1&2&2&0\\0&0&1&0&0&0&0&0&0&0&0&1\end{pmatrix}\tag{2-6}$$

波-波-节点矩阵用$(\boldsymbol{t}_{u,v})_{W\text{-}W\text{-}J}$表示，这是一个$N_W\times N_W$的矩阵，它描述任意管道上两个波$W_u$和$W_v$之间相对于节点的关系，其元素定义如下：

$$t_{u,v;W\text{-}W\text{-}J}=\begin{cases}1,\quad\text{对于节点}J_\gamma\text{，波}W_u\text{离开且波}W_v\text{进来}\\0,\quad\text{其他}\end{cases}\tag{2-7}$$

以图 2-4 为例，可得如下矩阵：

$$(\boldsymbol{t}_{u,v})_{W\text{-}W\text{-}J}=\begin{pmatrix}0&0&0&1&0&0&1&0&0&0&0&1\\0&0&0&1&0&0&1&0&0&0&0&1\\0&0&0&1&0&0&1&0&0&0&0&1\\1&0&0&0&0&0&0&1&1&0&0&0\\1&0&0&0&0&0&0&1&1&0&0&0\\1&0&0&0&0&0&0&1&1&0&0&0\\0&1&0&0&1&1&0&0&0&1&1&0\\0&1&0&0&1&1&0&0&0&1&1&0\\0&1&0&0&1&1&0&0&0&1&1&0\\0&1&0&0&1&1&0&0&0&0&1&0\\0&1&0&0&1&1&0&0&0&1&0&0\\0&0&1&0&0&0&0&0&0&0&0&0\end{pmatrix}\tag{2-8}$$

此外，为了重建传输线网络节点(负载)处的实际电压、电流，定义波-波-管道矩阵$(\boldsymbol{t}_{u,v})_{W\text{-}W\text{-}T}$，这也是一个$N_W \times N_W$的矩阵，它描述任意两个波$W_u$ 、W_v和管道之间的关系，其元素定义如下：

$$t_{u,v;W\text{-}W\text{-}T} = \begin{cases} 1, & \text{波}W_u\text{和波}W_v\text{属于管道}T_i \\ 0, & \text{其他} \end{cases} \tag{2-9}$$

确定了传输线网络的这个特征矩阵，就可以直接利用该矩阵给出的关联关系，用一个统一的超矩阵公式实现由 BLT 方程得到的实际合成电压波来重建传输线网络节点(负载)处的实际电压、电流。

2.1.3　超矩阵和超矢量

为了清楚地表示电磁脉冲在传输线网络中节点处的传输与关联关系，本节给出超矩阵和超矢量的概念。定义一个超矩阵，更准确地说应该是一个二重矩阵，可以写成如下形式：$((\boldsymbol{D}_{n,m})_{u,v})$；其基本子矩阵可写成$(\boldsymbol{D}_{n,m})_{u,v}$。矩阵中的元素可表示为$\boldsymbol{D}_{n,m;u,v}$，那么基本子矩阵的维数为$N_u \times N_v$，即$n=1,2,\cdots,N_u$，$m=1,2,\cdots,N_v$。超矩阵的维数为$N \times N$，即$u=1,2,\cdots,N$，$v=1,2,\cdots,N$。同理，超矢量可以写成$((\boldsymbol{V}_n)_u)$，其基本子矢量可写成$(\boldsymbol{V}_n)_u$，其中$n=1,2,\cdots,N_u$，$u=1,2,\cdots,N$；基本元素可表示为$V_{n;u}$。

2.2　BLT 方程方法

本节从传输线基本理论入手，考虑均匀无损双导体传输线模型，首先推导集总源激励下频域 BLT 方程[2-4]。BLT 方程是电磁拓扑理论的核心内容，是研究复杂系统电磁干扰耦合问题的重要分析工具。其次，研究此方程在工程实践中的应用，主要分析电磁脉冲注入对仪器设备连接线(如同轴线)端接负载的响应情况，以及同轴线本身参数和端接设备负载改变时对其响应产生的影响。

2.2.1　BLT 方程

考虑无损耗的情况，均匀双导体传输线可以用单位长度的分布电阻R、分布电感L、分布电容C和分布电导G来描述，其数值可以通过测量或计算得到。但针对大部分绝缘的传输线，分布电导$G \approx 0$。单位长度的电阻可以根据导线的形状和电特性来计算。

图 2-5 是一个长度为L、在$x = x_s$处有任意集总电压源和电流源激励的均匀双

导体传输线模型。在传输线两端接有不同阻抗的负载 Z_{L1} 和 Z_{L2}。考虑无损耗的情况，忽略分布电导，则传输线的传播常数 γ 和特性阻抗 Z_0 可以表示为频率的函数：

$$\gamma = \sqrt{(R+sL)sC} \tag{2-10}$$

$$Z_0 = \sqrt{\frac{R+sL}{sC}} \tag{2-11}$$

式中，采用了拉普拉斯变换的变量 $s=\sigma+\mathrm{j}\omega$ 来定义复频率。

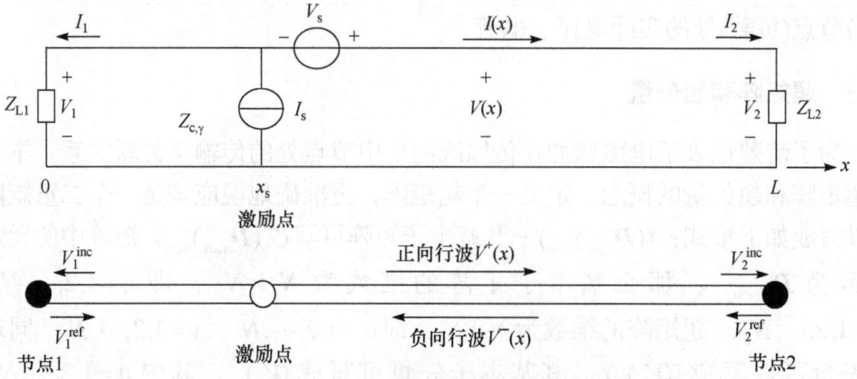

图 2-5　有任意集总激励源的双导体传输线模型

由传输线的基本理论可知，沿线存在正向行波 $V^+(x)$ 和负向行波 $V^-(x)$，则传输线上任意点的电压可表示为 $V(x)=V^+(x)+V^-(x)$。

节点 1：

$$\begin{cases} V^+(0)=V_1^+=V_1^{\mathrm{ref}} \\ V^-(0)=V_1^-=V_1^{\mathrm{inc}} \end{cases} \tag{2-12}$$

式中，$V^+(0)$、V_1^+ 和 V_1^{ref} 为节点 1 的反射电压波；$V^-(0)$、V_1^- 和 V_1^{inc} 为节点 1 的入射电压波。

节点 2：

$$\begin{cases} V^+(L)=V_2^+=V_2^{\mathrm{inc}} \\ V^-(L)=V_2^-=V_2^{\mathrm{ref}} \end{cases} \tag{2-13}$$

式中，$V^+(L)$、V_2^+ 和 V_2^{inc} 为节点 2 的入射电压波；$V^-(L)$、V_2^- 和 V_2^{ref} 为节点 2 的反射电压波。

对于在 $x=x_{\mathrm{s}}$ 处有任意集总源激励的传输线，当 $x>x_{\mathrm{s}}$ 时产生正向波，当 $x<x_{\mathrm{s}}$

时产生负向波，表达式分别为

$$V_{\mathrm{s}}^{+}(x)=\frac{1}{2}(V_{\mathrm{s}}+Z_0I_{\mathrm{s}})\mathrm{e}^{-\gamma(x-x_{\mathrm{s}})}\text{，}\ V_{\mathrm{s}}^{-}(x)=0\text{，}\ x>x_{\mathrm{s}} \tag{2-14}$$

$$V_{\mathrm{s}}^{-}(x)=-\frac{1}{2}(V_{\mathrm{s}}-Z_0I_{\mathrm{s}})\mathrm{e}^{\gamma(x-x_{\mathrm{s}})}\text{，}\ V_{\mathrm{s}}^{+}(x)=0\text{，}\ x<x_{\mathrm{s}} \tag{2-15}$$

式中，V_{s} 和 I_{s} 为激励源。

若激励源不存在，则节点 2 的正向电压波可以用节点 1 的正向电压波表示为

$$V_2^{+}=V_1^{+}\mathrm{e}^{-\gamma L} \tag{2-16}$$

若激励源存在，则由叠加原理可得

$$V_2^{+}=V_1^{+}\mathrm{e}^{-\gamma L}+\frac{1}{2}(V_{\mathrm{s}}+Z_0I_{\mathrm{s}})\mathrm{e}^{-\gamma(L-x_{\mathrm{s}})} \tag{2-17}$$

同理，节点 1 的负向电压波可以表示为节点 2 的负向电压波和激励源产生的负向电压波之和，即

$$V_1^{-}=V_2^{-}\mathrm{e}^{-\gamma L}-\frac{1}{2}(V_{\mathrm{s}}-Z_0I_{\mathrm{s}})\mathrm{e}^{-\gamma x_{\mathrm{s}}} \tag{2-18}$$

则两个节点的入射波的矩阵方程可表示为

$$\begin{pmatrix}V_1^{\mathrm{inc}}\\ V_2^{\mathrm{inc}}\end{pmatrix}=\begin{pmatrix}0 & \mathrm{e}^{-\gamma L}\\ \mathrm{e}^{-\gamma L} & 0\end{pmatrix}\begin{pmatrix}V_1^{\mathrm{ref}}\\ V_2^{\mathrm{ref}}\end{pmatrix}+\begin{pmatrix}-\dfrac{1}{2}(V_{\mathrm{s}}-Z_0I_{\mathrm{s}})\mathrm{e}^{-\gamma x_{\mathrm{s}}}\\ \dfrac{1}{2}(V_{\mathrm{s}}+Z_0I_{\mathrm{s}})\mathrm{e}^{-\gamma(L-x_{\mathrm{s}})}\end{pmatrix} \tag{2-19}$$

为了书写方便，将 $x=x_{\mathrm{s}}$ 处的集总激励源(电压源或电流源)定义为

$$\begin{pmatrix}S_1\\ S_2\end{pmatrix}=\begin{pmatrix}-\dfrac{1}{2}(V_{\mathrm{s}}-Z_0I_{\mathrm{s}})\mathrm{e}^{-\gamma x_{\mathrm{s}}}\\ \dfrac{1}{2}(V_{\mathrm{s}}+Z_0I_{\mathrm{s}})\mathrm{e}^{-\gamma(L-x_{\mathrm{s}})}\end{pmatrix} \tag{2-20}$$

由传输线理论可知，入射电压和反射电压具有如下关系：

$$V^{\mathrm{ref}}=\Gamma V^{\mathrm{inc}} \tag{2-21}$$

式中，Γ 为电压反射系数。

进而有如下表达式：

$$\begin{pmatrix}V_1^{\mathrm{ref}}\\ V_2^{\mathrm{ref}}\end{pmatrix}=\begin{pmatrix}\Gamma_1 & 0\\ 0 & \Gamma_2\end{pmatrix}\begin{pmatrix}V_1^{\mathrm{inc}}\\ V_2^{\mathrm{inc}}\end{pmatrix} \tag{2-22}$$

将式(2-19)代入式(2-22)，整理得

$$\begin{pmatrix} V_1^{\text{inc}} \\ V_2^{\text{inc}} \end{pmatrix} = \left(\begin{pmatrix} 1 & 0 \\ 0 & 1 \end{pmatrix} - \begin{pmatrix} 0 & e^{-\gamma L} \\ e^{-\gamma L} & 0 \end{pmatrix} \begin{pmatrix} \Gamma_1 & 0 \\ 0 & \Gamma_2 \end{pmatrix} \right)^{-1} \begin{pmatrix} S_1 \\ S_2 \end{pmatrix} \tag{2-23}$$

则负载的总电压为

$$\begin{pmatrix} V_1 \\ V_2 \end{pmatrix} = \begin{pmatrix} V_1^{\text{inc}} \\ V_2^{\text{inc}} \end{pmatrix} + \begin{pmatrix} V_1^{\text{ref}} \\ V_2^{\text{ref}} \end{pmatrix} = \begin{pmatrix} 1+\Gamma_1 & 0 \\ 0 & 1+\Gamma_2 \end{pmatrix} \begin{pmatrix} V_1^{\text{inc}} \\ V_2^{\text{inc}} \end{pmatrix} \tag{2-24}$$

经过上述推导，整理得到电压 BLT 方程为

$$\begin{pmatrix} V(0) \\ V(L) \end{pmatrix} = \begin{pmatrix} 1+\Gamma_1 & 0 \\ 0 & 1+\Gamma_2 \end{pmatrix} \left(\begin{pmatrix} 1 & 0 \\ 0 & 1 \end{pmatrix} - \begin{pmatrix} 0 & e^{-\gamma L} \\ e^{-\gamma L} & 0 \end{pmatrix} \begin{pmatrix} \Gamma_1 & 0 \\ 0 & \Gamma_2 \end{pmatrix} \right)^{-1} \begin{pmatrix} S_1 \\ S_2 \end{pmatrix} \tag{2-25}$$

同理，可得电流 BLT 方程为

$$\begin{pmatrix} I(0) \\ I(L) \end{pmatrix} = \frac{1}{Z_0} \begin{pmatrix} 1-\Gamma_1 & 0 \\ 0 & 1-\Gamma_2 \end{pmatrix} \left(\begin{pmatrix} 1 & 0 \\ 0 & 1 \end{pmatrix} - \begin{pmatrix} 0 & e^{-\gamma L} \\ e^{-\gamma L} & 0 \end{pmatrix} \begin{pmatrix} \Gamma_1 & 0 \\ 0 & \Gamma_2 \end{pmatrix} \right)^{-1} \begin{pmatrix} S_1 \\ S_2 \end{pmatrix} \tag{2-26}$$

以上推导都是基于频域，式(2-25)和式(2-26)就是双导体传输线的频域 BLT 方程，根据已知参数运用此方程就可以求解传输线负载上的电流和电压响应。

2.2.2 BLT 方程在双导体传输线中的应用

1. 在平行双导线中的应用

为了说明 BLT 方程在求解传输线端接负载响应中的应用，如图 2-6 所示，将单导体线缆和理想地平面构成双导体系统。导线的长度为 L，半径为 a，距地面高度为 h，V_s 为激励源，Z=50Ω 为源端阻抗，R 为终端负载阻抗，V_o 为开路时的电压。

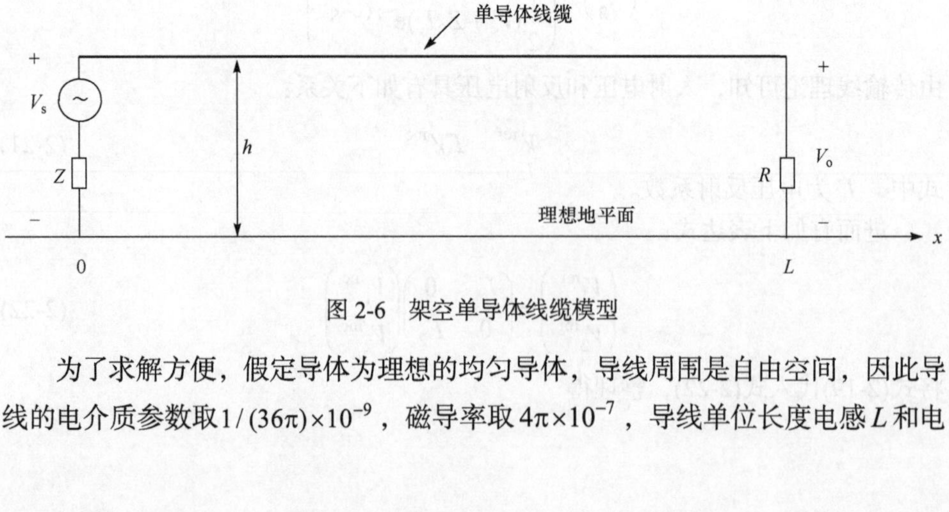

图 2-6　架空单导体线缆模型

为了求解方便，假定导体为理想的均匀导体，导线周围是自由空间，因此导线的电介质参数取 $1/(36\pi)\times10^{-9}$，磁导率取 $4\pi\times10^{-7}$，导线单位长度电感 L 和电

容C近似值的数学表达式分别为

$$L = \frac{\mu}{2\pi}\ln\frac{2h}{a} \tag{2-27}$$

$$C = \frac{2\pi\varepsilon}{\ln\left(\frac{2h}{a}\right)} \tag{2-28}$$

式中，μ为导体的磁导率；h为导体距地面的高度；a为导体的半径；ε为导体的介电常数。

图 2-6 中，在 x=0 处加幅值为 1V 的电压激励源，在 x=L 处开路。传输线长度 L=9m，半径 a=0.1cm，离地平面的高度 h=1m。图 2-7 描述了其频域响应。

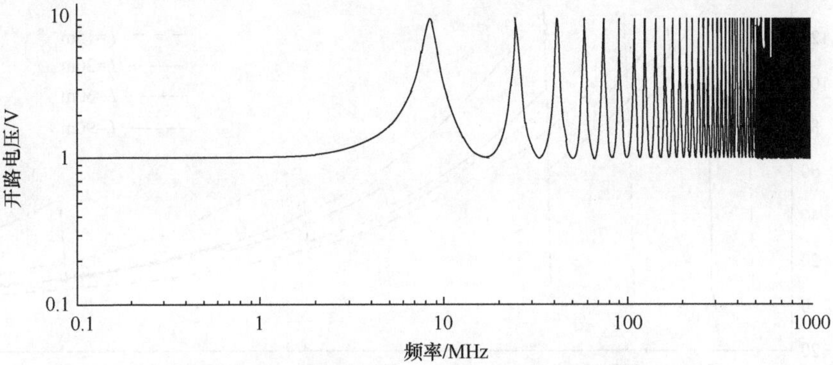

图 2-7　用 BLT 方程计算出的传输线频域开路电压响应

从图 2-7 中可以看出，低频情况下，在线末端的电压响应就是电源的电动势。随着频率的增加，传输线的影响开始出现，导致谐振；在 8.429MHz 达到$\lambda/2$谐振点，随后的是高阶谐振。

若选用双指数脉冲电压源作为激励源，则其数学表达式为

$$V_s(t) = V_0 \times 1.05 \times (e^{-4\times10^6 t} - e^{-4.76\times10^8 t}) \tag{2-29}$$

式中，V_0为电压波峰值，取 50kV，也就是常用的贝尔实验室高空核电磁脉冲波形，如图 2-8 所示。下面讨论不同参数对结果的影响。

1) 线缆长度的影响

设线缆的半径 a=0.1m，距离理想地面的高度 h=1m，端接负载 R 取线缆特性阻抗的一半。图 2-9 给出了线缆长度 L 变化时，端接负载上感应电流的瞬态响应。

从图 2-9 中可以看出，在电磁脉冲作用下，反射导致“锯齿”形衰减，幅值逐渐趋向于零，这在理论上是可以解释的。随着线缆长度 L 的增加，感应电流的峰值衰减幅度也随之增大。

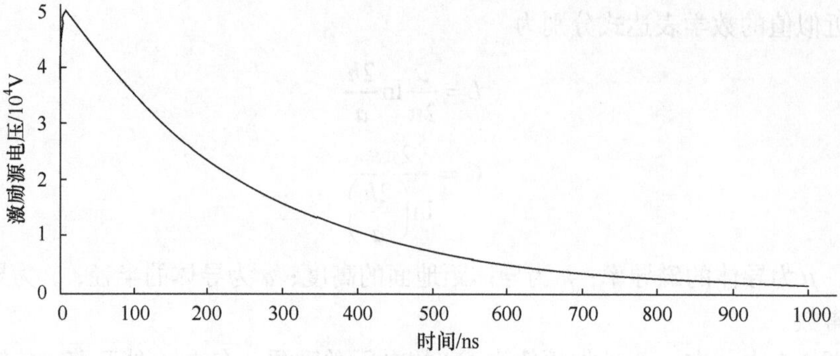

图 2-8　激励源波形

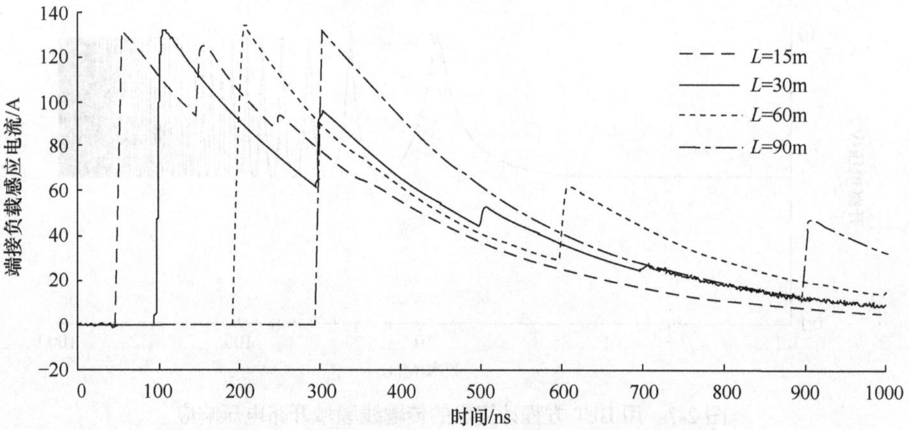

图 2-9　不同线缆长度端接负载的感应电流

2) 线缆半径的影响

设线缆长度 L=30m，距离理想地面的高度 h=1m，端接负载 R 取线缆特性阻抗的一半。图 2-10 给出了线缆半径 a 变化时，端接负载上感应电流的瞬态响应。

从图 2-10 中可以看出，在电磁脉冲作用下，随着线缆半径 a 的增大，感应电流的峰值也随之增大。

3) 线缆离地高度的影响

设线缆长度 L=30m，半径 a=0.1m，端接负载 R 取线缆特性阻抗的一半。图 2-11 给出了线缆距离理想地面的高度 h 变化时，端接负载上感应电流的瞬态响应。

从图 2-11 中可以看出，在电磁脉冲作用下，随着线缆距离理想地面高度 h 的增大，感应电流的峰值随之减小。

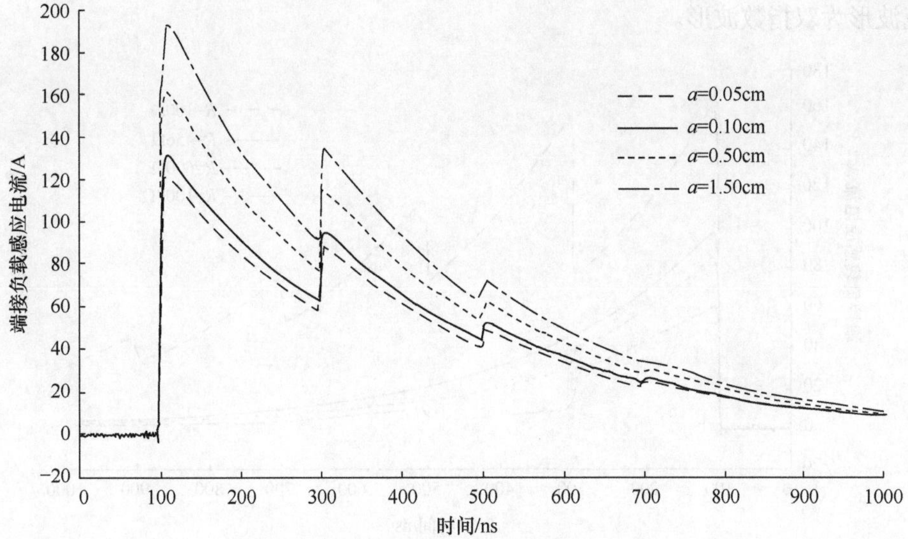

图 2-10　不同半径时端接负载的感应电流

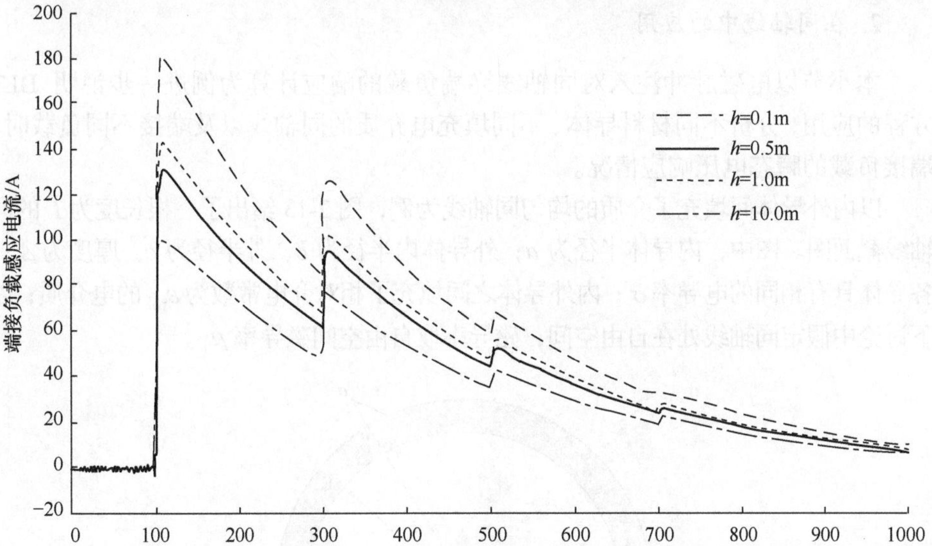

图 2-11　距离理想地面不同高度时端接负载的感应电流

4) 线缆端接负载的影响

设线缆长度 L=30m，半径 a=0.1m，距离理想地面的高度 h=1m。图 2-12 给出了线缆端接负载 R 变化时，端接负载上感应电流的瞬态响应。

从图 2-12 中可以看出，在电磁脉冲作用下，随着线缆端接负载 R 的增大，感应电流的峰值随之减小；当端接负载与线缆特性阻抗匹配时，没有反射，感应电流波形为双指数波形。

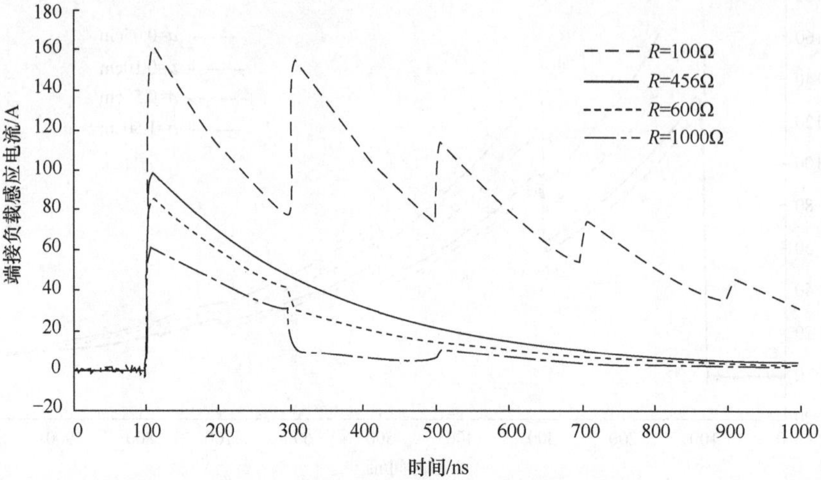

图 2-12 不同端接负载对应的感应电流

2. 在同轴线中的应用

本小节以电磁脉冲注入对同轴线终端负载的响应计算为例进一步说明 BLT 方程的应用，分析不同材料导体、不同填充电介质的同轴线以及端接不同负载时，端接负载的瞬态电压响应情况。

以内外导体间填充了介质的均匀同轴线为例，图 2-13 给出了一根长度为 L 的同轴线截面图。图中，内导体半径为 a；外导体内半径为 b，外半径为 c，厚度为 Δ；各导体具有相同的电导率 σ；内外导体之间填充了相对介电常数为 $\varepsilon_{\mathrm{rel}}$ 的电介质；以下讨论中假定同轴线处在自由空间，磁导率取自由空间磁导率 μ_0。

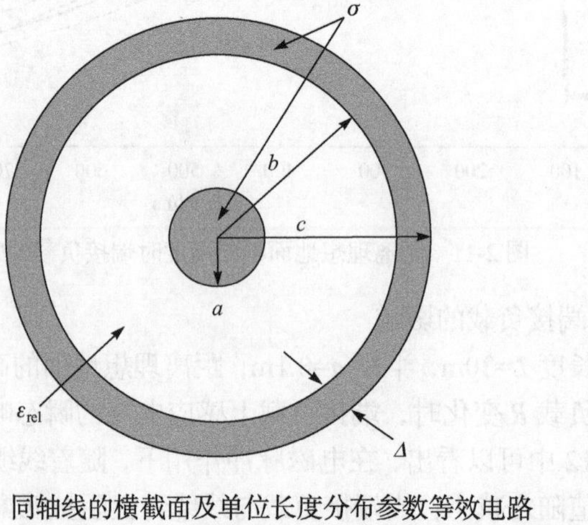

图 2-13 同轴线的横截面及单位长度分布参数等效电路

根据实验室常用的同轴线设置以下参数：a=0.645mm，b=1.955mm，c=2.375mm；$\varDelta=c-b$=0.42mm，$\varepsilon_{\text{rel}}=2.1$，特性阻抗 $Z_{\text{c}}=50\Omega$，长度 L=1m，激励源在 $x_{\text{s}}=0.2\text{m}$ 处，负载阻抗分别为 $Z_{\text{L1}}=100\Omega$、$Z_{\text{L2}}=10\Omega$，考虑同轴线的导体为碲($\sigma=5\times10^3\ \text{S/m}$)、铜($\sigma=5.8\times10^7\ \text{S/m}$)两种情况。图 2-14 为同轴线的双导体传输线等效模型。

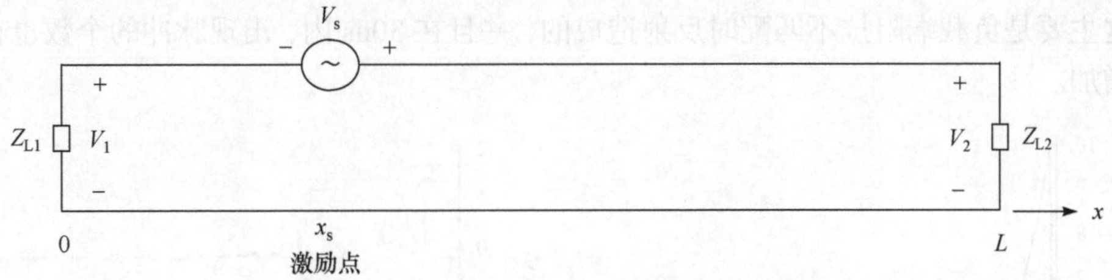

图 2-14　同轴线的双导体传输线等效模型

对于同轴线，单位长度的分布电感 L、分布电容 C 和分布电阻 R 近似为 $L=\dfrac{\mu_0}{2\pi}\ln(b/a)$、$C=\dfrac{2\pi\varepsilon_0\varepsilon_{\text{rel}}}{\ln(b/a)}$、$R=\dfrac{1}{\pi\sigma}\left(\dfrac{1}{a^2}+\dfrac{1}{2b\varDelta}\right)$。

在式(2-25)和式(2-26)中，源向量包含了集总电压源和电流源，为了计算方便，这里仅考虑只有电压源激励的情况。

这里采用完全误差函数脉冲电压源作为激励源，其数学表达式为

$$V_{\text{o}}(t)=V_{\text{p}}(1+\varGamma)\text{e}^{-\left(\frac{t-t_{\text{s}}}{t_{\text{f}}}\right)}\left[\begin{aligned}&0.5\text{erfc}\left(-\sqrt{\pi}\frac{t-t_{\text{s}}}{t_{\text{r}}}\right)\varPhi(-(t-t_{\text{s}}))\\&+\left[1-0.5\text{erfc}\left(\sqrt{\pi}\frac{t-t_{\text{s}}}{t_{\text{r}}}\right)\right]\varPhi(t-t_{\text{s}})\end{aligned}\right] \tag{2-30}$$

式中，$\text{erfc}(\cdot)$ 代表完全误差函数；$\varPhi(\cdot)$ 代表单位阶跃函数；$V_{\text{p}}=10\text{kV}$；$\varGamma=0.024$；$t_{\text{r}}=100\text{ps}$；$t_{\text{f}}=4\text{ns}$；$t_{\text{s}}=0.2\text{ns}$。其波形如图 2-15 所示。

1) 不同材料导体的影响

当同轴线导体为良导体(铜)和弱导体(碲)时，通过计算可以得到端接负载处的瞬态电压响应，如图 2-16 和图 2-17 所示。

通过比较可知，不同材料的同轴线对脉冲的传播影响很大，图 2-16 和图 2-17 存在时间和幅值的差异，主要是由计算时同轴线的参数和介电常数的选取不同造成的。

2) 不同电介质参数的影响

同轴线内外导体间填充的电介质对端接负载处的瞬态电压响应也有影响，因此计算时同轴线导体选良导体(铜)。图 2-18 和图 2-19 给出了不同电介质参数时端

接负载的瞬态电压响应。从图中可以看出，两者的差异主要体现在波形的时延上，电介质参数越大，传播越慢，对幅值基本没有影响。

3) 不同负载的影响

同轴线末端负载阻抗的变化对端接负载的瞬态电压响应有影响，图 2-20 给出了不同负载时同轴线末端的瞬态电压响应。

从图 2-20 中可以看出，随着末端阻抗的增大，响应波形的峰值也逐渐增大，这主要是负载端阻抗不匹配时反射造成的，并且在 30ns 内，出现脉冲的个数也在增加。

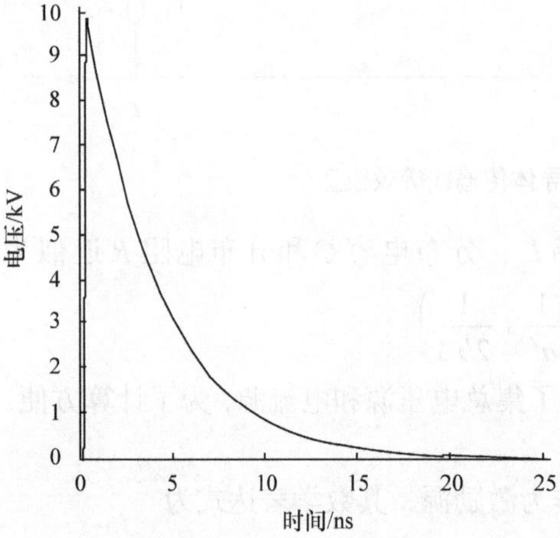

图 2-15 电压源波形

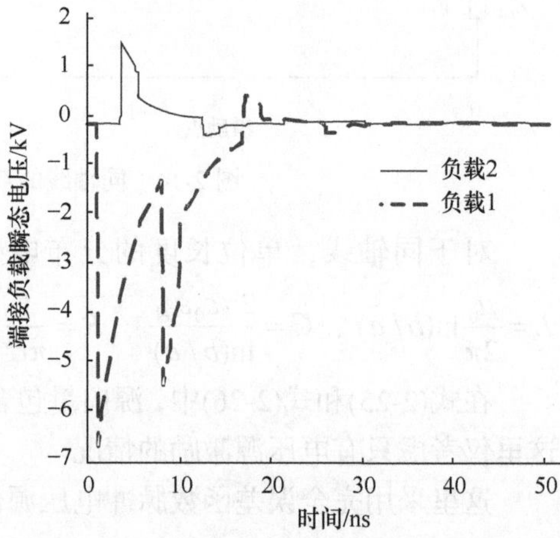

图 2-16 同轴线(铜)端接负载瞬态电压响应

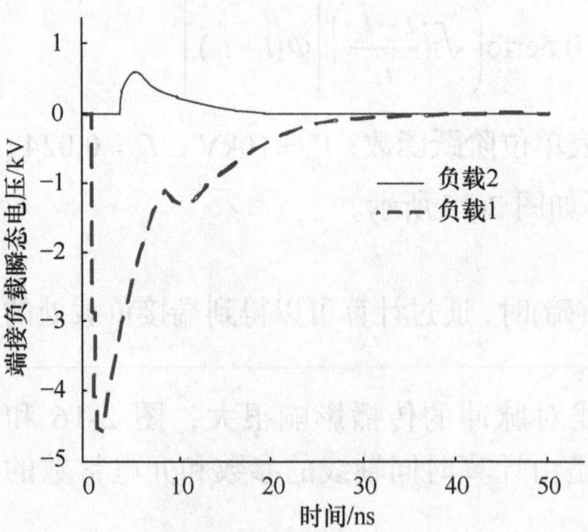

图 2-17 同轴线(碲)端接负载瞬态电压响应

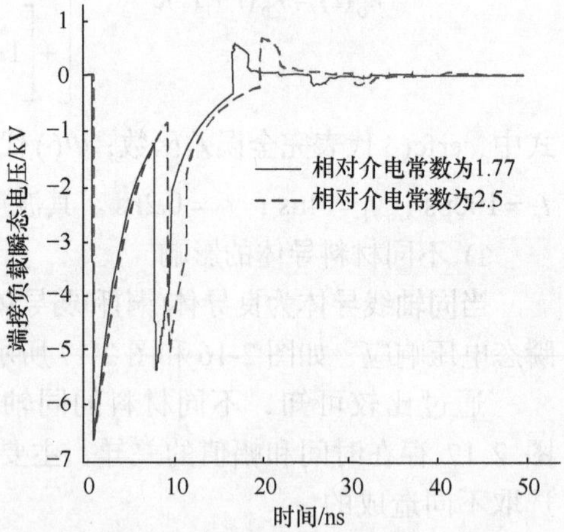

图 2-18 同轴线 Z_1 端接负载瞬态电压响应

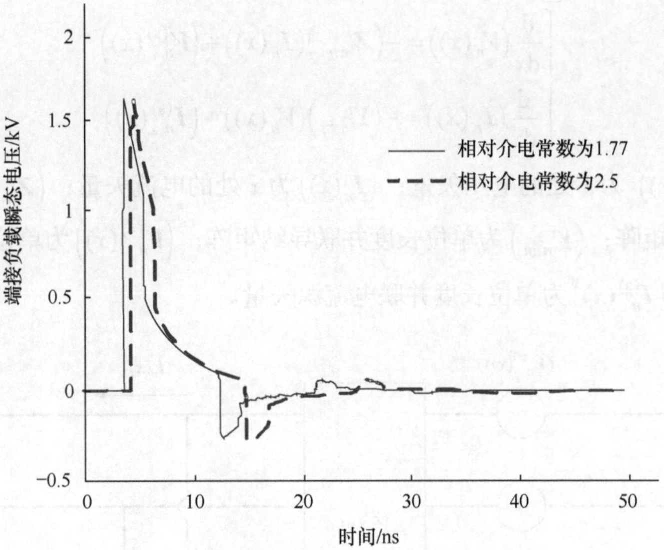

图 2-19　同轴线 Z_2 端接负载瞬态电压响应

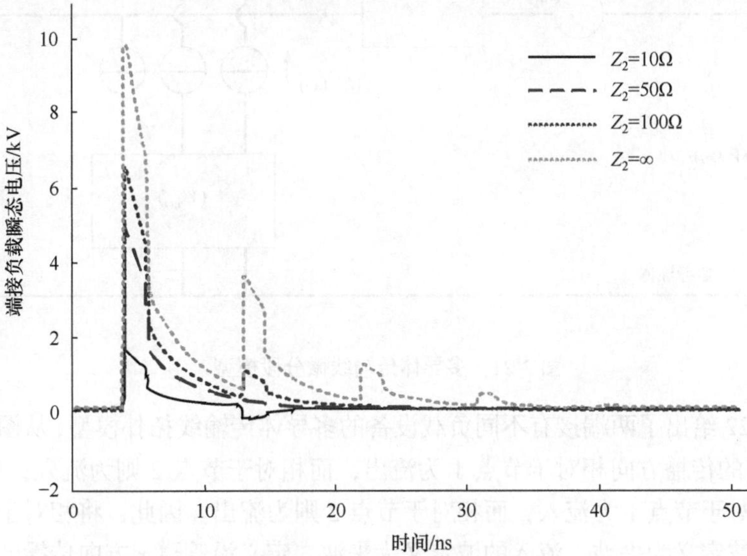

图 2-20　同轴线 Z_2 端接不同负载瞬态电压响应

2.2.3　传输线网络 BLT 超矩阵方程

1. 传输线网络 BLT 超矩阵方程的推导

由多导体传输线方程推导传输线网络 BLT 超矩阵方程，图 2-21 给出了多导体传输线微分段模型。此时，频域多导体传输线方程可写为

$$\begin{cases}\dfrac{\mathrm{d}}{\mathrm{d}x}\left(\boldsymbol{V}_n(x)\right)=-\left(\boldsymbol{Z}'_{n,m}\right)\left(\boldsymbol{I}_n(x)\right)+\left(\boldsymbol{V}_n^{(\mathrm{s})}(x)\right)\\ \dfrac{\mathrm{d}}{\mathrm{d}x}\left(\boldsymbol{I}_n(x)\right)=-\left(\boldsymbol{Y}'_{n,m}\right)\left(\boldsymbol{V}_n(x)\right)+\left(\boldsymbol{I}_n^{(\mathrm{s})}(x)\right)\end{cases} \tag{2-31}$$

式中，$\left(\boldsymbol{V}_n(x)\right)$ 为 x 处的电压矢量；$\left(\boldsymbol{I}_n(x)\right)$为 x 处的电流矢量；$\left(\boldsymbol{Z}'_{n,m}\right)$为单位长度串联阻抗矩阵；$\left(\boldsymbol{Y}'_{n,m}\right)$为单位长度并联导纳矩阵；$\left(\boldsymbol{V}_n^{(\mathrm{s})}(x)\right)$为单位长度串联电压源矢量；$\left(\boldsymbol{I}_n^{(\mathrm{s})}(x)\right)$为单位长度并联电流源矢量。

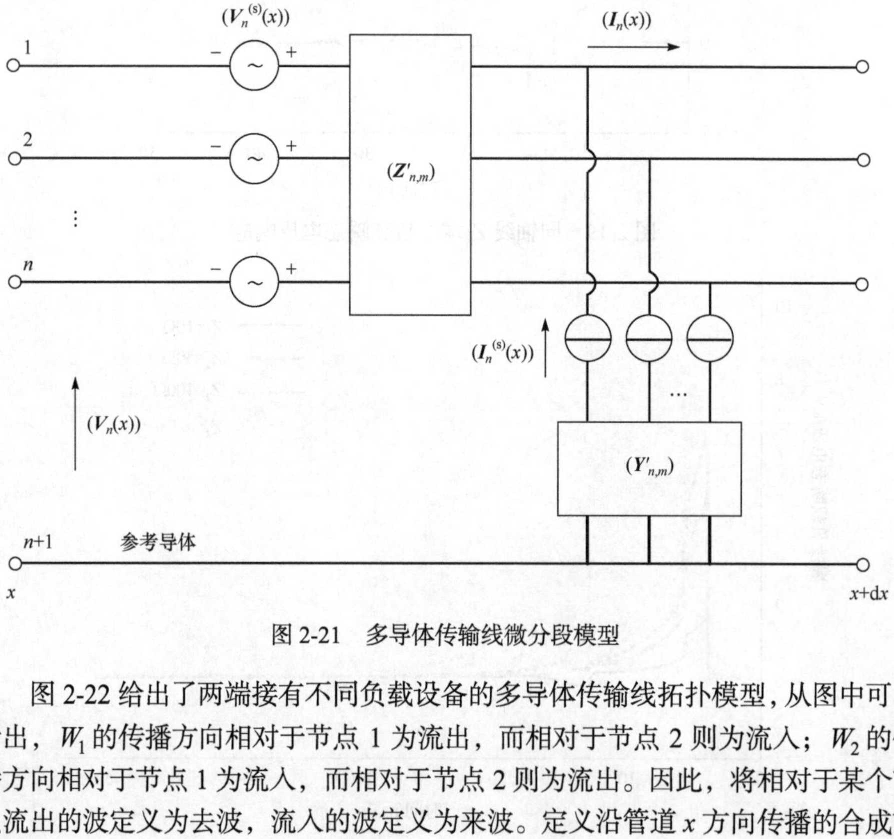

图 2-21　多导体传输线微分段模型

图 2-22 给出了两端接有不同负载设备的多导体传输线拓扑模型，从图中可以看出，W_1 的传播方向相对于节点 1 为流出，而相对于节点 2 则为流入；W_2 的传播方向相对于节点 1 为流入，而相对于节点 2 则为流出。因此，将相对于某个节点流出的波定义为去波，流入的波定义为来波。定义沿管道 x 方向传播的合成前向行波$\left(\boldsymbol{V}_n(x)\right)_+$(简记为$\boldsymbol{W}_1(x)$)和沿管道$-x$ 方向传播的合成后向行波$\left(\boldsymbol{V}_n(x)\right)_-$(简记为$\boldsymbol{W}_2(x)$)分别为

$$\boldsymbol{W}_1(x)=\left(\boldsymbol{V}_n(x)\right)_+=\left(\boldsymbol{V}_n(x)\right)+\left(\boldsymbol{Z}_{C_{n,m}}\right)\left(\boldsymbol{I}_n(x)\right) \tag{2-32}$$

$$\boldsymbol{W}_2(x)=\left(\boldsymbol{V}_n(x)\right)_-=\left(\boldsymbol{V}_n(x)\right)-\left(\boldsymbol{Z}_{C_{n,m}}\right)\left(\boldsymbol{I}_n(x)\right) \tag{2-33}$$

同理有

$$W_1^{(s)}(x)=\left(V_n^{(s)}(x)\right)_+=\left(V_n^{(s)}(x)\right)+\left(Z_{C_{n,m}}\right)\left(I_n^{(s)}(x)\right) \tag{2-34}$$

$$W_2^{(s)}(x)=\left(V_n^{(s)}(x)\right)_-=\left(V_n^{(s)}(x)\right)-\left(Z_{C_{n,m}}\right)\left(I_n^{(s)}(x)\right) \tag{2-35}$$

此时，传输线上实际的电压、电流向量可表示为

$$\left(V_n(x)\right)=\frac{1}{2}\left(\left(V_n(x)\right)_+ +\left(V_n(x)\right)_-\right) \tag{2-36}$$

$$\left(Z_{C_{n,m}}\right)\left(I_n(x)\right)=\frac{1}{2}\left(\left(V_n(x)\right)_+ -\left(V_n(x)\right)_-\right) \tag{2-37}$$

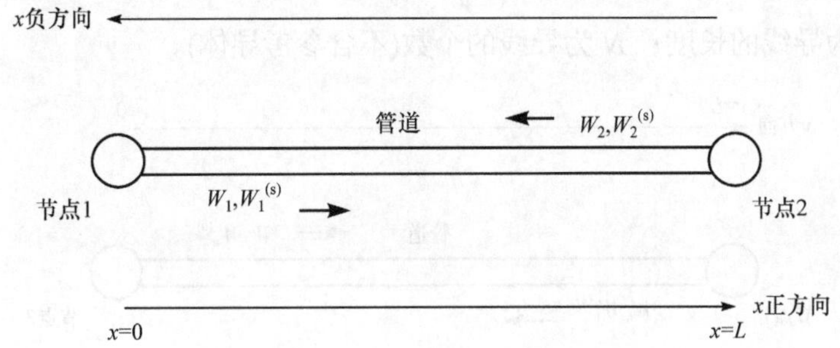

图 2-22　单管道传输线拓扑模型

基于以上合成波的表达形式，式(2-31)的多导体传输线方程可写为

$$\left(\frac{\mathrm{d}}{\mathrm{d}x}\cdot\left(\mathbf{1}_{n,m}\right)+q\left(\boldsymbol{\gamma}_{C_{n,m}}\right)\right)\left(V_n(x)\right)_q=\left(V_n^{(s)}(x)\right)_q \tag{2-38}$$

式中，$(\mathbf{1}_{n,m})$代表单位矩阵；$q=\begin{cases}1, & \text{前向合成波}\\ -1, & \text{后向合成波}\end{cases}$；$\left(\gamma_{C_{n,m}}\right)^2=\begin{pmatrix}\gamma_1^2 & 0 & \cdots & 0\\ 0 & \gamma_2^2 & \cdots & 0\\ \vdots & \vdots & & \vdots\\ 0 & 0 & \cdots & \gamma_n^2\end{pmatrix}$为模传播常数。对于常微分方程形式的式(2-38)，给定初始条件便可以进行求解。

对于 x 方向的前向合成波，给出$\left(V_n(0)\right)_+$，则其解可写为

$$W_1(x)=\mathrm{e}^{-\left(\gamma_{C_{n,m}}\right)x}\left(V_n(0)\right)_+ +\int_0^x \mathrm{e}^{-\left(\gamma_{C_{n,m}}\right)(x-x')}\left(V_n^{(s)\prime}(x')\right)_+\mathrm{d}x' \tag{2-39}$$

对于 $-x$ 方向的后向合成波，给出$\left(V_n(L)\right)_-$，则其解可写为

$$W_2(x)=\mathrm{e}^{\left(\gamma_{C_{n,m}}\right)(x-L)}\left(V_n(L)\right)_- +\int_L^x \mathrm{e}^{\left(\gamma_{C_{n,m}}\right)(x-x')}\left(V_n^{(s)\prime}(x')\right)_-\mathrm{d}x' \tag{2-40}$$

这里定义散射矩阵为

$$(\text{去波})=\left(\boldsymbol{S}_{n,m}(x)\right)(\text{来波}) \tag{2-41}$$

则在 $x=0$ 处有 $\left(\boldsymbol{V}_n(0)\right)_+=\left(\boldsymbol{S}_{n,m}(0)\right)\left(\boldsymbol{V}_n(0)\right)_-$，在 $x=L$ 处有 $\left(\boldsymbol{V}_n(L)\right)_-=\left(\boldsymbol{S}_{n,m}(L)\right)\left(\boldsymbol{V}_n(L)\right)_+$。结合端点处的负载条件就可以求出管道中的实际电压、电流。

接下来将其推广到更一般的情况，如图 2-23 所示，显然管道上的波 W_u 和波 W_v 满足以下条件：

$$\begin{cases} L_u=L_v=L \\ x_u+x_v=L \\ N_u=N_v=N \end{cases} \tag{2-42}$$

式中，L 为导线的长度；N 为导线的个数(不含参考导体)。

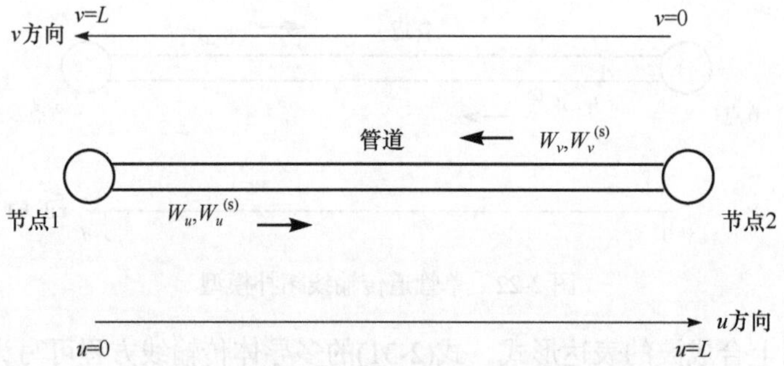

图 2-23　单管道传输线波传播广义坐标系示意图

图 2-23 中选择了两个坐标系，因此管道上的实际电压、电流、分布源及参数的关系可表示为

$$\left(\boldsymbol{V}_n(x_u)\right)=\left(\boldsymbol{V}_n(x_v)\right) \tag{2-43}$$

$$\left(\boldsymbol{I}_n(x_u)\right)=-\left(\boldsymbol{I}_n(x_v)\right) \tag{2-44}$$

$$\left(\boldsymbol{V}_n^{(\mathrm{s})\prime}(x_u)\right)=-\left(\boldsymbol{V}_n^{(\mathrm{s})\prime}(x_v)\right) \tag{2-45}$$

$$\left(\boldsymbol{I}_n^{(\mathrm{s})\prime}(x_u)\right)=\left(\boldsymbol{I}_n^{(\mathrm{s})\prime}(x_v)\right) \tag{2-46}$$

$$\left(\boldsymbol{Z}_{C_{n,m}}\right)_u=\left(\boldsymbol{Z}_{C_{n,m}}\right)_v=\left(\boldsymbol{Z}_{C_{n,m}}\right) \tag{2-47}$$

$$\left(\boldsymbol{\gamma}_{C_{n,m}}\right)_u=\left(\boldsymbol{\gamma}_{C_{n,m}}\right)_v=\left(\boldsymbol{\gamma}_{C_{n,m}}\right) \tag{2-48}$$

因此，在新坐标系中 W_u 和 W_v 可写为

$$\boldsymbol{W}_u(x_u)=\left(\boldsymbol{V}_n(x_u)\right)_u=\mathrm{e}^{-\left(\gamma_{C_{n,m}}\right)x_u}\left(\boldsymbol{V}_n(0)\right)_u+\int_0^{x_u}\mathrm{e}^{-\left(\gamma_{C_{n,m}}\right)\left(x_u-x_u'\right)}\left(\boldsymbol{V}_n^{(\mathrm{s})\prime}(x_u')\right)_u\mathrm{d}x_u' \tag{2-49}$$

$$\boldsymbol{W}_u(L_u)=\left(\boldsymbol{V}_n(L_u)\right)_u=\mathrm{e}^{-\left(\gamma_{C_{n,m}}\right)L_u}\left(\boldsymbol{V}_n(0)\right)_u+\int_0^{L_u}\mathrm{e}^{-\left(\gamma_{C_{n,m}}\right)\left(L_u-x_u'\right)}\left(\boldsymbol{V}_n^{(\mathrm{s})\prime}(x_u')\right)_u\mathrm{d}x_u' \tag{2-50}$$

$$\boldsymbol{W}_v(x_v)=\left(\boldsymbol{V}_n(x_v)\right)_v=\mathrm{e}^{-\left(\gamma_{C_{n,m}}\right)x_v}\left(\boldsymbol{V}_n(0)\right)_v+\int_0^{x_v}\mathrm{e}^{-\left(\gamma_{C_{n,m}}\right)\left(x_v-x_v'\right)}\left(\boldsymbol{V}_n^{(\mathrm{s})\prime}(x_v')\right)_v\mathrm{d}x_v' \tag{2-51}$$

$$\boldsymbol{W}_v(L_v)=\left(\boldsymbol{V}_n(L_v)\right)_v=\mathrm{e}^{-\left(\gamma_{C_{n,m}}\right)L_v}\left(\boldsymbol{V}_n(0)\right)_v+\int_0^{L_v}\mathrm{e}^{-\left(\gamma_{C_{n,m}}\right)\left(L_v-x_v'\right)}\left(\boldsymbol{V}_n^{(\mathrm{s})\prime}(x_v')\right)_v\mathrm{d}x_v' \tag{2-52}$$

由式(2-52)可以看到，W_u 和 W_v 的表达形式是相同的，因此管道上的去波和来波只需考虑一类这样的方程。

定义传播矩阵为

$$\left(\boldsymbol{\Gamma}_{n,m}\right)_{u,v}=\left(\mathbf{1}_{u,v}\right)\mathrm{e}^{-\left(\gamma_{C_{n,m}}\right)\cdot L_u}=\begin{cases}\mathrm{e}^{-\left(\gamma_{C_{n,m}}\right)L_u}, & u=v\\ 0, & u\neq v\end{cases} \tag{2-53}$$

分布源矢量为

$$\left(\boldsymbol{V}_n^{(\mathrm{s})}\right)_u=\int_0^{L_u}\mathrm{e}^{-\left(\gamma_{C_{n,m}}\right)\left(L_u-x_u'\right)}\left(\boldsymbol{V}_n^{(\mathrm{s})\prime}(x_u')\right)_u\mathrm{d}x_u' \tag{2-54}$$

根据单管道推导的思路将以上方程扩展到传输线网络中，将 u 、v 遍布传输线网络中的所有波，则式(2-50)推广到传输线网络可写为

$$\left(\boldsymbol{W}_u(L_u)\right)=\left(\left(\boldsymbol{V}_n(L_u)\right)_u\right)=\left(\left(\boldsymbol{T}_{n,m}\right)_{u,v}\right)\left(\left(\boldsymbol{V}_n(0)\right)_u\right)+\left(\left(\boldsymbol{V}_n^{(\mathrm{s})}\right)_u\right) \tag{2-55}$$

式(2-55)就是传输线网络的传播超矩阵方程。类似地，可得到散射超矩阵方程：

$$\left(\left(\boldsymbol{V}_n(0)\right)_u\right)=\left(\left(\boldsymbol{S}_{n,m}\right)_{u,v}\right)\left(\left(\boldsymbol{V}_n(L_u)\right)_u\right) \tag{2-56}$$

根据先前对超矩阵的定义，可得上面两式中传播超矩阵和散射超矩阵的基本子矩阵的维数为 $N_u\times N_v$，并且 $n=1,2,\cdots,N_u$，$m=1,2,\cdots,N_v$，其中 $N_u=N_v$ 为波 W_u 和 W_v 共同传播的管道上含有的导线根数(不含参考导体)。传播超矩阵和散射超矩阵的维数 N 可由公式 $N=\sum\limits_{u=1}^{N}N_u$ 得到。

根据定义可知，$\left(\left(\boldsymbol{V}_n(0)\right)_u\right)$ 为合成电压波在节点处的去波超矢量，而 $\left(\left(\boldsymbol{V}_n(L_u)\right)_u\right)$ 为合成电压波在节点处的来波超矢量。通过式(2-55)和式(2-56)消去来波超矢量可得

$$\left(\left(\boldsymbol{V}_n(0)\right)_u\right)=\left(\left(\boldsymbol{S}_{n,m}\right)_{u,v}\right)\left(\left(\boldsymbol{T}_{n,m}\right)_{u,v}\right)\left(\left(\boldsymbol{V}_n(0)\right)_u\right)+\left(\left(\boldsymbol{S}_{n,m}\right)_{u,v}\right)\left(\left(\boldsymbol{V}_n^{(\mathrm{s})}\right)_u\right) \tag{2-57}$$

引入单位超矩阵 $\left(\left(\mathbf{1}_{n,m}\right)_{u,v}\right)$，其元素 $\mathbf{1}_{n,m;u,v}$ 为

$$\mathbf{1}_{n,m;u,v}=\begin{cases}1, & n=m\text{且}u=v\\ 0, & \text{其他}\end{cases} \tag{2-58}$$

则式(2-57)可变换为

$$\left[\left(\left(\mathbf{1}_{n,m}\right)_{u,v}\right)-\left(\left(\boldsymbol{S}_{n,m}\right)_{u,v}\right)\left(\left(\boldsymbol{T}_{n,m}\right)_{u,v}\right)\right]\left(\left(\boldsymbol{V}_n(0)\right)_u\right)=\left(\left(\boldsymbol{S}_{n,m}\right)_{u,v}\right)\left(\left(\boldsymbol{V}_n^{(\mathrm{s})}\right)_u\right) \tag{2-59}$$

这就是著名的 BLT 超矩阵方程。

2. 特征参数的求解

前面所得 BLT 方程的求解，需要用到传输线网络散射超矩阵、传播超矩阵和激励源超矢量，本小节给出这些特征参数的求解方法。

1) 传播超矩阵

由式(2-53)可知，对于波 W_u 和 W_v，管道传播矩阵为块对角矩阵，同样传输线网络的传播超矩阵的块矩阵表达形式可写为

$$\left(\left(\boldsymbol{T}_{n,m}\right)_{u,v}\right)=\begin{pmatrix} \mathrm{e}^{(-(\gamma_{C_{n,m}})_1 L_1)} & 0 & 0 & \cdots & 0 \\ 0 & \mathrm{e}^{(-(\gamma_{C_{n,m}})_2 L_2)} & 0 & \cdots & 0 \\ 0 & 0 & \mathrm{e}^{(-(\gamma_{C_{n,m}})_u L_u)} & \cdots & 0 \\ \vdots & \vdots & \vdots & & \vdots \\ 0 & 0 & 0 & \cdots & \mathrm{e}^{(-(\gamma_{C_{n,m}})_{N_W} L_{N_W})} \end{pmatrix} \tag{2-60}$$

式中，N_W 为整个网络中的波数目。

2) 源超矢量

由式(2-54)可知

$$\begin{aligned}\left(\boldsymbol{V}_n^{(\mathrm{s})}\right)_u &= \int_0^{L_u}\left(\boldsymbol{V}_n^{(\mathrm{s})'}(x_u')_u\right)\mathrm{e}^{-\left(\gamma_{C_{n,m}}\right)\left(L_u-x_u'\right)}\mathrm{d}x_u' \\ &= \int_0^{L_u}\left(\boldsymbol{V}_n^{(\mathrm{s})'}(x_u')+\boldsymbol{Z}_{C_{n,m}}\boldsymbol{I}_n^{(\mathrm{s})'}(x_u')\right)\mathrm{e}^{-\left(\gamma_{C_{n,m}}\right)_u\left(L_u-x_u'\right)}\mathrm{d}x_u'\end{aligned} \tag{2-61}$$

对于相同管道上的两个波，由传输线上电压矢量和电流矢量的关系可得

$$\begin{aligned}\left(\boldsymbol{V}_n^{(\mathrm{s})}\right)_v &= -\int_0^{L_v}\left(\boldsymbol{V}_n^{(\mathrm{s})'}(x_v')_v\right)\mathrm{e}^{-\left(\gamma_{C_{n,m}}\right)_v x_v'}\mathrm{d}x_v' \\ &= -\int_0^{L_v}\left(\boldsymbol{V}_n^{(\mathrm{s})'}(x_v')-\boldsymbol{Z}_{C_{n,m}}\boldsymbol{I}_n^{(\mathrm{s})'}(x_v')\right)\mathrm{e}^{-\left(\gamma_{C_{n,m}}\right)_v x_v'}\mathrm{d}x_v'\end{aligned} \tag{2-62}$$

将其综合到传输线网络中，可得源超矢量为

$$\left(\left(\boldsymbol{V}_n^{(\mathrm{s})}\right)_u\right)=\begin{pmatrix}\int_0^{L_u}\left(\boldsymbol{V}_n^{(\mathrm{s})'}(x_u')+\boldsymbol{Z}_{C_{n,m}}\boldsymbol{I}_n^{(\mathrm{s})'}(x_u')\right)\mathrm{e}^{-\left(\gamma_{C_{n,m}}\right)_u(L_u-x_u')}\mathrm{d}x_u'\\-\int_0^{L_v}\left(\boldsymbol{V}_n^{(\mathrm{s})'}(x_v')-\boldsymbol{Z}_{C_{n,m}}\boldsymbol{I}_n^{(\mathrm{s})'}(x_v')\right)\mathrm{e}^{-\left(\gamma_{C_{n,m}}\right)_v x_v'}\mathrm{d}x_v'\end{pmatrix}\tag{2-63}$$

3) 散射超矩阵

对于散射超矩阵的求解，根据节点形式的不同，其求解方法及难易程度也不同。网络中每一管道可能有多根线缆，且管道间的连接方式也可能有多种。下面针对两种常见的情况进行说明。

(1) 端接无源负载时的散射矩阵。图 2-24 多导体传输线即管道 1，在 x=0 和 x=L 处有端接负载，负载可能是集总阻抗、分布网络、开路或者短路。这些无源负载可以用 x=0 和 x=L 处的阻抗矩阵 $\left(\boldsymbol{Z}_{T_{n,m}}(x)\right)$ 来表示。

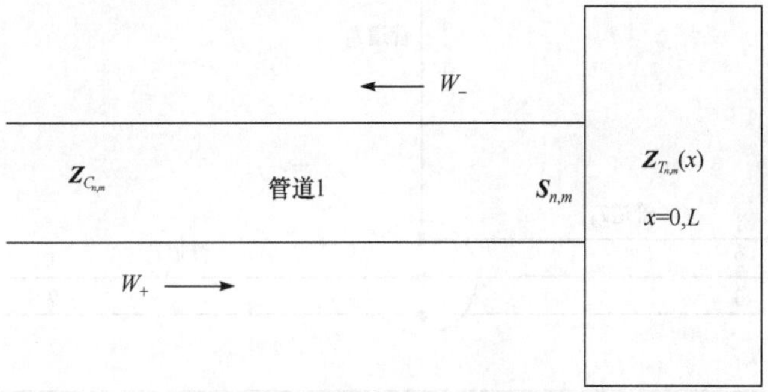

图 2-24　端接负载多导体传输线

借鉴微波参数 S 的定义，此种情况的节点散射矩阵用 x=0 和 x=L 处的散射矩阵来表示，具体表达式为

$$\left(\boldsymbol{S}_{n,m}(0)\right)=\left(\boldsymbol{Z}_{T_{n,m}}(0)-\boldsymbol{Z}_{C_{n,m}}\right)\left(\boldsymbol{Z}_{T_{n,m}}(0)+\boldsymbol{Z}_{C_{n,m}}\right)^{-1}\tag{2-64}$$

$$\left(\boldsymbol{S}_{n,m}(L)\right)=\left(\boldsymbol{Z}_{T_{n,m}}(L)-\boldsymbol{Z}_{C_{n,m}}\right)\left(\boldsymbol{Z}_{T_{n,m}}(L)+\boldsymbol{Z}_{C_{n,m}}\right)^{-1}\tag{2-65}$$

显然，对于任何特性阻抗的线缆，若端接匹配负载，则 $S=0$；若端接负载处短路，则 $S=-1$；若端接负载处开路，则 $S=1$。

这只是给出了仅有一个管道的端接负载节点散射矩阵，在实际网络中，存在一个负载节点处连接多个管道的情况。

(2) 多管道节点散射矩阵。先考虑一种简单理想的连接方式，即在管道相连的节点上，不同管道之间的线缆是直接相连的，并且没有实际的物理负载，如图 2-25 所示理想节点 J。

对于图 2-25 中的节点 J，在无损耗的情况下，即节点处的所有入射能量将被

全部反射或传播。入射电压波和反射电压波的关系可表达为

$$\begin{pmatrix} \left(\boldsymbol{V}_n^{\text{ref}}\right)_1 \\ \left(\boldsymbol{V}_n^{\text{ref}}\right)_2 \\ \left(\boldsymbol{V}_n^{\text{ref}}\right)_3 \end{pmatrix} = \left(\boldsymbol{S}_{n,m}\right) \begin{pmatrix} \left(\boldsymbol{V}_n^{\text{inc}}\right)_1 \\ \left(\boldsymbol{V}_n^{\text{inc}}\right)_2 \\ \left(\boldsymbol{V}_n^{\text{inc}}\right)_3 \end{pmatrix} \tag{2-66}$$

式中，$\left(\boldsymbol{V}_n^{\text{ref}}\right)_i$ $(i=1, 2, 3)$为节点不同管道的反射电压向量；$\left(\boldsymbol{V}_n^{\text{inc}}\right)_i$ $(i=1, 2, 3)$为节点不同管道的入射电压向量；$\left(\boldsymbol{S}_{n,m}\right)$为节点处的散射矩阵。

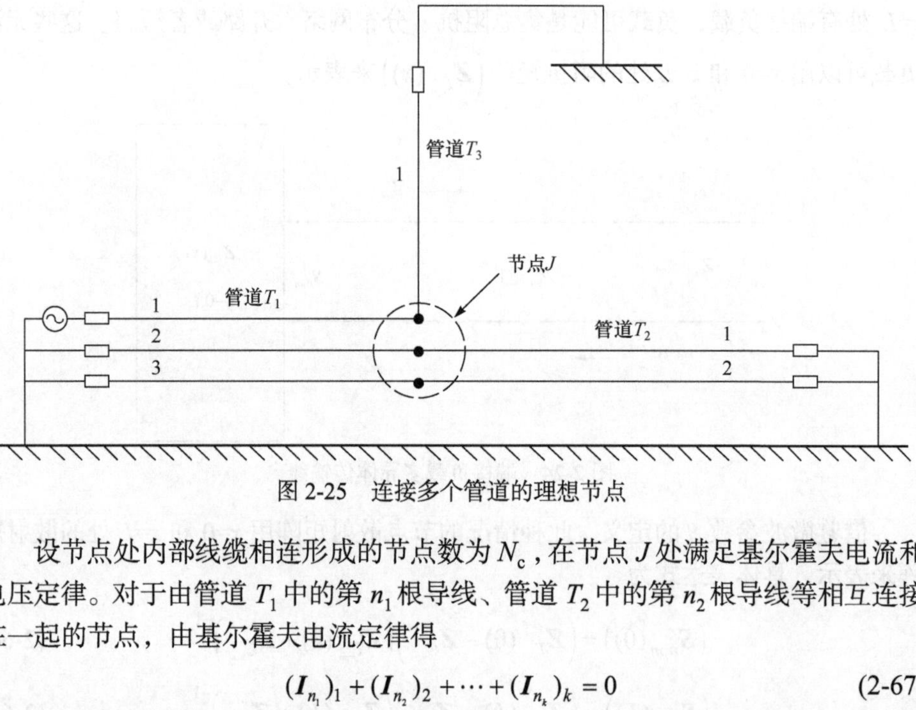

图 2-25　连接多个管道的理想节点

设节点处内部线缆相连形成的节点数为 N_{c}，在节点 J 处满足基尔霍夫电流和电压定律。对于由管道 T_1 中的第 n_1 根导线、管道 T_2 中的第 n_2 根导线等相互连接在一起的节点，由基尔霍夫电流定律得

$$(\boldsymbol{I}_{n_1})_1 + (\boldsymbol{I}_{n_2})_2 + \cdots + (\boldsymbol{I}_{n_k})_k = 0 \tag{2-67}$$

式中，k 为管道编号；n_k 为管道内的线缆编号。将节点电流公式写成矩阵形式为

$$\left(\overbrace{0 \;\; 0\cdots1\cdots0}^{T_1} \vdots \overbrace{0 \;\; 0\cdots1\cdots0}^{T_2} \vdots\cdots\vdots \overbrace{0 \;\; 0\cdots1\cdots0}^{T_k} \right) \begin{pmatrix} (\boldsymbol{I}_n)_1 \\ (\boldsymbol{I}_n)_2 \\ \vdots \\ (\boldsymbol{I}_n)_k \end{pmatrix} = (\boldsymbol{0}_n) \tag{2-68}$$

式(2-68)左边矩阵中，只有连接在节点上的导线对应的位置不为 0，其余位置都为 0。节点处有多少个节点就可以写出多少个这样的方程，为了简便，对于含有 N_{c} 个节点的情况，用一个系数矩阵表示为

$$\left(\boldsymbol{C}_{I_{n,m}}\right)\begin{pmatrix}(\boldsymbol{I}_n)_1\\(\boldsymbol{I}_n)_2\\\vdots\\(\boldsymbol{I}_n)_k\end{pmatrix}=(\boldsymbol{0}_n) \tag{2-69}$$

电流系数矩阵 $\left(\boldsymbol{C}_{I_{n,m}}\right)$ 的维数为 $N_{\mathrm{c}}\times M_{\mathrm{j}}$，$M_{\mathrm{j}}$ 为与节点相连的导线个数。

由基尔霍夫电压定律可得

$$(\boldsymbol{V}_{n1})_1-(\boldsymbol{V}_{n2})_2=\boldsymbol{0} \tag{2-70}$$

$$(\boldsymbol{V}_{n2})_2-(\boldsymbol{V}_{n3})_3=\boldsymbol{0} \tag{2-71}$$

$$\vdots$$

$$(\boldsymbol{V}_{n(k-1)})_{k-1}-(\boldsymbol{V}_{nk})_k=\boldsymbol{0} \tag{2-72}$$

同理，将电压公式用电压系数矩阵表示为

$$\left(\boldsymbol{C}_{V_{n,m}}\right)\begin{pmatrix}(\boldsymbol{V}_n)_1\\(\boldsymbol{V}_n)_2\\\vdots\\(\boldsymbol{V}_n)_k\end{pmatrix}=(\boldsymbol{0}_n) \tag{2-73}$$

电压系数矩阵 $\left(\boldsymbol{C}_{V_{n,m}}\right)$ 的维数为 $(M_{\mathrm{j}}-N_{\mathrm{c}})\times M_{\mathrm{j}}$。

节点处总的电压和电流为入射量和反射量的合成，即

$$(\boldsymbol{V}_n)=\left(\boldsymbol{V}_n^{\mathrm{inc}}\right)+\left(\boldsymbol{V}_n^{\mathrm{ref}}\right) \tag{2-74}$$

$$(\boldsymbol{I}_n)=\left(\boldsymbol{I}_n^{\mathrm{inc}}\right)-\left(\boldsymbol{I}_n^{\mathrm{ref}}\right) \tag{2-75}$$

反射电压和反射电流可以表示为

$$\left(\boldsymbol{I}_n^{\mathrm{ref}}\right)=-\left(\boldsymbol{Y}_{C_{n,m}}\right)\left(\boldsymbol{V}_n^{\mathrm{ref}}\right) \tag{2-76}$$

式中，$\left(\boldsymbol{Y}_{C_{n,m}}\right)$ 为节点处的特性导纳矩阵。

结合式(2-66)～式(2-73)可得

$$\begin{pmatrix}\left(\boldsymbol{V}_n^{\mathrm{ref}}\right)_1\\\left(\boldsymbol{V}_n^{\mathrm{ref}}\right)_2\\\vdots\\\left(\boldsymbol{V}_n^{\mathrm{ref}}\right)_k\end{pmatrix}=\begin{pmatrix}\left(-\boldsymbol{C}_{V_{n,m}}\right)\\\left(\boldsymbol{C}_{I_{n,m}}\right)\left(\boldsymbol{Y}_{C_{n,m}}\right)\end{pmatrix}^{-1}\begin{pmatrix}\left(\boldsymbol{C}_{V_{n,m}}\right)\\\left(\boldsymbol{C}_{I_{n,m}}\right)\left(\boldsymbol{Y}_{C_{n,m}}\right)\end{pmatrix}\begin{pmatrix}\left(\boldsymbol{V}_n^{\mathrm{inc}}\right)_1\\\left(\boldsymbol{V}_n^{\mathrm{inc}}\right)_2\\\vdots\\\left(\boldsymbol{V}_n^{\mathrm{inc}}\right)_k\end{pmatrix} \tag{2-77}$$

此时，节点处的电压散射矩阵为

$$\left(\boldsymbol{S}_{n,m}\right)=\begin{pmatrix}\left(-\boldsymbol{C}_{V_{n,m}}\right)\\ \left(\boldsymbol{C}_{I_{n,m}}\right)\left(\boldsymbol{Y}_{C_{n,m}}\right)\end{pmatrix}^{-1}\begin{pmatrix}\left(\boldsymbol{C}_{V_{n,m}}\right)\\ \left(\boldsymbol{C}_{I_{n,m}}\right)\left(\boldsymbol{Y}_{C_{n,m}}\right)\end{pmatrix} \tag{2-78}$$

这样，知道了传输线网络中各管道的传播矩阵和各个节点的散射矩阵，就可以求得整个网络的传播超矩阵和散射超矩阵。对于网络散射超矩阵，需结合波-波-节点矩阵的结构进行构建，该矩阵中为零的元素对应的散射超矩阵的元素也为零；对于网络传播超矩阵，与网络散射超矩阵类似，在求得各个管道传播矩阵的基础上，按照波的编号，依次将这些管道传播矩阵填到全维分块零矩阵的对角元素上，具体的计算过程将在后面用算例详细给出。

3. BLT 超矩阵方程的求解

传输线网络的管道中一般都有多根导线，这些导线之间也存在互耦关系，而构成 BLT 超矩阵方程的元素为各个管道的传播矩阵和各个节点的散射矩阵，特别是对于多导线网络，其维数很高。在进行电磁脉冲响应计算时，需要计算频域中多个频点的响应。因此，准确高效地求解方程是关键但又比较困难。这里用链参数矩阵法求解 BLT 超矩阵方程，其优点是概念清楚，便于程序实现。

根据已推导出的 BLT 超矩阵方程，可求得各个节点处的合成电压去波超矢量

$$\begin{aligned}\left(\left(\boldsymbol{V}_n(0)\right)_u\right)&=\left(\left(\left(\mathbf{1}_{n,m}\right)_{u,v}\right)-\left(\left(\boldsymbol{S}_{n,m}\right)_{u,v}\right)\left(\left(\boldsymbol{T}_{n,m}\right)_{u,v}\right)\right)^{-1}\left(\left(\boldsymbol{S}_{n,m}\right)_{u,v}\right)\left(\left(\boldsymbol{V}_n^{(\mathrm{s})}\right)_u\right)\\&=\left(\left(\boldsymbol{S}_{n,m}\right)_{u,v}\right)\left(\left(\left(\mathbf{1}_{n,m}\right)_{u,v}\right)-\left(\left(\boldsymbol{T}_{n,m}\right)_{u,v}\right)\left(\left(\boldsymbol{S}_{n,m}\right)_{u,v}\right)\right)^{-1}\left(\left(\boldsymbol{V}_n^{(\mathrm{s})}\right)_u\right)\end{aligned} \tag{2-79}$$

同理，各节点处的合成电压来波超矢量可表示为

$$\left(\left(\boldsymbol{V}_n(L_u)\right)_u\right)=\left(\left(\left(\mathbf{1}_{n,m}\right)_{u,v}\right)-\left(\left(\boldsymbol{T}_{n,m}\right)_{u,v}\right)\left(\left(\boldsymbol{S}_{n,m}\right)_{u,v}\right)\right)^{-1}\left(\left(\boldsymbol{V}_n^{(\mathrm{s})}\right)_u\right) \tag{2-80}$$

传输线网络节点处的电压和电流超矢量为该点处合成电压去波超矢量和合成电压来波超矢量的叠加。例如，在节点 $x=0$ 处为

$$\begin{cases}\left(\boldsymbol{V}_n(0)\right)=\dfrac{1}{2}\left(\left(\left(\boldsymbol{V}_n(0)\right)_u\right)+\left(\left(\boldsymbol{V}_n(L_v)\right)_v\right)\right)\\ \left(\boldsymbol{I}_n(0)\right)=\dfrac{1}{2}\left(\left(\boldsymbol{Y}_{C_{n,m}}\right)_{u,v}\right)\left(\left(\left(\boldsymbol{V}_n(0)\right)_u\right)-\left(\left(\boldsymbol{V}_n(L_v)\right)_v\right)\right)\end{cases} \tag{2-81}$$

为了从已知 BLT 方程中求解出的$\left(\left(\boldsymbol{V}_n(0)\right)_u\right)$找到对应的$\left(\left(\boldsymbol{V}_n(L_v)\right)_v\right)$，进而重建节点处实际感应的电压、电流，利用前面定义的波-波-管道矩阵来实现，以求

解$\left(\boldsymbol{V}_n(0)\right)$为例具体说明，首先由 BLT 超矩阵方程解出$\left(\left(\boldsymbol{V}_n(0)\right)_u\right)$，然后通过波-波-管道矩阵找到该波所在行(或列)中的非零元素，其对应的元素值即两波所在管道的编号，那么该元素对应的列(或行)的波即$\left(\left(\boldsymbol{V}_n(0)\right)_v\right)$，这样，再通过传播超矩阵方程求得$\left(\left(\boldsymbol{V}_n(L_v)\right)_v\right)$，最后求得实际电压、电流。

由波-波-管道矩阵的定义引入管道关联矩阵$\left(\left(\boldsymbol{R}_{n,m}\right)_{u,v}\right)$，定义为

$$\left(\left(\boldsymbol{R}_{n,m}\right)_{u,v}\right)=\begin{cases}\left(\mathbf{1}_{n,m}\right)_{u,v}, & W_u\text{、}W_v\text{属于同一个管道，且}u\neq v\\ \left(\mathbf{0}_{n,m}\right)_{u,v}, & W_u\text{、}W_v\text{不属于同一个管道，或}u=v\end{cases} \tag{2-82}$$

则式(2-81)可写为

$$\begin{cases}\left(\boldsymbol{V}_n(0)\right)=\dfrac{1}{2}\left(\left(\left(\boldsymbol{V}_n(0)\right)_u\right)+\left(\left(\boldsymbol{R}_{n,m}\right)_{u,v}\right)\left(\left(\boldsymbol{V}_n(L_u)\right)_u\right)\right)\\ \left(\boldsymbol{I}_n(0)\right)=\dfrac{1}{2}\left(\left(\boldsymbol{Y}_{C_{n,m}}\right)_{u,v}\right)\left(\left(\left(\boldsymbol{V}_n(0)\right)_u\right)-\left(\left(\boldsymbol{R}_{n,m}\right)_{u,v}\right)\left(\left(\boldsymbol{V}_n(L_u)\right)_u\right)\right)\end{cases} \tag{2-83}$$

将式(2-79)和式(2-80)代入式(2-83)可得

$$\begin{aligned}\left(\boldsymbol{V}_n(0)\right)&=\frac{1}{2}\left(\left(\left(\boldsymbol{S}_{n,m}\right)_{u,v}\right)+\left(\left(\boldsymbol{R}_{n,m}\right)_{u,v}\right)\right)\left(\left(\left(\mathbf{1}_{n,m}\right)_{u,v}\right)-\left(\left(\boldsymbol{S}_{n,m}\right)_{u,v}\right)\left(\left(\boldsymbol{T}_{n,m}\right)_{u,v}\right)\right)^{-1}\left(\left(\boldsymbol{V}_n^{(\mathrm{s})}\right)_u\right)\\ &\cdot\left(\boldsymbol{I}_n(0)\right)\\ &=\frac{1}{2}\left(\left(\boldsymbol{Y}_{C_{n,m}}\right)_{u,v}\right)\left(\left(\left(\boldsymbol{S}_{n,m}\right)_{u,v}\right)-\left(\left(\boldsymbol{R}_{n,m}\right)_{u,v}\right)\right)\left(\left(\left(\mathbf{1}_{n,m}\right)_{u,v}\right)-\left(\left(\boldsymbol{S}_{n,m}\right)_{u,v}\right)\left(\left(\boldsymbol{T}_{n,m}\right)_{u,v}\right)\right)^{-1}\\ &\cdot\left(\left(\boldsymbol{V}_n^{(\mathrm{s})}\right)_u\right)\end{aligned} \tag{2-84}$$

根据前面所求传输线网络的散射矩阵、传播矩阵、波-波-管道矩阵、特性导纳参数和激励源项，通过式(2-84)就可以求出各个节点的感应电压、电流。

2.2.4　典型传输线网络对方波脉冲的响应规律分析

本节建立树形结构和环形结构线缆网络的电磁拓扑模型，并运用电磁拓扑理论中的线缆网络 BLT 超矩阵方程进行求解，分析网络中线缆长度、端接负载、网络结构和方波脉冲等因素对传输线网络某一节点负载的影响，最后给出电磁脉冲在线缆网络中传播的一些规律。

1. 环形结构线缆网络响应分析

本小节在给出线缆网络 BLT 超矩阵方程的基础上，根据生活中常见的传输线

网络形式，选择一种典型的环形结构线缆网络进行分析。首先以单导体线缆组成的网络为例，激励源选取方波脉冲源，运用先求解网络时域传递函数后结合时域卷积的计算方法，给出典型线缆网络对电磁脉冲响应求解的详细过程；其次分析网络中线缆长度、端接负载、网络结构和脉冲形式等对传输线网络某一节点负载的影响，最后给出电磁脉冲在线缆网络中的传播规律。

下面分析管道中仅有一根导线的传输线网络响应。图 2-26 为一个环形结构传输线网络，建立其电磁拓扑模型如图 2-27 所示，图中 T_i 代表管道，J_i 代表节点，w_i 表示波在网络中的传播情况，Z_L 为网络端接负载。网络中管道的长度分别为 T_1=2m、T_2=3m、T_3=3m、T_4=1m；各个管道的特性阻抗相同且 Z_c=50Ω，负载 Z_L=50Ω。从线缆网络的节点 1 处注入如图 2-28 所示的方波源(由 INS-4040 型高频噪声模拟发生器产生的脉宽为 50ns、幅值为 300V 的方波脉冲)，分析网络负载端即节点 4 处的电磁脉冲响应情况。

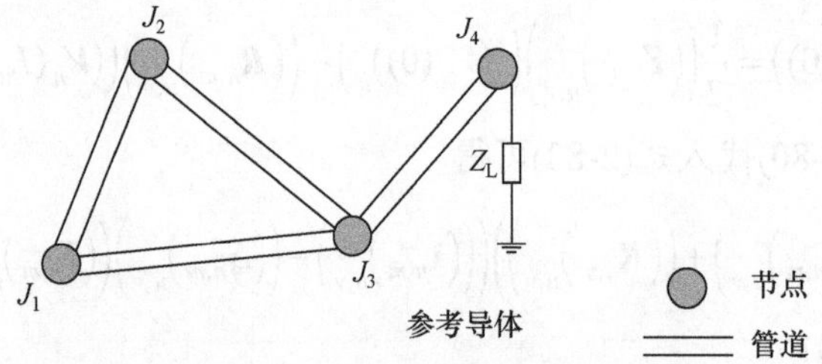

图 2-26　环形传输线网络结构示意图

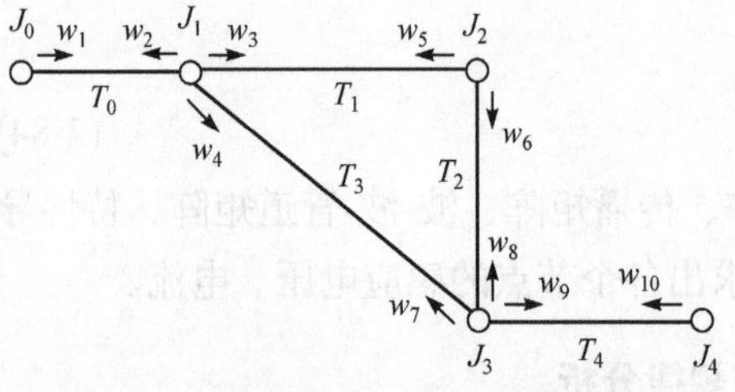

图 2-27　环形结构网络 1 的电磁拓扑模型

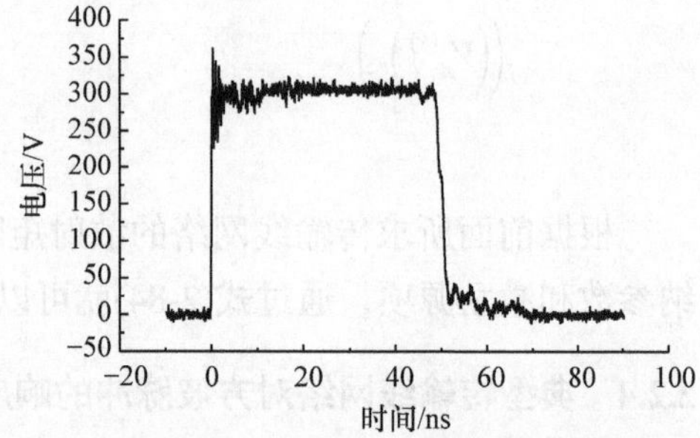

图 2-28　注入方波脉冲波形

根据环形结构传输线网络的电磁拓扑模型求解网络的特征参数。要得到整个网络的散射超矩阵，需首先求出网络中各个节点处的散射矩阵，然后通过网络的波-波-节点矩阵求得整个网络的散射矩阵。

1) 散射矩阵

首先求解网络中各个节点的散射矩阵，对于节点 J_0，有

$$(\boldsymbol{S}_{n,m})_{J_0} = 0 \tag{2-85}$$

对于节点 J_1，根据基尔霍夫电压和电流定律，可以写出电流系数和电压系数分别为

$$\boldsymbol{C}_{I_{n,m}} = (1\ \ 1\ \ 1) \tag{2-86}$$

$$\boldsymbol{C}_{V_{n,m}} = \begin{pmatrix} 1 & -1 & 0 \\ 0 & 1 & -1 \end{pmatrix} \tag{2-87}$$

各个管道内的导线特性阻抗相同，因此根据式(2-78)可得如下散射矩阵：

$$\begin{aligned}(\boldsymbol{S}_{n,m})_{J_1} &= \begin{pmatrix} -1 & 1 & 0 \\ 0 & -1 & 1 \\ (\boldsymbol{Y}_{\boldsymbol{C}_{n,m}})_{T_0} & (\boldsymbol{Y}_{\boldsymbol{C}_{n,m}})_{T_1} & (\boldsymbol{Y}_{\boldsymbol{C}_{n,m}})_{T_3} \end{pmatrix}^{-1} \begin{pmatrix} 1 & -1 & 0 \\ 0 & 1 & -1 \\ (\boldsymbol{Y}_{\boldsymbol{C}_{n,m}})_{T_0} & (\boldsymbol{Y}_{\boldsymbol{C}_{n,m}})_{T_1} & (\boldsymbol{Y}_{\boldsymbol{C}_{n,m}})_{T_3} \end{pmatrix} \\ &= \begin{pmatrix} -\dfrac{1}{3} & \dfrac{2}{3} & \dfrac{2}{3} \\ \dfrac{2}{3} & -\dfrac{1}{3} & \dfrac{2}{3} \\ \dfrac{2}{3} & \dfrac{2}{3} & -\dfrac{1}{3} \end{pmatrix}\end{aligned} \tag{2-88}$$

对于节点 J_2 和节点 J_3，可求得

$$(\boldsymbol{S}_{n,m})_{J_2} = \begin{pmatrix} 0 & 1 \\ 1 & 0 \end{pmatrix} \tag{2-89}$$

$$(\boldsymbol{S}_{n,m})_{J_3} = \begin{pmatrix} -\dfrac{1}{3} & \dfrac{2}{3} & \dfrac{2}{3} \\ \dfrac{2}{3} & -\dfrac{1}{3} & \dfrac{2}{3} \\ \dfrac{2}{3} & \dfrac{2}{3} & -\dfrac{1}{3} \end{pmatrix} \tag{2-90}$$

对于节点 J_4，由式(2-65)可求得

$$(\boldsymbol{S}_{n,m})_{J_4} = \frac{Z_{\mathrm{L}} - Z_{\mathrm{c}}}{Z_{\mathrm{L}} + Z_{\mathrm{c}}} = s \tag{2-91}$$

为了便于求解整个网络的散射超矩阵，下面首先求出网络的波-波-节点矩阵：

$$
(\boldsymbol{t}_{u,v})_{w\text{-}w\text{-}J}=\begin{array}{c}
\\ 1\\ 2\\ 3\\ 4\\ 5\\ 6\\ 7\\ 8\\ 9\\ 10
\end{array}
\begin{array}{c}
\begin{array}{cccccccccc}1&2&3&4&5&6&7&8&9&10\end{array}\\
\begin{pmatrix}
0&1&0&0&0&0&0&0&0&0\\
1&0&0&0&1&0&1&0&0&0\\
1&0&0&0&1&0&1&0&0&0\\
1&0&0&0&1&0&1&0&0&0\\
0&0&1&0&0&0&0&1&0&0\\
0&0&1&0&0&0&0&1&0&0\\
0&0&0&1&0&1&0&0&0&1\\
0&0&0&1&0&1&0&0&0&1\\
0&0&0&1&0&1&0&0&0&1\\
0&0&0&0&0&0&0&0&s&0
\end{pmatrix}
\end{array}
\tag{2-92}
$$

然后将以上所求各个节点的散射矩阵对应地代入式(2-92),可求得整个网络的散射矩阵为

$$
(\boldsymbol{S}_{n,m})=\begin{pmatrix}
0&0&0&0&0&0&0&0&0&0\\
-\frac{1}{3}&0&0&0&\frac{2}{3}&0&\frac{2}{3}&0&0&0\\
\frac{2}{3}&0&0&0&-\frac{1}{3}&0&\frac{2}{3}&0&0&0\\
\frac{2}{3}&0&0&0&\frac{2}{3}&0&-\frac{1}{3}&0&0&0\\
0&0&0&0&0&0&0&1&0&0\\
0&0&1&0&0&0&0&0&0&0\\
0&0&0&-\frac{1}{3}&0&\frac{2}{3}&0&0&0&\frac{2}{3}\\
0&0&0&\frac{2}{3}&0&-\frac{1}{3}&0&0&0&\frac{2}{3}\\
0&0&0&\frac{2}{3}&0&\frac{2}{3}&0&0&0&-\frac{1}{3}\\
0&0&0&0&0&0&0&0&s&0
\end{pmatrix}
\tag{2-93}
$$

2) 传播矩阵

对于传播矩阵的求解，根据前面定义的传播方程并按照波的预先编号顺序，可求得该网络的传播方程为

$$\begin{pmatrix} w_1(l_1) \\ w_2(l_2) \\ w_3(l_3) \\ w_4(l_4) \\ w_5(l_5) \\ w_6(l_6) \\ w_7(l_7) \\ w_8(l_8) \\ w_9(l_9) \\ w_{10}(l_{10}) \end{pmatrix} = (\boldsymbol{T}_{n,m}) \begin{pmatrix} w_1(0) \\ w_2(0) \\ w_3(0) \\ w_4(0) \\ w_5(0) \\ w_6(0) \\ w_7(0) \\ w_8(0) \\ w_9(0) \\ w_{10}(0) \end{pmatrix} + \begin{pmatrix} w_1^{(\mathrm{s})} \\ w_2^{(\mathrm{s})} \\ 0 \\ 0 \\ 0 \\ 0 \\ 0 \\ 0 \\ 0 \\ 0 \end{pmatrix} \tag{2-94}$$

这样，根据组成网络的线缆自身的参数即可求得每条管道的传播常数 γ 和已知的线缆长度 $l_i(i=1,2,\cdots)$，进而求得网络的传播矩阵为

$$(\boldsymbol{T}_{n,m}) = \begin{pmatrix} \mathrm{e}^{-\gamma l_1} & & 0 \\ & \ddots & \\ 0 & & \mathrm{e}^{-\gamma l_{10}} \end{pmatrix} \tag{2-95}$$

3) 源矢量

根据上述传播方程可对源矢量进行求解。为了便于计算，将集总源 V_{s} 的位置加在管道 T_0 的中间，这样式(2-94)中不为零的源项可表达为

$$w_1^{(\mathrm{s})} = \int_0^{l_0} \mathrm{e}^{-\gamma(l_0-x)} \delta\left(x - \frac{l_0}{2}\right) \mathrm{d}x = -\mathrm{e}^{-\frac{\gamma l_0}{2}} V_{\mathrm{s}} \tag{2-96}$$

$$w_2^{(\mathrm{s})} = \int_0^{l_0} \mathrm{e}^{-\gamma(l_0-x)} \delta\left(x - \frac{l_0}{2}\right) \mathrm{d}x = \mathrm{e}^{-\frac{\gamma l_0}{2}} V_{\mathrm{s}} \tag{2-97}$$

4) 管道关联矩阵

根据波-波-管道矩阵的定义，可求得该网络的管道关联矩阵为

$$(\boldsymbol{R}_{n,m}) = \begin{pmatrix} 0 & 1 & 0 & 0 & 0 & 0 & 0 & 0 & 0 & 0 \\ 1 & 0 & 0 & 0 & 0 & 0 & 0 & 0 & 0 & 0 \\ 0 & 0 & 0 & 0 & 1 & 0 & 0 & 0 & 0 & 0 \\ 0 & 0 & 0 & 0 & 0 & 0 & 1 & 0 & 0 & 0 \\ 0 & 0 & 1 & 0 & 0 & 0 & 0 & 0 & 0 & 0 \\ 0 & 0 & 0 & 0 & 0 & 0 & 0 & 1 & 0 & 0 \\ 0 & 0 & 0 & 1 & 0 & 0 & 0 & 0 & 0 & 0 \\ 0 & 0 & 0 & 0 & 0 & 1 & 0 & 0 & 0 & 0 \\ 0 & 0 & 0 & 0 & 0 & 0 & 0 & 0 & 0 & 1 \\ 0 & 0 & 0 & 0 & 0 & 0 & 0 & 0 & 1 & 0 \end{pmatrix} \tag{2-98}$$

图 2-27 所示的环形结构传输线网络的几个特征参数矩阵均已求出，根据式(2-84)就可以求得网络中任意节点上的实际电压和电流。

通过计算可以得到所求网络中节点 4 处的电压频率响应，如图 2-29 所示。从图 2-29 中可以看出，在某一频率位置上周期性地有不同幅值的峰值出现，出现的原因主要是环形结构和管道 4 中存在谐振，而且幅值随着频率的增大而减小，这是因为在仿真计算中考虑了实际情况中电介质参数的损耗。图 2-30 给出了传输线网络的时域传递函数，这样将注入信号与传递函数进行卷积就可以求得网络节点处的响应。当在节点 1 处注入方波脉冲时，节点 4 处的响应如图 2-31 所示。方波脉冲注入后，在 17.7ns 的位置出现第一次响应，经过 8.77ns 后在 26.3ns 的位置出现第二次脉冲；这是由于脉冲经节点 1 后，沿两个不同的路径传播，最终在节点处叠加得到响应，长度不同导致到达节点 4 处的时间也不同，路径相差 2m，若按光速计算时间上应相差 6.67ns，在此考虑了电介质的影响，$\varepsilon_{\mathrm{rel}}=1.77$，则可计算两次响应时间差为 8.87ns，忽略仿真误差，这在理论上是正确的。两次响应脉

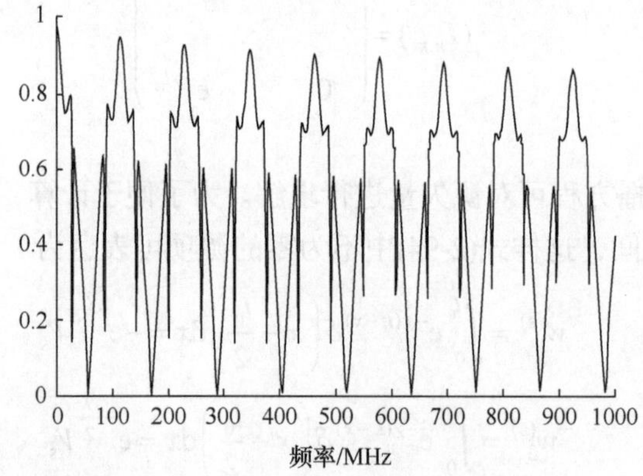

图 2-29 节点 4 处的电压频率响应

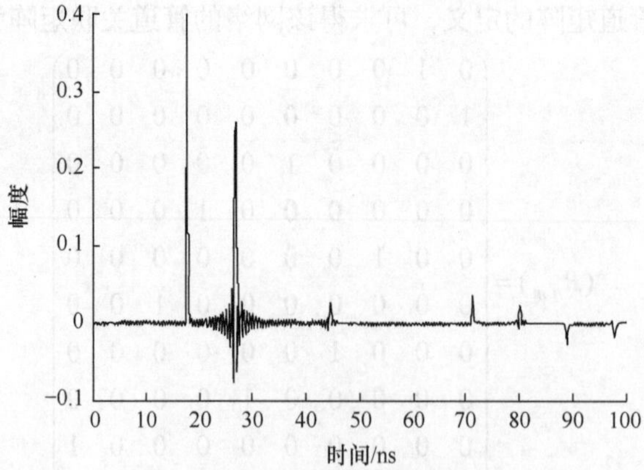

图 2-30 传输线网络的传递函数

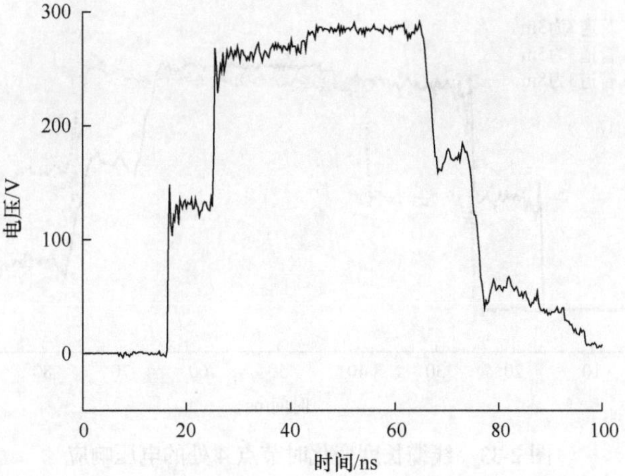

图 2-31　节点 4 处的电压响应

冲下降的时间分别为 66.42ns 和 75.19ns，这与 50ns 的脉宽也是吻合的，由于仿真时考虑了损耗，因此幅值比注入脉冲稍小。

图 2-32 和图 2-33 给出了网络端接负载和管道 3 的长度变化时，节点 4 处的响应情况。

从图 2-32 和图 2-33 中可以看出，当负载增大时，节点 4 处的响应幅值也随之增大，并且在负载阻抗为 1MΩ 甚至更大时，在个别时间点又出现了新的脉冲响应，这可能是不匹配负载处的反射造成的；当管道 3 长度增大时，在节点 4 处的响应幅值变化不大，只是产生了时延，在管道 3 为 5m 时，响应波形与注入波形基本一致，因为脉冲经节点 1 后虽然沿不同的路径传播，但到达节点 4 处的时间却是相同的，这样两次响应重叠在一起作用于节点处。

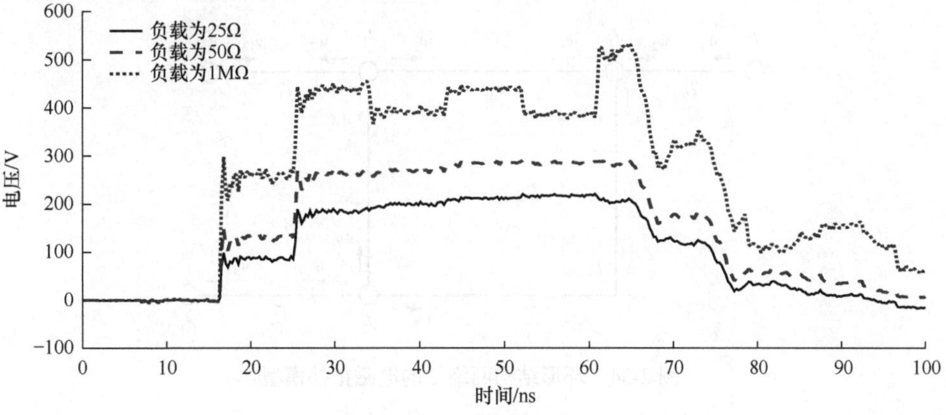

图 2-32　负载变化时节点 4 处的电压响应

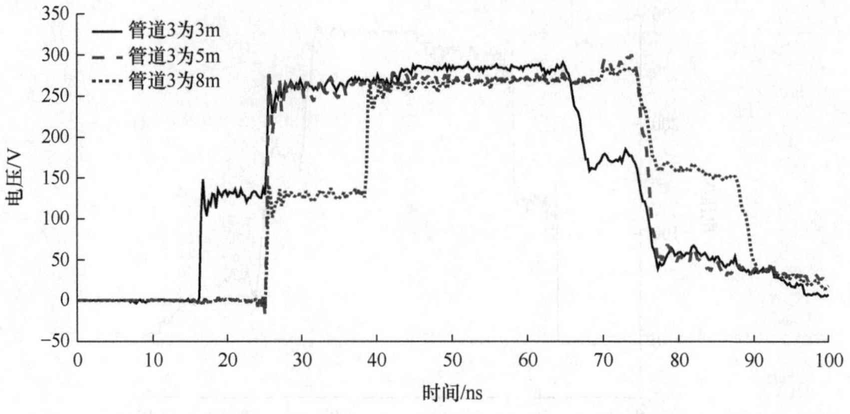

图 2-33　线缆长度变化时节点 4 处的电压响应

根据以上计算方法，就可以分析传输线网络对电磁脉冲的响应规律。当改变网络结构或在网络中增加负载时，会产生怎样的影响？接下来用同样的方法分析不同的情况。

图 2-34 所示为环形结构网络 2 的电磁拓扑模型，即在上述网络结构的基础上在其节点 2 处增加了负载 R=50Ω，其余参数及注入点都保持不变，分析网络负载端即节点 4 处的电磁脉冲响应情况，如图 2-35 所示。

从图中可以看出，当改变网络的结构后，节点 4 处的响应也随之变化。在节点 2 处增加负载 R=50Ω 时，响应电压的幅值降低，且在 34.34ns 后幅值降低较大，网络的结构和负载同时影响脉冲的宽度。

图 2-36 和图 2-37 给出了节点 2 处负载 R 变化时和管道 3 长度变化时节点 4 处的响应情况。

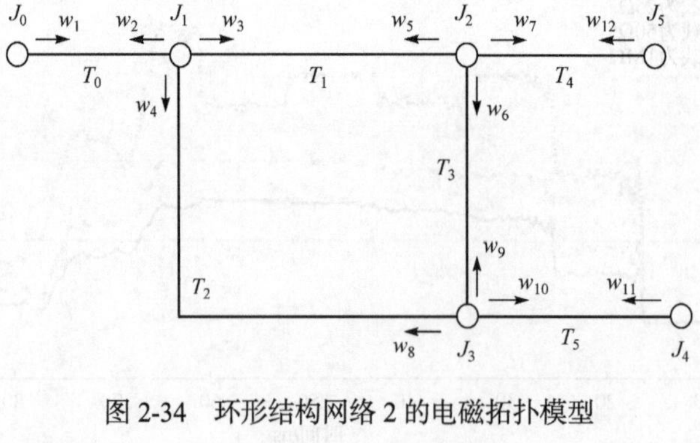

图 2-34　环形结构网络 2 的电磁拓扑模型

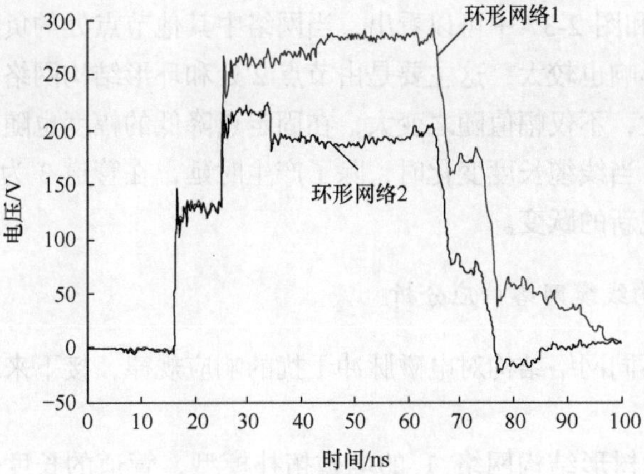

图 2-35　节点 4 处的电压响应

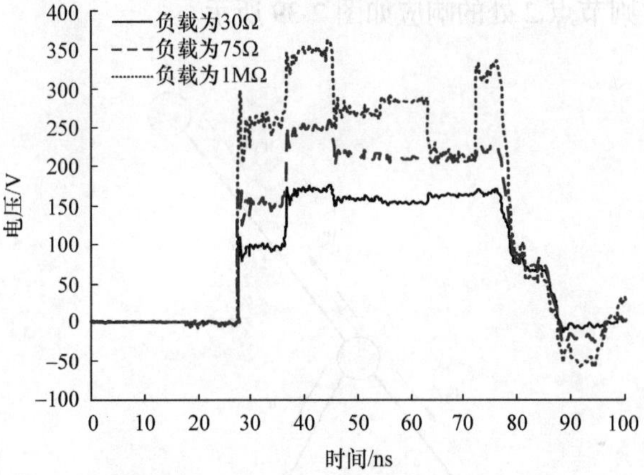

图 2-36　负载变化时节点 4 处的电压响应

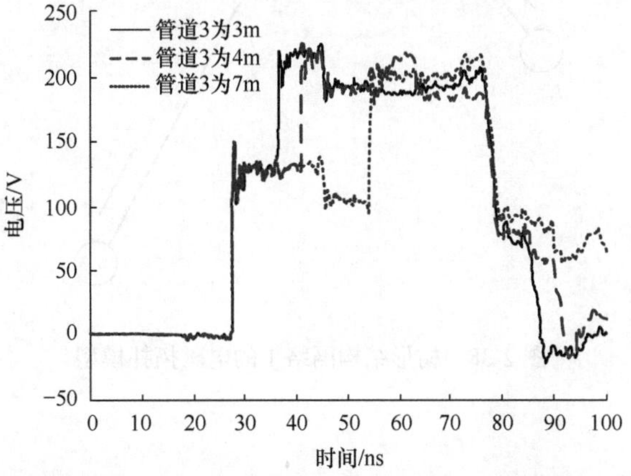

图 2-37　线缆长度变化时节点 4 处的电压响应

从图 2-36 和图 2-37 中可以看出，当网络中其他节点处的负载改变时，对节点 4 处的响应影响也较大，这主要是由节点 2 处和环形结构网络的反射造成的，随着负载的增大，不仅幅值随之变大，在固定点降低的幅度也随之增大，但是对脉宽没有影响。当线缆长度变化时，除了产生时延，在管道 3 为 7m 或更长时，在个别点将出现新的跃变。

2. 树形结构线缆网络响应分析

为了研究不同网络结构对电磁脉冲干扰的响应规律，接下来对两种树形结构网络进行分析。

图 2-38 为树形结构网络 1 的电磁拓扑模型，管道的长度分别为 T_1=1m、T_2=2m，管道 T_0 的辅助长度为零。节点 2 和节点 3 均接 50Ω 的负载，从节点 1 注入方波脉冲，则节点 2 处的响应如图 2-39 所示。

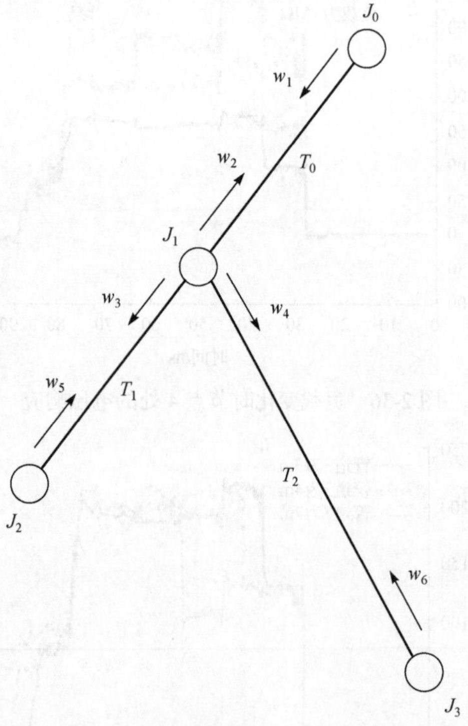

图 2-38　树形结构网络 1 的电磁拓扑模型

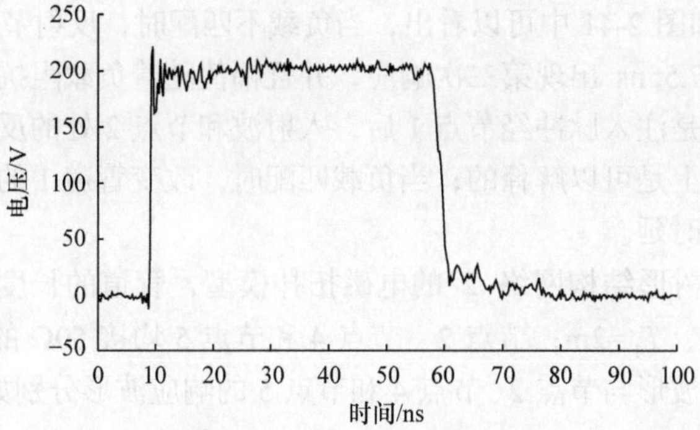

图 2-39　节点 2 处的电压响应

在此基础上，改变节点 3 处负载的大小和管道 1 的长度，得到图 2-40 和图 2-41 所示的结果。

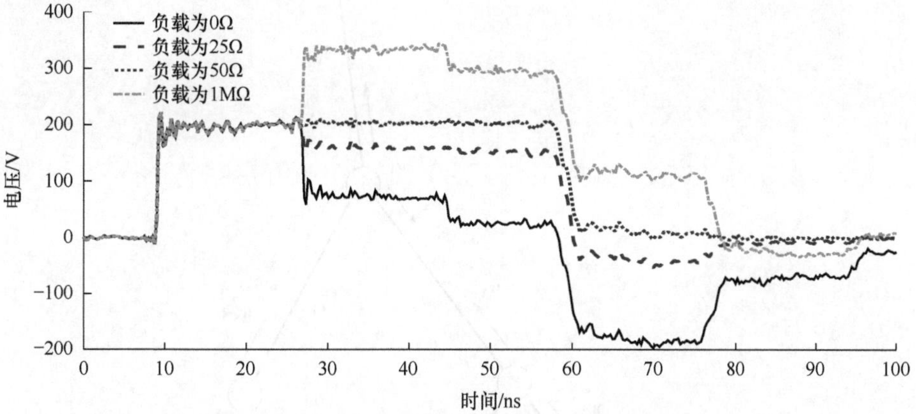

图 2-40　负载变化时的电压响应

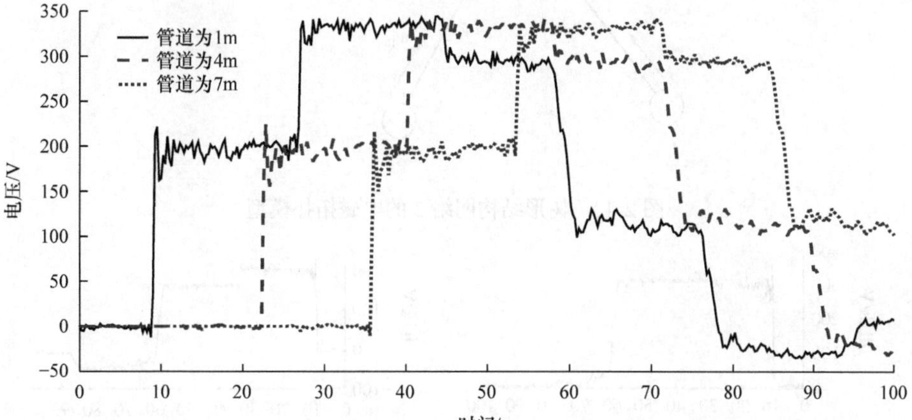

图 2-41　线缆长度变化时的电压响应

从图 2-40 和图 2-41 中可以看出，当负载不匹配时，反射节点 2 处在第一次响应后，经过 17.55ns 出现第二次响应，并且幅值随着负载阻抗的增大而增大，节点 2 处的响应是注入脉冲经节点 1 后，入射波和节点 2 处的反射波共同作用的结果，这在理论上是可以解释的；当负载匹配时，改变管道 1 的长度，响应幅值不变，只是产生时延。

图 2-42 为树形结构网络 2 的电磁拓扑模型，管道的长度分别为 T_1=1m、T_2=3m、T_3=1m、T_4=2m；节点 2、节点 4 和节点 5 均接 50Ω 的负载；从节点 1 注入方波脉冲的波形与节点 2、节点 4 和节点 5 的响应波形分别如图 2-43(a)、(b)、(c)和(d)所示。

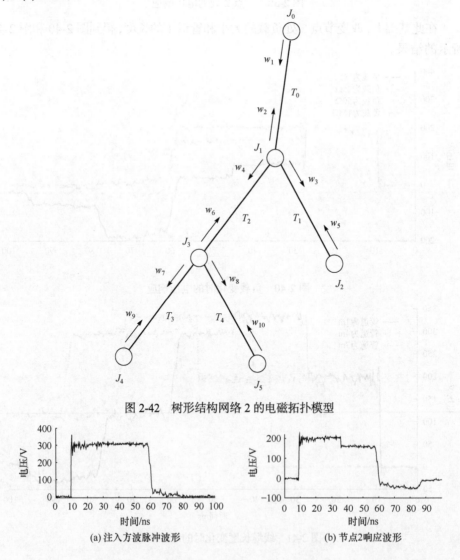

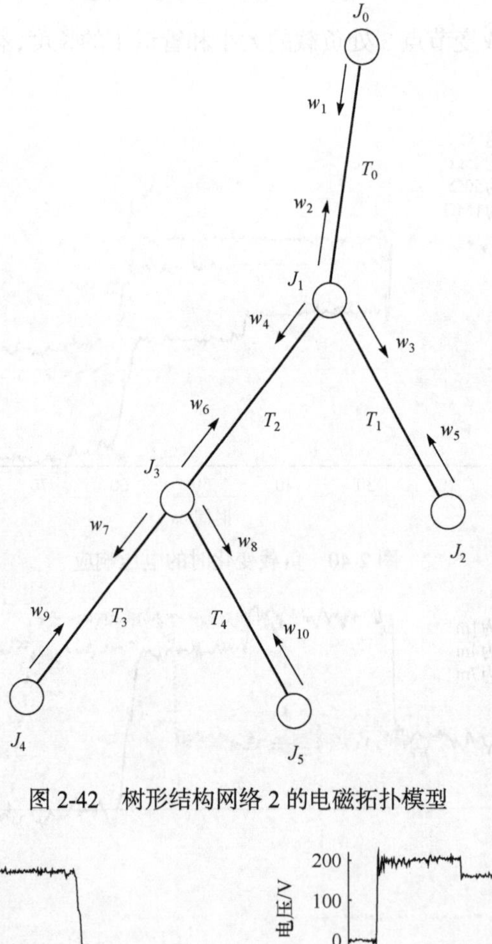

图 2-42　树形结构网络 2 的电磁拓扑模型

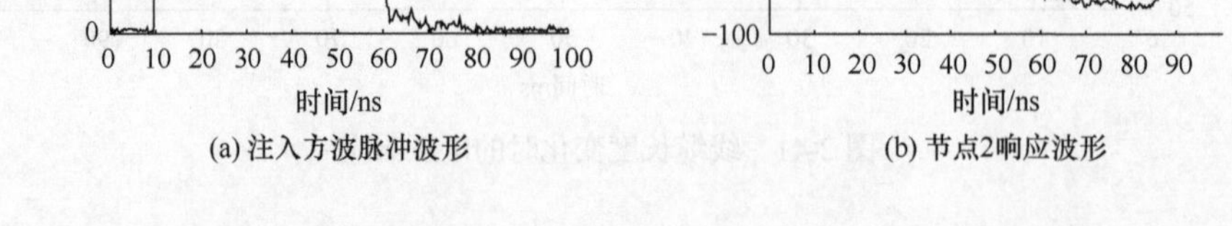

(a) 注入方波脉冲波形　　(b) 节点2响应波形

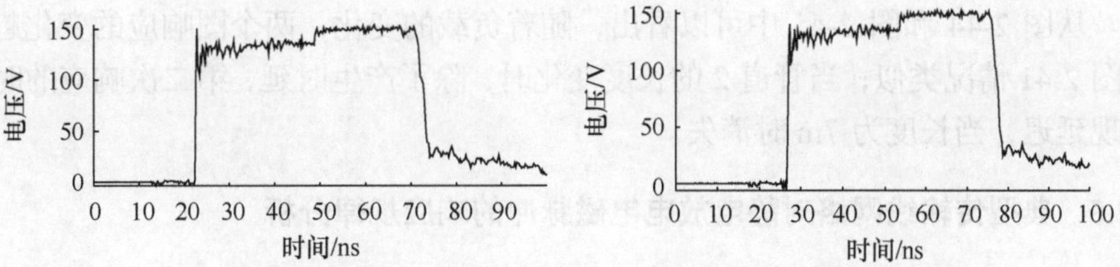

(c) 节点4响应波形　(d) 节点5响应波形

图 2-43　各节点的响应与注入波比较

通过比较可以看出，树形结构自身的反射对节点 2 的影响较大，节点 2 在出现第一次响应后，26.567ns 又出现第二次响应，这是由节点 3 的反射造成的，反射波经历 6m 后在节点 2 处作用，考虑电介质参数的影响，理论计算时间为 26.608ns，说明仿真结果是正确的；节点 4 和节点 5 的响应幅值基本相同，只是不同线缆长度会带来时延，因为两个节点在网络中的地位相同。

改变节点 2 处的负载阻抗和管道 2 的长度，节点 5 处的电压瞬态响应如图 2-44 和图 2-45 所示。

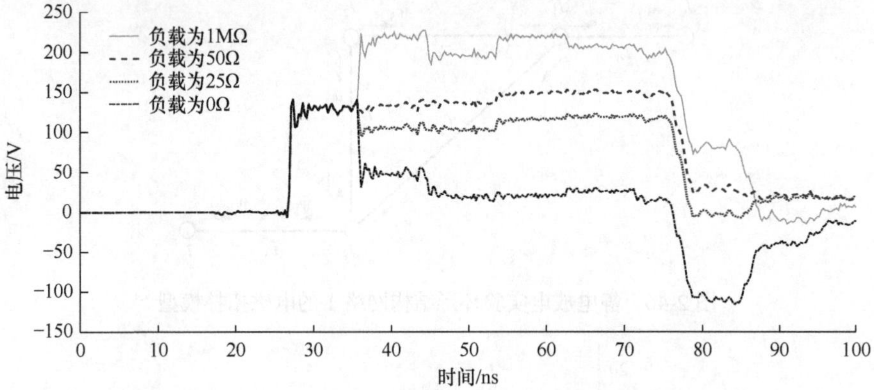

图 2-44　负载变化时节点 5 处的电压响应

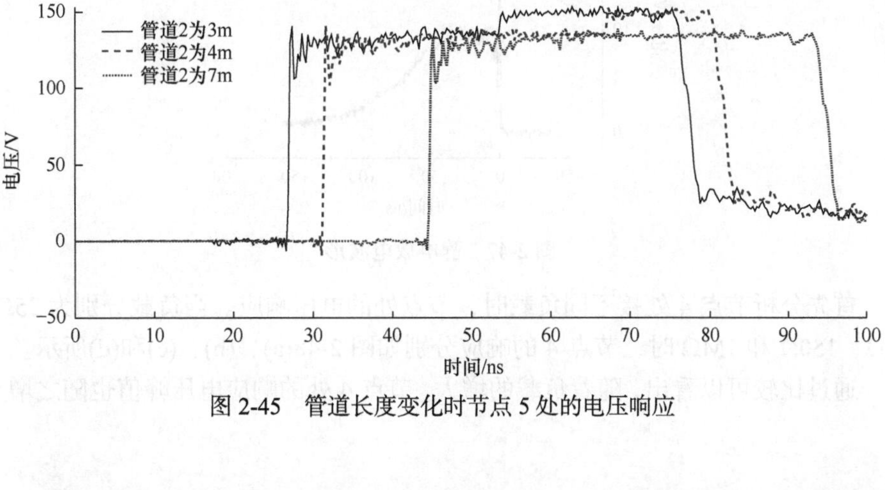

图 2-45　管道长度变化时节点 5 处的电压响应

从图 2-44 和图 2-45 中可以看出，随着负载的变化，两个图响应的变化趋势与图 2-41 情况类似；当管道 2 的长度变化时，除了产生时延，第二次响应的时间出现延迟，当长度为 7m 时消失。

2.2.5　典型传输线网络对静电放电电磁脉冲的响应规律分析

本节建立环形结构和树形结构两种不同的典型传输线网络，以人体-金属模型静电放电电磁脉冲作为激励源，研究分析其在传输线网络中的传输规律。

1. 环形结构线缆网络响应分析

建立如图 2-46 所示的环形结构传输线网络电磁拓扑模型，图 2-46 中管道长度分别为 T_1=2m、T_2=3m、T_3=1m、T_4=1m；节点 4 处接负载 R。用 NS61000-2A 型静电放电模拟器通过接触式放电接 30dB 的衰减器后产生第一峰值为 18.6V 的人体-金属模型静电放电电磁脉冲作为激励源，注入仿真的环形结构传输线网络中。其波形如图 2-47 所示，从节点 1 注入，管道 T_0 为辅助长度，值为零。

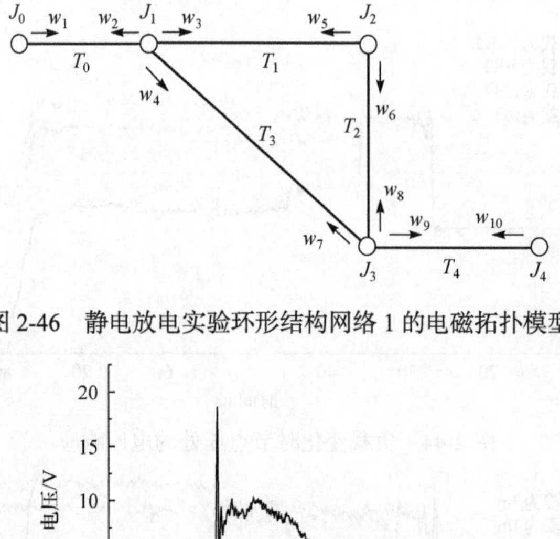

图 2-46　静电放电实验环形结构网络 1 的电磁拓扑模型

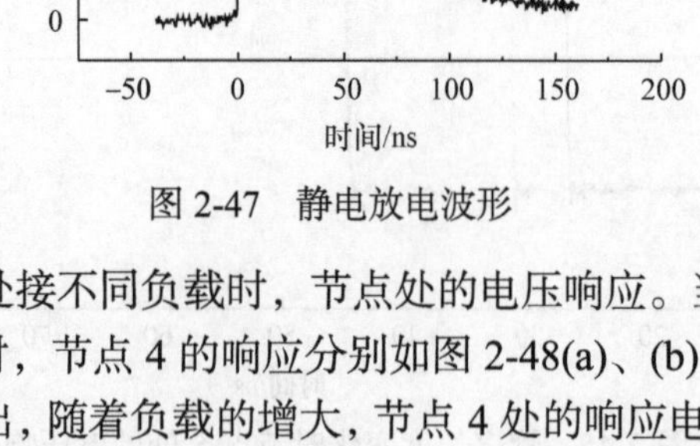

图 2-47　静电放电波形

首先分析节点 4 处接不同负载时，节点处的电压响应。当负载分别为 25Ω、50Ω、150Ω 和 1MΩ 时，节点 4 的响应分别如图 2-48(a)、(b)、(c)和(d)所示。

通过比较可以看出，随着负载的增大，节点 4 处的响应电压峰值也随之增大，同一时间段内出现脉冲的个数也在增多，这主要是由环形结构和管道 4 之间的谐振造成的。

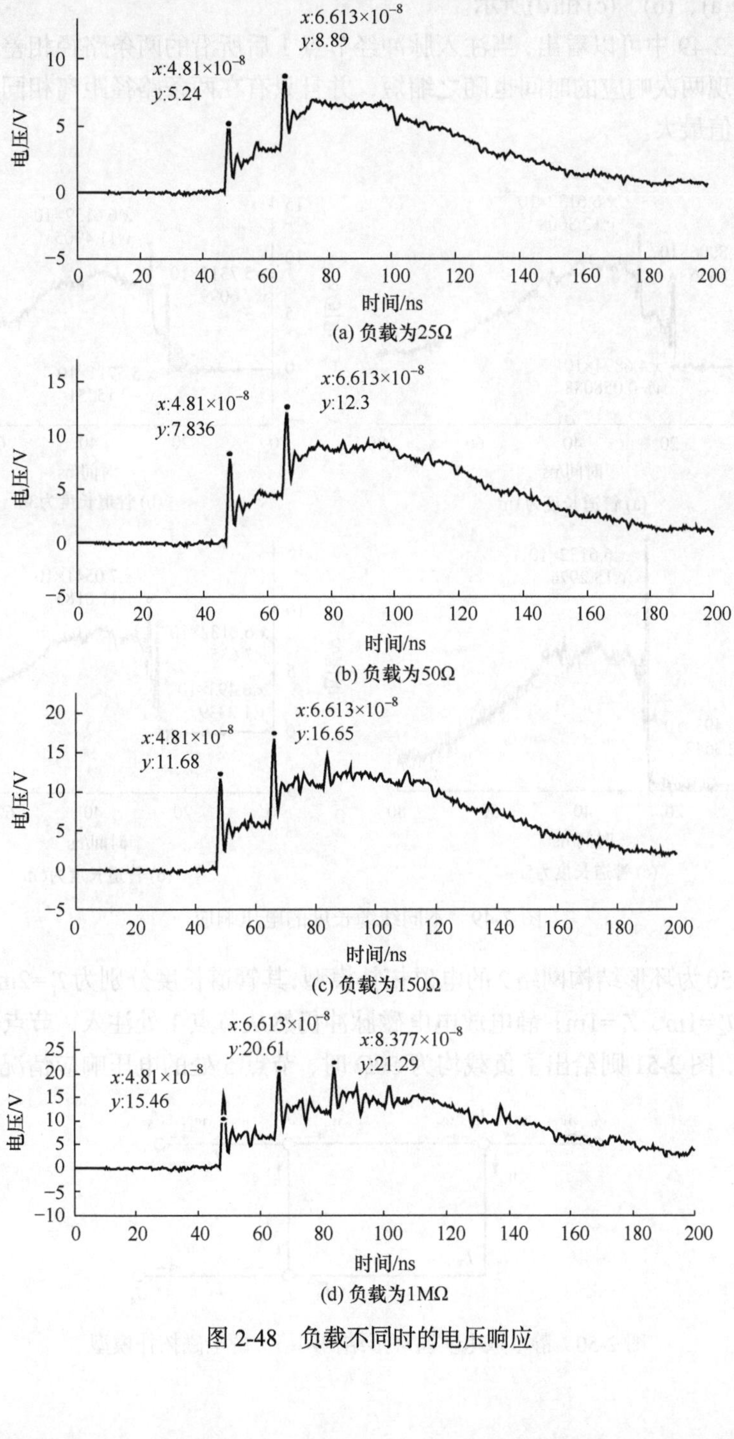

图 2-48　负载不同时的电压响应

下面分析网络中线缆长度变化时节点 4 处的电压响应。改变管道 3 的长度使其分别为 1m、3m、5m 和 6m，负载均为 50Ω。此时，节点 4 处的电压响应分别如图 2-49(a)、(b)、(c)和(d)所示。

从图 2-49 中可以看出，当注入脉冲经节点 1 后所沿的两条路径相差的距离减小时，出现两次响应的时间也随之缩短，并且只有在两条路径距离相同时，产生的响应峰值最大。

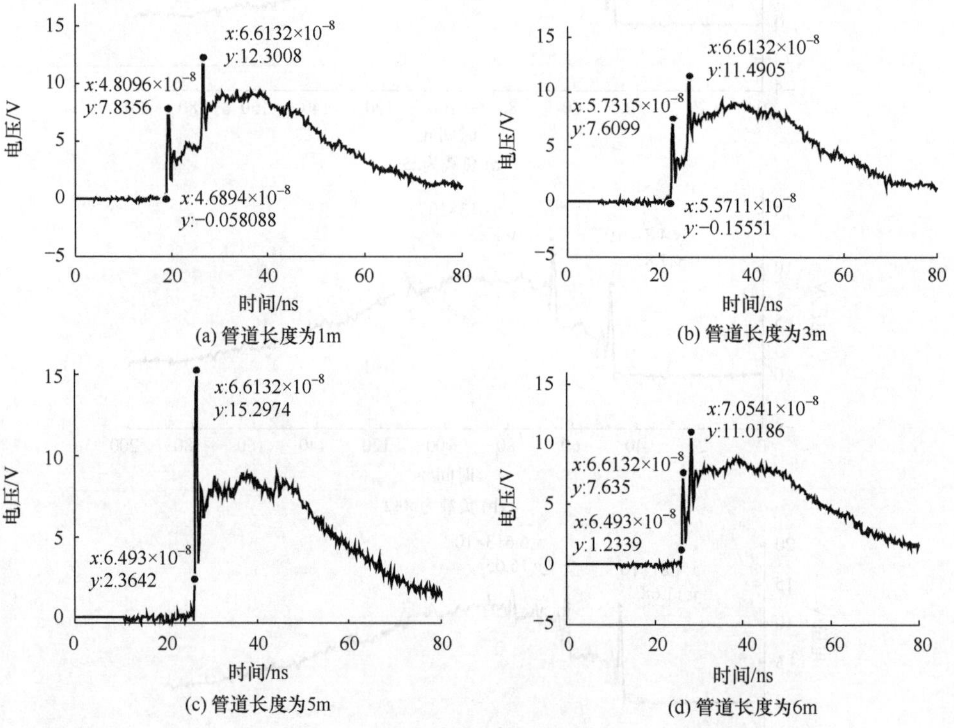

(a) 管道长度为1m　(b) 管道长度为3m

(c) 管道长度为5m　(d) 管道长度为6m

图 2-49　不同线缆长度的电压响应

图 2-50 为环形结构网络 2 的电磁拓扑模型，其管道长度分别为 T_1=2m、T_2=1m、T_3=3m、T_4=1m、T_5=1m；静电放电电磁脉冲仍然从节点 1 处注入，节点 4 和节点 5 接负载，图 2-51 则给出了负载均为 50Ω 时，节点 5 处的电压响应情况。从图中

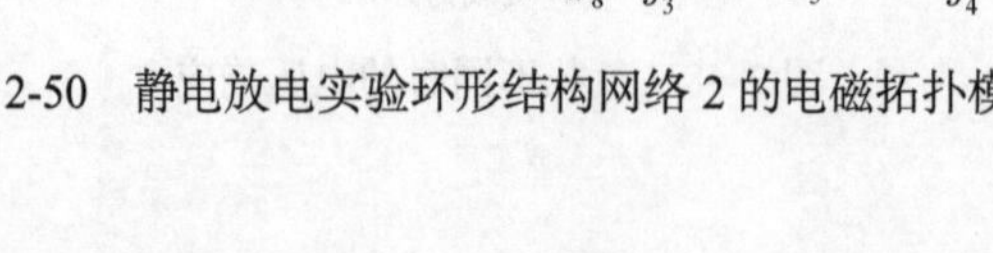

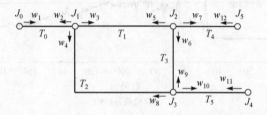

图 2-50　静电放电实验环形结构网络 2 的电磁拓扑模型

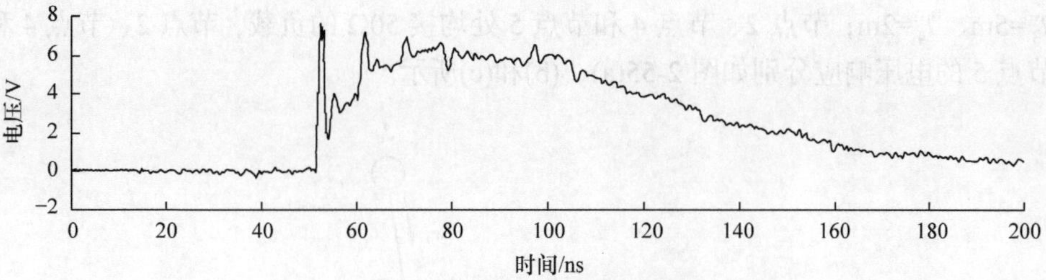

图 2-51　节点 5 处的电压响应

可以看出，该网络比环形结构网络 1 多了一条支路，由于管道 5 的谐振和节点 3 处的反射，响应电压幅值有所减小，并且多了一些小的尖峰脉冲。

改变节点 4 处负载大小，使负载为短路、50Ω 和开路三种情况，则节点 5 处的电压响应变化如图 2-52 所示。

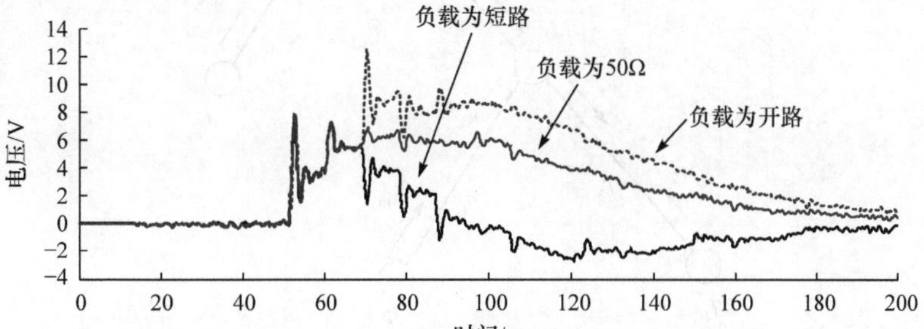

图 2-52　负载变化时节点 5 处的电压响应

负载均为 50Ω，改变网络中管道 2 的长度，使其分别为 1m、5m 和 8m，则节点 5 处的电压响应情况如图 2-53 所示。

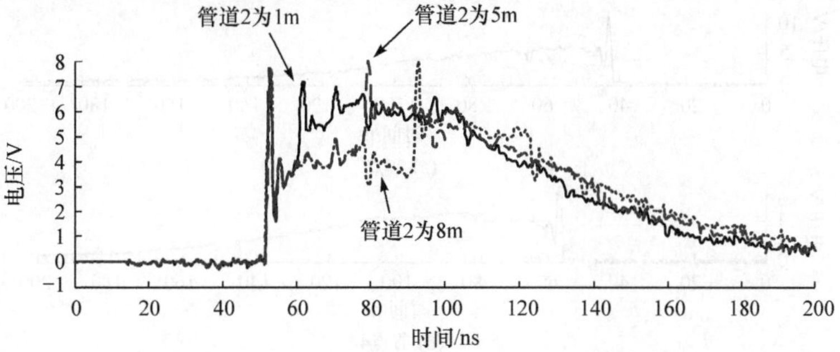

图 2-53　管道长度变化时节点 5 处的电压响应

2. 树形结构线缆网络响应分析

为了比较不同结构的传输线网络对静电放电电磁脉冲响应规律的影响，建立图 2-54 所示的树形结构网络电磁拓扑模型，其管道长度分别为 T_1=1m、T_2=3m、

T_3=5m、T_4=2m；节点 2、节点 4 和节点 5 处均接 50Ω 的负载，节点 2、节点 4 和节点 5 的电压响应分别如图 2-55(a)、(b)和(c)所示。

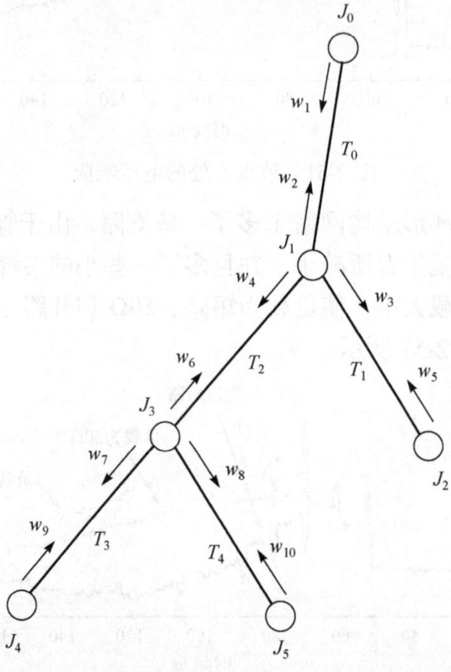

图 2-54　树形结构网络的电磁拓扑模型

从图 2-55 中可以看出，各个节点处的电压响应与注入波形类似，只是在幅值和响应时间上存在差异，因此与环形结构相比，树形结构网络对注入波的影响比较小。

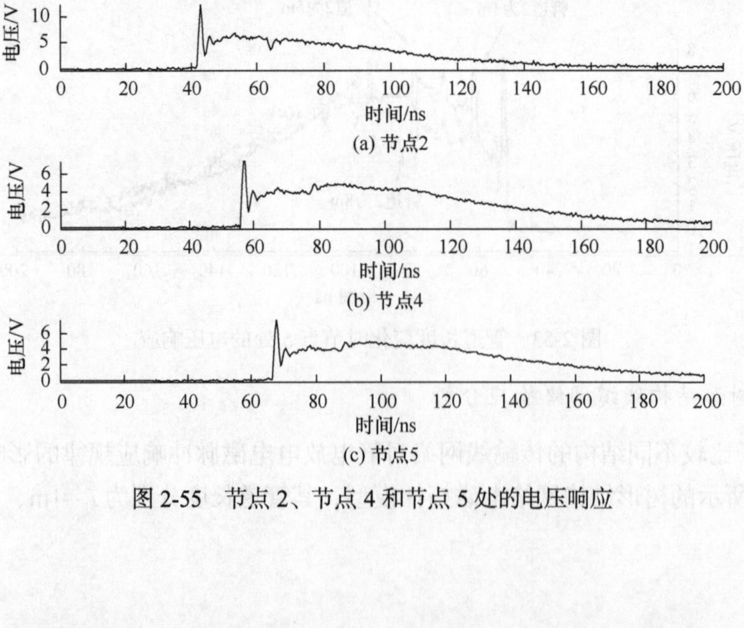

图 2-55　节点 2、节点 4 和节点 5 处的电压响应

为了了解网络端接负载对节点响应的影响,将节点 2 处的负载分别改为短路、50Ω 和开路，则节点 4 处的电压响应情况如图 2-56 所示；将节点 4 处的负载分别改为短路、50Ω 和开路，则节点 2 处的电压响应情况如图 2-57 所示。

从图 2-57 中可以看出,网络中任意节点处的负载阻抗改变都会对其他节点造成影响，当负载不匹配时，随着阻抗的增大，受反射的影响，节点处的响应幅值也随之增大。

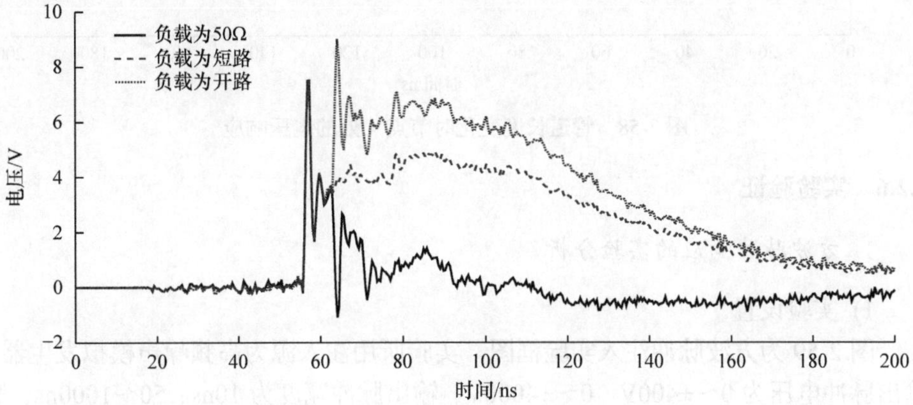

图 2-56　负载变化时节点 4 处的电压响应

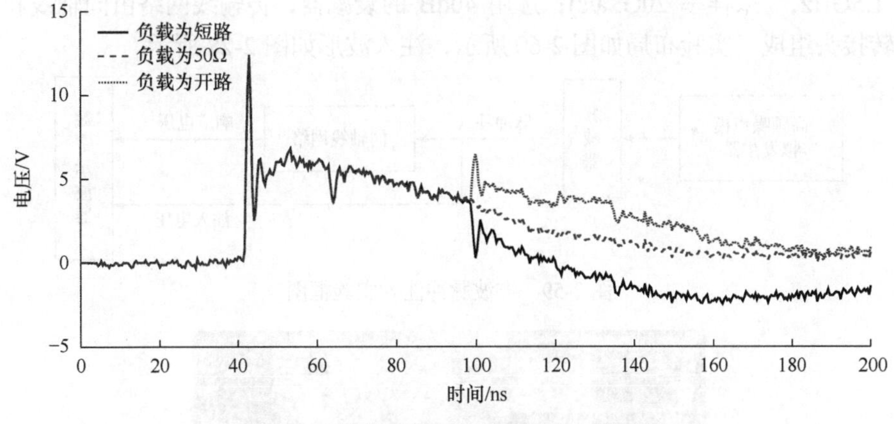

图 2-57　负载变化时节点 2 处的电压响应

改变管道 2 的长度，则节点 4 处的电压响应情况如图 2-58 所示。从图中可以看出，管道 2 的长度改变时，不仅产生了时延，并且对其响应幅值也造成了一定影响。

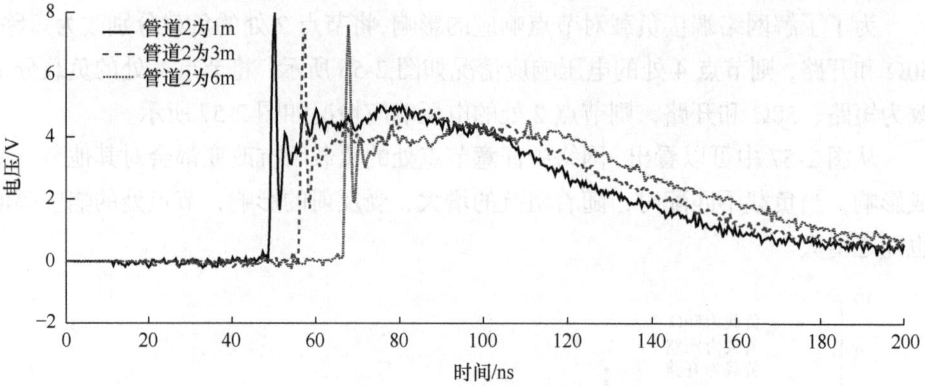

图 2-58　管道长度变化时节点 4 处的电压响应

2.2.6　实验验证

1. 方波脉冲响应的实验分析

1) 实验设置

图 2-59 为方波脉冲注入实验框图。实验所用注入源为高频噪声模拟发生器：输出脉冲电压为 0～±400V、0～±4000V，输出脉冲宽度为 10ns、50～1000ns，脉冲上升时间<1ns，脉冲重复频率≤100Hz。波形测试用高性能数字存储示波器(带宽 1.5GHz， 采样率 20GSa/s)；选用 40dB 的衰减器，传输线网络由同轴线和三通转接头组成。实验布局如图 2-60 所示，注入波形如图 2-28 所示。

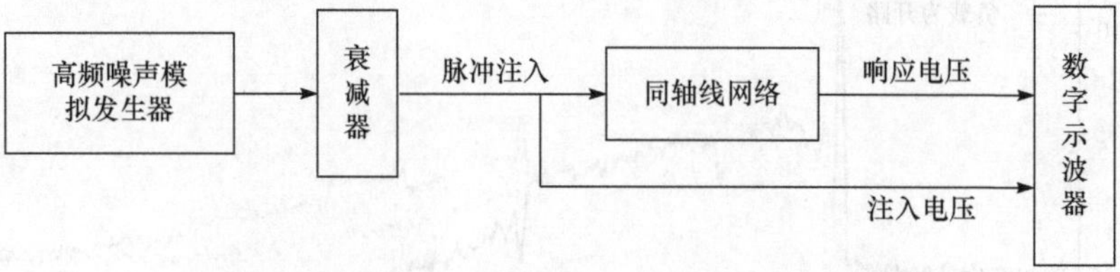

图 2-59　方波脉冲注入实验框图

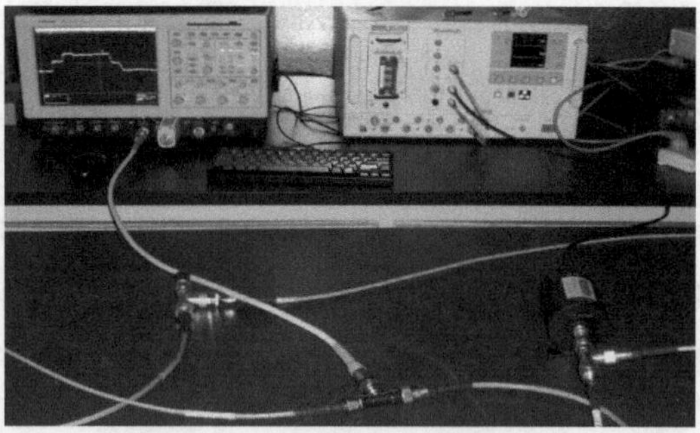

图 2-60　方波脉冲注入实验布局图

2) 实验结果与分析

实验对两种典型结构的传输线网络(树形结构和环形结构)对方波脉冲的响应进行了分析。与前面仿真结果进行对比发现，实验测试结果与仿真结果吻合得很好，验证了传输线网络拓扑理论在研究传输线网络对电磁脉冲响应中的有效性。

(1) 环形结构网络。根据之前建立的环形结构网络电磁拓扑模型，建立如图 2-61 所示的环形结构网络实验装置，实验中将负载依次改为 25Ω、50Ω、150Ω和 1MΩ，并将测试结果与仿真结果进行对比，得到图 2-62～图 2-65 所示的结果，(a)均为实验时示波器输出波形图，(b)均为仿真结果与测试结果对比图。

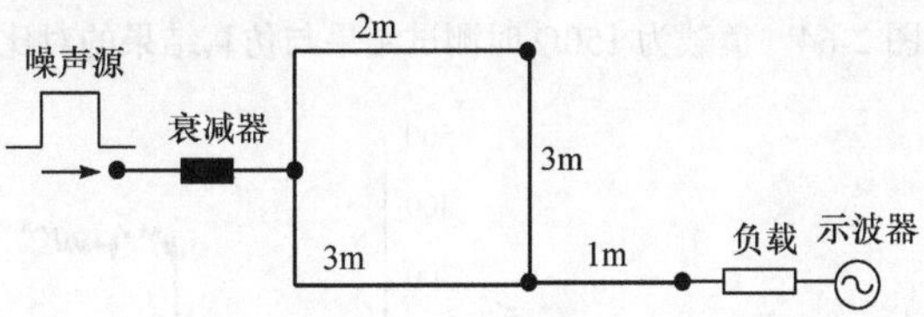

图 2-61　环形结构网络实验装置图

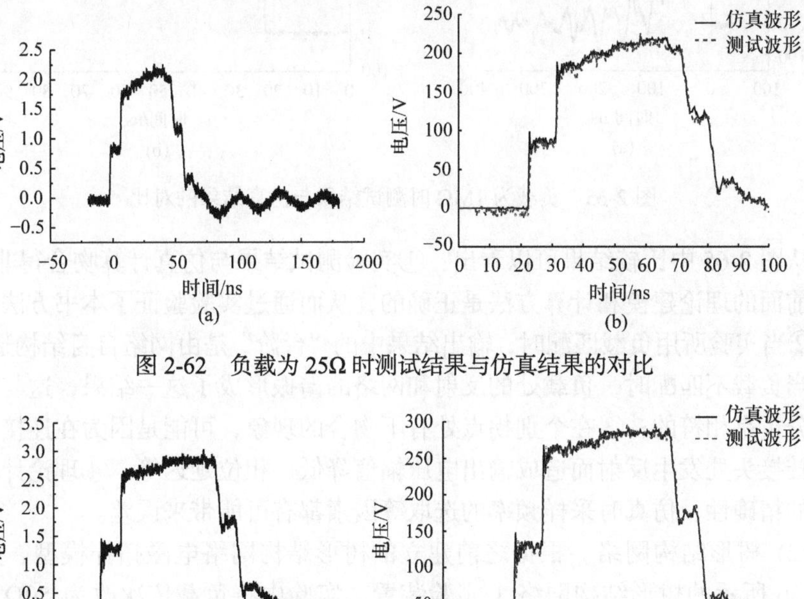

图 2-62　负载为 25Ω 时测试结果与仿真结果的对比

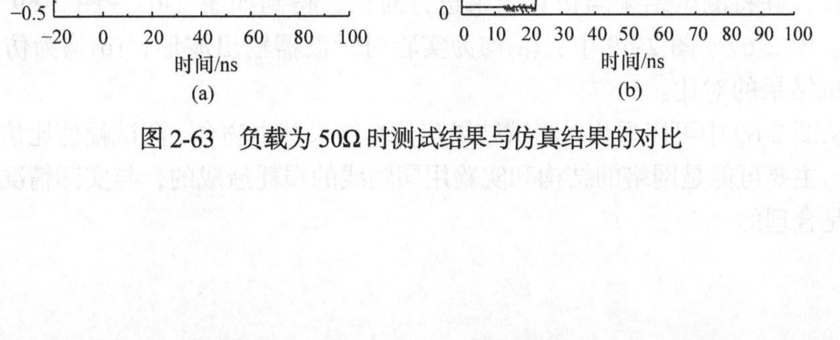

图 2-63　负载为 50Ω 时测试结果与仿真结果的对比

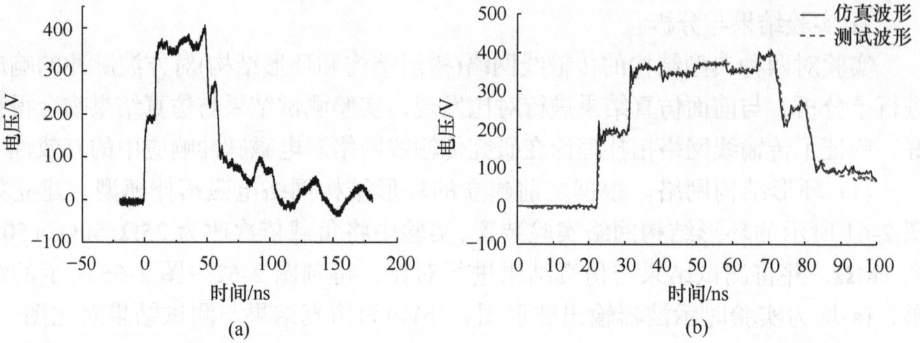

(a)　　(b)

图 2-64　负载为 150Ω 时测试结果与仿真结果的对比

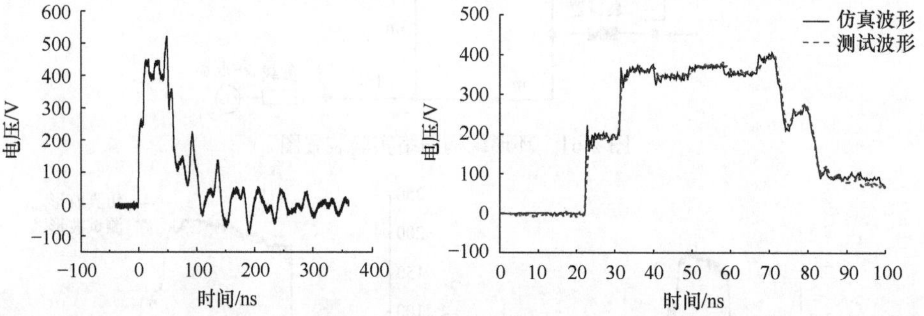

(a)　　(b)

图 2-65　负载为 1MΩ 时测试结果与仿真结果的对比

从图 2-65 中比较结果可以看出：①实验测试结果与仿真计算吻合得非常好，说明前面的理论建模和计算方法是正确的，从而通过实验验证了本书方法的有效性；②当实验所用负载匹配时，输出结果中的“台阶”是由网络自身结构造成的，但是当负载不匹配时，负载处的反射和网络的谐振形成了这一结果，这与之前的理论分析是相符的；③在个别拐点处有不吻合的现象，可能是因为在连接各同轴线的转接头处发生反射而造成输出电压幅值降低、相位延迟等；④理论计算所用模型的精确性、仿真时采样频率的选取等因素都有可能带来误差。

(2) 树形结构网络。根据之前建立的树形结构网络电磁拓扑模型，建立如图 2-66 所示的树形结构网络 1 实验装置，实验中将负载依次改为 50Ω、开路和短路，并将测试结果与仿真结果进行对比，得到如图 2-67～图 2-69 所示的结果。图 2-67～图 2-69 中：(a)均为实验时示波器输出波形，(b)均为仿真结果与测试结果的对比。

从图 2-69 中可以看出，测试结果与仿真结果基本吻合，测试幅值比仿真幅值略小，主要可能是网络的结构和实验用同轴线的损耗造成的，与实际情况相比，这也是合理的。

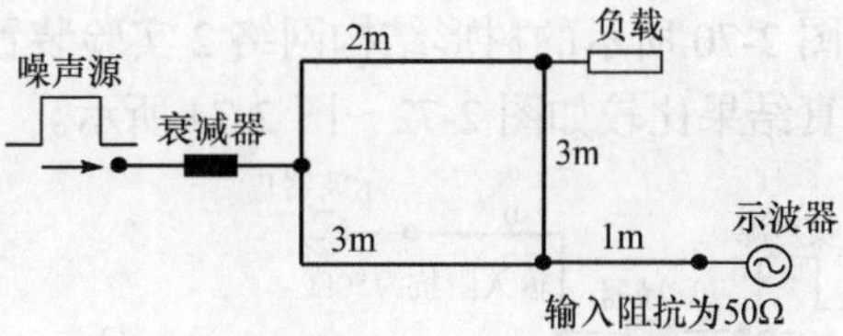

图 2-66　树形结构网络 1 实验装置图

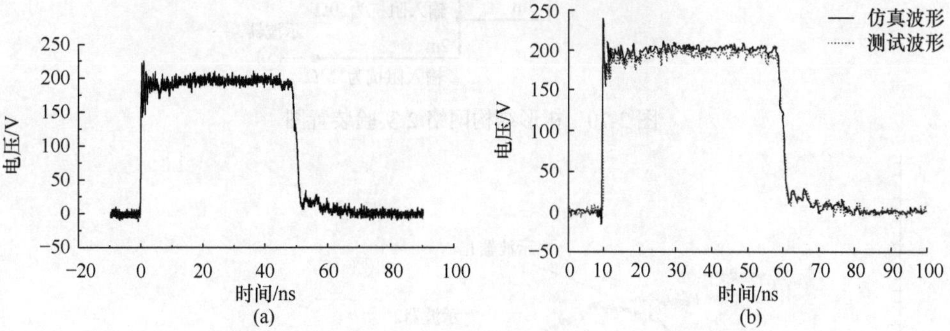

图 2-67　负载为 50Ω 时测试结果与仿真结果的对比

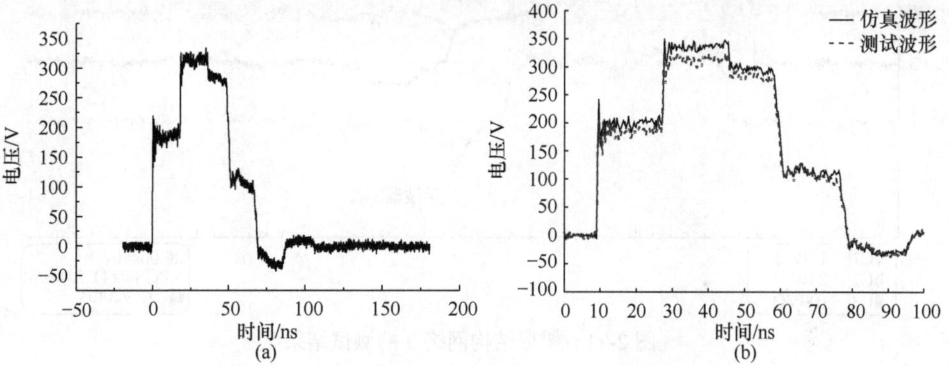

图 2-68　负载为开路时测试结果与仿真结果的对比

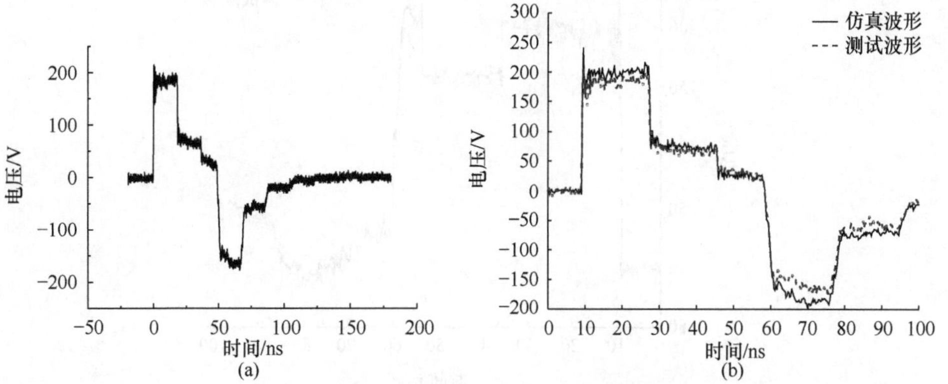

图 2-69　负载为短路时测试结果与仿真结果的对比

另外还建立了如图 2-70 所示的树形结构网络 2 实验装置，测试结果如图 2-71 所示，测试结果与仿真结果比较如图 2-72～图 2-74 所示。

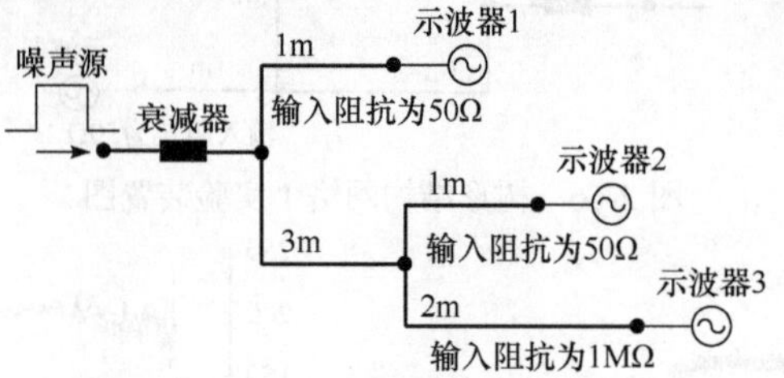

图 2-70 树形结构网络 2 实验装置图

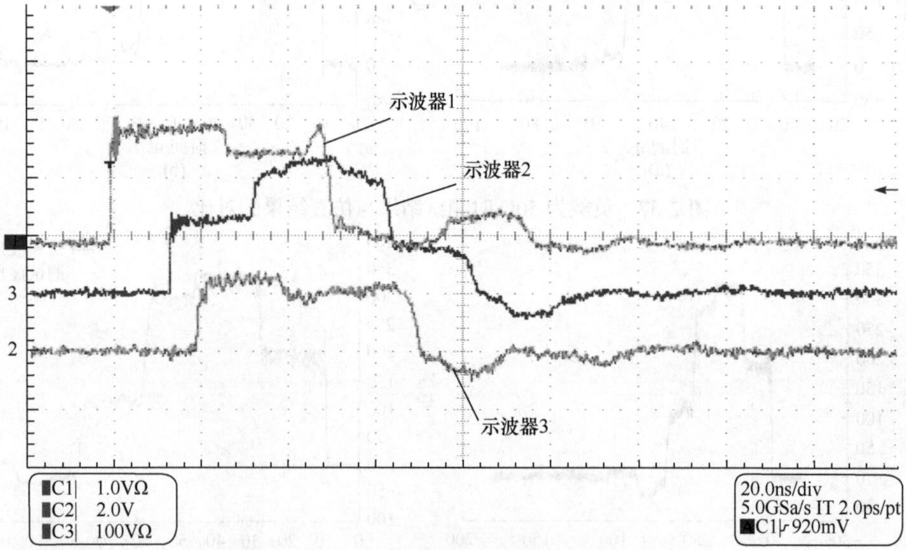

图 2-71 树形结构网络 2 的测试结果

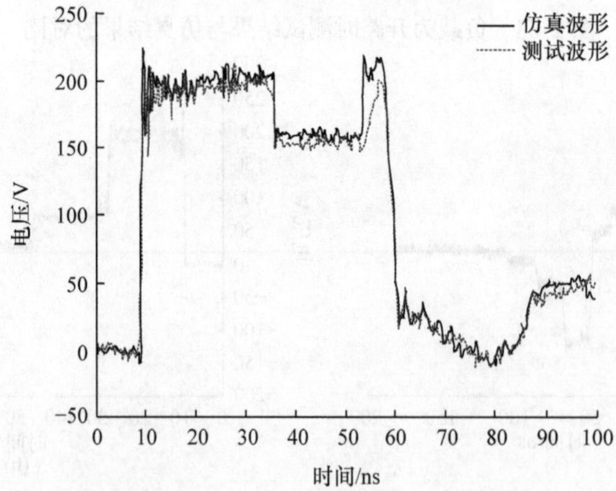

图 2-72 方波脉冲示波器 1 测试结果与仿真结果对比

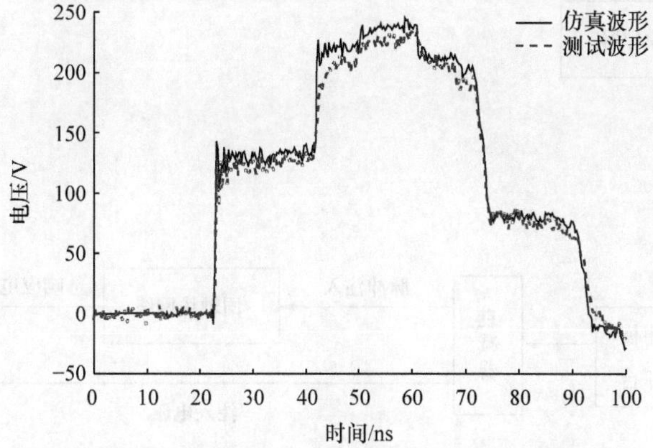

图 2-73　方波脉冲示波器 2 测试结果与仿真结果对比

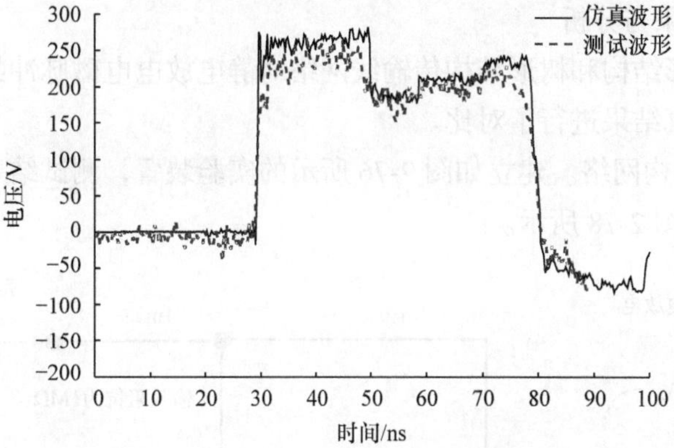

图 2-74　方波脉冲示波器 3 测试结果与仿真结果对比

从图 2-72～图 2-74 中可以看出，与树形结构网络 1 相比，两者结论基本一致，也说明网络本身的结构和网络端接负载对响应结果的影响都很大。

2. 静电放电电磁脉冲响应的实验分析

1) 实验设置

图 2-75 为静电放电电磁脉冲注入实验框图。实验所用注入源为 SANKI 公司生产的 NS61000-2A 型静电放电模拟器，输出电压为 0.2～30kV，正负极性可调，使用人体-金属模型，以接触式放电方式进行静电放电实验，选用 30dB 的衰减器，传输线网络由同轴线和三通转接头组成。注入脉冲波形如图 2-47 所示。

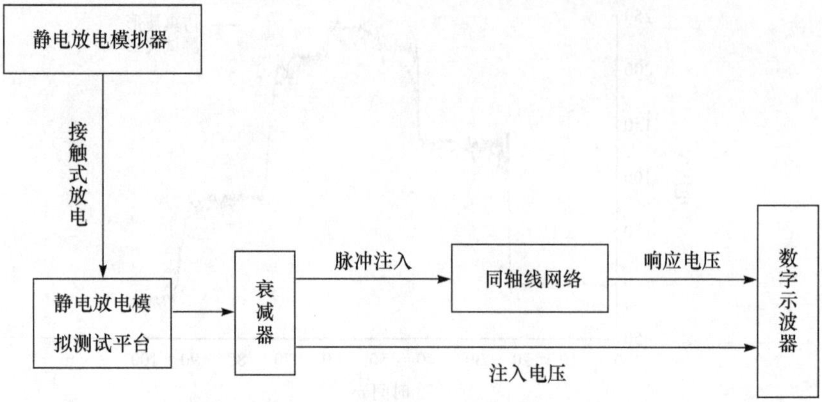

图 2-75　静电放电电磁脉冲注入实验框图

2) 实验结果与分析

实验对环形结构和树形结构传输线网络对静电放电电磁脉冲的响应进行了研究，并且与仿真结果进行了对比。

(1) 环形结构网络。建立如图 2-76 所示的实验装置，测试结果与仿真结果对比如图 2-77 和图 2-78 所示。

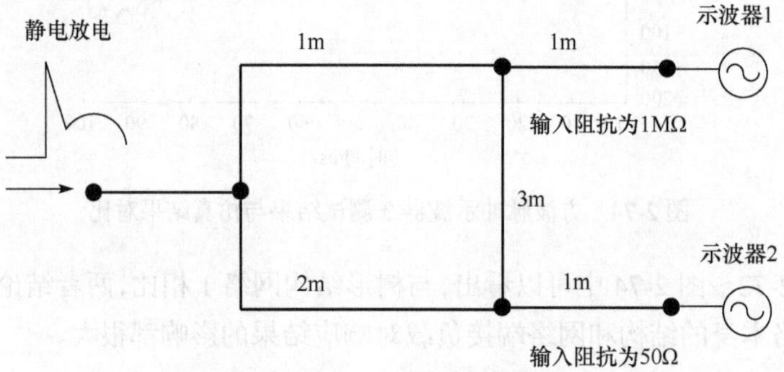

图 2-76　环形结构网络实验装置图

从图 2-78 中可以看出，测试结果与仿真结果比较吻合，示波器输入阻抗接高阻时，在响应前就出现干扰，这主要是由静电放电时辐射干扰造成的。

(2) 树形结构网络。根据之前建立的树形结构网络电磁拓扑模型，建立如图 2-79 所示的树形结构网络实验装置，测试结果及与仿真结果对比如图 2-80～图 2-83 所示。

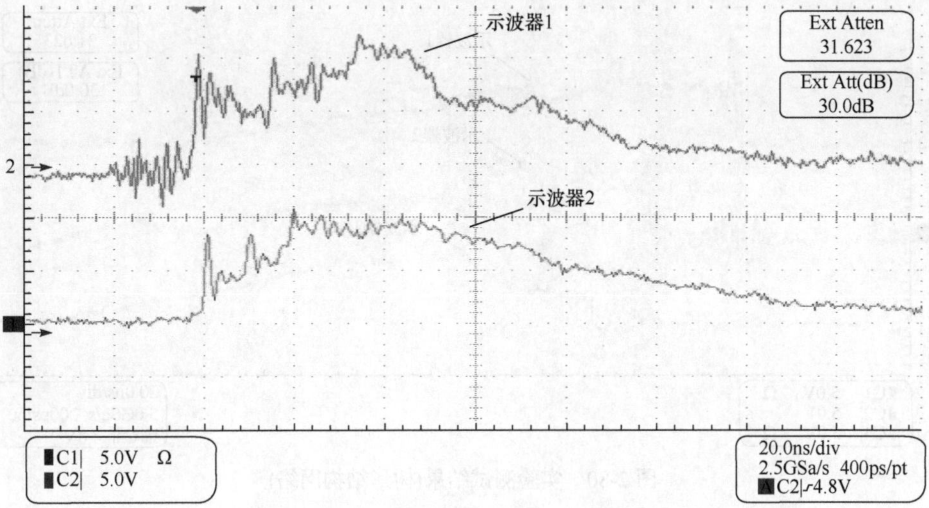

图 2-77　实验测试结果(环形结构网络)

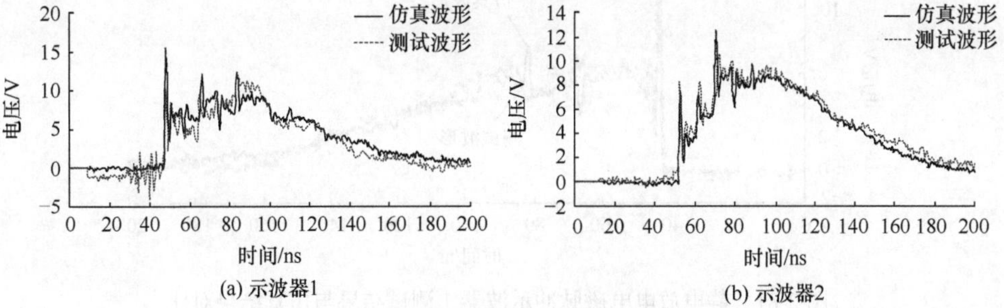

图 2-78　实验测试结果与仿真结果对比

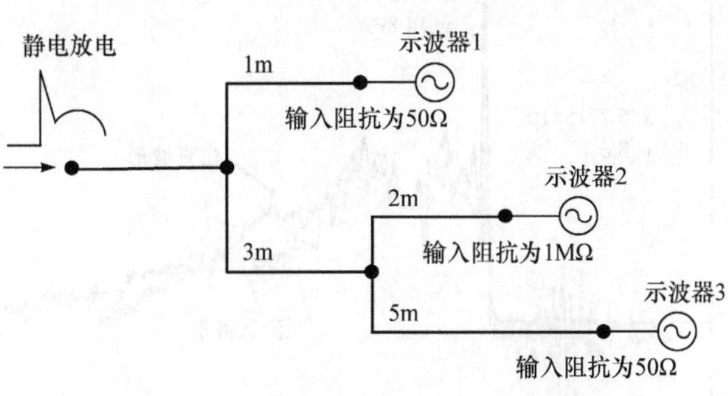

图 2-79　树形结构网络实验装置图

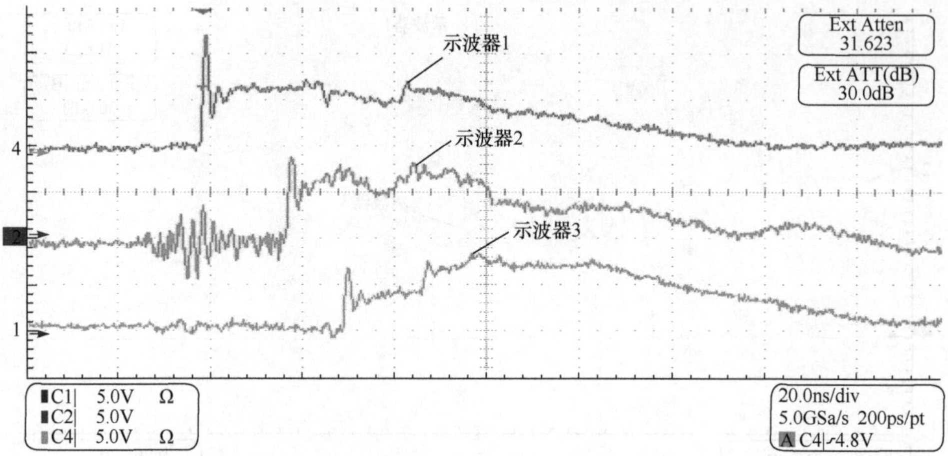

图 2-80 实验测试结果(树形结构网络)

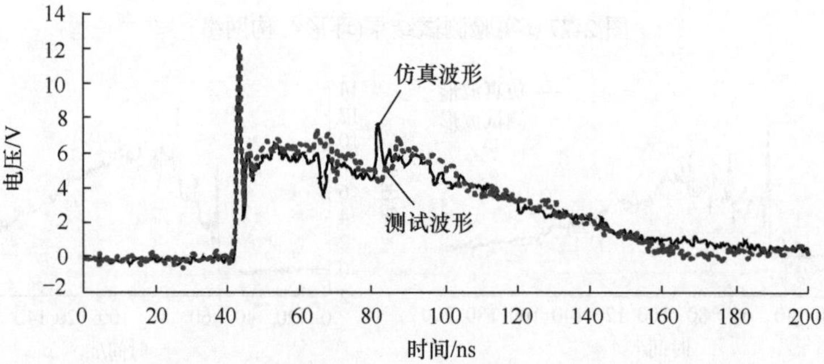

图 2-81 静电放电电磁脉冲示波器 1 测试结果与仿真结果对比

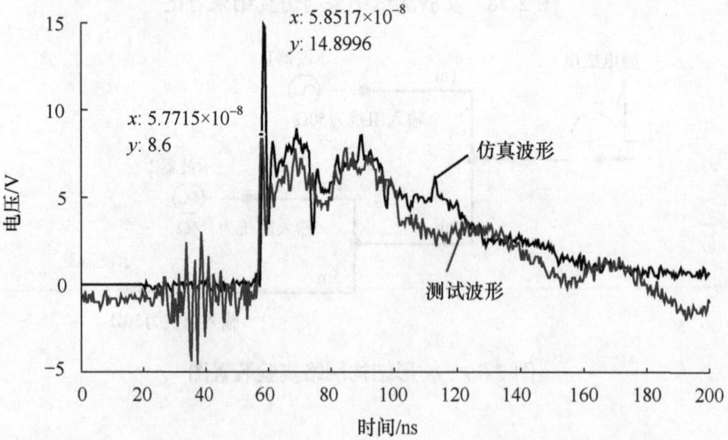

图 2-82 静电放电电磁脉冲示波器 2 测试结果与仿真结果对比

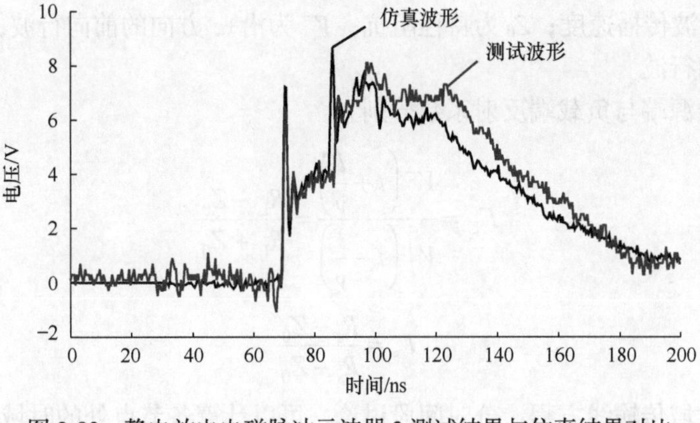

图 2-83　静电放电电磁脉冲示波器 3 测试结果与仿真结果对比

从图 2-80～图 2-83 中可以看出，示波器 1 端和示波器 3 端因示波器 2 端的高输入阻抗反射叠加导致第二次尖峰；与环形结构网络相比，由于少了环形结构本身的谐振，第一次尖峰后的脉冲跳跃就少了很多。

2.3　SPICE 方法

2.3.1　SPICE 方法介绍

美国科学家 Paul 探索了应用通用模拟电路仿真器 SPICE 模型计算场线耦合[5]，并且利用其传输线模型计算时域波形在传输线上的传播规律。随后，时域 BLT 方程和 SPICE 模型多次被应用到对系统电磁效应的求解中[6,7]。

本节采用 SPICE 模型对无耗传输线网络的拓扑分析进行建模。SPICE 模型基于传输线方程，因此可以应用到无耗传输线网络的拓扑分析中。通过电磁拓扑分析，将 SPICE 模型用于传输线网络终端瞬态响应的计算。

2.3.2　传输线网络 SPICE 建模

传输线对脉冲干扰传播的一个重要影响就是从一端到另一端的时延，另一个重要影响是反射。时域传输线方程可以较好地模拟时延和反射产生的效应。由传输线方程可得其解为

$$V(z,t)=V^{+}\left(t-\frac{z}{v}\right)+V^{-}\left(t+\frac{z}{v}\right) \tag{2-99}$$

$$I(z,t)=\frac{1}{Z_0}V^{+}\left(t-\frac{z}{v}\right)-\frac{1}{Z_0}V^{-}\left(t+\frac{z}{v}\right) \tag{2-100}$$

式中，V 为波传播速度；Z_0 为特性阻抗；V^+ 为沿+z 方向的前向行波；V^- 为沿$-z$ 方向的后向行波。

传输线源端与负载端反射系数分别为

$$\Gamma_L = \frac{V^-\left(t+\frac{l}{v}\right)}{V^+\left(t-\frac{l}{v}\right)} = \frac{R_L - Z_0}{R_L + Z_0} \tag{2-101}$$

$$\Gamma_s = \frac{R_s - Z_0}{R_s + Z_0} \tag{2-102}$$

通过时域传输线方程，分时间段讨论，可以计算各节点处的时域响应。若将传输线连接成网络，则不仅需要分时间段讨论，还需要处理节点间的波传播规律。

传输线网络可以分解成若干传输线及节点，各节点上响应波形可利用求解传输线方程得到，利用式(2-99)、式(2-100)可在源端 $z=0$ 和负载端 $z=l$ 处求解这些方程，即

$$V(0,t) = Z_0 I(0,t) + E_0(l, t-T_D) \tag{2-103}$$

式中

$$E_0(l,t-T_D) = V(l,t-T_D) - Z_c I(l,t-T_D) = 2V^-(t) \tag{2-104}$$

同时有

$$V(l,t) = -Z_0 I(l,t) + E_l(0,t-T_D) \tag{2-105}$$

式中

$$E_l(0,t-T_D) = V(0,t-T_D) + Z_c I(0,t-T_D) = 2V^+(t-T_D) \tag{2-106}$$

受控源 $E_l(0,t-T_D)$ 是由传输线输入端的电压和电流产生的，持续时间等于提前于当前时刻的单向传输时延，受控源 $E_0(l,t-T_D)$ 是由传输线输出端的电压和电流产生的，持续时间等于提前于当前时刻的传输时延。传输线的 SPICE 模型如图 2-84 所示。

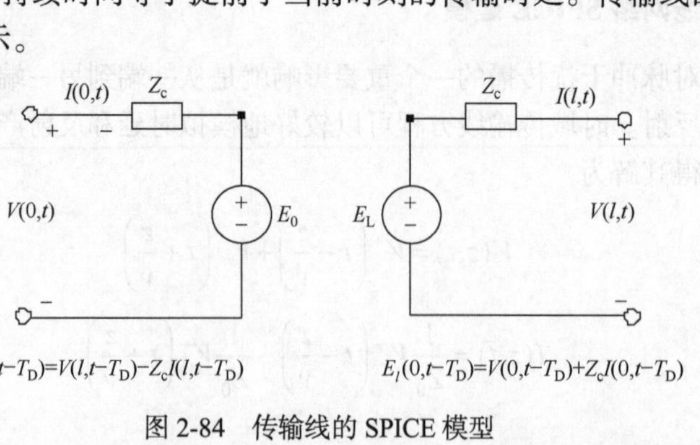

图 2-84 传输线的 SPICE 模型

利用上述方法可以计算信号在传输线上传播的效应，当传输线组成网络后，不仅需要考虑延时和反射，还需要考虑在传输线网络节点上反射时的传播特性。为计算方便，这里假设各个传输线的特性阻抗相同，各传输线之间传播的能量可以根据 S 参数矩阵得到，以图 2-85 所示的三通节点为例，其 S 参数矩阵为

$$(\boldsymbol{S}_{n,m})=\begin{pmatrix} -\frac{1}{3} & \frac{2}{3} & \frac{2}{3} \\ \frac{2}{3} & -\frac{1}{3} & \frac{2}{3} \\ \frac{2}{3} & \frac{2}{3} & -\frac{1}{3} \end{pmatrix}$$

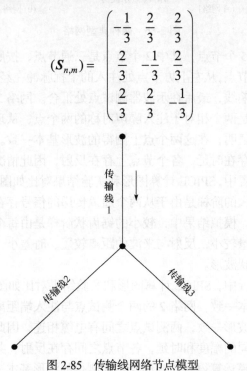

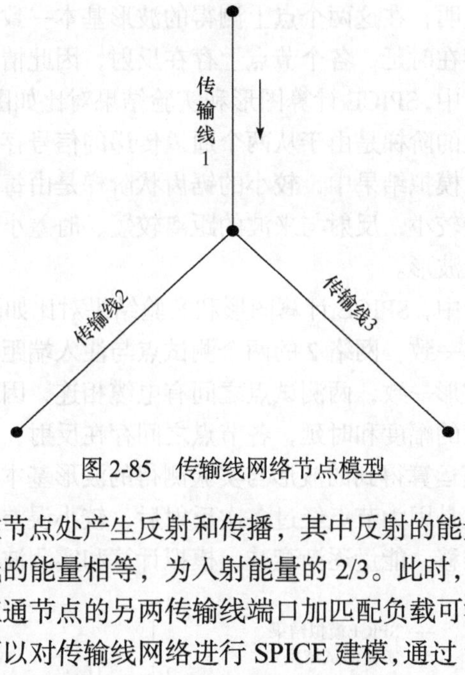

图 2-85　传输线网络节点模型

注入端的波形在节点处产生反射和传播，其中反射的能量为入射能量的 1/3，传播到其他两传输线的能量相等，为入射能量的 2/3。此时，假设入射波为 3V，通过节点以后，在三通节点的另两传输线端口加匹配负载可测得电压为 2V。

利用上述方法可以对传输线网络进行 SPICE 建模，通过 SPICE 软件计算出传输线网络上各点在干扰下的波形。在实验中，假设节点是理想的三通节点，各传输线特性阻抗相同。实际应用中，可以通过矢量网络分析仪测量各节点之间的反射规律，建立相应的等效电路进行模拟。

2.3.3　实验验证

1. 方波脉冲响应的实验分析

下面对两个简单网络进行 SPICE 建模和实验分析，网络结构如图 2-86 所示，按照 2.2.6 节所述方法进行方波脉冲实验验证。

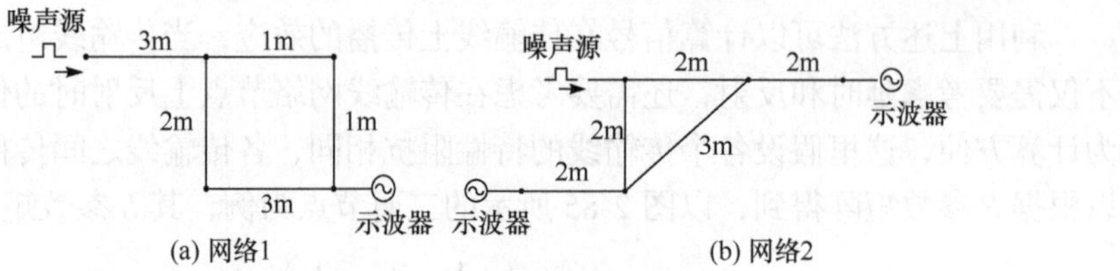

图 2-86　两种典型网络

电缆网络 1 有 5 个节点，其中 2 个节点是三通节点，按照理想状态建模。示波器连接最右下方节点，从左上方节点处注入的干扰脉冲在经过第一条传输线后，分开传播到两条传输线，最后在示波器测试点处汇合。网络 2 和网络 1 类似，此时示波器所在位置是两个相对于注入噪声对称的两个点，从理论上来说，应当存在对称关系，实验证明，在这两个点上测得的波形基本一致。噪声源在网络中传播中各条传输线上存在时延，各个节点上存在反射，因此情况较为复杂。

在网络 1 的设置中，SPICE 计算图形和实验结果对比如图 2-87(a)所示，SPICE 模拟结果中存在较大的阶梯是由于从两个通道传递的信号存在较大的时差，产生了较大幅度的阶跃。模拟结果中，较小的锯齿状阶梯是由每个节点上存在的反射造成的，反射的能量较小，反射与来波的距离较短、时差小，因此产生较小幅度和时间宽度的锯齿状波形。

在网络 2 的设置中，SPICE 计算图形和实验结果对比如图 2-87(b)所示，产生的机理与网络 1 基本一致。网络 2 的两个测试点与注入端距离相等，且处于对称位置，因此得到的波形一致，两测试点之间有电缆相连，因此仍然存在两个不同路径的波，具有不同的幅度和时延，各节点之间存在反射，共同作用得到响应波形。通过 SPICE 建模运算得到的波形与实验测得的波形基本一致，但在 50～70ns 存在较大的误差，这是因为节点经过多次反射后，较小误差的积累导致出现较大误差，随着时间的推移，能量逐渐衰减，模拟计算和实测波形共同趋近于零。

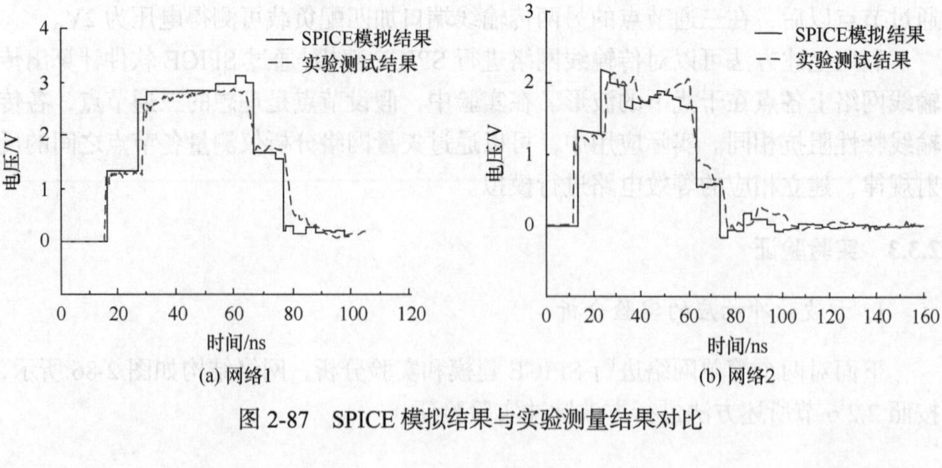

图 2-87　SPICE 模拟结果与实验测量结果对比

2. 双指数脉冲响应的实验分析

这里建立如图 2-88 所示的环形结构网络，注入如图 2-89 所示双指数脉冲源，当负载分别为 50Ω 电阻、75Ω 电阻及 4.7μF 电容时，实验结果与仿真结果对比如图 2-90 所示。

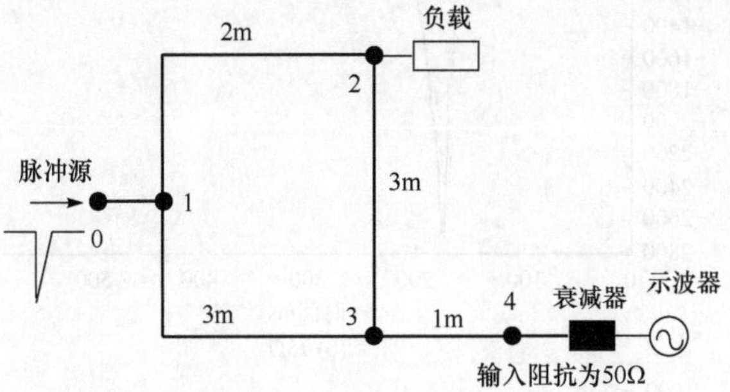

图 2-88 环形结构网络

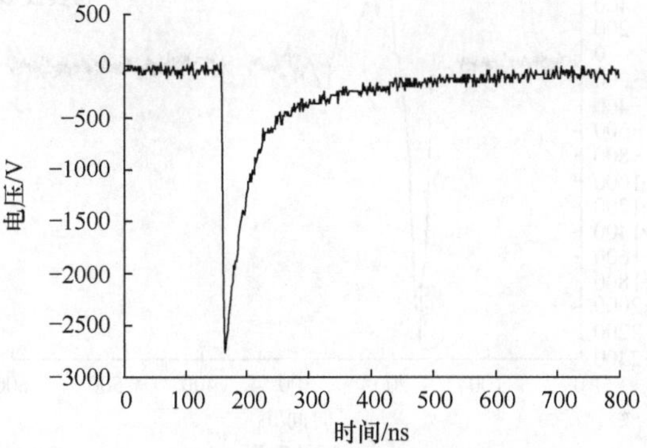

图 2-89 双指数脉冲波形

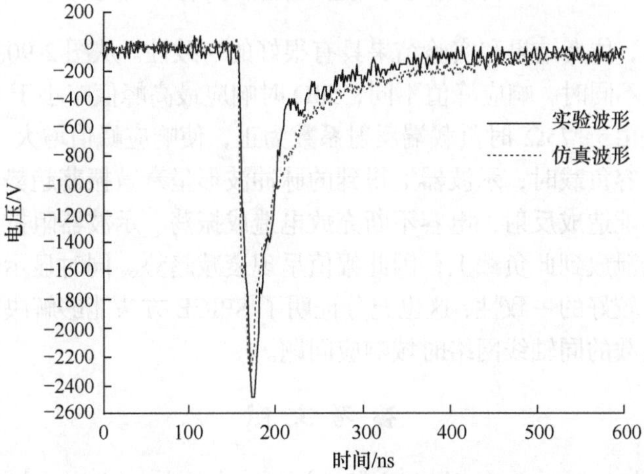

(a) 50Ω

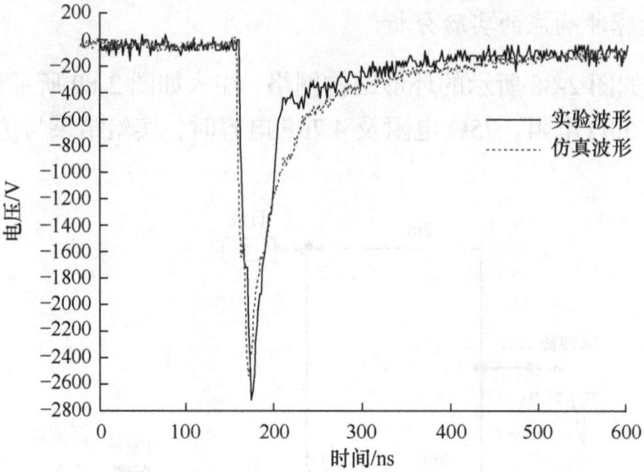

(b) 75Ω

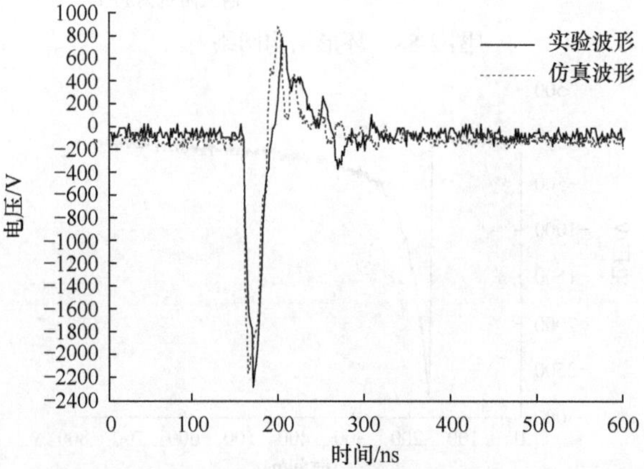

(c) 4.7μF

图 2-90　环形结构网络注入实验中不同负载上的响应

可以看出，仿真结果和实验结果具有很好的一致性。从图 2-90(a)、(b)波形可以看出，电阻不同时，响应峰值不同，50Ω 时响应最高峰值略小于 75Ω 时响应最高峰值，这是由于 75Ω 时负载端反射系数为正，使响应峰值增大。从图 2-90(c)可以看出，电容负载时，示波器上得到的脉冲波形呈衰减振荡趋势，这是由于负载端阻抗不匹配造成反射，电容不断充放电造成振荡。示波器阻抗为 50Ω，使电容上能量逐渐泄放到此负载上，因此幅值呈现衰减趋势。同时显示，仿真结果和实验结果具有较好的一致性，这也充分证明了 SPICE 方法能够解决电磁脉冲激励下端接电容负载的同轴线网络时域响应问题。

参 考 文 献

[1] Baum C E. Electromagnetic topology: A formal approach to the analysis and design of complex

electronic systems[C]//Proceedings of the 4th Symposium and Technical Exhibition on EMC, Zurich, 1981: 209-214
[2] Baum C E, Liu T K, Tesche F M. On the Analysis of General Multiconductor Transmission-Line Network. Interaction Note 350[Z]. New Mexico: Kirtland Air Force Base, 1978
[3] Baum C E. Extension of the BLT Equation into Time Domain Interaction Note 553[Z]. New Mexico: Kirtland Air Force Base, 1990
[4] Baum C E. Including apertures and cavities in the BLT formalism[J]. Electromagnetic, 2005, 25: 623-635
[5] Paul C R. Analysis of Multiconductor Transmission Lines[M]. 2nd ed. New York: Wiley, 2008
[6] Tesche F M. On the analysis of a transmission line with nonlinear terminations using the time-dependent BLT equation[J]. IEEE Transactions on Electromagnetic Compatibility, 2007, 49(2): 427-433
[7] Xie H Y, Wang J G , Fan R Y, et al. Application of a spice model for multiconductor transmission lines in electromagnetic topology[C]//PIERS Proceedings, Cambridge, 2008: 223-227

第 3 章　电磁脉冲多导体传输线中的串扰

本章讨论多导体传输线中的串扰问题，从本质上来讲，串扰是指相互靠近的传输线之间的电磁耦合，它与天线耦合有区别，因为这是一个近场耦合。电缆内各传输线之间的串扰属于电子设备系统内干扰，当多个传输线并行接近时，主扰回路上的电压或电流将通过容性耦合和感性耦合，在被扰回路中产生感应电压或感应电流，从而对被扰回路中的信号产生影响。串扰便是并行回路间耦合影响的典型问题。因此，确定被扰回路上的感应电压和电流一直是研究的热点。电子设备之间的连接电缆多为非屏蔽多导体电缆，当外界电磁脉冲对连接线缆进行干扰时，容易发生串扰现象，耦合进敏感电路中会导致电子设备的性能降级或损坏。因此，必须研究电磁脉冲对多导体传输线的串扰及其变化规律，以采取合理的防护措施。

研究多导体传输线的串扰有三类方法：解析法、等效电路法和数值计算法。解析法有链参数法、多导体 BLT 方程法、数值拉普拉斯逆变换法、节点导纳分析法等，在这些方法中，节点导纳分析法计算简便、过程明了，是分析串扰问题的有力工具，本章重点分析该方法，并给出典型应用。另外，考虑到负载的复杂频变效应，本章将矢量匹配法引入复杂频变系统的建模中，结合时域有限差分法，建立求解端接复杂频变负载多导体传输线电磁暂态响应的数值方法。针对等效电路法，主要阐述集总参数电路模型法和宏模型法，并在宏模型法基础上加以改进，得到有损大地上架空线缆的串扰等效电路模型。

3.1　多导体传输线方程及其分布参数

3.1.1　多导体传输线方程

双导体传输线是没有串扰的，只有三个或更多导体才会产生串扰，这些类型的传输线称为多导体传输线，这里以三导体为例，在双导体系统中加入第三个导体可能会与传输线导体端接的电路产生串扰并引起干扰，为了解释这一重要现象，这里给出如图 3-1 所示的三导体传输线模型。由源阻抗 R_s 和源电压 $u_s(t)$ 组成的源，通过发射线和参考地线与负载 R_L 相连。由电阻 R_{NE} 和 R_{FE} 表示的终端负载，也与受扰线和该参考地线相连。这些终端负载表示从终端看进去的输入电路。这里以线性阻抗终端为例进行说明，得到的所有结果都可应用于更一般的终端，可能包含电容和电感。假设传输线导体均平行于 z 轴，并且沿传输线方向有均匀的横截面，同时假定任何不均匀的周围介质沿着传输线方向也有均匀的横截面，因此这里考虑的是传输线都是均匀传输线。源电路由电源线和参考地线构成，具有沿导线的电流 $i_G(z,t)$ 和两者之间的电压 $u_G(z,t)$ ，所有电压都以地线为参考。与源电路有关的电压和电流将产生电磁场，与由受扰线和参考地线组成的接收器电路相互作用。这种相互作用会在接收器电路中感应出电流 $i_R(z,t)$ 和电压 $u_R(z,t)$ 。下标 NE 和 FE 分别指近端和远端，以邻近包含激励源 $u_s(t)$ 的发射电路一端的传输线终端为参考。传输线的总长度为 L ，从 $z=0$ 到 $z=L$ 。

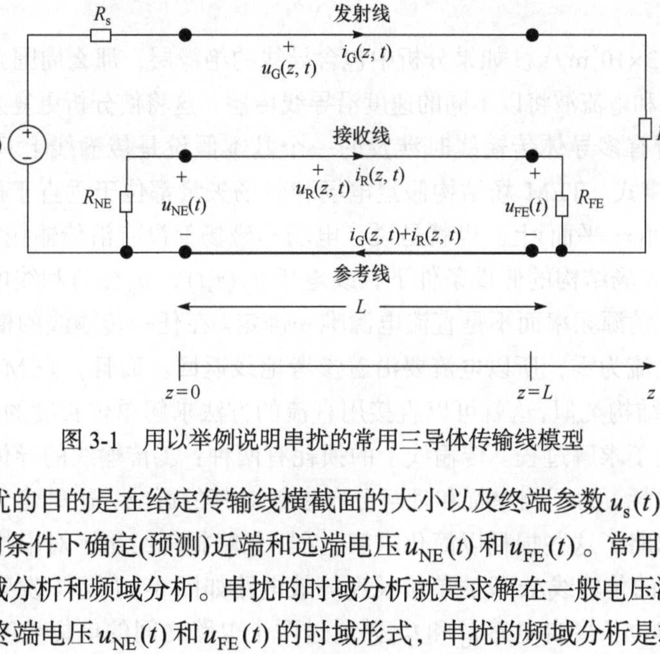

图 3-1　用以举例说明串扰的常用三导体传输线模型

分析串扰的目的是在给定传输线横截面的大小以及终端参数 $u_s(t)$ 、R_s 、R_L 、R_{NE} 和 R_{FE} 的条件下确定(预测)近端和远端电压 $u_{NE}(t)$ 和 $u_{FE}(t)$ 。常用的分析方法有两类：时域分析和频域分析。串扰的时域分析就是求解在一般电压源 $u_s(t)$ 的作用下接收器终端电压 $u_{NE}(t)$ 和 $u_{FE}(t)$ 的时域形式，串扰的频域分析是求解在正弦电压源 $u_s(t)=u_s\cos(\omega t+\varphi)$ 作用下接收器终端向量电压 $u_{NE}(j\omega)$和$u_{FE}(j\omega)$ 的相位和幅度。频域分析是在假设稳态的条件下进行的，也就是说，正弦源经历了足够长的时间，其瞬态响应已衰减为零。

下面应用以上方法对一些典型的三导体传输线进行分析。图 3-2 为由圆形圆柱体横截面导体构成的导线型传输线，图 3-2(a)为由三条导线构成的三导体传输线，其中一条导线用作传输线电压的参考地线。带状电缆是这种结构的典型。图 3-2(b)为无限大理想导电(地)平面上的两根导线，该地平面作为这种结构中的参考地线，图 3-2(c)所示的第三种结构由包围在整个圆柱形屏蔽层中的两根导线构成，屏蔽层作为参考地线。很多应用场合都采用如图 3-2(c)所示的被整个屏蔽层包围的电缆，以防止外部电磁场对内部导线产生额外耦合。所有的传输线都采用裸线，也就是没有绝缘层，可以说它们都处于均匀介质中，因为周围介质具有一个相对介电常数(自由空间的相对介电常数 $\varepsilon_r = 1$)。实际导线周围显然都由圆柱形介质绝缘层包围(除了高压传输线)。需要建立方程来求解这些类型传输线的单位长度电容和电感。如果传输线导线包含介质绝缘层，那么求解单位长度参数的解析解很困难，必须利用数值近似方法。在均匀介质的情况下，导线上所有的电压和电流波都以相同的速度沿导线传播，传播速度为

$$v = \frac{v_0}{\sqrt{\varepsilon_r}} \tag{3-1}$$

式中，$v_0 \approx 3 \times 10^8 \mathrm{m/s}$。如果分析中包含导线的绝缘层，那么周围介质将是非均匀的，电压和电流波将以不同的速度沿导线传播，这将使分析更复杂。

分析所有多导体传输线时涉及的一个基本假设是传输线上只存在唯一的TEM 传播模式。TEM 场结构假定电场和磁场矢量都位于垂直于传输线方向(z轴)的横截面(xy 平面)上。也就是说，电场和磁场都没有沿传输线方向的分量。在这种 TEM 场结构的假设条件下，线电压 $u_G(z,t)$、$u_R(z,t)$ 和线电流 $i_G(z,t)$、$i_R(z,t)$ 由激励源频率而不是直流电源唯一确定。在任一传输线的横截面上向右流动的总电流为零，所以电流要沿着参考地线返回。而且，TEM 场结构与静态(直流)场结构类似，这就可以直接用直流的方法求解单位长度的电容和电感，极大地简化了求解过程。传输线上的损耗有两种：①传输线的导体损耗；②周围介质的损耗。为了测串扰和理解分布参数对其的影响，这里建立多导体传输线方程时忽略了这些损耗以简化求解过程，忽略损耗给出了对串扰的一阶精确预测。建立的传输线Δz 段的单位长度等效电路如图 3-3 所示。发射电路和接收电路具有单位长度自电感 l_G 和 l_R,并通过两个电路之间的单位长度互电感 l_m 相联系。这些电感代表了传输线上的电流对由导体和参考导体构成的每个回路磁通的影响。由线电压(在每个导体和参考导体之间)在导体上产生的电荷会在每对导体之间产生电场，这种影响用电容表示。发射导体和接收导体之间以及接收导体和参考导体之间的单位长度自电容分别用 c_G 和 c_R 表示。发射导体和接收导体之间的单位长度互电容用 c_m 表示。传输线 Δz 段的总电感或总电容为单位长度的电感和电容乘以 Δz。

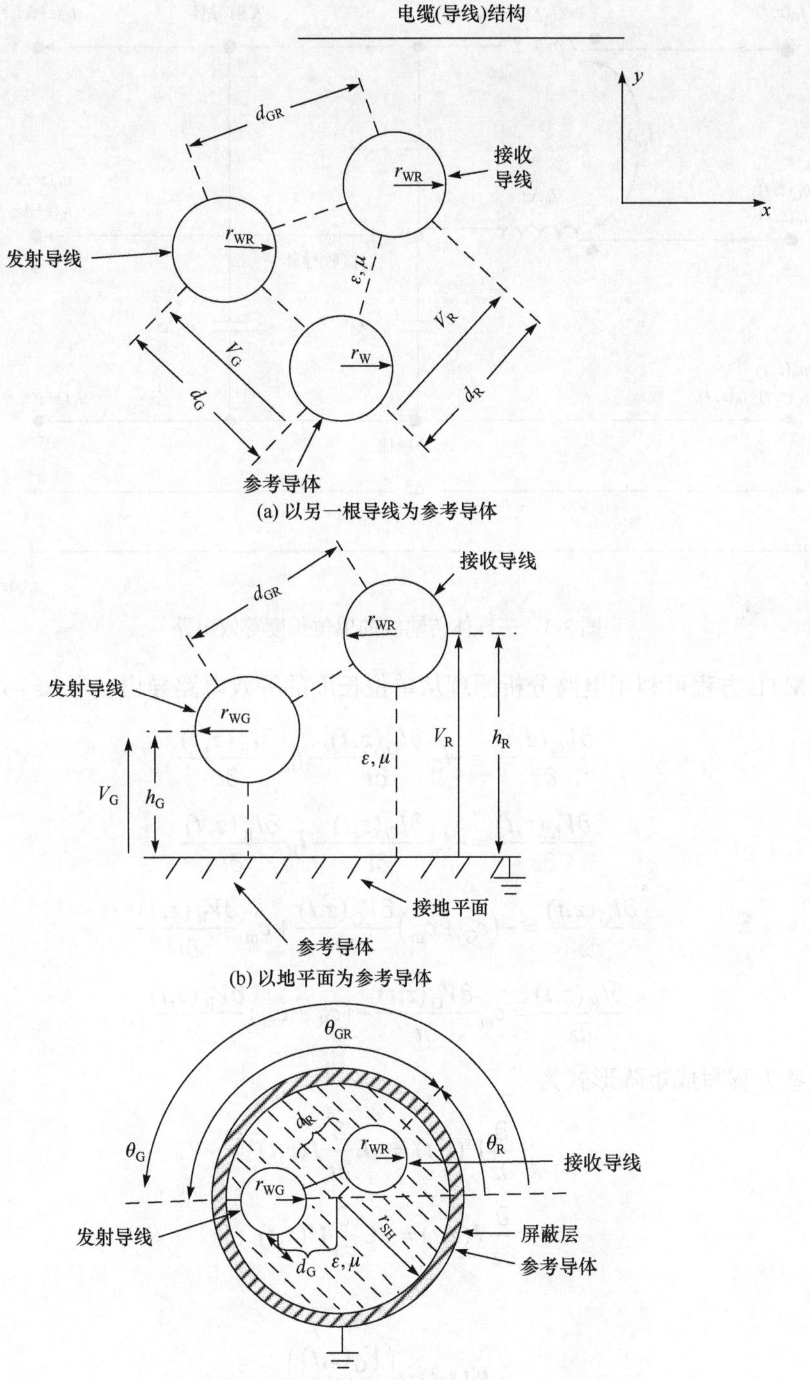

(a) 以另一根导线为参考导体

(b) 以地平面为参考导体

(c) 以整个圆柱形屏蔽层为参考导体

图 3-2　参考导体不同的导线型传输线的横截面

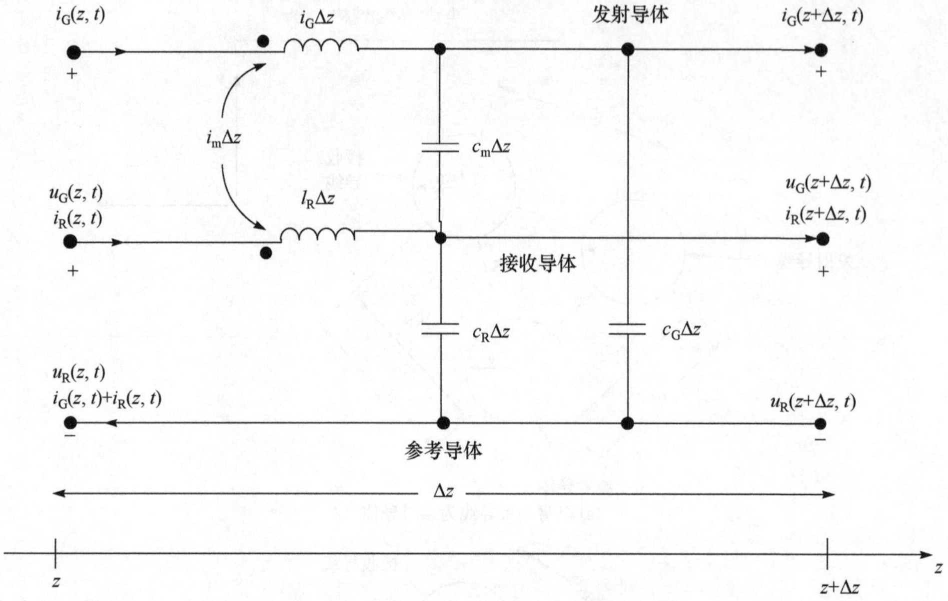

图 3-3　三导体传输线的单位长度等效电路

MTL 方程可利用电路分析原理从单位长度的等效电路导出，令 $\Delta z \to 0$ ，得

$$\frac{\partial V_G(z,t)}{\partial z} = -l_G \frac{\partial I_G(z,t)}{\partial t} - l_m \frac{\partial I_R(z,t)}{\partial t} \tag{3-2a}$$

$$\frac{\partial V_R(z,t)}{\partial z} = -l_m \frac{\partial I_G(z,t)}{\partial t} - l_R \frac{\partial I_R(z,t)}{\partial t} \tag{3-2b}$$

$$\frac{\partial I_G(z,t)}{\partial z} = -(c_G + c_m) \frac{\partial V_G(z,t)}{\partial t} + c_m \frac{\partial V_R(z,t)}{\partial t} \tag{3-2c}$$

$$\frac{\partial I_R(z,t)}{\partial z} = c_m \frac{\partial V_G(z,t)}{\partial t} - (c_R + c_m) \frac{\partial V_R(z,t)}{\partial t} \tag{3-2d}$$

将这些方程写成矩阵形式为

$$\frac{\partial}{\partial z}\boldsymbol{V}(z,t) = -\boldsymbol{L}\frac{\partial}{\partial t}\boldsymbol{I}(z,t) \tag{3-3a}$$

$$\frac{\partial}{\partial z}\boldsymbol{I}(z,t) = -\boldsymbol{C}\frac{\partial}{\partial t}\boldsymbol{V}(z,t) \tag{3-3b}$$

式中

$$\boldsymbol{V}(z,t) = \begin{pmatrix} V_G(z,t) \\ V_R(z,t) \end{pmatrix} \tag{3-4a}$$

$$\boldsymbol{I}(z,t)=\begin{pmatrix} I_{\mathrm{G}}(z,t) \\ I_{\mathrm{R}}(z,t) \end{pmatrix} \tag{3-4b}$$

单位长度的分布参数矩阵为

$$\boldsymbol{L}=\begin{pmatrix} l_{\mathrm{G}} & l_{\mathrm{m}} \\ l_{\mathrm{m}} & l_{\mathrm{R}} \end{pmatrix} \tag{3-5a}$$

$$\boldsymbol{C}=\begin{pmatrix} c_{\mathrm{G}}+c_{\mathrm{m}} & -c_{\mathrm{m}} \\ -c_{\mathrm{m}} & c_{\mathrm{R}}+c_{\mathrm{m}} \end{pmatrix} \tag{3-5b}$$

式(3-2)中的方程为时域方程。对于单频正弦稳态激励(向量形式)，只需用 $\mathrm{j}\omega$ 代替时间变量。其中，$\omega=2\pi f$ 为激励源的弧度频率，f 为线频率。利用这种类似于电路的向量分析法，可得

$$\frac{\mathrm{d}}{\mathrm{d}z}\boldsymbol{V}(z)=-\mathrm{j}\omega\boldsymbol{L}\boldsymbol{I}(z) \tag{3-6a}$$

$$\frac{\mathrm{d}}{\mathrm{d}z}\boldsymbol{I}(z)=-\mathrm{j}\omega\boldsymbol{C}\boldsymbol{V}(z) \tag{3-6b}$$

式中，电压和电流向量是复数，它们仅是沿传输线的位置 z 的函数，因此使用普通变量。为了转化为时域函数，将向量乘以 $\mathrm{e}^{\mathrm{j}\omega t}$ 并取实部，就如电路的向量分析：

$$V(z,t)=\mathrm{Re}\left\{V(z)\mathrm{e}^{\mathrm{j}\omega t}\right\} \tag{3-7a}$$

$$I(z,t)=\mathrm{Re}\left\{I(z)\mathrm{e}^{\mathrm{j}\omega t}\right\} \tag{3-7b}$$

3.1.2　单位长度的分布参数

如前所述，如果不能确定某传输线横截面上单位长度的分布参数，那么求解 MTL 方程是没有用的。有关特定传输线的横截面尺寸的所有信息都包含在这些参数中，依然需要求解 L 和 C 的几个参数。如图 3-2 所示的均匀介质中的导线型传输线，其单位长度的电感和电容的近似式可以推广到间距很宽的传输线上。

1. 均匀介质与非均匀介质

如图 3-2 所示的结构被认为是传输线处于均匀介质中。在这种情况下，如图 3-2(a)所示的三导体传输线或如图 3-2(b)所示的地平面上的双导体传输线，其周围介质理所当然地被认为具有自由空间的特性参数 ε_0 和 μ_0。也就是说，这些导体被认为是裸露的。介质绝缘层使求解传输线单位长度的电容变得异常复杂，但它并不影响单位长度的电感的计算。因为对于介质而言，$\mu=\mu_0$。要计算非均匀介质中的这些类型的传输线，必须用数值计算方法，并且忽略介质

的绝缘层，认为该导线是裸露的，因为绝缘层的存在只微小地改变了相隔较远的导线的电容。如果假设屏蔽层内部的介质是均匀的(ε,μ)，那么就可以计算如图 3-2 所示的被完整屏蔽层包围的双导体传输线。

如果周围介质是均匀的，就像如图 3-2 所示的传输线，那么由式(3-5)给出的单位长度的参数矩阵就会与双导体传输线的参数矩阵关系密切，具体为

$$\boldsymbol{LC}=\boldsymbol{CL}=\mu\varepsilon\boldsymbol{l}_2 \tag{3-8}$$

式中，周围均匀介质的特性参数为磁导率μ和介电常数ε；$\boldsymbol{l}_2$是一个 2×2 的单位矩阵，其表达式为

$$\boldsymbol{l}_2=\begin{pmatrix}1 & 0\\ 0 & 1\end{pmatrix} \tag{3-9}$$

因此，只需确定其中一个参数矩阵，其他参数矩阵都能从式(3-8)中导出，即

$$\boldsymbol{C}=\mu\varepsilon\boldsymbol{L}^{-1}=\frac{1}{v^2}\boldsymbol{L}^{-1} \tag{3-10}$$

式中，$v=1/\sqrt{\mu\varepsilon}$为均匀平面波的相速，也就是传输线上电波传播的速度。例如，对于均匀介质中的三导体传输线，可以由式(3-10)推得

$$\begin{pmatrix}c_{\mathrm{G}}+c_{\mathrm{m}} & -c_{\mathrm{m}}\\ -c_{\mathrm{m}} & c_{\mathrm{R}}+c_{\mathrm{m}}\end{pmatrix}=\frac{1}{v^2(l_{\mathrm{G}}l_{\mathrm{R}}-l_{\mathrm{m}}^2)}\begin{pmatrix}l_{\mathrm{R}} & -l_{\mathrm{m}}\\ -l_{\mathrm{m}} & l_{\mathrm{G}}\end{pmatrix} \tag{3-11}$$

比较式(3-11)等号两边表达式，根据单元长度的电感可以得到单位长度的电容，如下所示 ：

$$c_{\mathrm{m}}=\frac{l_{\mathrm{m}}}{v^2\left(l_{\mathrm{G}}l_{\mathrm{R}}-l_{\mathrm{m}}^2\right)} \tag{3-12a}$$

$$c_{\mathrm{G}}+c_{\mathrm{m}}=\frac{l_{\mathrm{R}}}{v^2\left(l_{\mathrm{G}}l_{\mathrm{R}}-l_{\mathrm{m}}^2\right)} \tag{3-12b}$$

$$c_{\mathrm{R}}+c_{\mathrm{m}}=\frac{l_{\mathrm{G}}}{v^2\left(l_{\mathrm{G}}l_{\mathrm{R}}-l_{\mathrm{m}}^2\right)} \tag{3-12c}$$

对于非均匀介质中传输线的情况，单位长度的电感矩阵$\boldsymbol{L}$不会受介质非均匀性的影响，因为$\mu=\mu_0$。如果指定了移去的介质(代之以自由空间)单位长度的电容矩阵$\boldsymbol{C}_0$，那么可以由式(3-8)求得电感矩阵。因此，对于非均匀介质，必须确定有介质和无介质存在时单位长度的电容矩阵$\boldsymbol{C}$和$\boldsymbol{C}_0$。为了得到这些参数，常常利用数值方法求解。

2. 宽间隔传输线的近似

在传输线间隔足够宽的假设下，传输线周围的电荷和电流分布本质上是均匀的，在这种情况下，对于如图 3-2 所示的三导体传输线可以得到单位长度分布参数解析形式的结果。对于实际结构这并不是严格的限制条件。为了得到如图 3-2 所示的导线型传输线单位长度的分布参数，可以根据双导体传输线的两个基本子问题进行理解。

第一个基本问题是关于磁通，该磁通由带电流的导线沿传输线穿过单位长度的表面引起，带电流的导线的边缘与传输线的径向距离为 R_1 和 R_2，其中 $R_2 \geqslant R_1$，如图 3-4(a)所示，有方向性的磁通为

$$\psi = \frac{\mu_0 I}{2\pi} \ln\left(\frac{R_2}{R_1}\right) \tag{3-13}$$

式中，导线所带的电流 I 假设在导线周围均匀分布。

第二个基本问题是关于与带电导线的径向距离 R_1 和 R_2 ($R_2 \geqslant R_1$)两点之间的电压，如图 3-4(b)所示。这一结论由式(3-14)给出：

$$V = \frac{q}{2\pi\varepsilon_0} \ln\left(\frac{R_2}{R_1}\right) \tag{3-14}$$

式中，导线上载有的单位长度的电荷 q 假定沿传输线和传输线周围均匀分布。再次指出，随着最终磁通的确定，确定电压的正确方向是非常重要的。假设传输线上分布的电荷是正电荷，因此距离导线最近的点的电压也为正。

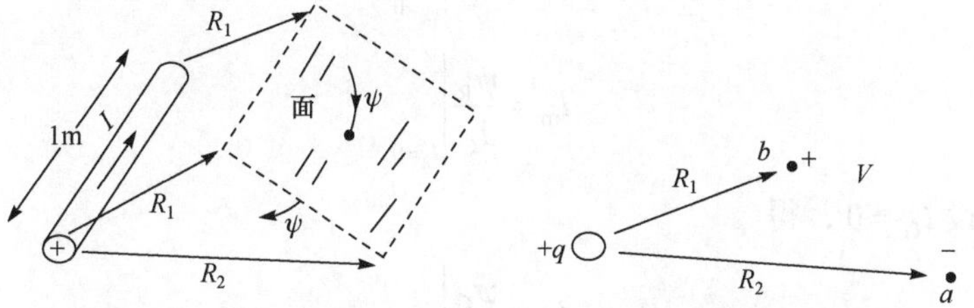

(a) 带电流导线周围穿过表面的磁通　(b) 带电荷导线两点间的电压

图 3-4　计算线型传输线单位长度参数的两个重要问题

首先考虑如图 3-2(a)所示的三导线情况。单位长度的外电感矩阵与穿过发射电路和接收电路的磁通及这些电路上的电流有关，具体表达式为

$$\boldsymbol{\psi} = \boldsymbol{L}\boldsymbol{I} \tag{3-15a}$$

或

$$\begin{pmatrix} \psi_G \\ \psi_R \end{pmatrix} = \begin{pmatrix} l_G & l_m \\ l_m & l_R \end{pmatrix} \begin{pmatrix} I_G \\ I_R \end{pmatrix} \tag{3-15b}$$

待求磁通的方向如图 3-5(a)所示。$\boldsymbol{L}$ 中每一项都可以通过推广式(3-15)像确定双端口参数一样的方法来求得，即

$$\psi_G = l_G I_G + l_m I_R \tag{3-16a}$$

$$\psi_R = l_m I_G + l_R I_R \tag{3-16b}$$

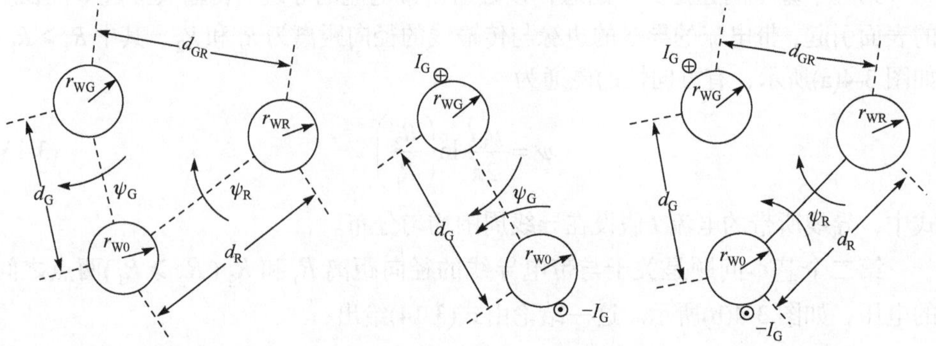

(a) 电路磁通的定义　(b) 自由感的计算　(c) 互电感的计算

图 3-5　三导体传输线单位长度电感的计算

首先设 $I_R = 0$，得

$$l_G = \left.\frac{\psi_G}{I_G}\right|_{I_R=0} \tag{3-17a}$$

$$l_m = \left.\frac{\psi_R}{I_G}\right|_{I_R=0} \tag{3-17b}$$

类似地，设 $I_G = 0$，得

$$l_m = \left.\frac{\psi_G}{I_R}\right|_{I_G=0} \tag{3-17c}$$

$$l_R = \left.\frac{\psi_R}{I_R}\right|_{I_G=0} \tag{3-17d}$$

式(3-17)表明，通过在一条导线上施加电流(通过参考地线返回)，其他导线上的电流设为零，并确定穿过电路的磁通，就可以得到单位长度的电感。例如，考虑求解发射电路的自电感，由式(3-17a)可知，将发射电路中的电流设为 I_G，令 I_R=0，并确定穿过如图 3-5(b)所示的发射电路的磁通，利用式(3-13)给出的基本

结论，可求得

$$l_{\mathrm{G}}=\frac{\mu_0}{2\pi}\ln\left(\frac{d_{\mathrm{G}}}{r_{\mathrm{WG}}}\right)+\frac{\mu_0}{2\pi}\ln\left(\frac{d_{\mathrm{G}}}{r_{\mathrm{W0}}}\right)=\frac{\mu_0}{2\pi}\ln\left(\frac{d_{\mathrm{G}}^2}{r_{\mathrm{WG}}r_{\mathrm{W0}}}\right) \tag{3-18}$$

式中，假定插入介质是非铁磁性的，$\mu=\mu_0$。类似地，接收电路的自电感为

$$l_{\mathrm{R}}=\frac{\mu_0}{2\pi}\ln\left(\frac{d_{\mathrm{R}}^2}{r_{\mathrm{WR}}r_{\mathrm{W0}}}\right) \tag{3-19}$$

单位长度的互电感可以由式(3-17b)和式(3-17c)求得。在一个电路中加上电流，确定穿过另一个电路的磁通，如图 3-5(c)所示，可求得

$$l_{\mathrm{m}}=\frac{\mu_0}{2\pi}\ln\left(\frac{d_{\mathrm{G}}}{d_{\mathrm{GR}}}\right)+\frac{\mu_0}{2\pi}\ln\left(\frac{d_{\mathrm{R}}}{r_{\mathrm{W0}}}\right)=\frac{\mu_0}{2\pi}\ln\left(\frac{d_{\mathrm{G}}d_{\mathrm{R}}}{d_{\mathrm{GR}}r_{\mathrm{W0}}}\right) \tag{3-20}$$

对于均匀介质，可利用式(3-8)的结果从单位长度的电感导出单位长度的电容。为了展示直接的推导过程，这里使用式(3-14)中的基本结论。首先考察单位长度的电容矩阵 $\boldsymbol{C}$ 的定义，它将发射导体和接收导体上单位长度的电荷与这些导体上相对于参考地线的电压联系起来，如下所示：

$$\begin{pmatrix} q_{\mathrm{G}} \\ q_{\mathrm{R}} \end{pmatrix}=\begin{pmatrix} c_{\mathrm{G}}+c_{\mathrm{m}} & -c_{\mathrm{m}} \\ -c_{\mathrm{m}} & c_{\mathrm{R}}+c_{\mathrm{m}} \end{pmatrix}\begin{pmatrix} V_{\mathrm{G}} \\ V_{\mathrm{R}} \end{pmatrix} \tag{3-21a}$$

或

$$\boldsymbol{q}=\boldsymbol{C}\boldsymbol{V} \tag{3-21b}$$

这种形式直接求解不方便，所以将式(3-21a)转换为

$$\begin{pmatrix} V_{\mathrm{G}} \\ V_{\mathrm{R}} \end{pmatrix}=\begin{pmatrix} p_{\mathrm{G}} & p_{\mathrm{m}} \\ p_{\mathrm{m}} & p_{\mathrm{R}} \end{pmatrix}\begin{pmatrix} q_{\mathrm{G}} \\ q_{\mathrm{R}} \end{pmatrix} \tag{3-22a}$$

将式(3-21b)转换为

$$\boldsymbol{V}=\boldsymbol{P}\boldsymbol{q}=\boldsymbol{C}^{-1}\boldsymbol{q} \tag{3-22b}$$

展开后得

$$V_{\mathrm{G}}=p_{\mathrm{G}}q_{\mathrm{G}}+p_{\mathrm{m}}q_{\mathrm{R}} \tag{3-23a}$$

$$V_{\mathrm{R}}=p_{\mathrm{m}}q_{\mathrm{G}}+p_{\mathrm{R}}q_{\mathrm{R}} \tag{3-23b}$$

通过将电荷设为零，并确定电压和产生该电压的电荷的比值可以求出矩阵中的每一项。先设 $q_{\mathrm{R}}=0$，可求得

$$p_{\mathrm{G}}=\left.\frac{V_{\mathrm{G}}}{q_{\mathrm{G}}}\right|_{q_{\mathrm{R}}=0} \tag{3-24a}$$

$$p_{\mathrm{m}} = \left.\frac{V_{\mathrm{R}}}{q_{\mathrm{G}}}\right|_{q_{\mathrm{R}}=0} \tag{3-24b}$$

类似地，设 $q_{\mathrm{G}} = 0$ ，可求得

$$p_{\mathrm{m}} = \left.\frac{V_{\mathrm{G}}}{q_{\mathrm{R}}}\right|_{q_{\mathrm{G}}=0} \tag{3-24c}$$

$$p_{\mathrm{R}} = \left.\frac{V_{\mathrm{R}}}{q_{\mathrm{R}}}\right|_{q_{\mathrm{G}}=0} \tag{3-24d}$$

变换式(3-22)可得式(3-21)。为了得到式(3-22)中的每一项，可以运用式(3-14)中关于带电荷的导线产生电压的基本结论。对于如图 3-2(a)所示的三导线情况，运用式(3-24)可求出如图 3-6(a)所示的自感应项，具体表达式为

$$p_{\mathrm{G}} = \frac{1}{2\pi\varepsilon_0}\ln\left(\frac{d_{\mathrm{G}}}{r_{\mathrm{WG}}}\right) + \frac{1}{2\pi\varepsilon_0}\ln\left(\frac{d_{\mathrm{G}}}{r_{\mathrm{W0}}}\right) = \frac{1}{2\pi\varepsilon_0}\ln\left(\frac{d_{\mathrm{G}}^2}{r_{\mathrm{WG}}r_{\mathrm{W0}}}\right) \tag{3-25}$$

和

$$p_{\mathrm{R}} = \frac{1}{2\pi\varepsilon_0}\ln\left(\frac{d_{\mathrm{R}}}{r_{\mathrm{WR}}}\right) + \frac{1}{2\pi\varepsilon_0}\ln\left(\frac{d_{\mathrm{R}}}{r_{\mathrm{W0}}}\right) = \frac{1}{2\pi\varepsilon_0}\ln\left(\frac{d_{\mathrm{R}}^2}{r_{\mathrm{WR}}r_{\mathrm{W0}}}\right) \tag{3-26}$$

类似地，利用式(3-24b)和图 3-6(b)可得

$$p_{\mathrm{m}} = \frac{1}{2\pi\varepsilon_0}\ln\left(\frac{d_{\mathrm{R}}}{d_{\mathrm{GR}}}\right) + \frac{1}{2\pi\varepsilon_0}\ln\left(\frac{d_{\mathrm{R}}}{r_{\mathrm{W0}}}\right) = \frac{1}{2\pi\varepsilon_0}\ln\left(\frac{d_{\mathrm{G}}d_{\mathrm{R}}}{d_{\mathrm{GR}}r_{\mathrm{W0}}}\right) \tag{3-27}$$

一旦求得式(3-22)中的每一项，通过变换式(3-22)就能得到式(3-21)中的单位长度的电容。比较由式(3-25)～式(3-27)得到的式(3-22)中的矩阵 $\boldsymbol{P}$ 的每一项，以及由式(3-18)～式(3-20)得到的单位长度的电感，可知 $\boldsymbol{L} = \mu_0\varepsilon_0\boldsymbol{P}$ 。这也验证了式(3-8)中的基本结论，因为 $\boldsymbol{C} = \boldsymbol{P}^{-1}$ 。

1) 带状电缆

考虑由三根导线组成的三线带状电缆，指定参考地线对结果的修正相当关键。假设中间的导线为参考地线，如图 3-7(a)所示。自电感 l_{G} 的求解如图 3-7(b)所示，具体表达式为

$$l_{\mathrm{G}} = \frac{\mu_0}{2\pi}\ln\left(\frac{d}{r_{\mathrm{W}}}\right) + \frac{\mu_0}{2\pi}\ln\left(\frac{d}{r_{\mathrm{W}}}\right) = \frac{\mu}{\pi}\ln\left(\frac{d}{r_{\mathrm{W}}}\right) \tag{3-28}$$

类似地，可得 l_{R} 为

$$l_{\mathrm{R}} = \frac{\mu_0}{\pi}\ln\left(\frac{d}{r_{\mathrm{W}}}\right) \tag{3-29}$$

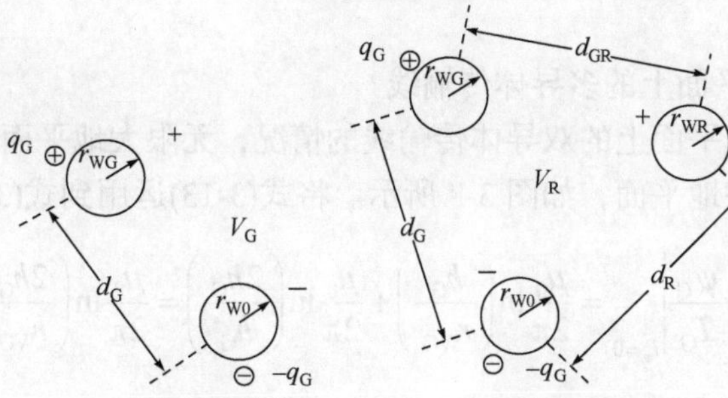

(a) 自感应项　(b) 互感应项

图 3-6　三导体传输线单位长度分布参数的计算

与式(3-19)一致，如图 3-7(c)所示，在发射导线上加上一个电流 I_G(通过参考地线返回)，并求出穿过接收电路的总磁通，就可以求出互电感。注意，接收电路的磁通方向定义为向上。利用前面的基本结论可得

$$l_m = -\frac{\mu_0}{2\pi}\ln\left(\frac{2d}{d}\right) + \frac{\mu_0}{2\pi}\ln\left(\frac{d}{r_W}\right) = \frac{\mu_0}{2\pi}\ln\left(\frac{d}{2r_W}\right) \tag{3-30}$$

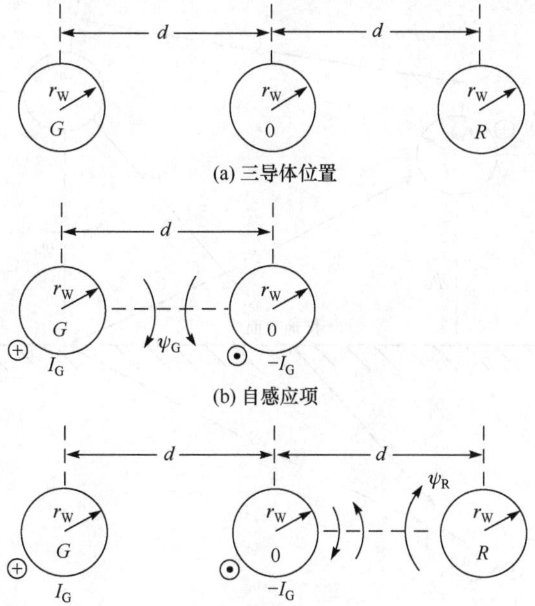

图 3-7　带状电缆单位长度电感的计算

应用式(3-12)，可从这些结果中计算出单位长度的电容，利用 $Z_C = \sqrt{l_G / c_G}$ ，可以计算出有其他电路存在时电路的特性阻抗。因此，其他电路的存在也会影响

电路的特性阻抗。

2) 无限大地平面上的多导体传输线

考虑无限大地平面上的双导体传输线的情况，无限大地平面作为参考地线，用导线的镜像代替地平面，如图 3-8 所示。将式(3-13)运用到式(3-17a)中可得

$$l_G = \left.\frac{\psi_G}{I_G}\right|_{I_R=0} = \frac{\mu_0}{2\pi}\ln\left(\frac{h_G}{r_{WG}}\right) + \frac{\mu_0}{2\pi}\ln\left(\frac{2h_G}{h_G}\right) = \frac{\mu_0}{2\pi}\ln\left(\frac{2h_G}{r_{WG}}\right) \tag{3-31}$$

类似地，由式(3-17d)可得

$$l_R = \frac{\mu_0}{2\pi}\ln\left(\frac{2h_R}{r_{WR}}\right) \tag{3-32}$$

由式(3-17b)可求得互电感为

$$l_m = \left.\frac{\psi_R}{I_G}\right|_{I_R=0} = \frac{\mu_0}{2\pi}\ln\left(\frac{S_1}{S}\right) + \frac{\mu_0}{2\pi}\ln\left(\frac{S_2}{S_3}\right) = \frac{\mu_0}{2\pi}\ln\left(\frac{S_2}{S}\right) \tag{3-33}$$

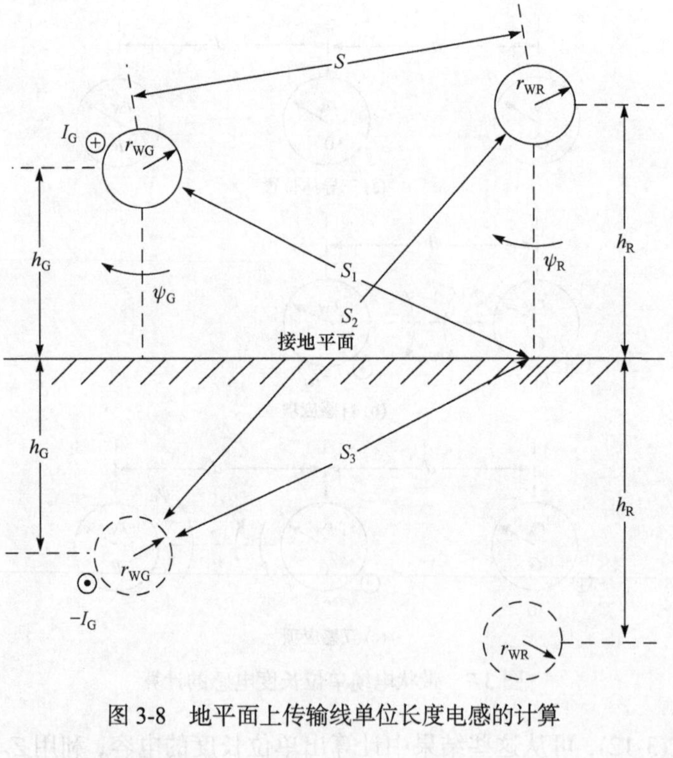

图 3-8　地平面上传输线单位长度电感的计算

$S_1 = S_3$，S_2 由下式得到：

$$S_2 = \sqrt{S^2 + 4h_G h_R} \tag{3-34}$$

将式(3-34)代入式(3-33)可得

$$l_m = \frac{\mu_0}{4\pi}\ln\left(1 + 4\frac{h_G h_R}{S^2}\right) \tag{3-35}$$

3) 整体屏蔽层内的多导体传输线

这里考虑的最后一种结构就是在整体屏蔽层内的双导体传输线，如图 3-9 所示。屏蔽层的半径为 r_{SH}，两线分别位于距离屏蔽层中心的 d_G 和 d_R 处，相隔角度为 θ_{GR}。可以用导线的镜像代替屏蔽层。每一个镜像位于从屏蔽层中心出发的径向上，与屏蔽层中心的距离为 r_{SH}^2/d_G 和 r_{SH}^2/d_R。用类似的方法可以推导出单位长度的电感，即

$$l_G = \frac{\mu_0}{2\pi}\ln\left(\frac{r_{SH}^2 - d_G^2}{r_{SH} r_{WG}}\right) \tag{3-36}$$

$$l_R = \frac{\mu_0}{2\pi}\ln\left(\frac{r_{SH}^2 - d_R^2}{r_{SH} r_{WR}}\right) \tag{3-37}$$

$$l_m = \frac{\mu_0}{2\pi}\ln\left(\frac{d_R}{r_{SH}}\sqrt{\frac{(d_G d_R)^2 + r_{SH}^4 - 2d_G d_R r_{SH}^2\cos\theta_{GR}}{(d_G d_R)^2 + d_R^4 - 2d_G d_R^3\cos\theta_{GR}}}\right) \tag{3-38}$$

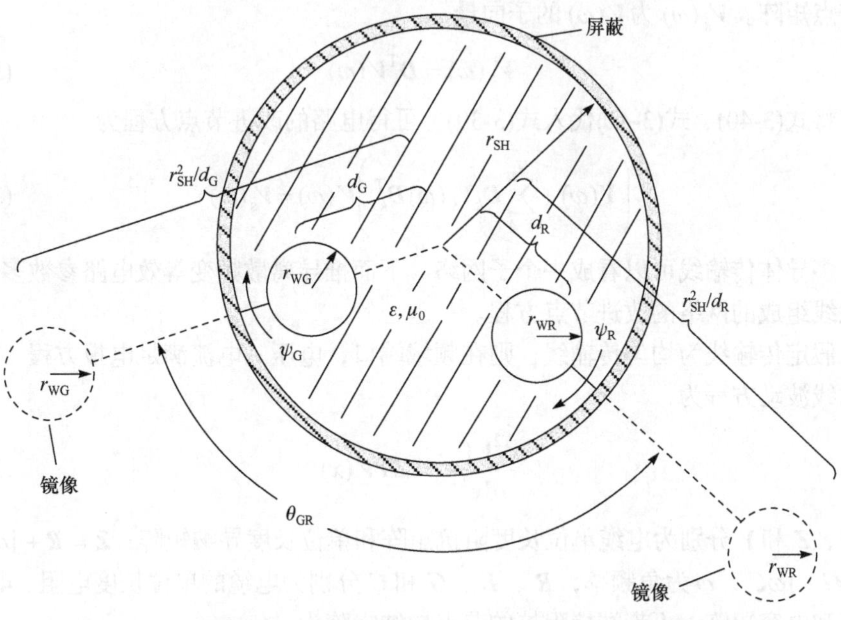

图 3-9　在整体圆柱形屏蔽层内双导体传输线单位长度电感的计算

3.2 改进节点法

3.2.1 节点导纳方程

串扰研究电路网络方程的形成基于改进节点法，每一个多端口元件都可对应主矩阵中的一个子矩阵。下面考虑一个线性网络，其中包括线性集总元件和任意线性子网络。其频域改进节点方程可表示为

$$\boldsymbol{YV}(\omega)+\sum_{k=1}^{N_{\mathrm{s}}}\boldsymbol{D}_k\boldsymbol{I}_k(\omega)=\boldsymbol{V}_{\mathrm{s}}(\omega) \tag{3-39}$$

式中，$\boldsymbol{Y}\in\mathbf{R}^{N\times N}$ 为由传输线网络端接负载决定的常数矩阵；$\boldsymbol{V}(\omega)$ 为包括独立电压源和电流源在内的节点电压向量；$\boldsymbol{D}_k=(d_{i,j})\in\mathbf{R}^{N\times N_k}$（$d_{i,j}\in\{0,1\}$）为每行或每列只有一个非零元素的选择矩阵；$\boldsymbol{I}_k(\omega)\in\mathbf{R}^{N_k}$ 为第 k 个子网络的电流向量，其映射到整个网络空间 $\mathbf{R}^N$；N_{s} 为线性子网络的个数；$\boldsymbol{V}_{\mathrm{s}}(\omega)$ 为激励源向量。

一般线性子网络的频域电压和电流的关系可表示为

$$\boldsymbol{I}_k(\omega)=\boldsymbol{Y}_k(\omega)\boldsymbol{V}_k(\omega) \tag{3-40}$$

式中，$\boldsymbol{V}_k(\omega)$ 和 $\boldsymbol{I}_k(\omega)$ 为子网络 k 的端口电压和电流向量；$\boldsymbol{Y}_k(\omega)$ 为子网络 k 的改进节点矩阵。$\boldsymbol{V}_k(\omega)$ 为 $\boldsymbol{V}(\omega)$ 的子向量：

$$\boldsymbol{V}_k(\omega)=\boldsymbol{D}_k^{\mathrm{T}}\boldsymbol{V}(\omega) \tag{3-41}$$

将式(3-40)、式(3-41)代入式(3-39)，可得电路的改进节点方程为

$$\left(\boldsymbol{Y}(\omega)+\sum_{k=1}^{N_{\mathrm{s}}}\boldsymbol{D}_k\boldsymbol{Y}_k(\omega)\boldsymbol{D}_k^{\mathrm{T}}\right)\boldsymbol{V}(\omega)=\boldsymbol{V}_{\mathrm{s}}(\omega) \tag{3-42}$$

多导体传输线可以看成一个子网络。下面推导离散频变等效电路参数多导体互联线组成的网络的改进节点方程。

假定传输线为均匀传输线，则在频域端口，电压、电流满足电报方程，可得传输线波动方程为

$$\frac{\mathrm{d}^2\boldsymbol{V}(x)}{\mathrm{d}x^2}=\boldsymbol{ZYV}(x) \tag{3-43}$$

式中，$\boldsymbol{Z}$ 和 $\boldsymbol{Y}$ 分别为电缆单位长度阻抗矩阵和单位长度导纳矩阵；$\boldsymbol{Z}=\boldsymbol{R}+\mathrm{j}\omega\boldsymbol{L}$，$\boldsymbol{Y}=\boldsymbol{G}+\mathrm{j}\omega\boldsymbol{C}$，$\omega$ 为角频率，$\boldsymbol{R}$、$\boldsymbol{L}$、$\boldsymbol{G}$ 和 $\boldsymbol{C}$ 分别为电缆的单位长度电阻、电感、电导和电容矩阵。不带端接阻抗的节点导纳矩阵为

$$Y_k(\omega)=\begin{pmatrix} \boldsymbol{S}_{\mathrm{i}}\boldsymbol{E}_1\boldsymbol{S}_{\mathrm{v}}^{-1} & \boldsymbol{S}_{\mathrm{i}}\boldsymbol{E}_2\boldsymbol{S}_{\mathrm{v}}^{-1} \\ \boldsymbol{S}_{\mathrm{i}}\boldsymbol{E}_2\boldsymbol{S}_{\mathrm{v}}^{-1} & \boldsymbol{S}_{\mathrm{i}}\boldsymbol{E}_1\boldsymbol{S}_{\mathrm{v}}^{-1} \end{pmatrix} \tag{3-44}$$

式中，$\boldsymbol{S}_{\mathrm{v}}$ 为 $\boldsymbol{ZY}$ 的特征值对应的特征向量组成的矩阵：

$$\boldsymbol{S}_{\mathrm{i}}=\boldsymbol{Z}^{-1}\boldsymbol{S}_{\mathrm{v}}\boldsymbol{\varGamma} \tag{3-45}$$

$$\boldsymbol{E}_1=\operatorname{diag}\left\{\frac{1+\exp(-2\gamma_m d)}{1-\exp(-2\gamma_m d)}\right\},\quad m=1,2,3 \tag{3-46a}$$

$$\boldsymbol{E}_2=\operatorname{diag}\left\{\frac{2}{\exp(-\gamma_m d)-\exp(\gamma_m d)}\right\},\quad m=1,2,3 \tag{3-46b}$$

式中，d 为线长；$\boldsymbol{\varGamma}$ 为 $\boldsymbol{Z}_{\mathrm{p}}\boldsymbol{Y}_{\mathrm{p}}$ 的特征值开方后组成的对角矩阵；γ_m 为对角矩阵中对角线上的数值。具有端接阻抗的传输线节点导纳方程为

$$\begin{pmatrix} Y_{11}+Z_1^{-1} & Y_{12} & Y_{13} & Y_{14} & Y_{15} & Y_{16} \\ Y_{21} & Y_{22}+Z_3^{-1} & Y_{23} & Y_{24} & Y_{25} & Y_{26} \\ Y_{31} & Y_{32} & Y_{33}+Z_5^{-1} & Y_{34} & Y_{35} & Y_{36} \\ Y_{41} & Y_{42} & Y_{43} & Y_{44}+Z_2^{-1} & Y_{45} & Y_{46} \\ Y_{51} & Y_{52} & Y_{53} & Y_{54} & Y_{55}+Z_4^{-1} & Y_{56} \\ Y_{61} & Y_{62} & Y_{63} & Y_{64} & Y_{65} & Y_{66}+Z_6^{-1} \end{pmatrix}\begin{pmatrix} V_1 \\ V_3 \\ V_5 \\ V_2 \\ V_4 \\ V_6 \end{pmatrix}=\begin{pmatrix} V_{\mathrm{s}}/Z_1 \\ 0 \\ 0 \\ 0 \\ 0 \\ 0 \end{pmatrix} \tag{3-47}$$

这样，在每一个预先给定的频率点上就可以得到互联电路的网络方程，求解电路方程并利用快速傅里叶逆变换技术就可求得时域响应。

3.2.2 改进节点法在传输线串扰中的应用

本节以 3+1 芯多导体电缆为例来研究串扰的变化规律。3+1 芯多导体电缆串扰等效电路模型如图 3-10 所示，其中 line1～line3 表示三根信号线，参考导体在图中以地线形式显示出来。line1 的近端为干扰信号源 V_{s}，各线端接阻抗如图 3-10 所示。

仿真研究对象为一根铺设在地面上的 YC 型耐压 450/750V(3+1)芯无金属屏蔽层重型橡套软电缆，电缆分布参数为

$$\boldsymbol{L}=\begin{pmatrix} 0.5485 & 0.4058 & 0.2564 \\ 0.4058 & 0.7319 & 0.4171 \\ 0.2564 & 0.4171 & 0.5676 \end{pmatrix}(\mu\mathrm{H/m}),\quad \boldsymbol{C}=\begin{pmatrix} 0.1729 & -0.0884 & -0.0132 \\ -0.0884 & 0.1759 & -0.0893 \\ -0.0132 & -0.0893 & 0.1696 \end{pmatrix}(\mathrm{nF/m})$$

$$\boldsymbol{R}=\begin{pmatrix}0.0053 & 0.0045 & 0.0045\\ 0.0045 & 0.0056 & 0.0045\\ 0.0045 & 0.0045 & 0.0056\end{pmatrix}(\Omega/\mathrm{m}),\quad \boldsymbol{G}=\boldsymbol{0}$$

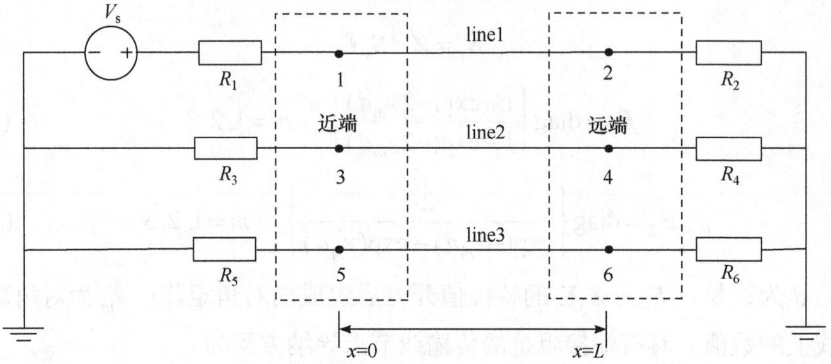

图 3-10　3+1 芯多导体传输线串扰研究电路模型

电缆长 $L=10\mathrm{m}$，端接阻抗 $R_1\sim R_6$ 为 50Ω，干扰源采用方波信号，其上升沿与下降沿相等，$t_\mathrm{r}=t_\mathrm{d}=1.5\mathrm{ns}$，脉宽 $p=1\mathrm{ns}$。研究某种参数的影响时，只改变该种参数，其余参数仍保留此处的设置。

1. 干扰源波形上升(下降)沿的影响

图 3-11(a)为同时改变上升时间和下降时间的干扰源波形，图 3-11(b)为对应图 3-11(a)得到的点 3 处感应电压波形。可以看出，随着干扰源波形上升时间和下降时间的延长，受扰线上的感应电压幅值呈减小趋势，且电压波形的上升沿和下降沿时间也会相应延长。相反，干扰信号的上升(下降)沿越陡，线间串扰电平也就越高。

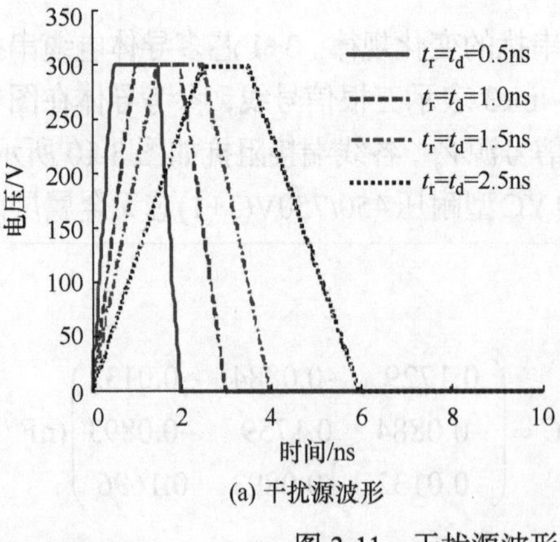

(a) 干扰源波形

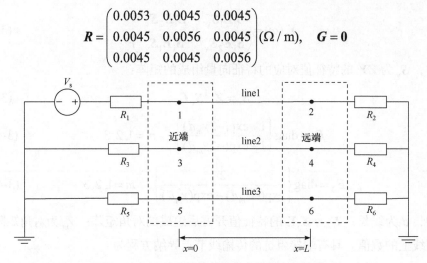

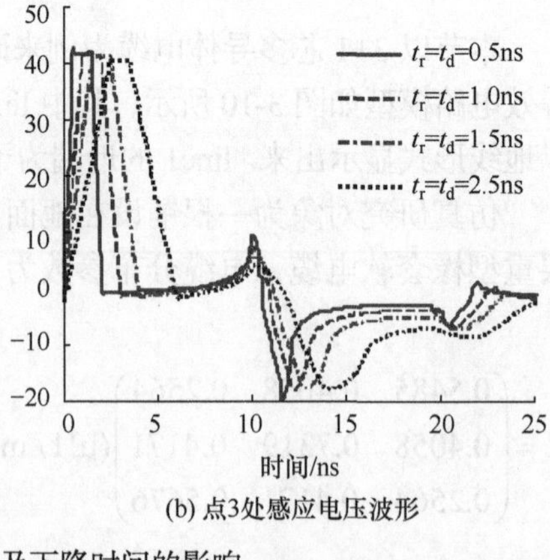

(b) 点3处感应电压波形

图 3-11　干扰源波形上升及下降时间的影响

2. 干扰源波形脉冲宽度的影响

图 3-12(a)为改变脉冲宽度的干扰源波形，图 3-12(b)为图 3-12(a)对应的点 3 处感应电压波形。可以看出，随着干扰源波形脉冲宽度的变大，受扰线上的感应电压幅值在第一个波峰呈减小趋势，后续波峰呈增大趋势。

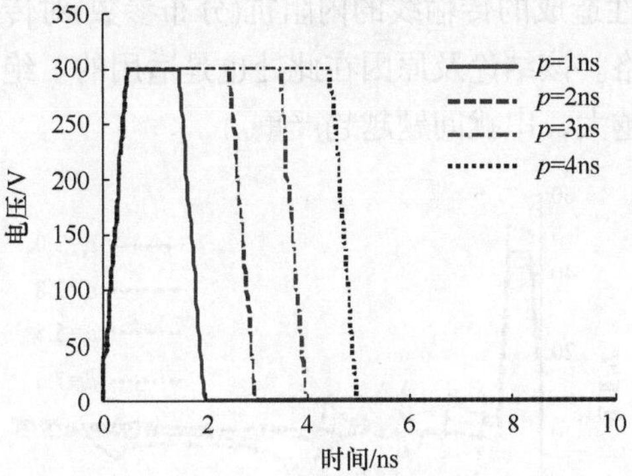

(a) 干扰源波形

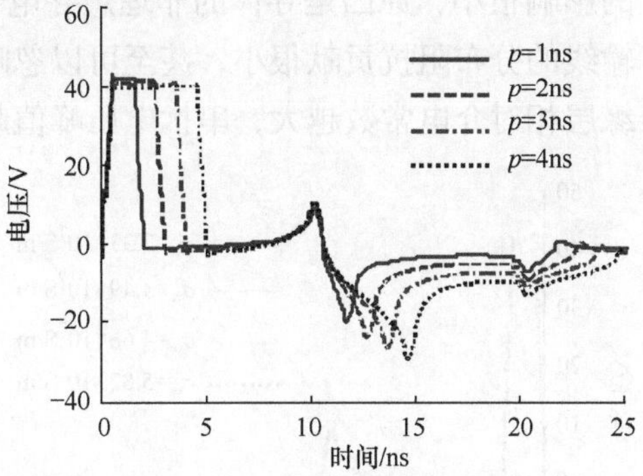

(b) 点3处感应电压波形

图 3-12　干扰源脉冲宽度的影响

3. 电缆长度的影响

图 3-13 为电缆长度改变时的点 3 处感应电压波形。可以看出，随着电缆长度的增加，受扰线上的感应电压幅值呈减小趋势，且波峰的脉冲宽度也逐渐减小，波峰出现时间提前，相邻波峰与波峰之间的时间间隔缩短，线间串扰波形到达稳定状态的时间变短。

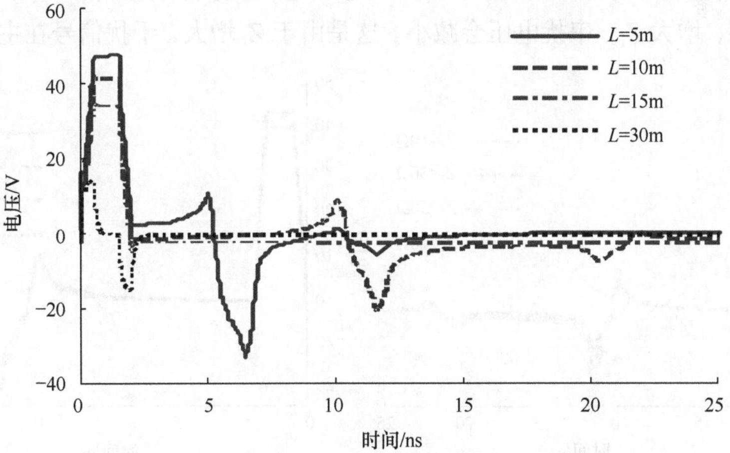

图 3-13　电缆长度的影响

4. 电缆主要电气参数的影响

当电缆导体材料的电导率及绝缘层相对介电常数改变时，点 3 处感应电压波形如图 3-14 所示。可以看出，电缆导体电导率对其串扰基本没有影响。在 4.2.3 节分析导体电导率对架空传输线耦合外界电磁场的影响时，得到的结论是该参数的影响很小，原因是导体的非理想导电性造成的传输线的内阻抗(分布参数)对传输线的分布阻抗贡献很小，甚至可以忽略。该结论及原因在此处也是适用的。绝缘层相对介电常数越大，串扰电压峰值越大，串扰问题越趋严重。

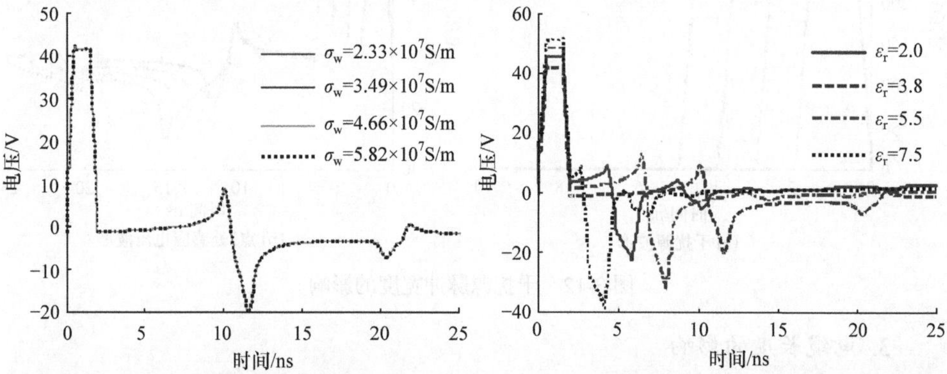

(a) 电缆导体电导率的影响　　(b) 电缆绝缘层相对介电常数的影响

图 3-14　电缆导体电导率和电缆绝缘层相对介电常数的影响

5. 端接阻抗的影响

当电缆端接阻抗依次改变时，点 3 处感应电压波形分别如图 3-15(a)～(f)所示。可以看出，增大 Z_1，串扰电压会减小。这是由于 Z_1 增大，干扰信号在主扰线上衰

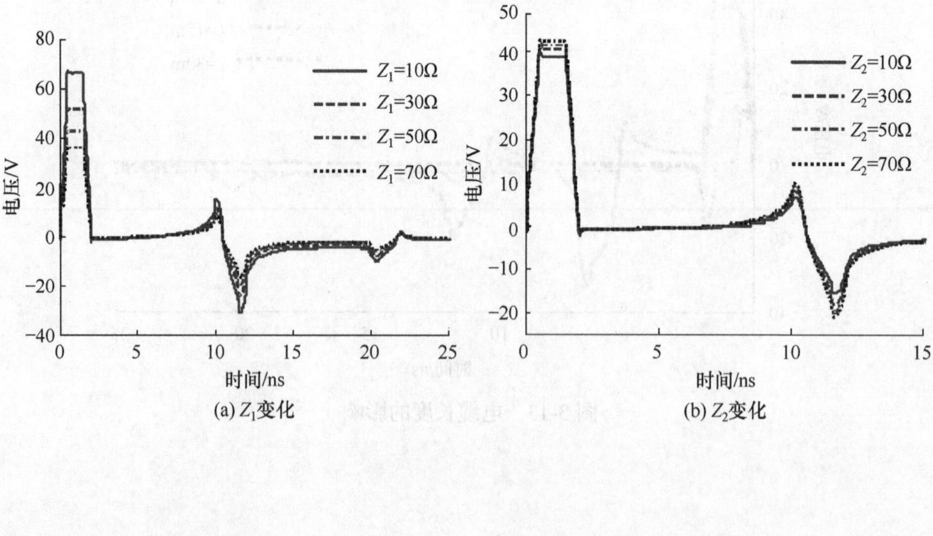

(a) Z_1变化　　(b) Z_2变化

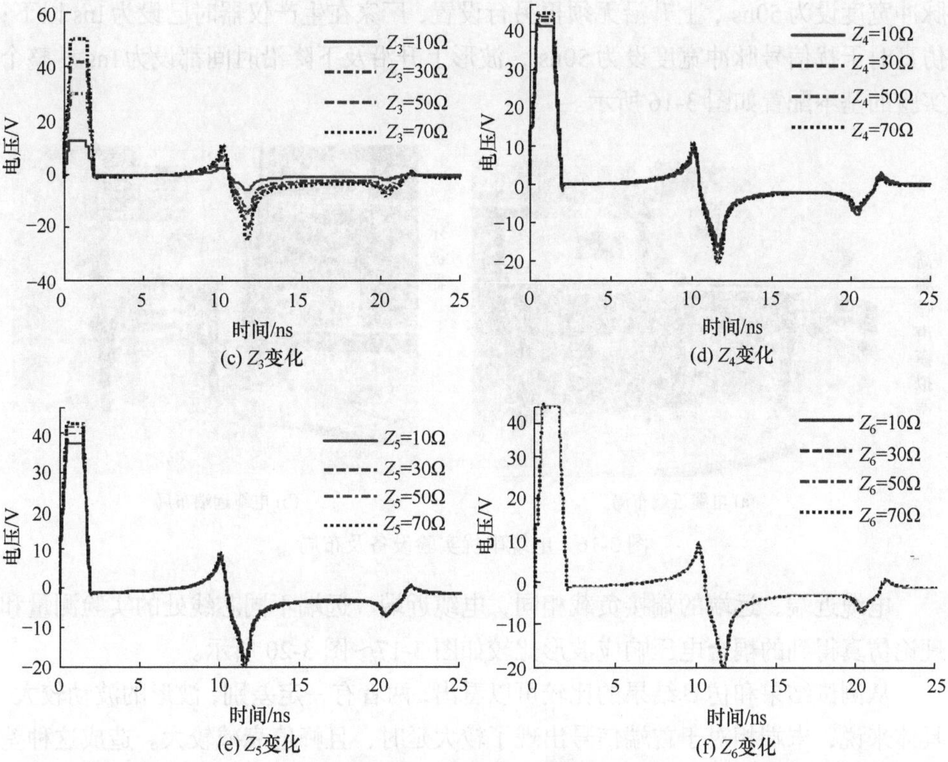

图 3-15　端接阻抗的影响

减增大，从而耦合至受扰线的能量减小。增大 Z_3 或 Z_4，串扰电压会增大，这是由于 Z_3 或 Z_4 端接在 line2 两端，它们中的任何一个增大，都会使 line2 从主扰线上耦合更多的电磁能量，从而阻抗上的串扰电压增大。增大 Z_5，line3 将会从主扰线上耦合更多的电磁能量，line3 将有更多电磁能量耦合至 line2 从而使串扰电压增大。Z_2、Z_4、Z_6 的变化对点 3 处的响应电压影响不大，这是由于 Z_2、Z_4、Z_6 距离 line2 Z_3 端较远，对其影响很小。

3.2.3　实验验证

为了进一步研究多导体电缆的串扰问题，本节进行系统的实验工作。实验和仿真研究所用电缆型号及长度相同($L = 10\text{m}$)，实验中干扰信号用 INS-40B 型高频噪声模拟器产生，信号的采集采用 TS5G 型衰减器及安捷伦 MSO6102A 型数字示波器来完成，衰减器的测量带宽为 0～4GHz，示波器的测量带宽为 0～1GHz，采样速率为 4GSa / s 。实验时将 INS-40B 型高频噪声模拟器的输出电压设为 350V，脉冲宽度设为50ns，上升沿无须再另行设置，厂家在生产仪器时已设为1ns以下；仿真时干扰信号脉冲宽度设为50ns，波形上升沿及下降沿时间都设为1ns。整个实验的基本配置如图3-16所示。

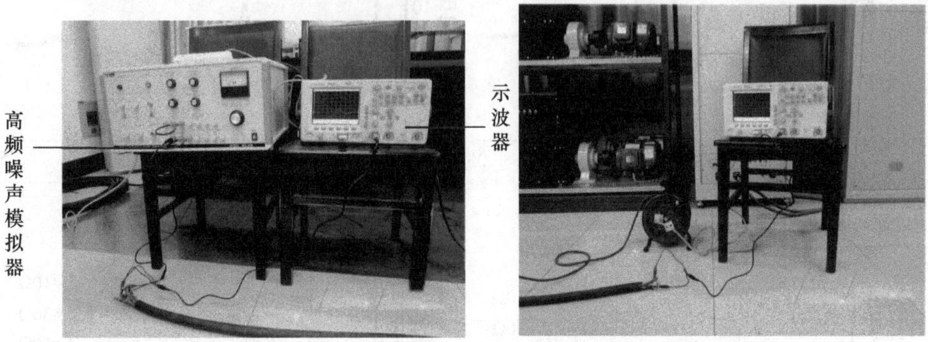

(a) 电缆近端布局　　(b) 电缆远端布局

图3-16　电缆串扰实验设备及布局

电缆近端、远端的端接负载相同，电缆近端、远端不同芯线处的实验测量和理论仿真得到的耦合电压响应波形比较如图3-17～图3-20所示。

从测试结果和仿真结果的比较可以看出，两者有一定差别，波形的波动较大，具体来说，末端相对于首端信号出现了较大延时，且峰值衰减较大。造成这种差别的原因主要为：实验用干扰源与仿真用干扰源波形存在差别，实验用干扰源信号经连接线输入被试电缆时，连接线分布参数的存在又导致波形出现一定程度的失真，利用示波器测量时，示波器测量用的连接线同样存在分布参数，又导致波形出现一定失真。

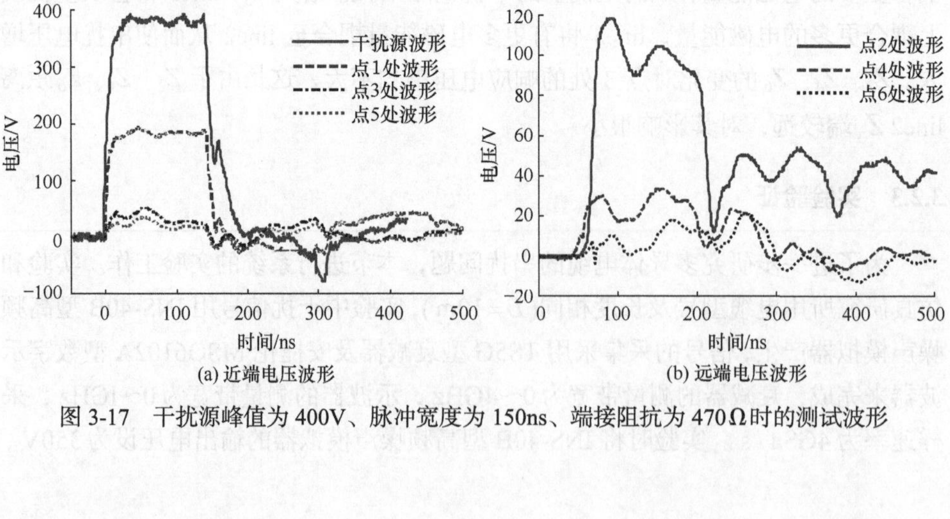

(a) 近端电压波形　　(b) 远端电压波形

图3-17　干扰源峰值为400V、脉冲宽度为150ns、端接阻抗为470Ω时的测试波形

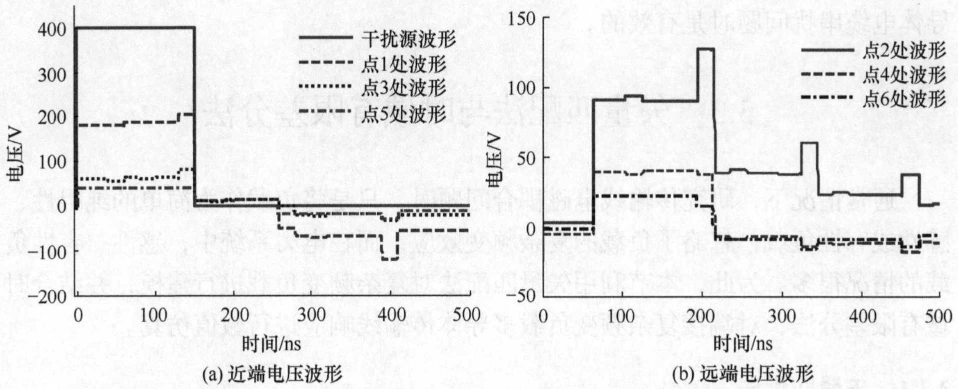

图 3-18　干扰源峰值为 400V、脉冲宽度为 150ns、端接阻抗为 470Ω时的仿真波形

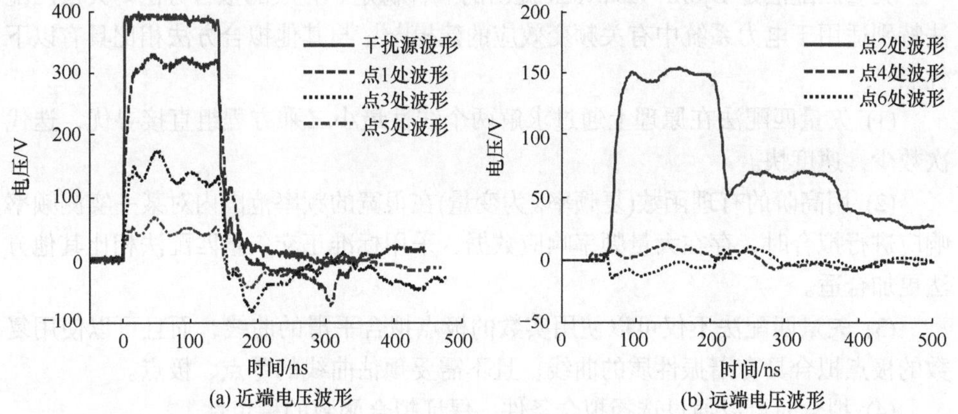

图 3-19　干扰源峰值为 400V、脉冲宽度为 150ns、端接阻抗为 100Ω时的测试波形

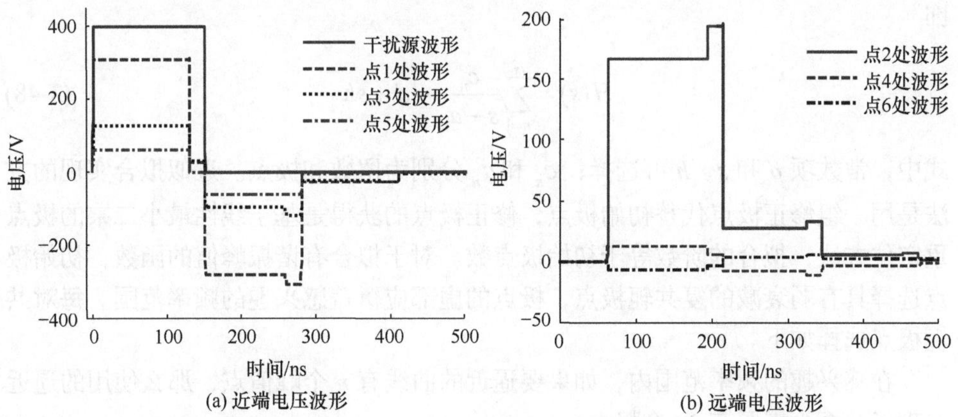

图 3-20　干扰源峰值为 400V、脉冲宽度为 150ns、端接阻抗为 100Ω时的仿真波形

总体上仿真结果和测试结果吻合得较好，表明分布参数改进节点法在分析多

导体电缆串扰问题时是有效的。

3.3　矢量匹配法与时域有限差分法

通常情况下，研究传输线电磁耦合问题时，只是将负载作为简单的纯阻性、感性或容性负载，忽略了负载的复杂频变效应，而在电力系统中，感性、容性负载的情况很多。为此，本节利用矢量匹配法对复杂频变负载进行建模，并结合时域有限差分法，对端接复杂频变负载多导体传输线响应进行数值仿真。

3.3.1　矢量匹配法

矢量匹配法是 Bjorn Gustavsen 提出的一种稳定、有效的拟合方法。矢量匹配法特别适用于电力系统中有关频变效应的建模[1,2]，与其他拟合方法相比具有以下优点[3]：

(1) 矢量匹配法在原理上通过求解两个线性最小二乘方程组直接寻优，迭代次数少，速度快。

(2) 用高阶的有理函数(复频率 s 为变量)在很宽的频率范围内对某一实测频率响应进行拟合时，存在大量频率响应数据，采用标准正交矢量匹配法相比其他方法更加合适。

(3) 矢量匹配法不仅可以使用实数的极点拟合平滑的曲线，而且可以使用复数的极点拟合具有谐振性质的曲线，且不需要预估曲线的零点、极点。

(4) 拟合时可以通过选择拟合条件，保证拟合函数的稳定性。

矢量匹配法采用有理函数近似地拟合网络函数 $H(s)$，采用部分分式和的形式，即

$$H(s)=\sum_{n=1}^{N}\frac{c_n}{s-a_n}+d+sh \tag{3-48}$$

式中，常数项 d 和 s、h 可选择；c_n 和 a_n 分别为留数和极点。近似拟合实现的方法是用一组修正极点代替初始极点，修正极点的获得是基于线性最小二乘的极点重定位方法，拟合的阶数等于初始极点数。对于拟合有谐振峰值的函数，初始极点选择具有弱衰减的复共轭极点，极点的虚部应覆盖感兴趣的频率范围。每对共轭极点选择如下。

在感兴趣的频率范围内，如果要逼近的曲线有 n 个峰值点，那么使用的逼近有理函数至少需要有 $2n$ 个极点。

1. 矢量匹配法的拟合原理

1) $H(s)$ 极点的确定

设 $a'_n(n=1,2,\cdots,N)$ 是函数 $H(s)$ 的一组起始极点，同时也是未知函数 $\sigma(s)$ 的极点，将函数 $\sigma(s)$ 与 $H(s)$ 相乘可得

$$\begin{pmatrix} \sigma(s)H(s) \\ \sigma(s) \end{pmatrix} \approx \begin{pmatrix} \sum_{n=1}^{N} \dfrac{c_n}{s-a'_n} + d + sh \\ \sum_{n=1}^{N} \dfrac{c_n}{s-a'_n} + 1 \end{pmatrix} \tag{3-49}$$

式中，$\sigma(s)$ 的有理函数近似式与 $\sigma(s)H(s)$ 的有理函数近似式有相同的极点。另外，在 $\sigma(s)$ 的有理函数近似式中，$d+sh$ 项被强制为 1。将式(3-49)的第二行乘以 $H(s)$，得

$$\sum_{n=1}^{N} \frac{c_n}{s-a'_n} + d + sh = \left(\sum_{n=1}^{N} \frac{c_n}{s-a'_n} + 1 \right) H(s) \tag{3-50}$$

也可将其表示为

$$(\sigma H)(s) \approx \sigma(s)H(s) \tag{3-51}$$

式(3-51)是关于未知变量 a'_n、d、sh 和 c_n 的线性方程，将式(3-51)在多个频点展开，可得一组冗余方程：

$$\boldsymbol{Ax} = \boldsymbol{b} \tag{3-52}$$

式中，$\boldsymbol{x}$ 是由未知变量 a'_n、d、sh 和 c_n 组成的列向量。

求解方程(3-52)后，$H(s)$ 的有理函数拟合显然可以从方程(3-51)得到。方法是将式(3-51)转化为下列形式：

$$(\sigma H)(s) = h \frac{\prod_{n=1}^{N+1}(s-z_n)}{\prod_{n=1}^{N}(s-a'_n)}, \quad \sigma(s) = \frac{\prod_{n=1}^{N}(s-z'_n)}{\prod_{n=1}^{N}(s-a'_n)} \tag{3-53}$$

由式(3-53)可得

$$H(s) = \frac{(\sigma f)(s)}{\sigma(s)} = h \frac{\prod_{n=1}^{N+1}(s-z_n)}{\prod_{n=1}^{N}(s-z'_n)} \tag{3-54}$$

式(3-54)表明，$H(s)$ 的极点与 $\sigma(s)$ 的零点相等。由于在 $(\sigma H)(s)$ 和 $\sigma(s)$ 中使用

了相同的极点，初始极点在相除过程中互相抵消。这样，通过计算 $\sigma(s)$ 的零点便得到了 $H(s)$ 的一组极点。

在实际拟合过程中，有时新计算的极点可能不稳定，可以通过改变极点实部的正负号来解决。

2) 留数的确定

从理论上来说，可以直接由式(3-54)计算出 $H(s)$ 的留数，但计算误差较大。通过将 $\sigma(s)$ 的零点作为 $H(s)$ 的极点代入式(3-48)计算可得到更准确的结果。这同样是求解一组冗余方程 $\boldsymbol{Ax}=\boldsymbol{b}$，其中 $\boldsymbol{x}$ 是由未知变量 c_n、d 和 sh 组成的列向量。

2. 初始极点与拟合阶数的选择

初始极点的选择应当在感兴趣的频率范围内进行。对于光滑的函数，初始极点应当选择实数。对于有谐振点的函数，初始极点应当包含共轭的复数对，与其虚部相比，复数的实部很小，可表示为

$$a_n=-\alpha+\mathrm{j}\beta,\quad a_{n+1}=-\alpha-\mathrm{j}\beta,\quad \alpha=\frac{\beta}{100} \tag{3-55}$$

极点的个数和拟合次数与被拟合的函数有关，通常极点数越多、拟合次数越高，函数拟合得越准确，但过高的拟合阶数(极点数)会使拟合函数复杂化。

3.3.2 时域递归卷积算法

对于任意一个激励，求它在时域内的响应，只需将激励和系统的单位冲击响应在时域内进行卷积运算，即

$$s(t)=\int_T^{\infty} f(t-u)h(u)\mathrm{d}u \tag{3-56}$$

假设系统的单位冲击响应 $h(t)$ 可以写成指数函数形式，可以通过递归卷积进行积分计算。

设 $h(t)=k\mathrm{e}^{-\alpha(u-T)}$，其中 k 为常数，则式(3-56)可写为

$$s(t)=\int_T^{\infty} f(t-u)k\mathrm{e}^{-\alpha(u-T)}\mathrm{d}u \tag{3-57}$$

若已知 $f(t)$ 在 T 和 $T+\Delta t$ 时刻的数值，则可以根据前一时步的值 $s(t-\Delta t)$ 按式(3-58)递推得到 $s(t)$

$$s(t)=ms(t-\Delta t)+pf(t-T)+qf(t-T-\Delta t) \tag{3-58}$$

式中，Δt 为计算步长；m、p、q 均为常数且有

$$m = k\mathrm{e}^{-\alpha\Delta t}，\ p = \frac{k}{\alpha} - \frac{k}{\Delta t\alpha^2}\left(1-\mathrm{e}^{-\alpha\Delta t}\right)，\ q = -\frac{k}{\alpha}\mathrm{e}^{-\alpha\Delta t} + \frac{k}{\Delta t\alpha^2}\left(1-\mathrm{e}^{-\alpha\Delta t}\right)$$

对矢量匹配拟合得到的有理函数式(3-48)进行拉普拉斯逆变换，得到其时域形式为

$$h(t) = \sum_{i=1}^{N} c_i \mathrm{e}^{a_i t} + d\delta(t) + e\delta(t) \tag{3-59}$$

式中，a_i 为数值拟合的极点；c_i 为留数；d 和 e 为常数。

对拟合得到的电压传输参数 $h(t)$ 和测量得到的时域一次电压 $u_1(t)$ 进行时域递归卷积，即可得到 $u_2(t)$，其计算公式为

$$u_2(t) = u_1(t) \otimes h(t) = \int_{t_0}^{\infty} u_1(t)[c_i \mathrm{e}^{a_i(u-t_0)} + d\delta(u-t_0) + e\delta'(u-t_0)]\mathrm{d}u \tag{3-60}$$

3.3.3　时域有限差分法

时域有限差分法是一种求解传输线系统暂态响应的常用方法。为求解由偏微分方程定解问题所构造的数学模型，有限差分法将定解区域(场区)离散化为网格离散节点的集合。以各离散点上函数的差商来近似该点的偏导数，使待求的偏微分方程定解问题转化为一组相应的差分方程。根据差分方程组求解各离散点处的待求函数值——离散解。

考虑一个单变量函数 $f(t)$，将其在所要求的 t_0 点邻域按照 Taylor 级数展开为

$$f(t_0+\Delta t) = f(t_0) + \Delta t f'(t_0) + \frac{\Delta t^2}{2!} f''(t_0) + \frac{\Delta t^3}{3!} f'''(t_0) + \cdots \tag{3-61}$$

式中，撇号表示函数关于 t 的各阶导数。将式(3-61)对第一阶导数求解，可得

$$f'(t_0) = \frac{f(t_0+\Delta t) - f(t_0)}{\Delta t} - \frac{\Delta t}{2} f''(t_0) - \frac{\Delta t}{6} f'''(t_0) - \cdots \tag{3-62}$$

这样，第一阶导数可以近似为

$$f'(t_0) = \frac{f(t_0+\Delta t) - f(t_0)}{\Delta t} + \theta(\Delta t) \tag{3-63}$$

式中，$\theta(\Delta t)$ 为级数的截断误差，它与 Δt 为同一数量级。于是，第一阶导数可以用前向差分近似为

$$f'(t_0) \approx \frac{f(t_0+\Delta t) - f(t_0)}{\Delta t} \tag{3-64}$$

它表示用所求点附近的斜率近似 $f(t)$ 的例数。利用 Taylor 级数展开式

$$f(t_0-\Delta t)=f(t_0)-\Delta t f'(t_0)+\frac{\Delta t}{2!}f''(t_0)-\frac{\Delta t}{3!}f'''(t_0)+\cdots \tag{3-65}$$

则第一阶导数可以近似为

$$f'(t_0)=\frac{f(t_0)-f(t_0-\Delta t)}{\Delta t}+\frac{\Delta t}{2}f''(t_0)-\frac{\Delta t^2}{6}f'''(t_0)+\cdots \tag{3-66}$$

它给出了后向差分的形式

$$f'(t_0)\approx\frac{f(t_0)-f(t_0-\Delta t)}{\Delta t} \tag{3-67}$$

另外，还存在中心差分近似。令式(3-61)减去式(3-65)，可以得到第一阶导数的中心差分近似：

$$f'(t_0)\approx\frac{f(t_0+\Delta t)-f(t_0-\Delta t)}{2\Delta t} \tag{3-68}$$

它的截断误差与Δt^2在同一数量级。类似地，将式(3-61)与式(3-65)相加，可以得到第二阶导数的中心差分为

$$f''(t_0)\approx\frac{f(t_0+\Delta t)-2f(t_0)+f(t_0-\Delta t)}{\Delta t^2} \tag{3-69}$$

它也具有关于Δt^2级的截断误差。

3.3.4 基于矢量匹配法和时域有限差分法的线性集总网络建模

基于上述理论与方法，本节将分段线性递归卷积方法和矢量匹配法引入端接复杂频变负载的传输线系统中，推导建立了端口处电压和电流时域有限差分法递推方程。

1. 任意线性集总网络端口的电压电流关系

对于频变参数元件，可由电路计算或测量得到其频域的阻抗/导纳，依据矢量匹配法，将该阻抗/导纳拟合后用有理函数式来表征，可将其 s 域导纳写成以下形式：

$$Y(s)=\sum_{i=1}^{n}\frac{c_i}{s-a_i}+sh+g=\sum_{i=1}^{n}Y_i(s)+Y_0(s) \tag{3-70}$$

式中，g 和 h 为实数；c_i 和 a_i 为实数或共轭复数。此时，时域内其电压和电流的关系为

$$I_z(t)=Y(t)*V_z(t) \tag{3-71}$$

式中，“*”代表卷积运算。定义两个参数变量：

$$x_m = \int_{m\Delta t}^{(m+1)\Delta t} Y(\tau)\mathrm{d}\tau \tag{3-72}$$

$$\xi_m = \frac{1}{\Delta t}\int_{m\Delta t}^{(m+1)\Delta t} (\tau - m\Delta t)Y(\tau)\mathrm{d}\tau \tag{3-73}$$

由分段卷积技术可知，两个变量若满足 $I_z^{n+1} = (x_0 - \xi_0)V_z^{n+1} + \xi_0 V_z^n + \rho I_z^n$ 和 $\rho = x_m / x_{m-1} = \xi_m / \xi_{m-1}$，则时域电流 $I_z(t)$ 可以写成递归迭代形式：

$$I_z^{n+1} = (x_0 - \xi_0)V_z^{n+1} + \xi_0 V_z^n + \rho I_z^n \tag{3-74}$$

因此，对于如式(3-70)所示的导纳，其对应的总电流为

$$I_z^{n+1/2} = \sum_{i=1}^{n} I_{z,j}^{n+1/2} + I_{z,0}^{n+1/2} \tag{3-75}$$

下面分别讨论式(3-75)等号右边的两项。

(1) 若 a_i 和 c_i 为实数，则将 $y(s) = a_i / (s - c_i)$ 由傅里叶逆变换到时域，即

$$Y_z(t) = a_i \exp(c_i \Delta t) u(t) \tag{3-76}$$

式中，$u(t)$ 代表单位阶跃函数。将式(3-76)代入式(3-72)，可得

$$x_{mj} = \frac{-a_i}{c_i}(1 - \exp(c_i \Delta t))\exp(mc_i \Delta t) \tag{3-77}$$

$$\xi_{m,i} = -\frac{a_i}{c_i^2 \Delta t}((1 - c_i \Delta t)\exp(c_i \Delta t) - 1)\exp(mc_i \Delta t) \tag{3-78}$$

则 $\rho_i = x_{m,i} / x_{m-1,i} = \xi_{m,i} / \xi_{m-1,i} = \exp(c_i \Delta t)$ 满足式(3-73)，因此时域电流可写成递推迭代形式：

$$I_{z,i}^{n+1} = (x_{0,i} - \xi_{0,i})V_z^{n+1} + \xi_{0,i} V_z^n + \rho_i I_{z,i}^n \tag{3-79}$$

(2) 若 c_i 和 c_{i+1}、a_i 和 a_{i+1} 为共轭复数对，则式(3-76)～式(3-79)仍然成立，但可以简化。由式(3-72)和式(3-73)的定义可以证明 $x_{m,i}$ 和 $x_{m-1,i}$、$\xi_{m,i}$ 和 $\xi_{m-1,i}$、ρ_i 和 ρ_{i+1} 为共轭复数，因此 $I_{z,i}^{n+1}$ 和 $I_{z,i+1}^{n+1}$ 之和为实数，即

$$I_{z,i}^{n+1} + I_{z,i+1}^{n+1} = 2\,\mathrm{Re}(I_{z,i}^{n+1}) = 2\{\mathrm{Re}(x_{0,i} - \xi_{0,i})V_z^{n+1} + \mathrm{Re}(\xi_{0,i})V_z^n + \mathrm{Re}(\rho_i I_{z,i}^n)\} \tag{3-80}$$

因此，只需将共轭复数对中的一个复数代入迭代公式，这样可以减少一半的存储变量，同时可以减少运算量。

(3) 将 $Y(s) = sh + g$ 代入式(3-71)，可得 $I_{z,0} = (sh + g)V_z(s)$，由 $s \to \partial / \partial t$，将 $I_{z,0}$ 中心差分可得

$$I_{z,0}^{n+1} = (h / \Delta t + g / 2)V_z^{n+1} + (g/2 - h / \Delta t)V_z^n \tag{3-81}$$

将式(3-80)和式(3-81)代入式(3-75)，假定 c_i 和 a_i 含有 N_{r} 个实数和 N_{g} 个复数对，则总电流为

$$I_z^{n+1/2} = PV_z^{n+1} + QV_z^n + I_t^{n+1} \tag{3-82}$$

式中

$$P = x_{0,t} - \xi_{0,t} + \frac{g}{2} + \frac{h}{\Delta t}$$

$$Q = \xi_{0,t} + \frac{g}{2} - \frac{h}{\Delta t}$$

$$x_{0,t} = \frac{1}{2}\sum_{i=1}^{N_{\mathrm{r}}} x_{0,i} + \sum_{i=N_{\mathrm{r}}+1}^{N_{\mathrm{r}}+N_{\mathrm{g}}} \mathrm{Re}(x_{0,i})$$

$$\xi_{0,t} = \frac{1}{2}\sum_{i=1}^{N_{\mathrm{r}}} \xi_{0,i} + \sum_{i=N_{\mathrm{r}}+1}^{N_{\mathrm{r}}+N_{\mathrm{g}}} \mathrm{Re}(\xi_{0,i})$$

$$I_t^n = \frac{1}{2}\sum_{i=1}^{N_{\mathrm{r}}} (\rho_i + 1) I_{z,i}^n + \sum_{i=N_{\mathrm{r}}+1}^{N_{\mathrm{r}}+N_{\mathrm{g}}} \mathrm{Re}[(\rho_i + 1) I_{z,i}^n]$$

2. 多导体传输线方程的时域有限差分法离散

传输线方程中的导数被离散化并用不同的有限差分近似。在这个方法中，位置变量 z 用 Δz 离散化，时间变量 t 用 Δt 离散化。

考虑式(3-3)给出的双导体传输线方程的离散化。将整个传输线分成 N 段，每段长度为 Δz，如图 3-21 所示。

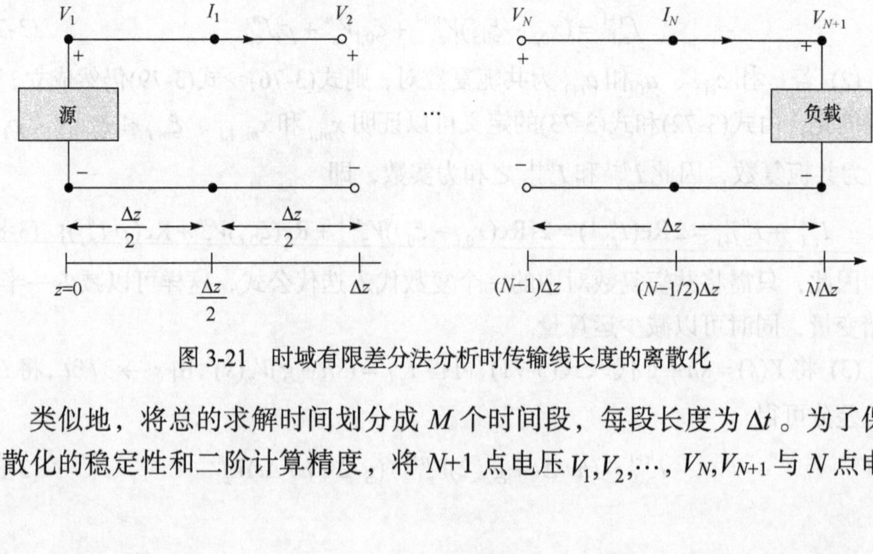

图 3-21　时域有限差分法分析时传输线长度的离散化

类似地，将总的求解时间划分成 M 个时间段，每段长度为 Δt。为了保证离散化的稳定性和二阶计算精度，将 N+1 点电压 $V_1, V_2, \cdots, V_N, V_{N+1}$ 与 N 点电流

$I_1, I_2, \cdots, I_N$作交织，如图 3-22 所示。每一个电压节点和相邻的电流节点间隔$\Delta z/2$。另外，每一个电压时间点和相邻的电流时间点间隔$\Delta t/2$。为了正确离散化差分方程，给出如图 3-22 所示的计算顺序图至关重要。对于式(3-3)，中心差分近似变为

$$\frac{V_{n+1}^{m+1}-V_n^{m+1}}{\Delta z}+L\frac{I_n^{m+3/2}-I_n^{m+1/2}}{\Delta t}=0,\ n=1,2,\cdots,N \tag{3-83a}$$

$$\frac{I_n^{m+1/2}-I_{n-1}^{m+1/2}}{\Delta z}+C\frac{V_n^{m+1}-V_n^m}{\Delta t}=0,\ n=2,3,\cdots,N \tag{3-83b}$$

这里定义

$$V_n^m=V((n-1)\Delta z, m\Delta t) \tag{3-84a}$$

$$I_n^m=I\left((n-\frac{1}{2})\Delta z, m\Delta t\right) \tag{3-84b}$$

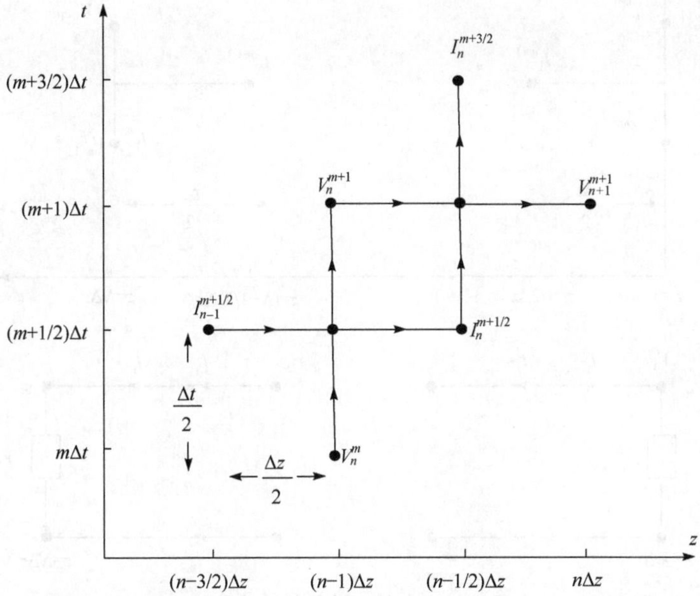

图 3-22　时域有限差分法求解电压和电流时空间和时间的交织

求解方程(3-73)，给出所需要的传输线上内部点的递归关系：

$$I_n^{m+3/2}=I_n^{m+1/2}-\frac{\Delta t}{\Delta z}L^{-1}(V_{n+1}^{m+1}-V_n^{m+1}),\ n=1,2,\cdots,N \tag{3-85a}$$

$$V_n^{m+1}=V_n^m-\frac{\Delta t}{\Delta z}C^{-1}(I_n^{m+1/2}-I_{n-1}^{m+1/2}),\ n=2,3,\cdots,N \tag{3-85b}$$

方程(3-85)采用蛙跳方式求解。首先，在给定时刻，根据式(3-85b)，由前一时刻的计算结果获得沿传输线的电压值。然后，根据式(3-85a)，由式(3-85b)得到的电压及以前的电流值计算当前的电流值。初始化求解时，传输线是松弛的，即传输线上的电压和电流值均为零。

接下来考虑结合终端条件的本质问题：时域有限差分法没有给出传输线两端的电压和电流V_1、I_1以及V_N、I_N在空间或时间上的联系，而终端条件给出了同一位置和相同时间电流间的关系。将电源($z=0$)处的电流表示为I_s，负载处($z=N\Delta z$)的电流表示为I_L，如图 3-23 所示。在电源处，可以将方程(3-3b)给出的传输线第二方程根据电源电流I_s的平均值离散化为

$$\frac{1}{\Delta z/2}\left(I_1^{m+1/2}-\frac{I_s^{m+1}+I_s^m}{2}\right)+\frac{1}{\Delta t}C\left(V_1^{m+1}-V_1^m\right)=0 \tag{3-86a}$$

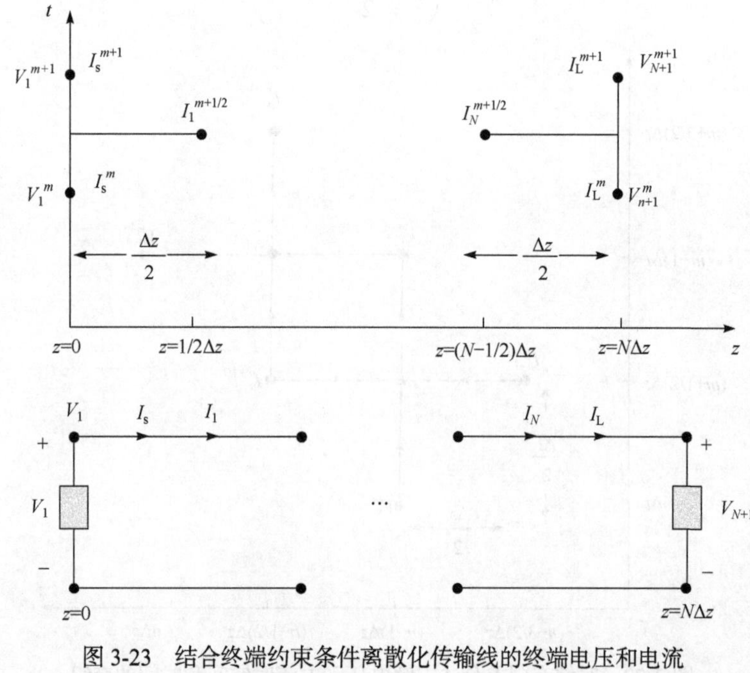

图 3-23　结合终端约束条件离散化传输线的终端电压和电流

这里，该平均值在时间上是与$I_1^{m+1/2}$的时间点同时刻的值。类似地，将方程(3-3b)给出的传输线第二方程在负载处按照负载电流I_L的平均值离散化为

$$\frac{1}{\Delta z/2}\left(\frac{I_L^{m+1}+I_L^m}{2}-I_N^{m+1/2}\right)+\frac{1}{\Delta t}C\left(V_{N+1}^{m+1}-V_{N+1}^m\right)=0 \tag{3-86b}$$

这里，该平均值在时间上是与$I_N^{m+1/2}$的时间点同时刻的值。求解方程(3-86)，

可知电源和负载处的递归关系分别为

$$V_1^{m+1} = V_1^m - \frac{2\Delta t}{\Delta z} C^{-1} I_1^{m+1/2} + \frac{\Delta t}{\Delta z} C^{-1} \left(I_s^{m+1} + I_s^m \right) \tag{3-87a}$$

$$V_{N+1}^{m+1} = V_{N+1}^m + \frac{2\Delta t}{\Delta z} C^{-1} I_N^{m+1/2} - \frac{\Delta t}{\Delta z} C^{-1} \left(I_L^{m+1} + I_L^m \right) \tag{3-87b}$$

对于阻性终端，根据戴维南定理，将终端特性表示为

$$V_1 = V_s - R_s I_s \tag{3-88a}$$

$$V_{N+1} = V_L + R_L I_L \tag{3-88b}$$

将式(3-88a)和式(3-88b)两边互换，可得

$$I_s = -G_s V_1 + G_s V_s \tag{3-89a}$$

$$I_L = -G_L V_{N+1} - G_L V_L \tag{3-89b}$$

将式(3-89)代入方程(3-87)，可得 V_1 和 V_{N+1} 的递归关系为

$$V_1^{m+1} = \left(\frac{\Delta z}{\Delta t} R_s C + 1 \right)^{-1} \left[\left(\frac{\Delta z}{\Delta t} R_s C - 1 \right) V_1^m - 2 R_s I_1^{m+1/2} + \left(V_s^{m+1} + V_s^m \right) \right] \tag{3-90a}$$

和

$$V_{N+1}^{m+1} = \left(\frac{\Delta z}{\Delta t} R_L C + 1 \right)^{-1} \left[\left(\frac{\Delta z}{\Delta t} R_L C - 1 \right) V_{N+1}^m + 2 R_L I_N^{m+1/2} + \left(V_L^{m+1} + V_L^m \right) \right] \tag{3-90b}$$

传输线内部各点的电压由式(3-85b)确定:

$$V_n^{m+1} = V_n^m - \frac{\Delta t}{\Delta z} C^{-1} \left(I_n^{m+1/2} - I_{n-1}^{m+1/2} \right), \quad n = 2,3,\cdots,N \tag{3-90c}$$

首先从方程(3-90)中求出电压，然后根据这些电压，利用式(3-75a)求出电流:

$$I_n^{m+3/2} = I_n^{m+1/2} - \frac{\Delta t}{\Delta z} L^{-1} \left(V_{n+1}^{m+1} - V_n^{m+1} \right), \quad n = 1,2,\cdots,N \tag{3-90d}$$

为了保证求解的稳定性，位置和时间的离散化必须满足 Courant 稳定性条件:

$$\Delta t \leqslant \frac{\Delta z}{v} \tag{3-91}$$

式中，v 为传播速度。Courant 稳定性条件是为了满足稳定性要求，时间步长不得大于每个单元的传播时间。离散化 Δz 应该选择得足够小，以保证对于电源电压 $V_s(t)$ 和 $V_L(t)$ 中重要的频谱分量，每一个 Δz 均是电气短线。

3. 矢量匹配法拟合阶数的影响分析

应用矢量匹配法时，针对某一电路，要考虑拟合阶数的选取究竟有没有一个固定标准。事实上，拟合阶数取得越高，则计算越复杂，对计算机内存需求越高，耗时越大。因此，若能以较少的拟合阶数获得满意的计算结果，无疑是最理想的情况。为此，本节应用矢量匹配法和时域有限差分法，对集总源激励下端接频变负载的时域有限差分无损三导体传输线暂态响应进行分析，针对拟合阶数对端接动态负载的传输线电磁耦合响应的影响进行研究。

采用的三导体传输线长度为 $L = 1\text{m}$ ，分布参数为

$$\boldsymbol{L} = \begin{pmatrix} 0.805776 & 0.538771 \\ 0.538771 & 1.07754 \end{pmatrix} (\mu\text{H/m}), \quad \boldsymbol{C} = \begin{pmatrix} 117.791 & -58.8956 \\ -58.8956 & 71.8544 \end{pmatrix} (\text{pF/m})$$

仿真时间为 100ns ，仿真电路如图 3-24 所示。采用两种激励源信号，分别为梯形脉冲和双指数脉冲。梯形脉冲上升沿和下降沿均为 10ns ，脉宽为 10ns ，周期为 100ns 。双指数脉冲上升沿为 4.1ns 。

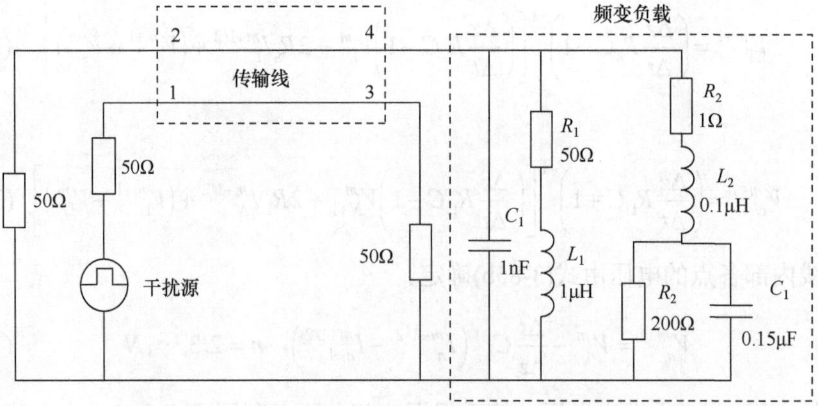

图 3-24 仿真电路模型(矢量匹配法拟合阶数的影响分析)

表 3-1 为受扰线末端动态负载的矢量匹配法拟合结果，其中拟合频率 f 为 0～100MHz，拟合阶数 N 分别为 6、12、18。

表 3-1 矢量匹配法拟合参数

留数 (N=6)	1	2.8111×10^{-15}	3	-4.7179×10^{-12}	5	$5.0000\times10^{6}+3.8524\times10^{6}\text{i}$
	2	-3.0784×10^{-14}	4	1.0000×10^{6}	6	$5.0000\times10^{6}-3.8524\times10^{6}\text{i}$
留数 (N=12)	1	-1.5307×10^{-15}	5	-3.0840×10^{-14}	9	1.0000×10^{6}
	2	1.6332×10^{-14}	6	-8.6059×10^{-12}	10	4.0932×10^{-7}
	3	-3.8010×10^{-14}	7	2.3954×10^{-11}	11	$5.0000\times10^{6}+3.8524\times10^{6}\text{i}$
	4	4.2216×10^{-14}	8	1.0650×10^{-10}	12	$5.0000\times10^{6}-3.8524\times10^{6}\text{i}$

续表

留数 (N=18)	1	-4.6579×10^{-17}	7	-1.4562×10^{-12}	13	-1.5308×10^{-7}
	2	7.1895×10^{-16}	8	7.1526×10^{-12}	14	1.0000×10^{6}
	3	-1.4600×10^{-14}	9	-3.6290×10^{-11}	15	2.0744×10^{-7}
	4	6.6202×10^{-16}	10	1.4078×10^{-10}	16	-3.6394×10^{-7}
	5	-2.0292×10^{-13}	11	-4.0592×10^{-10}	17	$5.0000\times10^{-6}+3.8524\times10^{-6}\mathrm{i}$
	6	5.1482×10^{-13}	12	2.2007×10^{-8}	18	$5.0000\times10^{-6}-3.8524\times10^{-6}\mathrm{i}$
极点 (N=6)	1	-6.2832	3	-9.9582×10^{3}	5	$-5.0167\times10^{-6}+6.4678\times10^{-6}\mathrm{i}$
	2	-250.1381	4	-5.0000×10^{7}	6	$-5.0167\times10^{-6}-6.4678\times10^{-6}\mathrm{i}$
极点 (N=12)	1	-6.2832	5	0.5096×10^{4}	9	-5.0000×10^{7}
	2	-33.5315	6	-2.7198×10^{4}	10	-6.2832×10^{8}
	3	-178.9474	7	-1.4515×10^{5}	11	$-5.0167\times10^{6}+6.4678\times10^{6}\mathrm{i}$
	4	-954.9883	8	-4.1339×10^{6}	12	$-5.0167\times10^{6}-6.4678\times10^{6}\mathrm{i}$
极点 (N=18)	1	-6.2832	7	-4.1851×10^{3}	13	-8.2381×10^{6}
	2	-18.5681	8	-1.2368×10^{4}	14	-5.0000×10^{7}
	3	-54.8727	9	-3.6550×10^{4}	15	-2.1261×10^{8}
	4	-162.1603	10	-1.0801×10^{5}	16	-6.2832×10^{8}
	5	-479.2177	11	-3.1920×10^{5}	17	$-5.0167\times10^{6}+6.4678\times10^{6}\mathrm{i}$
	6	-1416.1884	12	-2.7877×10^{6}	18	$-5.0167\times10^{6}-6.4678\times10^{6}\mathrm{i}$
常数项 (N=6)			常数项 (N=12)		常数项 (N=18)	
$g=3.1337\times10^{-16}$，$h=1\times10^{-9}$			$g=-0.0040$，$h=1\times10^{-9}$		$g=4.5302\times10^{-16}$，$h=1\times10^{-9}$	

图 3-25 和图 3-26 为对应表 3-1 所得拟合参数传输线末端负载处的响应波形。可以看出，频变负载的拟合阶数虽然不同，但计算结果却非常接近。然而，拟合阶数的不同会直接影响程序编写的复杂程度，且影响计算时间的长短。进一步研究发现，在传输线端接频变负载电路确定的情况下，在涵盖干扰信号整个频段内进行矢量匹配拟合时，一般取拟合阶数 $N\geqslant3$ 即可满足计算精度要求。

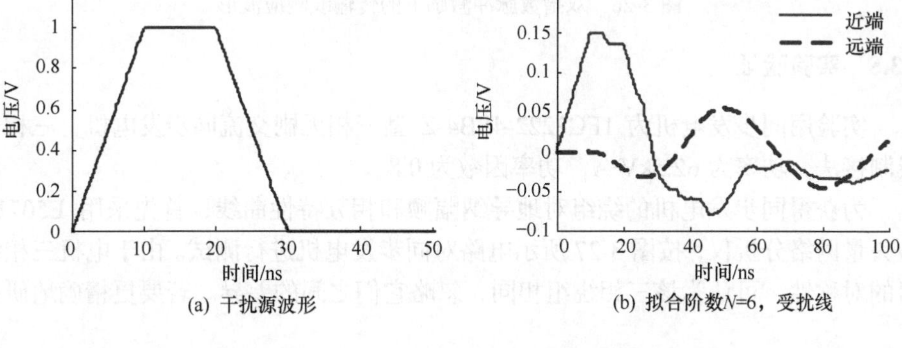

(a) 干扰源波形　　(b) 拟合阶数N=6，受扰线

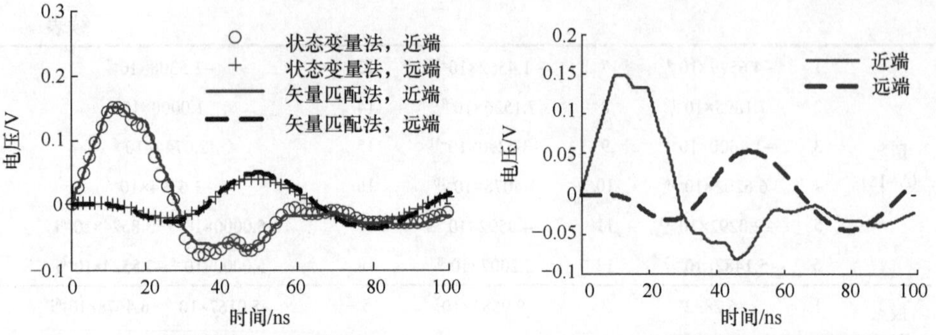

(c) 拟合阶数N=12，受扰线　　(d) 拟合阶数N=18，受扰线

图 3-25　梯形脉冲激励下的传输线响应波形

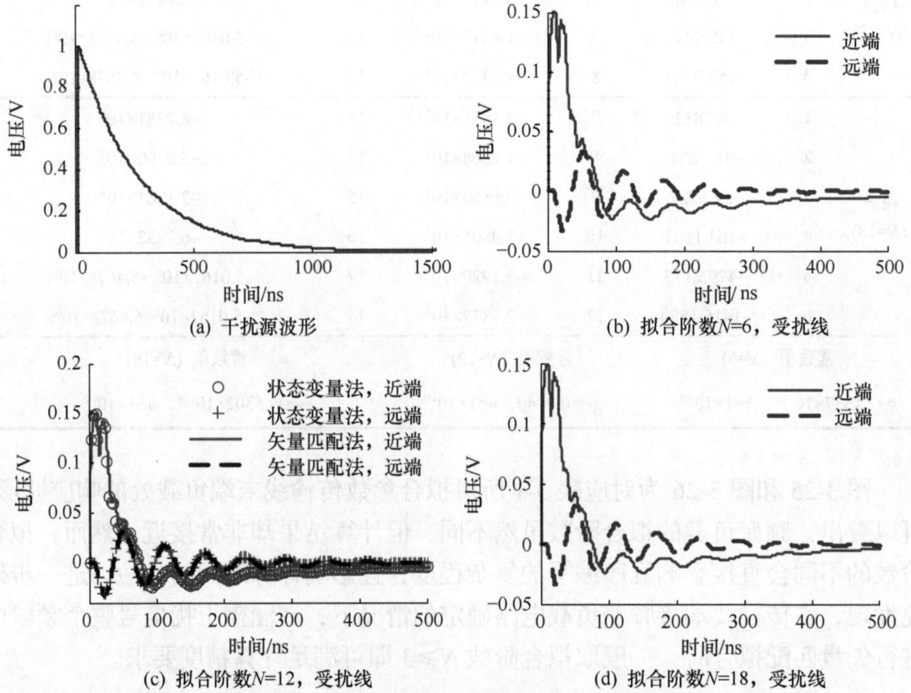

(a) 干扰源波形　　(b) 拟合阶数N=6，受扰线

(c) 拟合阶数N=12，受扰线　　(d) 拟合阶数N=18，受扰线

图 3-26　双指数脉冲激励下的传输线响应波形

3.3.5　实验验证

实验用同步发电机为 1FC2222-4SB4-Z 型三相无刷交流同步发电机，三相四线制接法，功率为 62.5kV·A，功率因数为 0.8。

为获得同步发电机的绕组对地导纳幅频和相频特性曲线，首先采用 E5071C 型矢量网络分析仪，按图 3-27 所示电路对同步发电机进行测试。由于电机三相绕组的对称性，可认为该三相绕组相同，忽略它们之间的差异。若要更精确地研究端接电机的多导体传输线电磁耦合问题，还需考虑电机绕组之间的相互耦合，但为简化研究的复杂度，本书中没有对此进行考虑。利用矢量网络分析仪进行测试时，测试点数设置为 201，测试频段为 300kHz～1GHz。利用矢量匹配法进行拟合时，拟合阶数设置为 400，初始极点为复数极点。部分实验场景如图 3-28 所示，测试结果和拟合结果如图 3-29 和图 3-30 所示。

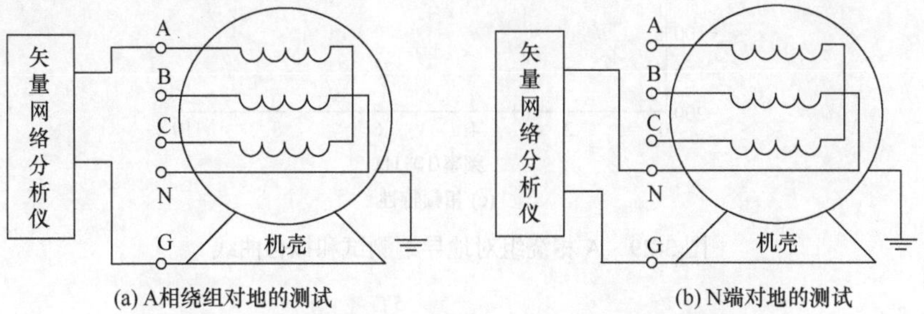

图 3-27　同步发电机绕组导纳的测试接线示意图

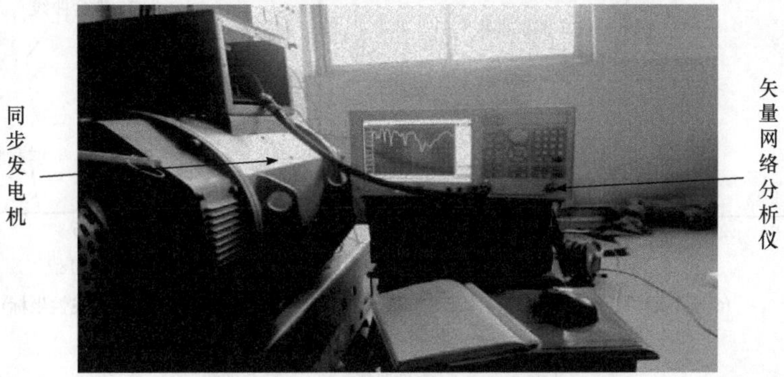

图 3-28　同步发电机绕组导纳的测试场景图

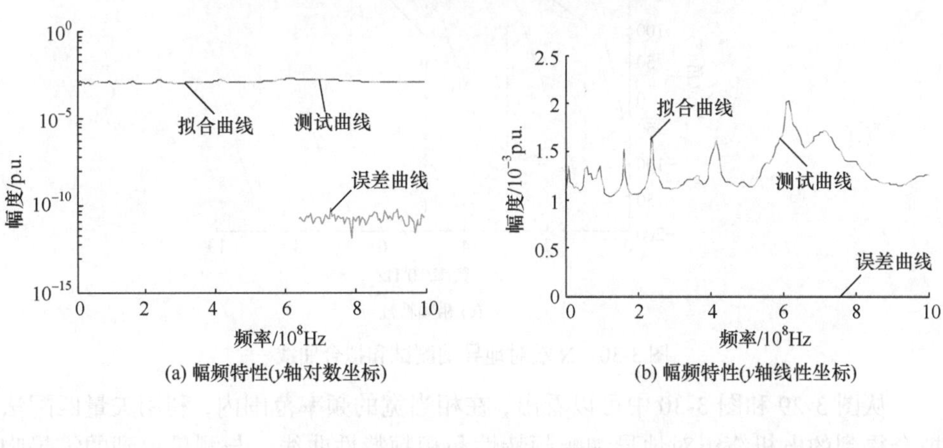

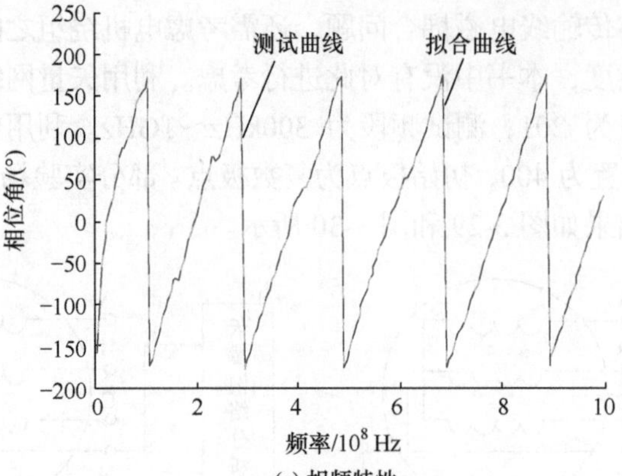

(c) 相频特性

图 3-29 A 相绕组对地导纳测试和拟合曲线

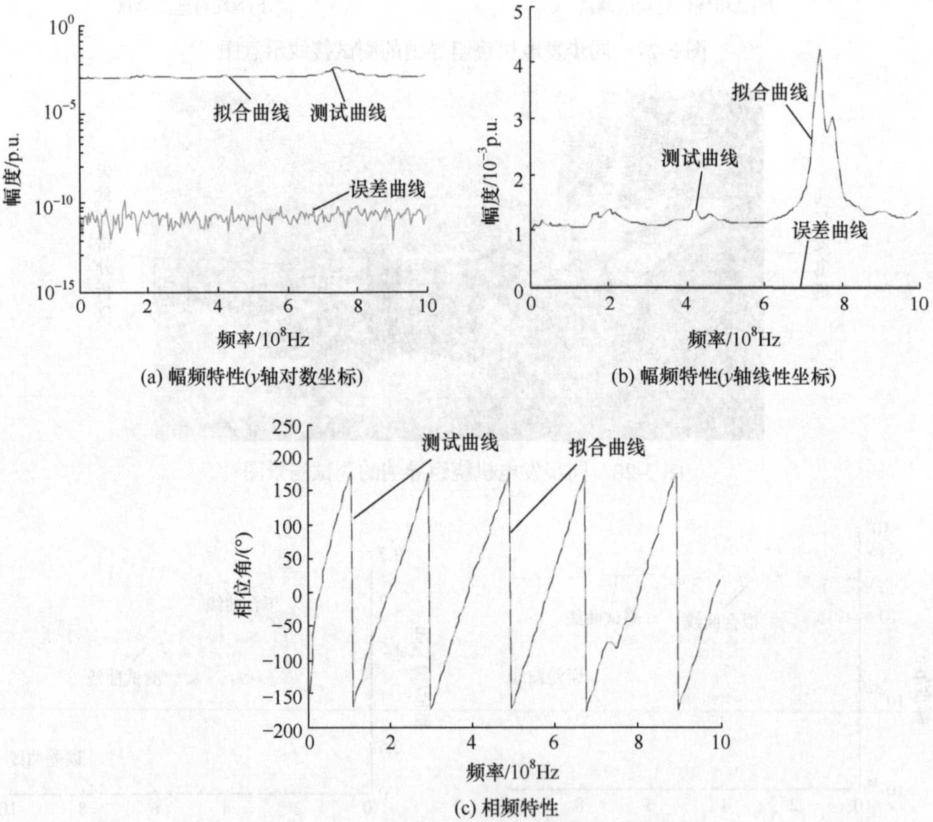

(a) 幅频特性(y轴对数坐标)　(b) 幅频特性(y轴线性坐标)

(c) 相频特性

图 3-30 N 端对地导纳测试和拟合曲线

从图 3-29 和图 3-30 中可以看出，在相当宽的频率范围内，利用矢量匹配法拟合得到的电机绕组对地导纳幅频特性和相频特性曲线，与测量得到的结果吻合得很好。

3.4　集总参数电路模型法

集总参数电路模型即用集总参数电路表示部分或全部传输线线段。本节首先建立有损均匀传输线的集总参数电路模型；然后针对电磁脉冲注入下无损三导体传输线端接线性和频变负载的响应进行仿真预测，比较迭代线段长度变化时和传输线长度变化时的仿真结果和计算机运行时间；最后对有损多芯电缆端接线性和非线性负载的响应进行仿真预测，并进行实验验证分析。

3.4.1　传输线集总参数电路模型

在激励脉冲的频率范围内，集总电路表示的传输线必须是电气短线，要求传输线长度 $L<1/(10\lambda)$，λ 为电磁脉冲波长。在脉冲激励下，需要满足以下条件：

$$L<\frac{1}{10}\lambda=\frac{v}{10f_{\max}}\approx\frac{1}{10}t_{\mathrm{r}}v \tag{3-92}$$

式中，t_{r} 为脉冲前沿时间；v 为脉冲在传输线中的传播速度。若传输线过长，则需要先将它分成多个相对较短的部分，使每部分都是电气短线，而后将每部分的集总参数电路模型串联起来表示整个传输线的集总参数电路模型。

电磁脉冲注入下无损多导体传输线的集总参数电路模型主要有两种，即集总 PI 型结构和集总 T 型结构。n 条电气短线的段长度为 L_k 的传输线的集总 PI 型结构如图 3-31 所示，其中 c_{ii} 为第 i 条线的单位长度自电容，$i=1,2,\cdots,n$；c_{ij} 为第 i 条线与第 j 条线的单位长度互电容，$j=1,2,\cdots,n$，且 $i\neq j$；l_{ii} 为第 i 条线的单位长度自电感，$i=1,2,\cdots,n$；l_{ij} 为第 i 条线与第 j 条线的单位长度互电感，$j=1,2,\cdots,n$，且 $i\neq j$。

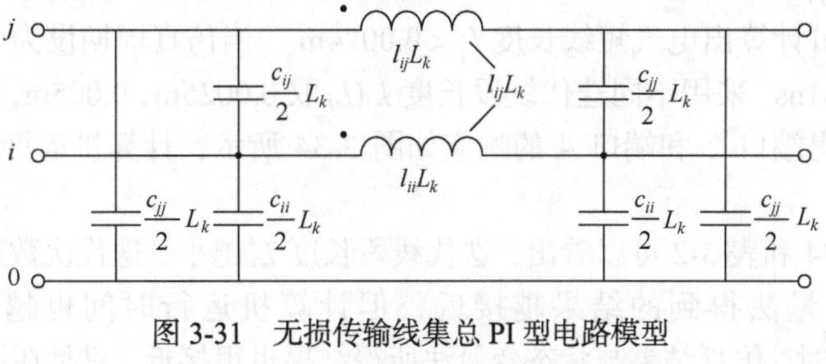

图 3-31　无损传输线集总 PI 型电路模型

实际传输线都是存在损耗的，若忽略传输线趋肤效应的影响，在无损传输线集总参数电路模型中加上单位长度电阻也可以近似解决有损均匀传输线问题。n

条电气短线长度为 L_i 的有损均匀传输线集总 PI 型电路模型如图 3-32 所示，其中 R_i 为第 i 条线的单位长度电阻，$i=1,2,\cdots,n$；R_0 为参考导体的单位长度电阻。

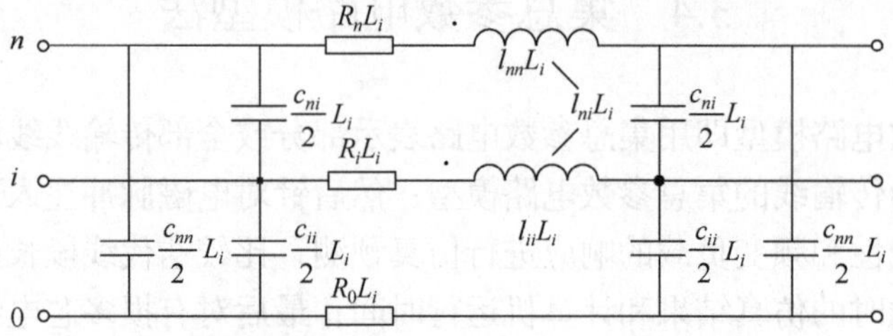

图 3-32 有损均匀传输线集总 PI 型电路模型

3.4.2 传输线集总参数电路模型的应用

下面以一端接频变负载的无损多导体传输线为例进行说明，如图 3-33 所示。传输线长度为 $L=1\text{m}$，电感矩阵和电容矩阵分别为

$$\boldsymbol{L}=\begin{pmatrix}0.805776 & 0.538771\\0.538771 & 1.07754\end{pmatrix}(\mu\text{H/m}),\quad \boldsymbol{C}=\begin{pmatrix}117.791 & -58.8956\\-58.8956 & 71.8544\end{pmatrix}(\text{pF/m})$$

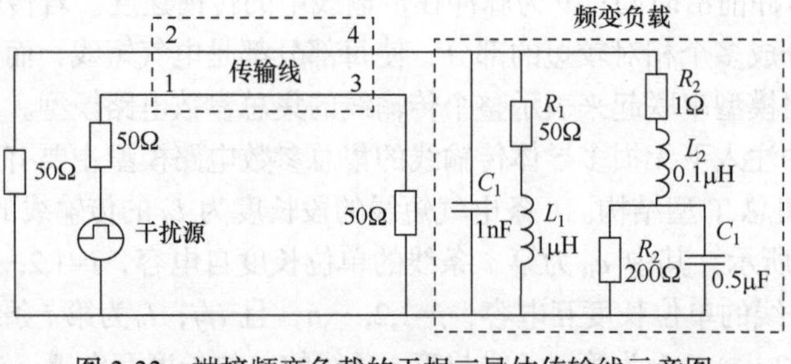

图 3-33 端接频变负载的无损三导体传输线示意图

采用 $E_0(t)=1.05(\mathrm{e}^{-4\times10^6t}-\mathrm{e}^{-4.76\times10^8t})\text{V}$ 的双指数脉冲激励，其前沿 $t_\text{r}=246.62\text{ps}$，可计算出电气短线长度 $L_i<0.0074\text{m}$。当仿真周期设为 350ns、时间步长设为 0.01ns、采用不同迭代线段长度 L_i(L_i 取 0.0025m，0.005m，0.05m，0.2m) 仿真时，可得端口 2 和端口 4 的响应如图 3-34 所示，计算机运行时间如表 3-2 所示。

由图 3-34 和表 3-2 可以看出，迭代线段长度 L_i 越小，迭代次数越多，所得结果与状态变量法得到的结果越接近，但计算机运行时间也越长。当 L_i 取 0.05m、0.2m 时，仿真结果与状态变量法所得结果也很接近，只是在细节上稍有差距，而计算机运行时间却少了很多。因此，为了减少计算机运行时间，降低模型的复杂度，这里针对该算例采用较大长度的迭代线段进行仿真。

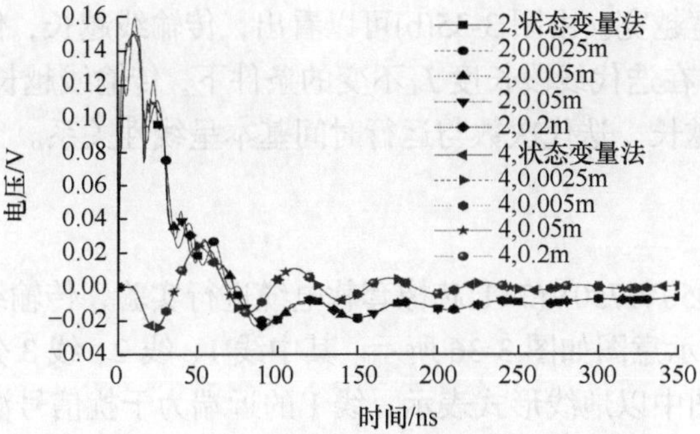

图 3-34　迭代线段长度变化时的响应波形

表 3-2　迭代线段长度变化时的运行时间表

序号	L_i/m	迭代次数	时间/s
1	0.0025	400	155
2	0.005	200	70
3	0.05	20	8
4	0.2	5	4.5

取 $L_i = 0.005\text{m}$，其他条件不变，当传输线长度变化时，端口 2 和端口 4 的响应分别如图 3-35(a)和(b)所示，计算机运行时间如表 3-3 所示。

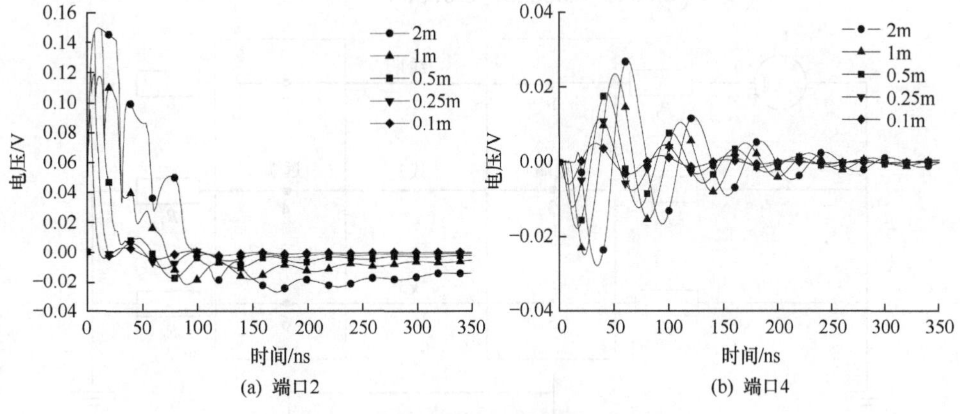

图 3-35　传输线长度变化时的响应波形

表 3-3　传输线长度变化时运行时间表

L_i/m	迭代次数	时间/s
2	400	140
1	200	70
0.5	100	35
0.25	50	17.5
0.1	20	7

由图 3-35(a)可知，在其他条件不变的情况下，传输线长度越长，串扰响应脉

冲峰值越高、脉宽越宽。由图 3-35(b)可以看出，传输线越长，传输延时越长。由表 3-3 可以看出，在迭代线段长度 L_i 不变的条件下，传输线越长，迭代次数越多，计算机运行时间越长。迭代次数与运行时间基本呈线性关系。

3.4.3 实验验证

采用 YC 型 450V/750V(3+1)芯橡套软电缆进行实验，传输线沿 x 方向，电缆长 L=2m，其串扰示意图如图 3-36 所示。其中线 1、线 2、线 3 分别表示三根信号线，参考导体在图中以地线形式表示。线 1 的近端为干扰信号源 V_s，各线端接阻抗 $R_1 \sim R_6$ 均为 50Ω。假设电缆绝缘层是无损的，电缆芯线材料采用红铜，电导率 $\sigma_w = 5.8\times10^7$ S/m，绝缘层相对介电常数 $\varepsilon_r = 3.8$，相对磁导率都为 1。根据 3.1.2 节所述方法，计算可得电缆分布参数为

$$\boldsymbol{L}=\begin{pmatrix}0.5485 & 0.4058 & 0.2564\\ 0.4058 & 0.7319 & 0.4058\\ 0.2564 & 0.4058 & 0.5485\end{pmatrix}(\mu\text{H/m}),\quad \boldsymbol{C}=\begin{pmatrix}0.1729 & -0.0884 & -0.0132\\ -0.0884 & 0.1759 & -0.0884\\ -0.0132 & -0.0884 & 0.1729\end{pmatrix}(\text{nF/m})$$

$$\boldsymbol{R}=\begin{pmatrix}0.0056 & 0.0045 & 0.0045\\ 0.0045 & 0.0056 & 0.0045\\ 0.0045 & 0.0045 & 0.0056\end{pmatrix}(\Omega/\text{m}),\quad G=0$$

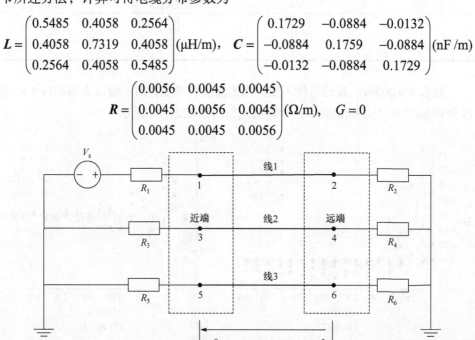

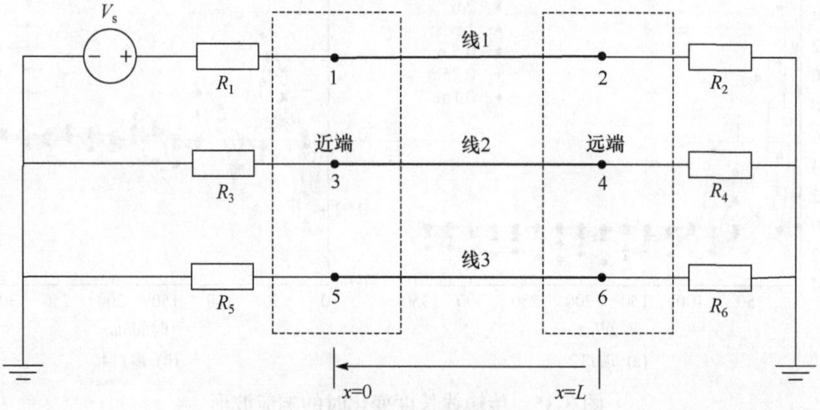

图 3-36 有损多芯电缆串扰示意图

为了验证本节模型的准确性，这里按照图 3-36 所示电路搭建了实验平台，如图 3-37 所示。实验中干扰线上施加的干扰信号采用双指数脉冲，其波形如图 2-89 所示。仿真时采用实际脉冲波形进行仿真，其前沿 2.5ns，理论计算电气短线长度 $L_i < 0.075$m，选取 $L_i = 0.05$m。仿真和实验得到负载上的波形如图 3-38 所示。其中，图 3-38(b)是在 R_2 上并联型号为 1.5KE110A 的瞬态抑制二极管后得到的

响应波形。

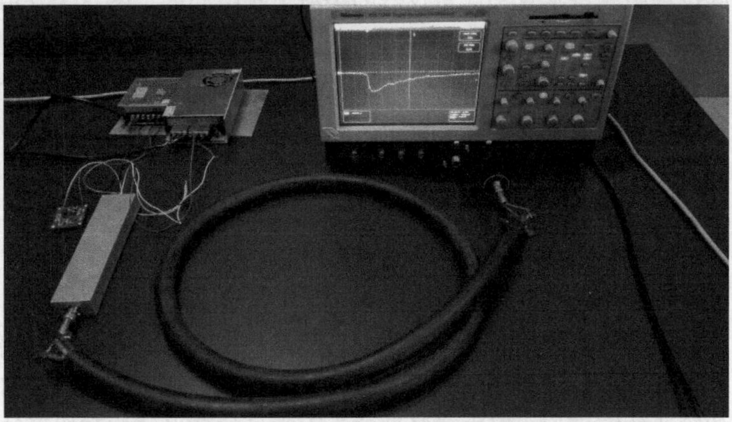

图 3-37　有损多芯电缆注入实验装置图

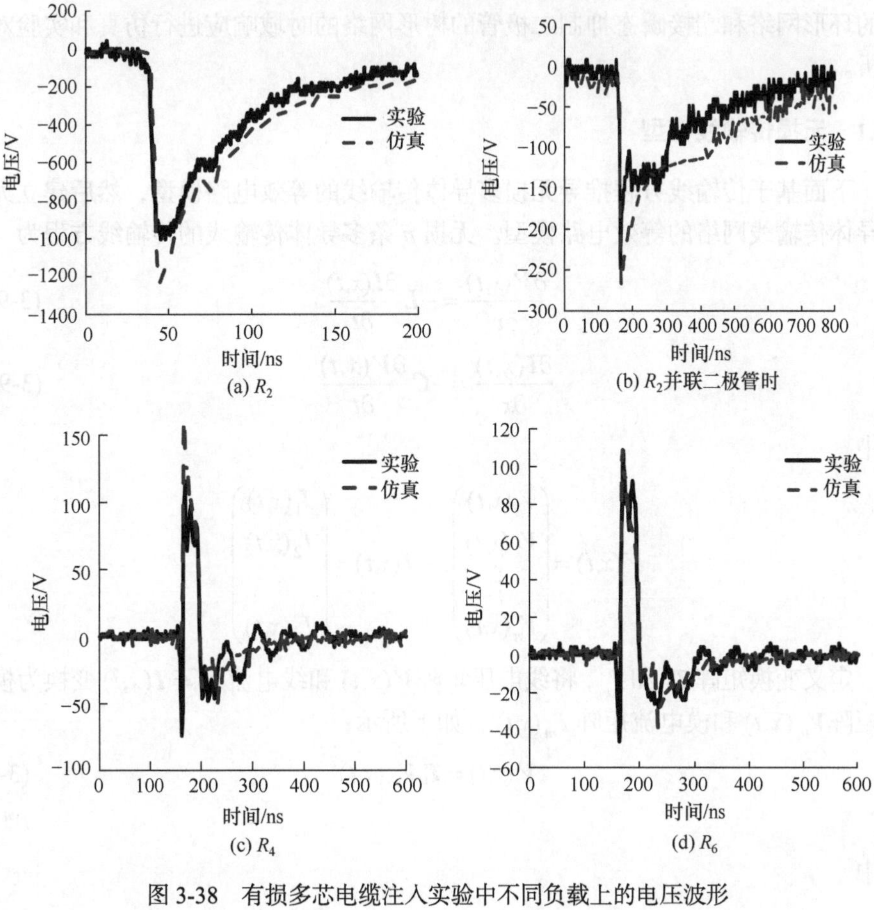

图 3-38　有损多芯电缆注入实验中不同负载上的电压波形

比较仿真和实验结果可以看出，两者吻合得很好，只是细节之处略有差别，这是由实验过程中测量夹具和测量仪器的杂波干扰引起的。图 3-38(c)中 R_4 的感应电压幅值高于图 3-38(d)中 R_6 的电压幅值，这是由于线 2 比线 3 更接近线 1。当在电阻 R_2 后并联瞬态抑制二极管时，可以看出负载 R_2 上的电压大部分被限制在瞬态抑制二极管的钳位电压 152V 以下，瞬态抑制二极管来不及响应，因此存在尖峰泄漏。

3.5 宏模型法

虽然有损均匀传输线集总参数电路模型能够解决快沿电磁脉冲对端接线性、频变和非线性负载的有损传输线耦合问题，但是电路复杂，计算机运行时间较长。本节推导传输线的宏模型，以电磁脉冲注入下常见的环形结构和树形结构传输线网络为研究对象，建立环形网络和树形网络的等效电路模型，然后对端接电容负载的环形网络和端接瞬态抑制二极管的树形网络的时域响应进行仿真和实验对比分析。

3.5.1 无损传输线模型

下面基于传输线方程推导无损多导体传输线的等效电路模型，然后建立无损多导体传输线网络的等效电路模型。无损 n 条多导体传输线的传输线方程为

$$\frac{\partial \boldsymbol{V}(x,t)}{\partial x}=-\boldsymbol{L}\frac{\partial \boldsymbol{I}(x,t)}{\partial t} \tag{3-93a}$$

$$\frac{\partial \boldsymbol{I}(x,t)}{\partial x}=-\boldsymbol{C}\frac{\partial \boldsymbol{V}(x,t)}{\partial t} \tag{3-93b}$$

式中

$$\boldsymbol{V}(x,t)=\begin{pmatrix} V_1(x,t) \\ V_2(x,t) \\ \vdots \\ V_n(x,t) \end{pmatrix}, \quad \boldsymbol{I}(x,t)=\begin{pmatrix} I_1(x,t) \\ I_2(x,t) \\ \vdots \\ I_n(x,t) \end{pmatrix}$$

定义变换矩阵 $\boldsymbol{T}_V$ 和 $\boldsymbol{T}_I$，将线电压矩阵 $\boldsymbol{V}(x,t)$ 和线电流矩阵 $\boldsymbol{I}(x,t)$ 变换为模电压矩阵 $\boldsymbol{V}_m(x,t)$ 和模电流矩阵 $\boldsymbol{I}_m(x,t)$，如下所示：

$$\boldsymbol{V}(x,t)=\boldsymbol{T}_V\boldsymbol{V}_m(x,t) \tag{3-94}$$

式中

$$\boldsymbol{T}_V=\begin{pmatrix} t_{V11} & t_{V12} & \cdots & t_{V1n} \\ t_{V21} & t_{V22} & \cdots & t_{V2n} \\ \vdots & \vdots & & \vdots \\ t_{Vn1} & t_{Vn2} & \cdots & t_{Vnn} \end{pmatrix}\quad \boldsymbol{I}(x,t)=\boldsymbol{T}_I\boldsymbol{I}_m(x,t),\quad \boldsymbol{T}_I=\begin{pmatrix} t_{I11} & t_{I12} & \cdots & t_{I1n} \\ t_{I21} & t_{I22} & \cdots & t_{I2n} \\ \vdots & \vdots & & \vdots \\ t_{In1} & t_{In2} & \cdots & t_{Inn} \end{pmatrix}$$

$$\boldsymbol{V}_m(x,t)=\begin{pmatrix} V_{m1}(x,t) \\ V_{m2}(x,t) \\ \vdots \\ V_{mn}(x,t) \end{pmatrix},\quad \boldsymbol{I}_m(x,t)=\begin{pmatrix} I_{m1}(x,t) \\ I_{m2}(x,t) \\ \vdots \\ I_{mn}(x,t) \end{pmatrix}$$

由式(3-94)可得

$$\boldsymbol{V}_m(x,t)=\boldsymbol{T}_V^{-1}\boldsymbol{V}(x,t) \tag{3-95a}$$

$$\boldsymbol{I}_m(x,t)=\boldsymbol{T}_I^{-1}\boldsymbol{I}(x,t) \tag{3-95b}$$

式中，$\boldsymbol{T}_V^{-1}$ 为矩阵 $\boldsymbol{T}_V$ 的逆；$\boldsymbol{T}_I^{-1}$ 为矩阵 $\boldsymbol{T}_I$ 的逆。两者可表示为

$$\boldsymbol{T}_V^{-1}=\begin{pmatrix} t'_{V11} & t'_{V12} & \cdots & t'_{V1n} \\ t'_{V21} & t'_{V22} & \cdots & t'_{V2n} \\ \vdots & \vdots & & \vdots \\ t'_{Vn1} & t'_{Vn2} & \cdots & t'_{Vnn} \end{pmatrix},\quad \boldsymbol{T}_I^{-1}=\begin{pmatrix} t'_{I11} & t'_{I12} & \cdots & t'_{I1n} \\ t'_{I21} & t'_{I22} & \cdots & t'_{I2n} \\ \vdots & \vdots & & \vdots \\ t'_{In1} & t'_{In2} & \cdots & t'_{Inn} \end{pmatrix}$$

将其代入方程(3-94)，可得

$$V_j(x,t)=t_{vj1}V_{m1}(x,t)+t_{vj2}V_{m2}(x,t)+\cdots+t_{vjn}V_{mn}(x,t),\quad j=1,2,\cdots,n \tag{3-96a}$$

$$I_{mj}(x,t)=t'_{Ij1}I_1(x,t)+t'_{Ij2}I_2(x,t)+\cdots+t'_{Ijn}I_n(x,t),\quad j=1,2,\cdots,n \tag{3-96b}$$

式(3-96)可使用 SPICE 中受控电压源和受控电流源的形式来实现。

将式(3-95)代入式(3-93)可得

$$\frac{\partial \boldsymbol{V}_m(x,t)}{\partial x}=-\boldsymbol{T}_V^{-1}\boldsymbol{L}\boldsymbol{T}_I\frac{\partial \boldsymbol{I}_m(Ex,t)}{\partial t} \tag{3-97a}$$

$$\frac{\partial \boldsymbol{I}_m(x,t)}{\partial x}=-\boldsymbol{T}_I^{-1}\boldsymbol{C}\boldsymbol{T}_V\frac{\partial \boldsymbol{V}_m(x,t)}{\partial t} \tag{3-97b}$$

这些变换矩阵可同时将电感矩阵和电容矩阵对角化，即

$$\boldsymbol{T}_V^{-1}\boldsymbol{L}\boldsymbol{T}_I=\boldsymbol{L}_m=\begin{pmatrix} l_{m1} & & & \\ & l_{m2} & & \\ & & \ddots & \\ & & & l_{mn} \end{pmatrix} \tag{3-98a}$$

$$T_I^{-1}CT_V = C_m = \begin{pmatrix} c_{m1} & & & \\ & c_{m2} & & \\ & & \ddots & \\ & & & c_{mn} \end{pmatrix} \tag{3-98b}$$

这样关于模电压和模电流的方程(3-97)就能去耦，变为 n 个双导体传输线方程，即

$$\frac{\partial \boldsymbol{V}_{mj}(x,t)}{\partial x} = -l_{mj}\frac{\partial \boldsymbol{I}_{mj}(x,t)}{\partial t} \tag{3-99a}$$

$$\frac{\partial \boldsymbol{I}_{mj}(x,t)}{\partial x} = -c_{mj}\frac{\partial \boldsymbol{V}_{mj}(x,t)}{\partial t} \tag{3-99b}$$

式中，j=1,2,⋯,n。特性阻抗为 $Z_{Cmj} = \sqrt{l_{mj} / c_{mj}}$；传播速度为 $v_{mj} = 1 / \sqrt{l_{mj}c_{mj}}$；传播时延为 $T_{Dmj}=L / v_{mj}$。三导体传输线的完整 SPICE 模型如图 3-39 所示。在 SPICE 程序中有无损双导体传输线的 SPICE 等效电路模型，可以将双导体传输线的特性阻抗、传输时延代入 SPICE 程序代码中直接进行求解。

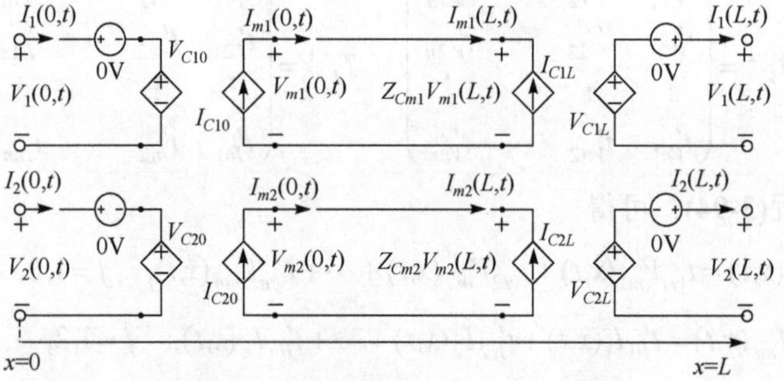

图 3-39　三导体传输线 SPICE 模型

在此模型中：

$$V_1(0,t) = V_{C10} = t_{V11}V_{m1}(0,t) + t_{V12}V_{m2}(0,t) \tag{3-100}$$

$$V_2(0,t) = V_{C20} = t_{V21}V_{m1}(0,t) + t_{V22}V_{m2}(0,t) \tag{3-101}$$

$$V_1(L,t) = V_{C1L} = t_{V11}V_{m1}(L,t) + t_{V12}V_{m2}(L,t) \tag{3-102}$$

$$V_2(L,t) = V_{C2L} = t_{V21}V_{m1}(L,t) + t_{V22}V_{m2}(L,t) \tag{3-103}$$

$$I_{m1}(0,t) = I_{C10} = t'_{I11}I_1(0,t) + t'_{I12}I_2(0,t) \tag{3-104}$$

$$I_{m2}(0,t) = I_{C20} = t'_{I21}I_1(0,t) + t'_{I22}I_2(0,t) \tag{3-105}$$

$$I_{m1}(L,t) = I_{C1L} = t'_{I11}I_1(L,t) + t'_{I12}I_2(L,t) \tag{3-106}$$

$$I_{m2}(L,t) = I_{C2L} = t'_{I21}I_1(L,t) + t'_{I22}I_2(L,t) \tag{3-107}$$

模型中等效的特性阻抗为 Z_{Cm1} 和 Z_{Cm2}，传输时延为 $T_{Dm1}=L/v_{m1}$ 和 $T_{Dm2}=L/v_{m2}$。

传输线网络由互相连接的传输线组成。首先根据上述分析得到网络中每条传输线的 SPICE 模型；然后在 SPICE 程序代码中将各个传输线 SPICE 模型的节点相互连接，得到传输线网络的 SPICE 模型；接着在 SPICE 程序代码中，将激励源、负载与传输线网络 SPICE 模型的相应节点相连；最后利用 SPICE 软件进行仿真。

3.5.2　有损传输线模型

有损多导体传输线的方程是在无损多导体传输线方程的基础上建立的，如下所示：

$$\frac{\partial \boldsymbol{V}(x,t)}{\partial x} = -\boldsymbol{RI}(x,t) - \boldsymbol{L}\frac{\partial \boldsymbol{I}(x,t)}{\partial t} \tag{3-108a}$$

$$\frac{\partial \boldsymbol{I}(x,t)}{\partial z} = -\boldsymbol{GV}(x,t) - \boldsymbol{C}\frac{\partial \boldsymbol{V}(x,t)}{\partial t} \tag{3-108b}$$

上述方程的频域解可以表示为

$$\begin{pmatrix} \boldsymbol{V}(L,s) \\ \boldsymbol{I}(L,s) \end{pmatrix} = \mathrm{e}^{\boldsymbol{Q}(s)} \begin{pmatrix} \boldsymbol{V}(0,s) \\ \boldsymbol{I}(0,s) \end{pmatrix} \tag{3-109}$$

式中，s 为复频率变量；$\boldsymbol{Q}(s)=(\boldsymbol{A}+s\boldsymbol{B})L$；$\boldsymbol{A}=\begin{pmatrix} 0 & -\boldsymbol{R} \\ -\boldsymbol{G} & 0 \end{pmatrix}$；$\boldsymbol{B}=\begin{pmatrix} 0 & -\boldsymbol{L} \\ -\boldsymbol{C} & 0 \end{pmatrix}$；$L$ 为线长。

由 Lie 公式推导得

$$\mathrm{e}^{(\boldsymbol{A}+s\boldsymbol{B})L} \approx \prod_{k=1}^{m} \psi_k + \varepsilon_m \tag{3-110}$$

式中，m 为迭代次数；$\psi_k \equiv \mathrm{e}^{\frac{s\boldsymbol{B}}{2m}L}\mathrm{e}^{\frac{\boldsymbol{A}}{m}L}\mathrm{e}^{\frac{s\boldsymbol{B}}{2m}L}$；$\varepsilon_m$ 为误差，m 值越大，误差 ε_m 越小。

可以看出，在误差一定的情况下，频率越高，m 取值越大。因此，可以根据最大频率范围确定迭代次数 m。针对电磁脉冲，其最大频率计算公式如下：

$$f_{\max} \approx \frac{0.35}{t_{\mathrm{rise}}} \tag{3-111}$$

式中，t_{rise} 为电磁脉冲的上升时间。

式(3-110)可表示为

$$\mathrm{e}^{(\boldsymbol{A}+s\boldsymbol{B})L} \approx \prod_{k=1}^{m}\left(\mathrm{e}^{s\boldsymbol{B}\frac{L}{2m}}\mathrm{e}^{\boldsymbol{A}\frac{L}{m}}\mathrm{e}^{s\boldsymbol{B}\frac{L}{2m}}\right)_k+\varepsilon_m=\left(\mathrm{e}^{s\boldsymbol{B}\frac{L}{2m}}\mathrm{e}^{\boldsymbol{A}\frac{L}{m}}\mathrm{e}^{s\boldsymbol{B}\frac{L}{2m}}\right)^m+\varepsilon_m \tag{3-112}$$

令 $\boldsymbol{H}=\mathrm{e}^{(\boldsymbol{A}+s\boldsymbol{B})\frac{L}{m}}$，$\boldsymbol{W}=\mathrm{e}^{s\boldsymbol{B}\frac{L}{2m}}\mathrm{e}^{\boldsymbol{A}\frac{L}{m}}\mathrm{e}^{s\boldsymbol{B}\frac{L}{2m}}$，可知 $\|\boldsymbol{H}^m-\boldsymbol{W}^m\|\leqslant m\boldsymbol{J}^{m-1}\|\boldsymbol{H}-\boldsymbol{W}\|$，其中

$$\boldsymbol{J}=\max(\|\boldsymbol{H}\|,\|\boldsymbol{W}\|) \tag{3-113}$$

$$\|\boldsymbol{H}-\boldsymbol{W}\|=\sum_{k=0}^{\infty}\frac{1}{k!}\left(\frac{\boldsymbol{A}+s\boldsymbol{B}}{\frac{m}{L}}\right)^k-\sum_{k=0}^{\infty}\frac{1}{k!}\left(\frac{s\boldsymbol{B}}{2\frac{m}{L}}\right)^k\cdot\sum_{k=0}^{\infty}\frac{1}{k!}\left(\frac{\boldsymbol{A}}{\frac{m}{L}}\right)^k\cdot\sum_{k=0}^{\infty}\frac{1}{k!}\left(\frac{s\boldsymbol{B}}{2\frac{m}{L}}\right)^k$$

$$=\varphi(s)\frac{1}{\left(\frac{m}{L}\right)^3}+(\cdots)\frac{1}{\left(\frac{m}{L}\right)^4}+(\cdots)\frac{1}{\left(\frac{m}{L}\right)^5}+\cdots\approx O\left(\frac{1}{\left(\frac{m}{L}\right)^3}\right) \tag{3-114}$$

$$\varphi(s)=\frac{1}{24}\left[s(\boldsymbol{AB}-\boldsymbol{BA})(2\boldsymbol{A}+s\boldsymbol{B})-s(2\boldsymbol{A}+s\boldsymbol{B})(\boldsymbol{AB}-\boldsymbol{BA})\right] \tag{3-115}$$

因此

$$\|\varepsilon_m\|=\max_{0\leqslant s\leqslant s_{\max}}\left\|\mathrm{e}^{(\boldsymbol{A}+s\boldsymbol{B})L}-\prod_{k=1}^{m}\psi_k\right\|\approx O\left(\frac{1}{\frac{m^2}{L^3}}\right) \tag{3-116}$$

可知，L/m 值越小，误差越小。可以将传输线分成 m 段级联形式，且每一小段又分成有损和无损两个部分来建立等效电路模型，最后级联组成有损均匀传输线的等效电路模型。

1. 无损部分

无损部分采用 3.5.1 节中方法建立模型，其长度为 $L/(2m)$。

2. 有损部分

有损部分传输线长度为 L/m，其传输线方程如下：

$$\frac{\partial \boldsymbol{V}(x,t)}{\partial z}=-\boldsymbol{RI}(x,t) \tag{3-117a}$$

$$\frac{\partial \boldsymbol{I}(x,t)}{\partial z}=-\boldsymbol{GV}(x,t) \tag{3-117b}$$

其解按照导纳参数表示为

$$\begin{pmatrix} \boldsymbol{I}(0) \\ -\boldsymbol{I}(L) \end{pmatrix} = \boldsymbol{Y}(L)\begin{pmatrix} \boldsymbol{V}(0) \\ \boldsymbol{V}(L) \end{pmatrix} = \begin{pmatrix} \boldsymbol{Y}_{11} & \boldsymbol{Y}_{12} \\ \boldsymbol{Y}_{21} & \boldsymbol{Y}_{22} \end{pmatrix}\begin{pmatrix} \boldsymbol{V}(0) \\ \boldsymbol{V}(L) \end{pmatrix} \tag{3-118}$$

式中

$$\boldsymbol{Y}(L) = \begin{pmatrix} \boldsymbol{Y}_{11} & \boldsymbol{Y}_{12} \\ \boldsymbol{Y}_{21} & \boldsymbol{Y}_{22} \end{pmatrix} = \begin{pmatrix} y_{11} & \cdots & y_{1(2n)} \\ \vdots & & \vdots \\ y_{(2n)1} & \cdots & y_{(2n)(2n)} \end{pmatrix} \tag{3-119}$$

将式(3-118)等效成电阻网络，如图 3-40 所示。

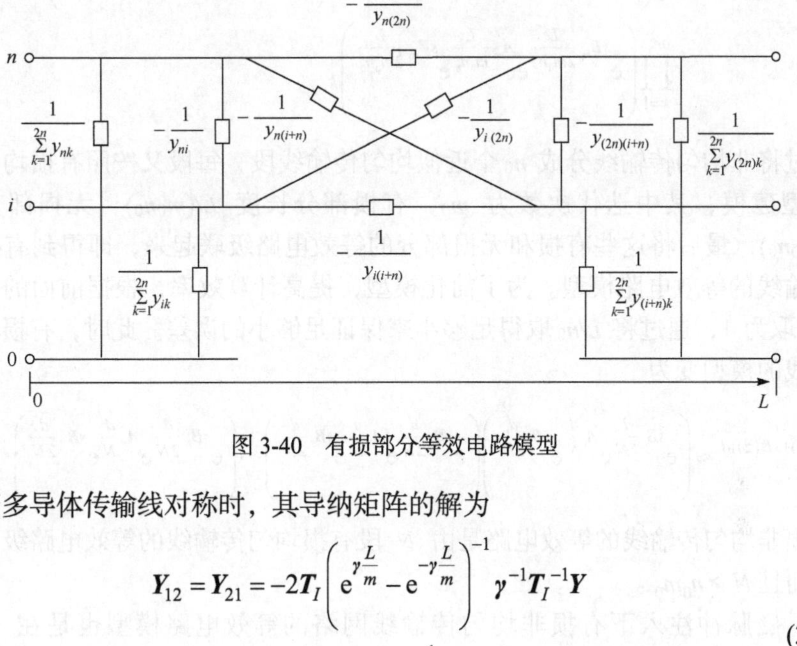

图 3-40　有损部分等效电路模型

当多导体传输线对称时，其导纳矩阵的解为

$$\begin{aligned} \boldsymbol{Y}_{12} = \boldsymbol{Y}_{21} &= -2\boldsymbol{T}_I\left(\mathrm{e}^{\gamma\frac{L}{m}} - \mathrm{e}^{-\gamma\frac{L}{m}}\right)^{-1}\boldsymbol{\gamma}^{-1}\boldsymbol{T}_I^{-1}\boldsymbol{Y} \\ &= -2\boldsymbol{T}_I\left(\mathrm{e}^{\gamma\frac{L}{m}} - \mathrm{e}^{-\gamma\frac{L}{m}}\right)^{-1}\boldsymbol{\gamma}^{-1}\boldsymbol{T}_I^{-1}\boldsymbol{G}\frac{n!}{r!(n-r)!} \end{aligned} \tag{3-120}$$

$$\boldsymbol{Y}_{11} = \boldsymbol{Y}_{22} = \boldsymbol{T}_I\left(\mathrm{e}^{\gamma\frac{L}{m}} - \mathrm{e}^{-\gamma\frac{L}{m}}\right)^{-1}\left(\mathrm{e}^{\gamma\frac{L}{m}} + \mathrm{e}^{-\gamma\frac{L}{m}}\right)\boldsymbol{\gamma}^{-1}\boldsymbol{T}_I^{-1}\boldsymbol{G} \tag{3-121}$$

式中，$\boldsymbol{T}_I^{-1}\boldsymbol{G}\boldsymbol{R}\boldsymbol{T}_I = \boldsymbol{\gamma}^2$。

3.5.3　有损非均匀传输线模型

将长为 L 的传输线进行分段，可得

$$\mathrm{e}^{(\boldsymbol{A}+s\boldsymbol{B})L}=\mathrm{e}^{(\boldsymbol{A}+s\boldsymbol{B})\frac{L}{n_0}}\mathrm{e}^{(\boldsymbol{A}+s\boldsymbol{B})\frac{L}{n_0}}\cdots\mathrm{e}^{(\boldsymbol{A}+s\boldsymbol{B})\frac{L}{n_0}} \tag{3-122}$$

式中，n_0为传输线沿长度方向分的段数。由此可见，传输线分段求解与整线求解的结果是一致的。将此应用到有损非均匀传输线中。由于有损非均匀传输线的单位长度参数是随线缆长度变化的，可以将有损非均匀传输线分成多个小段，每个小段看成均匀传输线来逼近有损非均匀传输线，则其模型建立思路如下：

$$\begin{aligned}\mathrm{e}^{(\boldsymbol{A}(z)+s\boldsymbol{B}(z))L}&\approx\mathrm{e}^{(\boldsymbol{A}_1+s\boldsymbol{B}_1)\frac{L}{n_0}}\mathrm{e}^{(\boldsymbol{A}_2+s\boldsymbol{B}_2)\frac{L}{n_0}}\cdots\mathrm{e}^{(\boldsymbol{A}_{n_0}+s\boldsymbol{B}_{n_0})\frac{L}{n_0}}\\&\approx\prod_{k=1}^{m_0}\left(\mathrm{e}^{s\boldsymbol{B}_1\frac{L}{2m_0n_0}}\mathrm{e}^{\boldsymbol{A}_1\frac{L}{m_0n_0}}\mathrm{e}^{s\boldsymbol{B}_1\frac{L}{2m_0n_0}}\right)_k\prod_{k=1}^{m_0}\left(\mathrm{e}^{s\boldsymbol{B}_2\frac{L}{2m_0n_0}}\mathrm{e}^{\boldsymbol{A}_2\frac{L}{m_0n_0}}\mathrm{e}^{s\boldsymbol{B}_2\frac{L}{2m_0n_0}}\right)_k\cdots\\&\quad\cdot\prod_{k=1}^{m_0}\left(\mathrm{e}^{s\boldsymbol{B}_{n_0}\frac{L}{2m_0n_0}}\mathrm{e}^{\boldsymbol{A}_{n_0}\frac{L}{m_0n_0}}\mathrm{e}^{s\boldsymbol{B}_{n_0}\frac{L}{2m_0n_0}}\right)_k\end{aligned} \tag{3-123}$$

即通过将非均匀传输线分成 n_0 个近似均匀传输线段，每段又按照有损均匀传输线模型建模，其中迭代次数为 m_0，有损部分长度 $L/(m_0n_0)$，无损部分长度 $L/(2m_0n_0)$，最后将这些有损和无损部分的等效电路级联起来，即得到有损非均匀传输线的等效电路模型。为了简化模型，提高计算效率，根据前面的分析，将 m_0 取为 1，通过将 L/n_0 取得足够小来保证足够小的误差。此时，有损非均匀传输线的模型变为

$$\mathrm{e}^{(\boldsymbol{A}(z)+s\boldsymbol{B}(z))d}\approx\left(\mathrm{e}^{s\boldsymbol{B}_1\frac{d}{2N}}\mathrm{e}^{\boldsymbol{A}_1\frac{d}{N}}\mathrm{e}^{s\boldsymbol{B}_1\frac{d}{2N}}\right)\left(\mathrm{e}^{s\boldsymbol{B}_2\frac{d}{2N}}\mathrm{e}^{\boldsymbol{A}_2\frac{d}{N}}\mathrm{e}^{s\boldsymbol{B}_2\frac{d}{2N}}\right)\cdots\left(\mathrm{e}^{s\boldsymbol{B}_N\frac{d}{2N}}\mathrm{e}^{\boldsymbol{A}_N\frac{d}{N}}\mathrm{e}^{s\boldsymbol{B}_N\frac{d}{2N}}\right) \tag{3-124}$$

即有损非均匀传输线的等效电路是由 N 段有损均匀传输线的等效电路级联而成的，而且$N\geqslant n_0m_0$。

电磁脉冲注入下有损非均匀传输线网络的等效电路模型也是在 SPICE/HSPICE 程序代码中将各个传输线的等效电路模型节点相互连接得到的。将激励源、负载与传输线网络等效电路模型的相应节点相连，就可以利用 SPICE/HSPICE 软件进行仿真计算和预测。

3.5.4 宏模型的应用

下面针对典型的有损非均匀传输线、不等长有损非均匀传输线、有损非均匀传输线网络进行仿真预测分析，与时域有限差分法进行对比，验证所建模型的正确性和高效性，分析电磁脉冲注入下有损非均匀传输线及其网络的响应规律。

1. 在有损非均匀传输线中的应用

如图 3-41 所示一段有损非均匀传输线，其长度为 0.04m，其分布参数如下：

$$\boldsymbol{R}=\begin{pmatrix} r(z) & 0 \\ 0 & r(z) \end{pmatrix},\ \boldsymbol{C}=\begin{pmatrix} c(z) & c_m(z) \\ c_m(z) & c(z) \end{pmatrix},\ \boldsymbol{G}=\begin{pmatrix} g(z) & 0 \\ 0 & g(z) \end{pmatrix},\ \boldsymbol{L}=\begin{pmatrix} l(z) & c_m(z) \\ l_m(z) & c(z) \end{pmatrix}$$

式中，$r(z)=\dfrac{30}{1+k(z)}(\Omega/\text{m})$，$l(z)=\dfrac{387}{1+k(z)}(\text{nH/m})$，$l_m(z)=k(z)l(z)(\text{nH/m})$，$c(z)=\dfrac{104.3}{1-k(z)}(\text{pF/m})$，$c_m(z)=-k(z)c(z)(\text{pF/m})$，$g(z)=\dfrac{0.001}{1-k(z)}(\text{S/m})$，$k(z)=0.25\big(1+\sin(6.25(\pi z)+0.25\pi)\big)$。

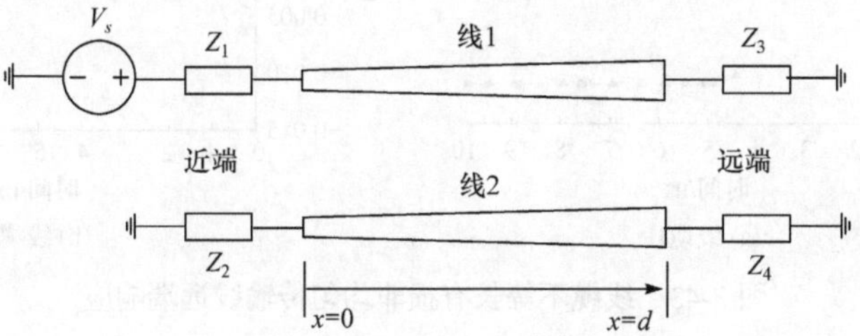

图 3-41　有损非均匀传输线

激励电压 V_s 为一梯形脉冲，其上升沿、下降沿均为 0.5ns，幅度为 1V，脉宽为 3ns。负载 Z_1=Z_2=30Ω，Z_3=Z_4=50Ω。利用宏模型法，将有损非均匀传输线分成 10 段进行仿真，其远端负载响应与时域有限差分法求解结果对比如图 3-42 所示。

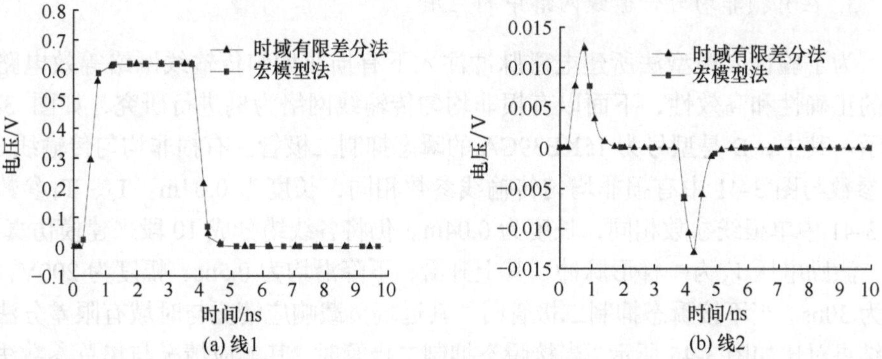

图 3-42　有损非均匀传输线远端负载响应

可见，宏模型法与时域有限差分法求解结果具有较高的一致性，进一步证明了宏模型法所建有损非均匀传输线等效电路模型的正确性和普遍适用性，同时看出串扰发生在梯形脉冲的上升沿和下降沿处。

2. 在不等长有损非均匀传输线中的应用

对于不等长有损非均匀传输线，可将线缆分成等长部分和多余部分来考虑。参照图 3-41 中线缆，当线缆 2 长度为 0.08m 时，可将前半段作为三导体传输线考虑，后半段作为双导体传输线考虑。利用宏模型法和时域有限差分法得到负载上的电压波形如图 3-43 所示。

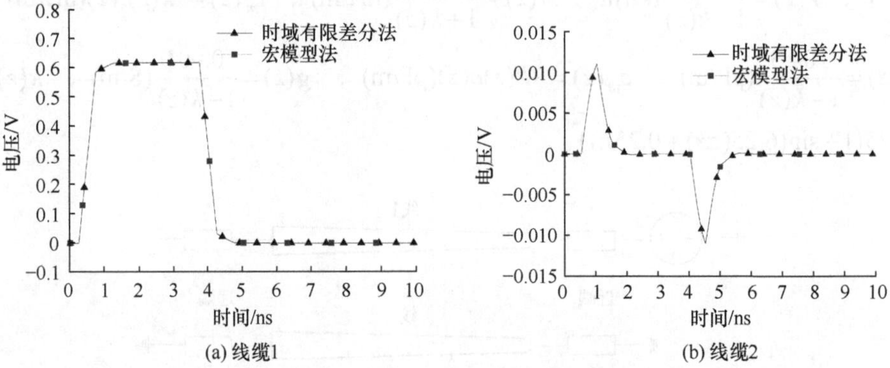

图 3-43 线缆不等长有损非均匀传输线远端响应

由此可知，针对不等长有损非均匀传输线，宏模型法与时域有限差分法得到的结果相同，证明了宏模型法在解决不等长有损非均匀传输线负载响应问题上的正确性。将图 3-43 与图 3-42 对比可以看出，两图中线缆 1 远端响应基本相同，图 3-43 线缆 2 远端响应时间延缓，幅值降低。

3. 在有损非均匀传输线网络中的应用

为了验证宏模型法所建电磁脉冲注入下有损非均匀传输线网络等效电路模型的正确性和高效性，下面以有损非均匀传输线网络为例进行研究，如图 3-44 所示。其中，D 是型号为 15KE39CA 的瞬态抑制二极管。有损非均匀传输线 T_1、T_2 参数与图 3-41 中有损非均匀传输线参数相同，长度为 0.04m。T_3、T_4 参数与图 3-41 中单根线参数相同，长度为 0.04m。仍将各线缆分成 10 段来建模仿真。

激励电压 V_s 为一梯形脉冲，其上升沿、下降沿均为 0.5ns，幅度为 200V，脉宽为 30ns。当不接瞬态抑制二极管时，其远端负载响应情况与时域有限差分法所得结果对比如图 3-45 所示。当接瞬态抑制二极管时，其响应情况与集总参数法进行了对比，如图 3-46 所示。

对比可知，不接瞬态抑制二极管时，时域有限差分法与宏模型法求得的结果相同，证明了宏模型法建立的电磁脉冲注入下有损非均匀传输线网络等效电路模型的正确性。而且，当时间步长为 0.01ns、空间步长为 0.004m 时，时域有

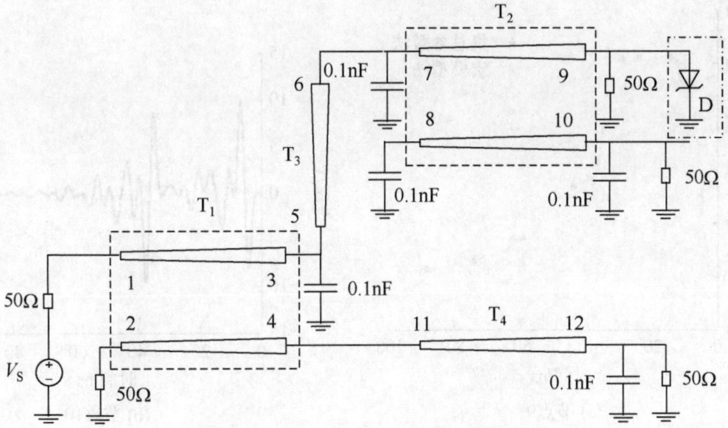

图 3-44　有损非均匀传输线网络

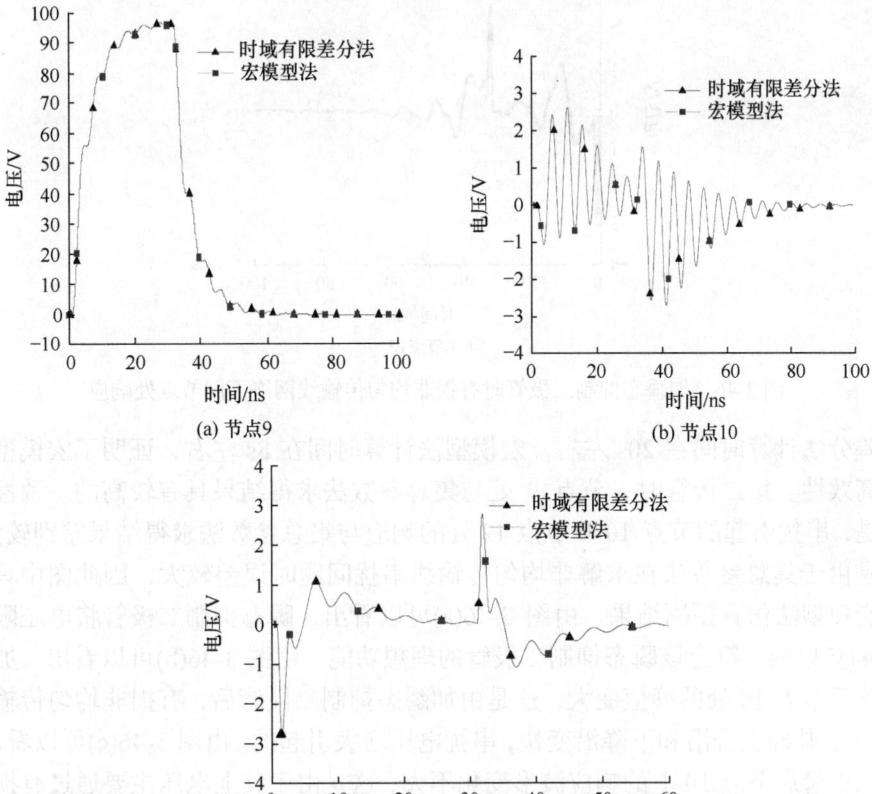

(a) 节点9

(b) 节点10

(c) 节点12

图 3-45　无瞬态抑制二极管时有损非均匀传输线网络不同节点处响应

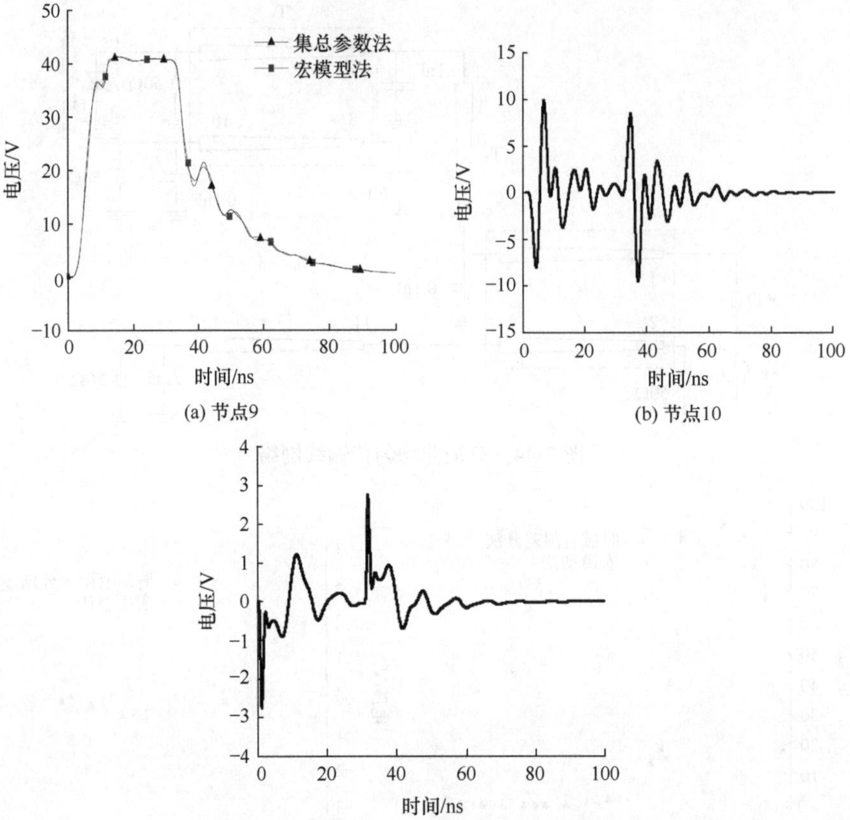

(a) 节点9　　(b) 节点10

(c) 节点12

图 3-46　加瞬态抑制二极管时有损非均匀传输线网络不同节点处响应

限差分法计算时间在 20s 左右，宏模型法计算时间在 8s 左右，证明了宏模型法的高效性。接二极管时，节点 9 处与集总参数法求得结果具有较高的一致性。但是，串扰引起的节点 10 和节点 12 处的响应与集总参数法求得结果差别较大，这是由于集总参数法在求解非均匀传输线串扰问题时误差较大，因此图中只给出宏模型法仿真预测结果。由图 3-46(a)可以看出，瞬态抑制二极管将电压限制在 41V 以内，符合该瞬态抑制二极管的理想功能。由图 3-46(b)可以看出，加二极管后节点 10 处的峰值变大，这是由加瞬态抑制二极管后，有损非均匀传输线 7～9 上脉冲上升沿和下降沿变快，串扰电压增大引起的。由图 3-46(c)可以看出，加二极管后节点 10 上的响应波形变化不大，这是由于其上电压主要通过有损非均匀传输线 1～3 耦合到有损非均匀传输线 2～4，经有损非均匀传输线 11～12 传导而来，瞬态抑制二极管对有损非均匀传输线 1～3 上电压影响较小。另外，与传统集总参数法相比，宏模型法的计算机运行时间大大缩短。当瞬态分析时间设置为 100ns 时，采用传统集总参数法的计算机运行时间为 265s，而采用宏模型法的计算机运行时间仅为 83s。

3.5.5 实验验证

下面对典型的有损均匀微带线和有损多芯线网络进行实验和仿真对比分析。

1. 有损均匀微带线实验

这里设计了有损均匀微带线，微带线介质材料为聚四氟乙烯，相对介电常数 $\varepsilon_r=2.65$，损耗正切角 $\tan\delta=0.004$，介质板厚度 $h_w=1mm$。铜层厚度 $t_h=0.04mm$，电导率 $\sigma=580000S/m$，导电带宽度 $w=4mm$，导电带间隔 $d_w=9mm$，其横截面尺寸如图 3-47 所示。微带线长 0.3m。为了减少外界电磁环境的干扰，实验中微带线外面加了屏蔽盒，如图 3-48 所示。

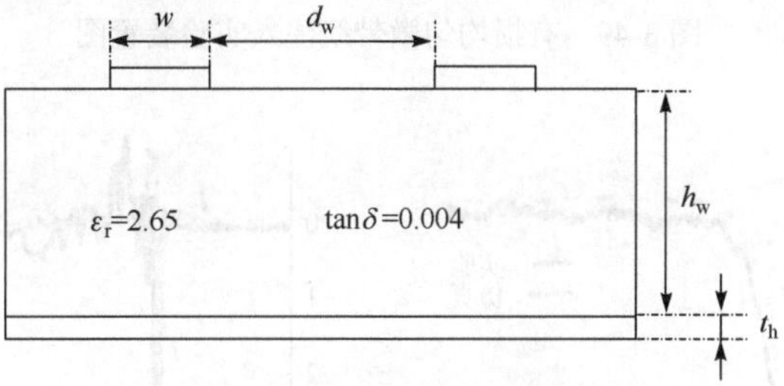

图 3-47　有损均匀微带线横截面尺寸

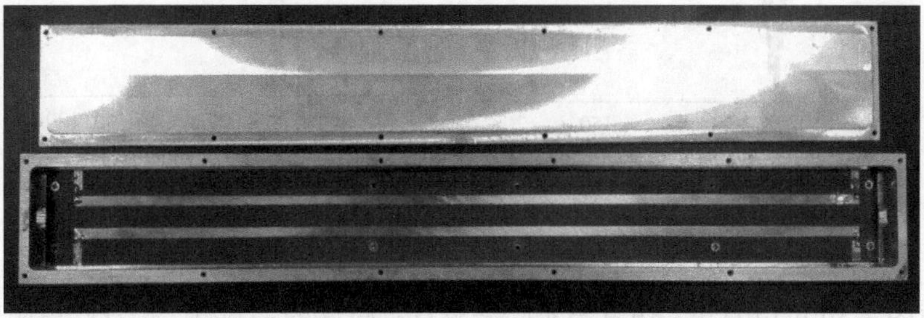

图 3-48　有损均匀微带线

采用 SPICE 中的场求解算法求解微带线的单位长度参数。SPICE 中的场求解算法能直接给出微带线的 $\boldsymbol{L}$、$\boldsymbol{C}$、$\boldsymbol{R}_0$、$\boldsymbol{R}_s$、$\boldsymbol{G}_0$、$\boldsymbol{G}_d$。其中，电阻矩阵和导纳矩阵是频率相关的，其值为

$$\boldsymbol{R}(f)=\boldsymbol{R}_0+\sqrt{f}(1+j)\boldsymbol{R}_s \tag{3-125}$$

$$\boldsymbol{G}(f)=\boldsymbol{G}_0+f\boldsymbol{G}_d \tag{3-126}$$

采用双指数脉冲源注入微带线一端，注入波形如图 2-89 所示。另一端连接衰减器和示波器，实验系统如图 3-49 所示。当微带线四个电阻负载均为 50Ω 时，

实验和仿真得到的传导端和耦合端负载脉冲波形如图 3-50 所示。

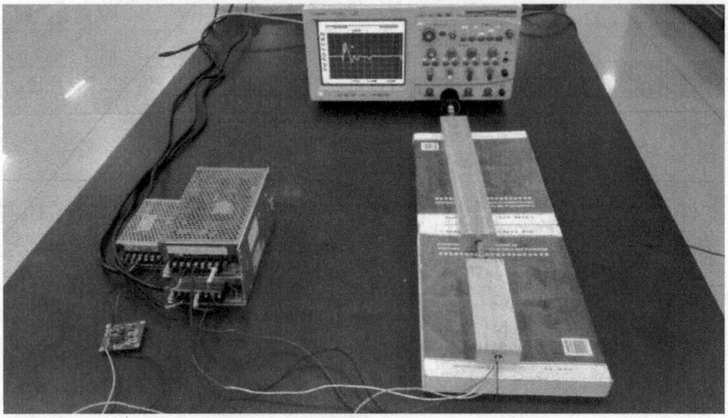

图 3-49　有损均匀微带线注入实验装置图

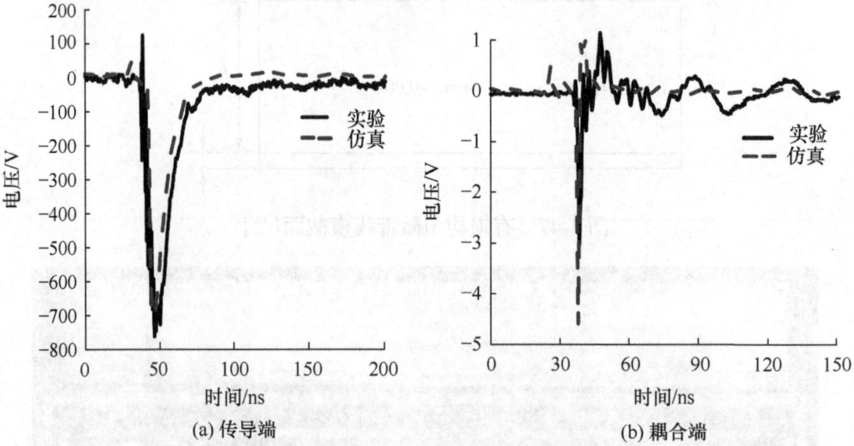

图 3-50　有损均匀微带线注入实验中电阻负载响应

由图 3-50 可以看出，仿真与实验结果具有较好的一致性。传导端电阻负载电压峰值为−700V 左右，耦合端电阻负载响应电压峰值为−3V 左右，当在传导端电阻上分别并联型号为 1.5KE440A 和 1.5KE110A 的瞬态抑制二极管时，仿真和实验结果如图 3-51 所示。

可以看出，当并联型号为 1.5KE440A 的瞬态抑制二极管时，传导端电阻负载响应电压峰值为−650V，降低了原来的峰值，但还是大于这种二极管理论钳位电压 602V，这是由该型号二极管尖峰泄漏造成的。仿真和实验结果吻合得较好，表明瞬态抑制二极管 1.5KE440A 的 SPICE 模型与实测吻合得较好。型号为 1.5KE110A 的瞬态抑制二极管理论钳位电压为 152V,实验得到的负载响应电压峰值为–300V，仿真得到的负载响应电压峰值为–220V，仍然都大于其理论钳位电压，这也是由尖峰泄漏引起的。仿真和实验峰值略有差异，表明瞬态抑制二极管 1.5KE110A 的 SPICE 模型与实际稍有差别。

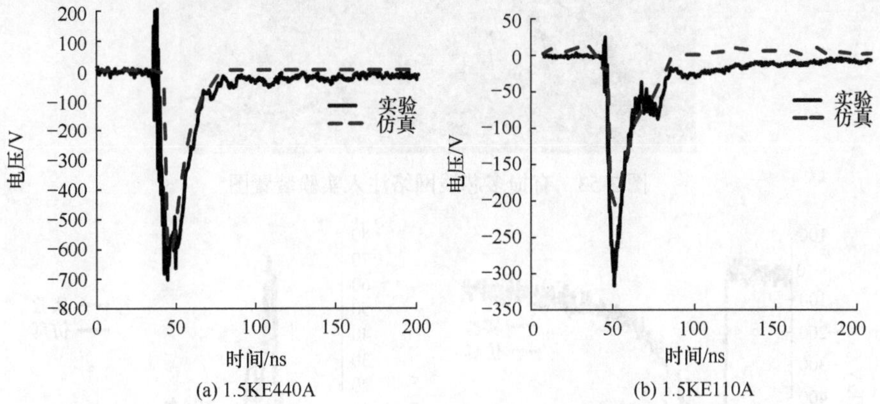

图 3-51　有损均匀微带线注入实验中电阻并联不同瞬态抑制二极管时的响应

2. 有损均匀传输线网络实验

采用一根 1m 长 3+1 多芯电缆、两根 1m 长同轴线组成树形网络，如图 3-52 所示。其中多芯电缆中线 1、线 2、线 3 分别表示三个信号线，线 4 为参考导体。线 1 和线 4 连接第一根同轴线，线 3 和线 4 连接第二根同轴线。多芯线缆单位长度参数与 3.2.3 节中多芯电缆参数相同。各线端接负载 $R_1 = R_3 = R_4 = R_5 = R_{10} = R_{14} = 50\Omega$，$C_4 = 10\text{nF}$，瞬态抑制二极管 D_{10} 型号为 1.5KE39CA。其实验装置如图 3-53 所示。当不接瞬态抑制二极管时，电阻 R_{10}、R_{14} 上响应如图 3-54(a)和(b)所示。当电阻 R_{10} 上并联瞬态抑制二极管时，其响应如图 3-54(c)所示。

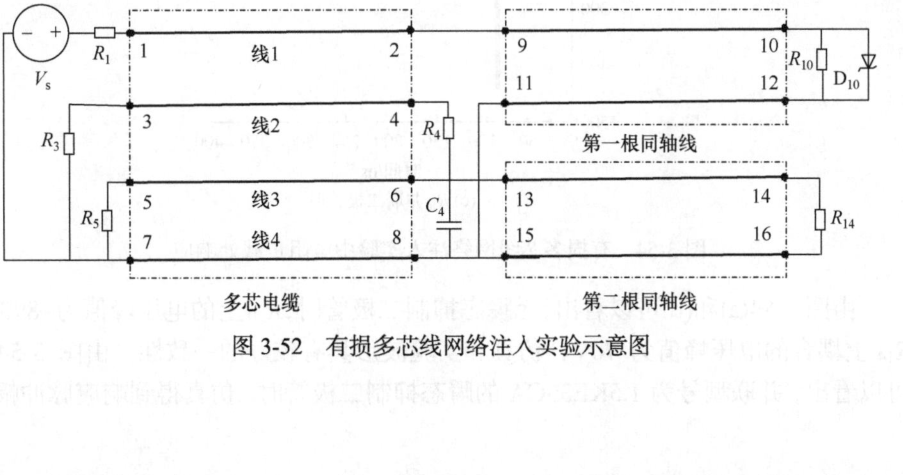

图 3-52　有损多芯线网络注入实验示意图

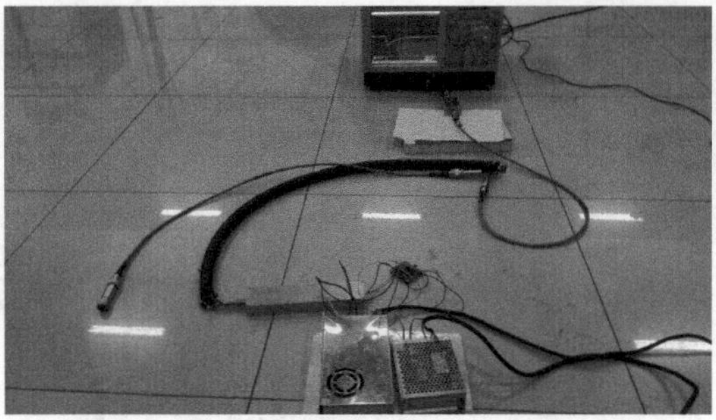

图 3-53　有损多芯线网络注入实验装置图

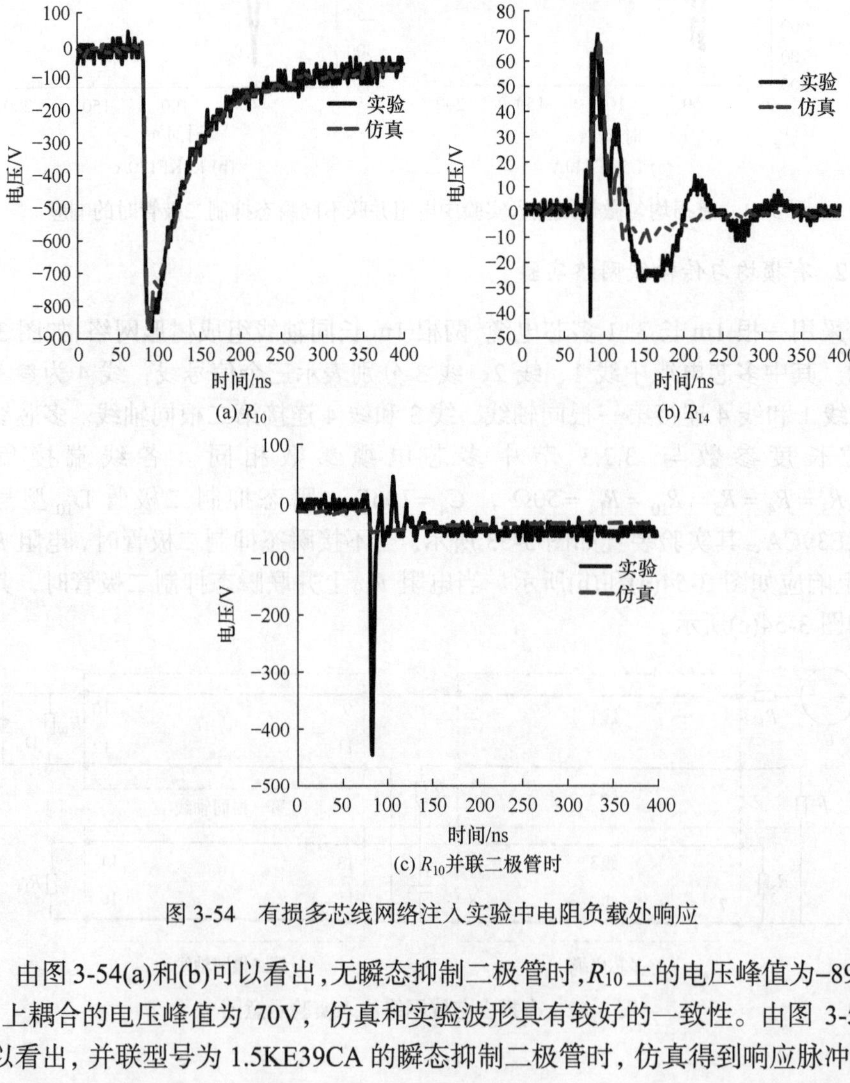

(a) R_{10}

(b) R_{14}

(c) R_{10}并联二极管时

图 3-54　有损多芯线网络注入实验中电阻负载处响应

由图 3-54(a)和(b)可以看出，无瞬态抑制二极管时，R_{10}上的电压峰值为−890V，R_{14}上耦合的电压峰值为 70V，仿真和实验波形具有较好的一致性。由图 3-54(c)可以看出，并联型号为 1.5KE39CA 的瞬态抑制二极管时，仿真得到响应脉冲幅值全部在该型号最大钳位电压 53.9V 以下，而实验响应存在尖峰泄漏，泄漏电压峰值为 400V，脉冲宽度为 10ns 左右，这表明该二极管仿真模型比较理想，不能反映二极管尖峰泄漏问题。

3.6 有损大地上架空线缆的串扰等效电路模型

有损大地的地阻抗表达式很复杂，与频率相关，目前关于有损大地上架空线缆的响应研究主要采用傅里叶逆变换法和时域有限差分法，这两种方法可以方便求解线性负载问题，但对于非线性负载问题，求解非常复杂，而有损大地上架空线缆的等效电路模型可以解决非线性负载问题。

3.6.1 模型的建立

当忽略架空线自身阻抗和大地导纳时，有损大地上架空传输线的频域方程为

$$\frac{\mathrm{d}\boldsymbol{V}(x,s)}{\mathrm{d}x}+(\boldsymbol{Z}_{\mathrm{g}}(s)+s\boldsymbol{L})\boldsymbol{I}(x,s)=\boldsymbol{0} \tag{3-127a}$$

$$\frac{\mathrm{d}\boldsymbol{I}(x,s)}{\mathrm{d}x}+s\boldsymbol{C}\boldsymbol{V}(x,s)=\boldsymbol{0} \tag{3-127b}$$

式中，$\boldsymbol{C}$ 为电容矩阵，$\boldsymbol{C}=\varepsilon_0\mu_0/\boldsymbol{L}$，$\mu_0$ 为真空导磁系数，ε_0 为真空介电常数；$\boldsymbol{L}$ 为电感矩阵，其元素值为

$$l_{ii}\approx\frac{\mu_0}{2\pi}\ln\frac{2h_i}{r_{ii}} \tag{3-128a}$$

$$l_{ij}\approx\frac{\mu_0}{2\pi}\ln\left(\frac{\sqrt{d_{ij}^2+(h_i+h_j)^2}}{\sqrt{d_{ij}^2+(h_i-h_j)^2}}\right) \tag{3-128b}$$

式中，h_i 为第 i 根架空线距地面的高度；d_{ij} 为第 i 根架空线与第 j 根架空线的水平距离；r_{ii} 为第 i 根架空线的半径。

$\boldsymbol{Z}_{\mathrm{g}}(s)$ 为地阻抗矩阵，其元素值为

$$Z(s)_{\mathrm{g}ii}\approx\frac{s\mu_0}{2\pi}\ln\left(\frac{1+\gamma_{\mathrm{g}}h_i}{\gamma_{\mathrm{g}}h_i}\right) \tag{3-129a}$$

$$Z_{\mathrm{g}ij}(s)\approx\frac{s\mu_0}{4\pi}\ln\left(\frac{\left[1+\gamma_{\mathrm{g}}\left(\dfrac{h_i+h_j}{2}\right)\right]^2+\left(\gamma_{\mathrm{g}}\dfrac{d_{ij}}{2}\right)^2}{\left[\gamma_{\mathrm{g}}\left(\dfrac{h_i+h_j}{2}\right)\right]^2+\left(\gamma_{\mathrm{g}}\dfrac{d_{ij}}{2}\right)^2}\right) \tag{3-129b}$$

式中，$\gamma_{\mathrm{g}}=\sqrt{s\mu_0(\sigma_{\mathrm{g}}+s\varepsilon_{\mathrm{r}}\varepsilon_0)}$为大地中的传播常数，$\sigma_{\mathrm{g}}$为大地电导率，$\varepsilon_{\mathrm{r}}$为相对介电常数。

根据3.5.2节，可将有损大地上架空线缆的等效电路模型分成无损和有损两部分来建立，通过串联迭代组成整个架空线缆的等效电路模型。无损部分等效电路模型同样采用3.5.2节中方法建立。有损大地上架空线缆等效电路模型难点在于有损部分等效电路模型的建立，下面着重介绍。

有损部分长度为L/m，指数项为

$$\mathrm{e}^{\frac{A(s)}{m}L}=\mathrm{e}^{\begin{pmatrix}0 & -\boldsymbol{Z}_{\mathrm{g}}(s)\\ 0 & 0\end{pmatrix}\frac{L}{m}}$$

$$=\boldsymbol{I}+\begin{pmatrix}0 & -\boldsymbol{Z}_{\mathrm{g}}(s)\\ 0 & 0\end{pmatrix}\frac{L}{m}+\frac{\left(\begin{pmatrix}0 & -\boldsymbol{Z}_{\mathrm{g}}(s)\\ 0 & 0\end{pmatrix}\frac{L}{m}\right)^2}{2!}+\cdots \tag{3-130}$$

$\left(\begin{pmatrix}0 & -\boldsymbol{Z}_{\mathrm{g}}(s)\\ 0 & 0\end{pmatrix}\frac{L}{m}\right)^q=\boldsymbol{0}$，幂$q>1$，因此式(3-130)变为

$$\mathrm{e}^{\frac{A(s)}{m}L}=\begin{pmatrix}\boldsymbol{I} & -\boldsymbol{Z}_{\mathrm{g}}(s)\frac{L}{m}\\ 0 & \boldsymbol{I}\end{pmatrix} \tag{3-131}$$

因此，对于第k段传输线，有损部分两端电压、电流的关系为

$$\begin{pmatrix}\boldsymbol{V}(L_{k+1},s)\\ -\boldsymbol{I}(L_{k+1},s)\end{pmatrix}=\begin{pmatrix}\boldsymbol{I} & -\boldsymbol{Z}_{\mathrm{g}}(s)\frac{L}{m}\\ 0 & \boldsymbol{I}\end{pmatrix}\begin{pmatrix}\boldsymbol{V}(L_k,s)\\ \boldsymbol{I}(L_k,s)\end{pmatrix} \tag{3-132}$$

针对第i根架空线，其两端电压、电流的关系为

$$\begin{aligned}
&V_i(L_k,s)-V_i(L_{k+1},s)\\
&=Z(s)_{\mathrm{g}i1}\frac{L}{m}I_1(L_k,s)+\cdots+Z(s)_{\mathrm{g}ii}\frac{L}{m}I_i(L_k,s)+\cdots+Z(s)_{\mathrm{g}in}\frac{L}{m}I_n(L_k,s)\\
&=\frac{Z(s)_{\mathrm{g}i1}}{Z(s)_{\mathrm{g}11}}Z(s)_{\mathrm{g}11}\frac{L}{m}I_1(L_k,s)+\cdots\\
&\quad+Z(s)_{\mathrm{g}ii}\frac{L}{m}I_i(L_k,s)+\cdots+\frac{Z(s)_{\mathrm{g}in}}{Z(s)_{\mathrm{g}nn}}Z(s)_{\mathrm{g}nn}\frac{L}{m}I_n(L_k,s)\\
&=\frac{Z(s)_{\mathrm{g}i1}}{Z(s)_{\mathrm{g}11}}V_{11}(L_k,s)+\cdots+V_{ii}(L_k,s)+\cdots+\frac{Z(s)_{\mathrm{g}in}}{Z(s)_{\mathrm{g}nn}}V_{nn}(L_k,s)\\
&=V_{\mathrm{C}i1}(L_k,s)+\cdots+V_{ii}(L_k,s)+\cdots+V_{\mathrm{C}in}(L_k,s)
\end{aligned} \tag{3-133}$$

式中

$$I_i(L_k,s)=\frac{1}{Z(s)_{gii}\dfrac{L}{m}}V_{ii}(L_k,s) \tag{3-134a}$$

$$V_{Cij}(L_k,s)=\frac{Z(s)_{gij}}{Z(s)_{gjj}}V_{jj}(L_k,s) \tag{3-134b}$$

其时域形式为

$$I_i(L_k,t)=\frac{1}{Z(t)_{gii}\dfrac{L}{m}}*V_{ii}(L_k,t) \tag{3-135a}$$

$$V_{Cij}(L_k,t)=\frac{Z(t)_{gij}}{Z(t)_{gjj}}*V_{jj}(L_k,t) \tag{3-135b}$$

SPICE 中拉普拉斯受控源可以实现卷积计算，由此得到有损部分的电路模型如图 3-55 所示。图中，VCCS 表示电压控制电流源，VCVS 表示电压控制电压源。

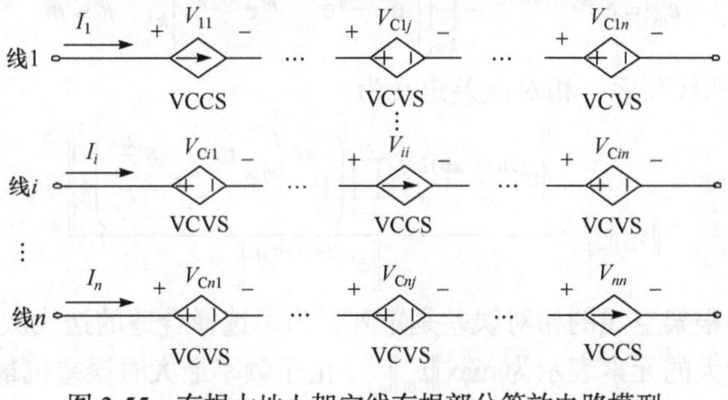

图 3-55　有损大地上架空线有损部分等效电路模型

由于 SPICE 中拉普拉斯受控源不能直接利用表达式(3-136)，需将控制量 $1/(Z(s)_{gii}L/m)$，$Z(s)_{gij}/Z(s)_{gjj}$ 变为有理函数形式。矢量匹配法可以很容易地将控制量 $f(s)$ 近似为如下形式：

$$f(s)\approx\sum_{u=1}^{N}\frac{c_u}{s-p_u}+D+sH \tag{3-136}$$

式中，留数 c_u 和极点 p_u 为第 u 个实数或共轭复数对；D 和 H 都为实数。

3.6.2　模型的应用

设有损大地上的两根导线相互平行，架高为 10m，导线半径为 5.6mm，导线水平间距是 1m，导线长度为 3km。负载 $Z_1 = Z_2 = Z_3 = Z_4 = 490\Omega$，如图 3-56 所示。大地电导率为 1mS/m，相对介电常数为 10，电流源波形函数为 $I_s(t) = 1.13\times(e^{-t/0.0001} - e^{-t/0.0000025})$，可求得电流脉冲源波形前沿为 10μs。由 3.5.2 节可知，在误差一定的条件下，频率越高，m 取值越大。因此，可根据最大频率范围确定迭代次数 m。根据式(3-112)，求得其最大频率为 35000Hz。

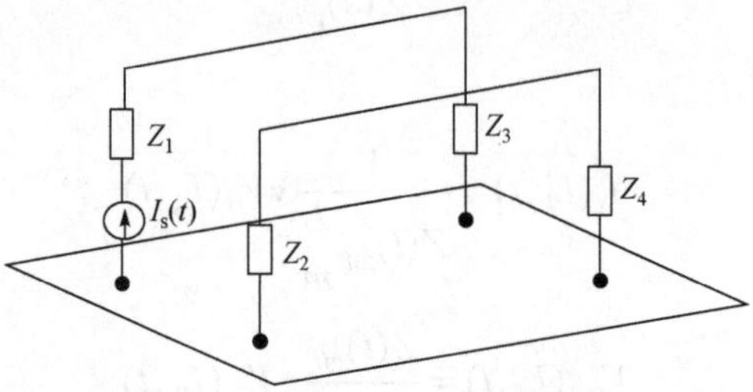

图 3-56　有损大地上双导体架空线

据此计算误差如下：

$$\boldsymbol{\varepsilon}_m = e^{(\boldsymbol{A}(s)+s\boldsymbol{B})L} - \prod_{k=1}^{m}\left(e^{s\boldsymbol{B}\frac{L}{2m}} e^{\boldsymbol{A}(s)\frac{L}{m}} e^{s\boldsymbol{B}\frac{L}{2m}}\right)_k,\quad k \leqslant m \tag{3-137}$$

式中，k 代表迭代顺序。相对误差定义为

$$\left\|\boldsymbol{\varepsilon}_m\right\|_{\text{rel}} = \frac{\left\| e^{(\boldsymbol{A}(s)+s\boldsymbol{B})L} - \prod_{k=1}^{m}\left(e^{s\boldsymbol{B}\frac{L}{2m}} e^{\boldsymbol{A}(s)\frac{L}{m}} e^{s\boldsymbol{B}\frac{L}{2m}}\right)_k \right\|}{\left\| e^{(\boldsymbol{A}(s)+s\boldsymbol{B})L} \right\|} \tag{3-138}$$

地面上多根架空线的相对误差是矩阵，为了选择合适的迭代次数 m，将相对误差矩阵中最大的元素表示为 $\max\left\|\boldsymbol{\varepsilon}_m\right\|_{\text{rel}}$，由于频率最大时误差也最大，可求得 m 与 $\max\left\|\boldsymbol{\varepsilon}_m\right\|_{\text{rel}}$ 的曲线如图 3-57 所示。据此，本节选取 m=40。

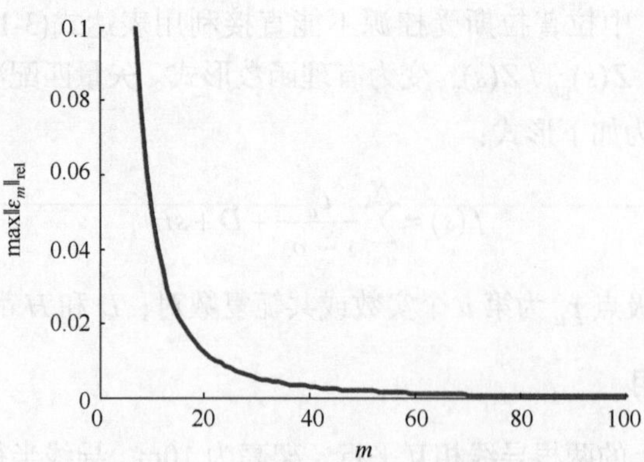

图 3-57　迭代次数与误差的关系

此例中，$Z(s)_{g11}=Z(s)_{g22}$，$Z(s)_{g12}=Z(s)_{g21}$，利用矢量匹配法对 $1/(75Z(s)_{g12})$、$Z(s)_{g12}/Z(s)_{g11}$ 分别进行有理函数逼近。频率范围假定为 0～100000Hz，设 N=5，$1/(75Z(s)_{g12})$ 匹配效果如图 3-58 所示，$Z(s)_{g12}/Z(s)_{g11}$ 匹配效果如图 3-59 所示，可以看出两者匹配效果良好。

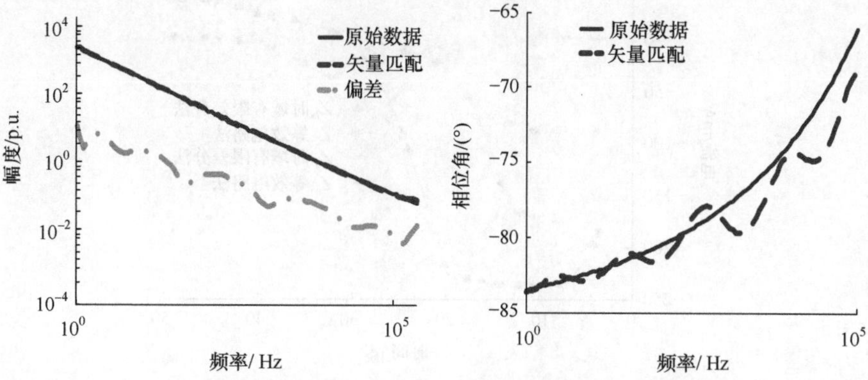

(a) 幅值　　(b) 相位

图 3-58　$1/(75Z(s)_{g12})$匹配效果图

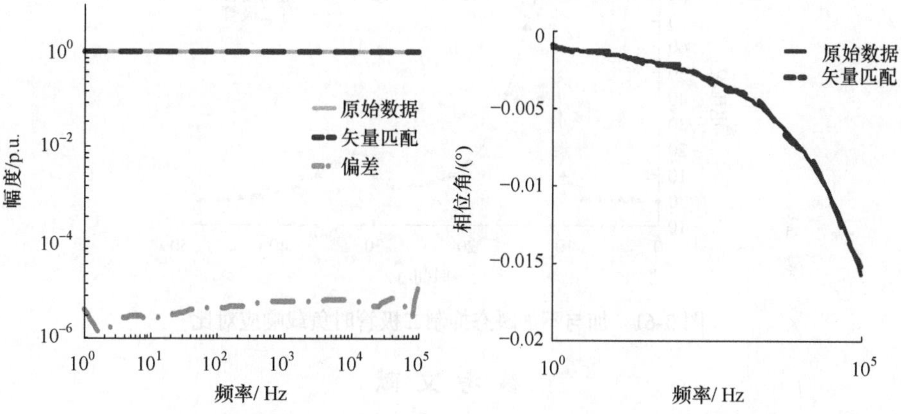

(a) 幅值　　(b) 相位

图 3-59　$Z(s)_{g12}/Z(s)_{g11}$ 匹配效果图

在此基础上，建立该算例的等效电路模型，编写 SPICE 代码进行仿真，并与时域有限差分法所得结果进行对比，如图 3-60 所示。可以看出，等效电路法与时域有限差分法求得的结果具有高度一致性，证明了所建等效电路模型的准确性。另外，等效电路法的优势是容易解决非线性负载问题。当在电阻 Z_4 后并联一个型号为 1.5KE39CA 的瞬态抑制二极管时，在注入源和其他负载不变的情况下，结合 1.5KE39CA 的 SPICE 模型，仿真出电阻 Z_4 上的电压波形与不加二极管时的波形对比如图 3-61 所示。对比可知，加上瞬态抑制二极管后，电阻 Z_4 上的电压被抑制在瞬态抑制二极管的钳位电压 53.9V 以下，这符合该型号瞬态抑制二极管的理想特性，证明了等效电路法在解决电磁脉冲注入下有损大地上架空线缆端接非线性负载问题上的有效性。

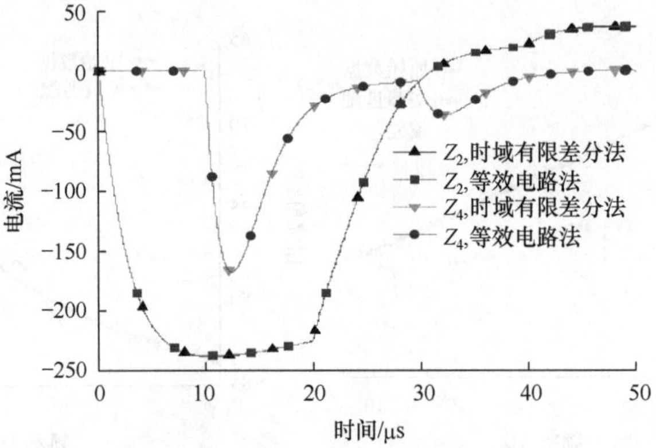

图 3-60 不同方法所得负载响应对比

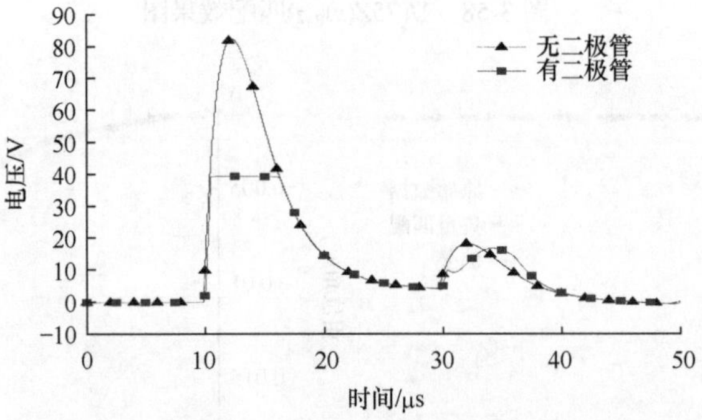

图 3-61 加与不加瞬态抑制二极管时负载响应对比

参考文献

[1] Annakkage U D, Nair N K C, Liang Y F, et al. Dynamic system equivalents: A survey of available techniques[J]. IEEE Transactions on Power Delivery, 2012, 27(1): 411-420

[2] Watanabe Y, Igarashi H. Accelerated FDTD analysis of antennas loaded by electric circuits[J]. IEEE Transactions on Antennas and Propagation, 2012, 60(2): 958-963

[3] Liang G, Sun H, Zhang X, et al. Modeling of transformer windings under very fast transient overvoltages[J]. IEEE Transactions on Electromagnetic Compatibility, 2006, 48(4): 621-627

第 4 章　电磁脉冲对双导体传输线的辐射耦合

4.1　场-线耦合方程的推导

采用传输线理论分析研究外部电磁场对传输线的耦合时，传统上有以下三种方法：Taylor 法[1]、Agrawal 法[2]和 Rachidi 法[3]。

(1) Taylor 法认为传输线上产生了被连接两导体的入射磁通量和终止于两导体的入射电通量所激励的感应电压源和电流源。

(2) Agrawal 法则将该问题看成电磁散射问题，将沿导体切向入射电场看成激励传输线的分布电压源。

(3) Rachidi 法与 Agrawal 法类似，将传输线看成仅被入射磁场激励，从而产生传输线上的分布电流源。

这三种方法在理论上已被证明是完全等效的，只要正确应用，都可以得到同样的响应结果。

4.1.1　Taylor 模型

图 4-1 给出了一个被入射电磁场辐射的双导体传输线横截面。只考虑垂直极化场，在推导之前先做以下假设：

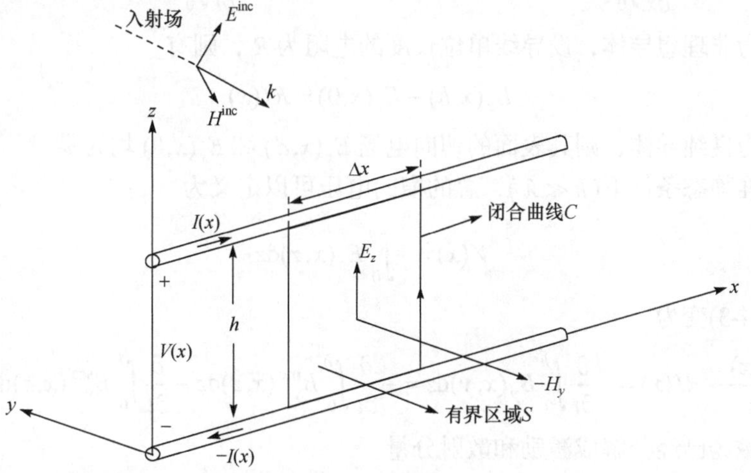

图 4-1　双导体传输线微分元

(1) 两导体是完全相同的理想导线，半径均为 a。

(2) 两导体间的介质是无损耗电介质。

(3) 导线间距离 h 远大于导线半径，同时远小于入射波长。

(4) 只考虑传输线模电流(天线模响应在负载上很小，可以忽略不计)。

假定导线周围的物质是无磁性的，其电导率 $\mu = \mu_0 = 4\pi\times10^{-7}$ H/m，由于 $a \ll h$，由导线周围分离的电荷和电流产生的准静态场可以忽略，则总的磁场和电场可分为以下两个分量：一个是相当于不存在传输线时的空间入射场(E^{inc} 和 H^{inc})；另一个是由传输线上流过的电流和电荷产生的散射场(分别为 E^{sca} 和 H^{sca})。

如图 4-1 所示，在闭合的轮廓曲线构成的面积内利用 Stokes 定理对 Maxwell 方程 $\nabla \boldsymbol{E} = -\dfrac{\partial \boldsymbol{B}}{\partial t}$ 进行求解，可得

$$\oint_C \boldsymbol{E}\mathrm{d}\boldsymbol{l} = -\frac{\partial}{\partial t}\iint_S \boldsymbol{B}\boldsymbol{e}_y \mathrm{d}s \tag{4-1}$$

图中轮廓线的宽度为 Δx，式(4-1)可写为

$$\begin{aligned}&\int_0^h [E_z(x+\Delta x, z) - E_z(x,z)]\mathrm{d}z - \int_x^{x+\Delta x} [E_z(x,h) - E_x(x,0)]\mathrm{d}x \\ &= -\frac{\partial}{\partial t}\int_0^h \int_x^{x+\Delta x} -B_y(x,z)\mathrm{d}x\mathrm{d}z\end{aligned} \tag{4-2}$$

式(4-2)两边除以 Δx，并令 $\Delta x \to 0$，可得

$$\frac{\partial}{\partial x}\int_0^h E_z(x,z)\mathrm{d}z - [E_x(x,h) - E_x(x,0)] = \frac{\partial}{\partial t}\int_0^h B_y(x,z)\mathrm{d}z \tag{4-3}$$

若导线为非理想导体，设导线单位长度的电阻为 R，则有

$$E_x(x,h) - E_x(x,0) = RI(x) \tag{4-4}$$

若导线为良纯导体，则其表面的切向电场 $E_x(x,d)$ 和 $E_x(x,0)$ 均为零。

在准静态条件下($h \ll \lambda$)，总的横向电压可以定义为

$$V(x) = -\int_0^h E_z(x,z)\mathrm{d}z \tag{4-5}$$

于是式(4-3)变为

$$\frac{\mathrm{d}V(x)}{\mathrm{d}x} + RI(x) = -\frac{\partial}{\partial t}\int_0^h B_y(x,y)\mathrm{d}z = -\frac{\partial}{\partial t}\int_0^h B_y^{\text{inc}}(x,z)\mathrm{d}z - \frac{\partial}{\partial t}\int_0^h B_y^{\text{sca}}(x,z)\mathrm{d}z \tag{4-6}$$

式中，磁场已经分解成激励和散射分量。

式(4-6)中最后一个积分表示由电流 $I(x)$ 的流动而在导体和地面之间产生的

磁通量。

积分形式的 Ampere-Maxwell 方程为

$$\oint_{C'} \boldsymbol{B}^{\text{sca}} \mathrm{d}\boldsymbol{l} = I + \frac{\partial}{\partial t}\iint \boldsymbol{D}\mathrm{d}\boldsymbol{s} \tag{4-7}$$

如果在某一常值 x 处，定义路径位于横向平面内且导线穿过它，则式(4-7)可以重写为

$$\oint_{C'} \boldsymbol{B}_T^{\text{sca}}(x,y,z)\mathrm{d}\boldsymbol{l} = I(x) + \frac{\partial}{\partial t}\iint \boldsymbol{D}_x(x,y,z)\cdot \boldsymbol{a}_x \mathrm{d}s \tag{4-8}$$

式中，下标“T”表示横向场；$\boldsymbol{a}_x$ 为 x 方向的单位矢量。显然，这些场量在三维方向都有分量。

若导线的响应是 TEM 模式，x 方向的电通量密度 D 为零，则方程(4-8)可重写为

$$\oint_{C'} \boldsymbol{B}_T^{\text{sca}}(x,y,z)\mathrm{d}\boldsymbol{l} = I(x) \tag{4-9}$$

显然 $I(x)$ 是 $\boldsymbol{B}_T^{\text{sca}}(x,y,z)$ 的唯一来源。此外，由方程(4-9)可知，$\boldsymbol{B}_T^{\text{sca}}(x,y,z)$ 与 $I(x)$ 成正比。事实上，若 $I(x)$ 被一个常数倍乘因子(可以为复数)相乘，则 $\boldsymbol{B}_T^{\text{sca}}(x)$ 也会被这个因子相乘。而且，对于等截面的传输线，这个比例因子一定与位置 x 无关。

现在关注 $y=0$ 平面内各点 $\boldsymbol{B}_T^{\text{sca}}(x,y,z)$ 的 y 分量。由上述分析可知，$I(x)$ 和 $\boldsymbol{B}_T^{\text{sca}}(x)$ 呈正比关系，且比例因子与位置 x 无关，于是可以写出：

$$B_y^{\text{sca}}(x,y=0,z) = k(y=0,z)I(x) \tag{4-10}$$

式中，$k(y,z)$ 为比例常数。

有了这个结果，再回到式(4-6)的最后一个积分 $\int_0^h B_y^{\text{sca}}(x,z)\mathrm{d}z$，注意到，虽然式(4-10)中 y 值并没有明确给定，但实际上 $y=0$。这个积分表示传输线的单位长度磁通量。将式(4-10)代入式(4-9)可得

$$\int_0^h B_y^{\text{sca}}(x,z)\mathrm{d}z = \int_0^h k(y=0,z)I(x)\mathrm{d}z \tag{4-11}$$

重写式(4-11)，可得

$$\int_0^h B_y^{\text{sca}}(x,z)\mathrm{d}z = I(x)\int_0^h k(y=0,z)\mathrm{d}z \tag{4-12}$$

方程(4-12)意味着传输线任意点处，其单位长度散射磁通量与该点的电流成正比。$\int_0^h k(y=0,z)\mathrm{d}z$ 确定的比例因子是传输线的单位长电感 L。这样就得到了磁通量和线电流之间的线性关系：

$$\int_0^h B_y^{\mathrm{sca}}(x,z)\mathrm{d}z = LI(x) \tag{4-13}$$

假定导线半径比高度小很多($a \ll h$)，磁通量密度可以应用安培定律来计算，对于平行双导线 $L \approx \dfrac{\mu_0}{\pi}\ln\dfrac{h}{a}$，对于导体地面上的单导线 $L \approx \dfrac{\mu_0}{2\pi}\ln\left(\dfrac{2h}{a}\right)$。

将式(4-13)代入式(4-6)，可以得到第一个广义电报方程：

$$\frac{\mathrm{d}V(x)}{\mathrm{d}x} + RI(x) + L\frac{\partial I(x)}{\partial t} = -\frac{\partial}{\partial t}\int_0^h B_y^{\mathrm{inc}}(x,z)\mathrm{d}z \tag{4-14}$$

注意到，与没有外部场激励的经典电报方程不同的是，外部电磁场的存在导致出现了一个由激励磁通量表征的强制函数。这个强制函数可以看成沿着传输线的分布式电压源。

为推导电报方程的第二个方程，可以从 Maxwell 方程的第二个方程即 $\nabla\times\boldsymbol{H} = \boldsymbol{J} + \varepsilon\dfrac{\partial \boldsymbol{E}}{\partial t}$ 开始，这个方程也称为 Ampere-Maxwell 方程。在笛卡儿坐标系中，针对 z 分量可以写为

$$\frac{\partial}{\partial t}E_z(x,y) = \frac{1}{\varepsilon\mu}\left[\frac{\partial B_y(x,z)}{\partial x} - \frac{\partial B_x(x,z)}{\partial y}\right] - \frac{J_z}{\varepsilon} \tag{4-15}$$

式中，电流密度可以通过欧姆定律与电场关联起来，即 $\boldsymbol{J} = \sigma\boldsymbol{E}$，其中 σ 为导体间的介质电导率。若导体间是空气，一般情况下空气电导率很小，则可以认为 $\sigma_{\mathrm{air}}=0$。

将式(4-15)沿着 z 轴从 0 到 h 积分，可得

$$\begin{aligned}-\frac{\partial}{\partial t}V(x) = &\frac{1}{\varepsilon\mu}\int_0^h\left[\frac{\partial B_y^{\mathrm{inc}}(x,z)}{\partial x} - \frac{\partial B_x^{\mathrm{inc}}(x,z)}{\partial y}\right]\mathrm{d}z \\ &+ \frac{1}{\varepsilon\mu}\int_0^h\left[\frac{\partial B_y^{\mathrm{sca}}(x,z)}{\partial x} - \frac{\partial B_x^{\mathrm{sca}}(x,z)}{\partial y}\right]\mathrm{d}z + \frac{\sigma}{\varepsilon}V(x)\end{aligned} \tag{4-16}$$

式中，已经将磁通量密度分解为激励分量和散射分量。

激励场是传输线不存在时的场量，因此它们一定服从 Maxwell 方程。把方程(4-14)应用到激励电磁场分量，并沿着 z 轴从 0 积分到 h，可得

$$\frac{1}{\varepsilon\mu}\int_0^h\left(\frac{\partial B_y^{\mathrm{inc}}}{\partial x} - \frac{\partial B_x^{\mathrm{inc}}}{\partial y}\right)\mathrm{d}z = \frac{\partial}{\partial t}\int_0^h E_z^{\mathrm{inc}}\mathrm{d}z + \frac{\sigma}{\varepsilon}\int_0^h E_z^{\mathrm{inc}}\mathrm{d}z \tag{4-17}$$

假定传输线响应为 TEM 模式，$B_x^{\mathrm{sca}} = 0$，将方程(4-13)和(4-17)代入方程(4-16)，可得

$$\frac{\mathrm{d}I(x)}{\mathrm{d}x} + GV(x) + C\frac{\partial V(x)}{\partial t} = -C\frac{\partial}{\partial t}\int_0^h E_z^{\mathrm{inc}}(x,z)\mathrm{d}z - G\int_0^h E_z^{\mathrm{inc}}(x,z)\mathrm{d}z \tag{4-18}$$

式中，C 为单位长度电容，其与单位长度电感的关系为 $\varepsilon\mu = LC$；G 为单位长度电导，其与单位长度电容的关系为 $G = (\sigma/\varepsilon)C$。方程(4-17)即场线耦合方程的第二个方程。

方程(4-14)和(4-18)即场线耦合的 Taylor 模型，其单位长度等效电路模型如图 4-2 所示，Taylor、Satterwhite 等提出的 Taylor 模型以线上总电压 $V(x)$ 和线电流 $I(x)$ 作为变量，其模型频域方程可写为

$$\begin{cases}\dfrac{\mathrm{d}V(x)}{\mathrm{d}x} + ZI(x) = V_{\mathrm{s}}(x) \\ \dfrac{\mathrm{d}I(x)}{\mathrm{d}x} + YV(x) = I_{\mathrm{s}}(x)\end{cases} \tag{4-19}$$

式中，$Z = R + \mathrm{j}\omega L$ 和 $Y = G + \mathrm{j}\omega C$ 分别为传输线的分布阻抗和分布导纳，对于良纯导体，$R = 0$，$G = 0$，$Z = \mathrm{j}\omega L$，$Y = \mathrm{j}\omega C$；$V_{\mathrm{s}}(x)$ 和 $I_{\mathrm{s}}(x)$ 分别为由入射场形成的分布电压源和分布电流源，其表达式为

$$\begin{cases}V_{\mathrm{s}}(x) = -\mathrm{j}\omega\mu_0 \displaystyle\int_0^h H_y^{\mathrm{inc}}(x,z)\mathrm{d}z \\ I_{\mathrm{s}}(x) = -Y \displaystyle\int_0^h E_z^{\mathrm{inc}}(x,z)\mathrm{d}z\end{cases} \tag{4-20}$$

边界条件为

$$\begin{cases}V(0) = -Z_1 I(0) \\ V(l) = Z_2 I(l)\end{cases} \tag{4-21}$$

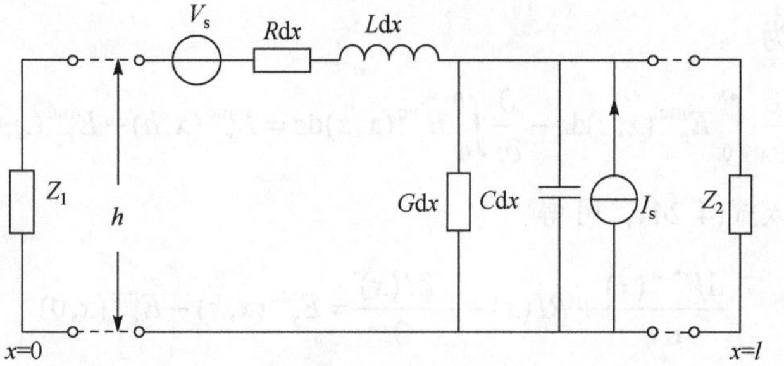

图 4-2　Taylor 法电磁场激励单位长度传输线等效电路

4.1.2　Agrawal 模型

同理，如图 4-1 所示传输线微分元，将式(4-2)中的入射场分量和散射场分量分开并通过面积元 dS 进行计算：

$$\int_0^h [E_z^{\rm inc}(x+\Delta x,z)-E_z^{\rm inc}(x,z)]{\rm d}z+\int_0^h [E_z^{\rm sca}(x+\Delta x,z)-E_z^{\rm sca}(x,z)]{\rm d}z$$
$$-\int_x^{x+\Delta x}[E_x(x,h)-E_x(x,0)]{\rm d}x \tag{4-22}$$
$$=-\frac{\partial}{\partial t}\int_0^h\int_x^{x+\Delta x}-B_y^{\rm inc}{\rm d}x{\rm d}z-\frac{\partial}{\partial t}\int_0^h\int_x^{x+\Delta x}-B_y^{\rm sca}{\rm d}x{\rm d}z$$

由于$d \ll \lambda$，x处的线间散射电压可以参照静电场来定义:

$$V^{\rm sca}(x)=-\int_0^h E_z^{\rm sca}(x,z){\rm d}z \tag{4-23}$$

利用式(4-4)、式(4-13)和式(4-23)，将式(4-22)两边除以Δx，并令$\Delta x \to 0$，可得

$$\frac{{\rm d}V^{\rm sca}(x)}{{\rm d}x}+RI(x)+L\frac{\partial I(x)}{\partial t}=-\frac{\partial}{\partial t}\int_0^h B_y^{\rm inc}(x,z){\rm d}z+\frac{\partial}{\partial x}\int_0^h E_z^{\rm inc}(x,z){\rm d}z \tag{4-24}$$

对式(4-24)中的入射场分量应用 Stokes 定理，可得

$$\begin{aligned}&\int_0^h [E_z^{\rm inc}(x+\Delta x,z)-E_z^{\rm inc}(x,z)]{\rm d}z-\int_x^{x+\Delta x}[E_x^{\rm inc}(x,h)-E_x^{\rm inc}(x,0)]{\rm d}x\\&=-\frac{\partial}{\partial t}\int_0^h -B_y^{\rm inc}(x,z){\rm d}z\end{aligned} \tag{4-25}$$

将式(4-25)两边除以Δx，并令$\Delta x \to 0$，可得

$$\frac{\partial}{\partial x}\int_0^h E_z^{\rm inc}(x,z){\rm d}z-[E_x^{\rm inc}(x,h)-E_x^{\rm inc}(x,0)]=\frac{\partial}{\partial t}\int_0^h B_y^{\rm inc}(x,z){\rm d}z \tag{4-26}$$

式(4-26)可写为

$$\frac{\partial}{\partial x}\int_0^h E_z^{\rm inc}(x,z){\rm d}z-\frac{\partial}{\partial t}\int_0^h B_y^{\rm inc}(x,z){\rm d}z=E_x^{\rm inc}(x,h)-E_x^{\rm inc}(x,0) \tag{4-27}$$

将式(4-27)代入式(4-24)，可得

$$\frac{{\rm d}V^{\rm sca}(x)}{{\rm d}x}+RI(x)+L\frac{\partial I(x)}{\partial t}=E_x^{\rm inc}(x,h)-E_x^{\rm inc}(x,0) \tag{4-28}$$

该式为 Agrawal 模型的第一个方程。

将式(4-15)沿着z轴从 0 到h积分，可得

$$\frac{1}{\varepsilon\mu}\int_0^h\left[\frac{\partial B_y(x,z)}{\partial x}-\frac{\partial B_x(x,z)}{\partial y}\right]{\rm d}z=\frac{\partial}{\partial t}\int_0^h E_z(x,y){\rm d}z+\frac{\sigma}{\varepsilon}\int_0^h E_z(x,y){\rm d}z \tag{4-29}$$

将入射场分量和散射场分量展开，可得

$$\begin{aligned}&\frac{1}{\varepsilon\mu}\int_0^h\left[\frac{\partial B_y^{\mathrm{inc}}(x,z)}{\partial x}-\frac{\partial B_x^{\mathrm{inc}}(x,z)}{\partial y}\right]\mathrm{d}z+\frac{1}{\varepsilon\mu}\int_0^h\left[\frac{\partial B_y^{\mathrm{sca}}(x,z)}{\partial x}-\frac{\partial B_x^{\mathrm{sca}}(x,z)}{\partial y}\right]\mathrm{d}z\\&=\frac{\partial}{\partial t}\int_0^h E_z^{\mathrm{inc}}(x,z)\mathrm{d}z+\frac{\sigma}{\varepsilon}\int_0^h E_z^{\mathrm{inc}}(x,z)\mathrm{d}z+\frac{\partial}{\partial t}\int_0^h E_z^{\mathrm{sca}}(x,z)\mathrm{d}z+\frac{\sigma}{\varepsilon}\int_0^h E_z^{\mathrm{sca}}(x,z)\mathrm{d}z\end{aligned} \tag{4-30}$$

将式(4-17)代入式(4-30)，可得

$$\frac{1}{\varepsilon_0\mu_0}\int_0^h\left[\frac{\partial B_y^{\mathrm{sca}}(x,z)}{\partial x}-\frac{\partial B_x^{\mathrm{sca}}(x,z)}{\partial y}\right]\mathrm{d}z=\frac{\partial}{\partial t}\int_0^h E_z^{\mathrm{sca}}(x,z)\mathrm{d}z+\frac{\sigma}{\varepsilon_0}\int_0^h E_z^{\mathrm{sca}}(x,z)\mathrm{d}z \tag{4-31}$$

考虑到已经假定传输线响应为 TEM 模式，$B_x^{\mathrm{sca}}=0$，将式(4-13)、式(4-23)代入式(4-31)，并利用 $\varepsilon\mu=LC$、$G=(\sigma/\varepsilon)C$，可得

$$\frac{\mathrm{d}I(x)}{\mathrm{d}x}+GV^{\mathrm{sca}}(x)+C\frac{\partial V^{\mathrm{sca}}(x)}{\partial t}=0 \tag{4-32}$$

方程(4-28)和(4-32)即场线耦合的 Agrawal 模型,其单位长度等效电路模型如图 4-3 所示。Agrawal 模型以线上散射电压 $V^{\mathrm{sca}}(x)$ 和线电流 $I(x)$ 作为变量，其模型频域方程可写为

$$\begin{cases}\dfrac{\mathrm{d}V^{\mathrm{sca}}(x)}{\mathrm{d}x}+ZI(x)=V_{\mathrm{s2}}(x)\\[2mm]\dfrac{\mathrm{d}I(x)}{\mathrm{d}x}+YV^{\mathrm{sca}}(x)=0\end{cases} \tag{4-33}$$

式中，$V_{\mathrm{s2}}(x)$ 为由入射场形成的分布电压源，其表达式为

$$V_{\mathrm{s2}}(x)=E_x^{\mathrm{inc}}(x,h)-E_x^{\mathrm{inc}}(x,0) \tag{4-34}$$

为了求得唯一解，必须加上恰当的边界条件:

$$\begin{cases}V^{\mathrm{sca}}(0)=-Z_1I(0)+\displaystyle\int_0^d E_z^{\mathrm{inc}}(0,z)\mathrm{d}z\\[2mm]V^{\mathrm{sca}}(l)=Z_2I(l)+\displaystyle\int_0^d E_z^{\mathrm{inc}}(l,z)\mathrm{d}z\end{cases} \tag{4-35}$$

边界条件中的积分项可以认为是传输线两端附加的集总电压源激励所产生的，如图 4-3 所示。

$$\begin{cases}V_1=-\displaystyle\int_0^d E_z^{\mathrm{inc}}(0,z)\mathrm{d}z\\[2mm]V_2=-\displaystyle\int_0^d E_z^{\mathrm{inc}}(l,z)\mathrm{d}z\end{cases} \tag{4-36}$$

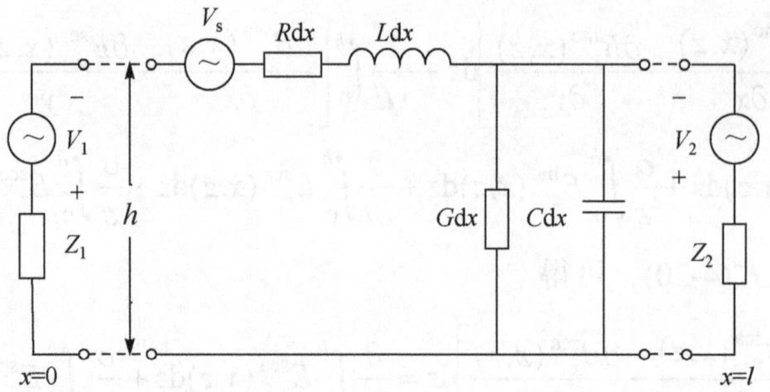

图 4-3　Agrawal 法电磁场激励单位长度传输线等效电路

4.1.3　Rachidi 模型

Rachidi 模型采用沿线电压$V(x)$和散射电流$I^{\text{sca}}(x)$作为变量，入射磁场在传输线上仅产生分布电流源。线电压$V(x)$的定义与 Taylor 模型给出的定义相同，而 Taylor 模型中的总电流$I(x)$被分解为

$$I(x) = I^{\text{sca}}(x) + I^{\text{inc}}(x) \tag{4-37}$$

式中

$$I^{\text{inc}}(x) = -\frac{1}{L}\int_0^h B_y^{\text{inc}}(x,y)\mathrm{d}z \tag{4-38}$$

从而散射线电流的定义为

$$I^{\text{sca}}(x) = I(x) - I^{\text{inc}}(x) \tag{4-39}$$

其场线耦合方程为

$$\begin{cases} \dfrac{\mathrm{d}V(x)}{\mathrm{d}x} + ZI^{\text{sca}}(x) = 0 \\ \dfrac{\mathrm{d}I^{\text{sca}}(x)}{\mathrm{d}x} + YV(x) = I_{\text{s2}}(x) \end{cases} \tag{4-40}$$

式中，$I_{\text{s2}}(x)$为由传输线z处沿x方向的水平磁场$H_x^{\text{inc}}(x,0,z)$形成的分布电流源，其表达式为

$$I_{\text{s2}}(x) = -\frac{1}{L}\int_0^h \frac{\partial B_x^{\text{inc}}(x,z)}{\partial y}\mathrm{d}z \tag{4-41}$$

边界条件为

$$\begin{cases} I^{\text{sca}}(0) = -\dfrac{V(0)}{Z_1} + \dfrac{1}{L}\displaystyle\int_0^h B_y^{\text{inc}}(x,0)\mathrm{d}z \\ I^{\text{sca}}(l) = \dfrac{V(l)}{Z_2} + \dfrac{1}{L}\displaystyle\int_0^h B_y^{\text{inc}}(x,l)\mathrm{d}z \end{cases} \tag{4-42}$$

传输线上的总电流为

$$I(x)=I^{\mathrm{sca}}(x)-\frac{1}{L}\int_0^h B_y^{\mathrm{inc}}\mathrm{d}z \tag{4-43}$$

边界条件中的积分项可以认为是传输线两端附加的集总电流源激励产生的，如图 4-4 所示。

$$\begin{cases}I_1=\dfrac{1}{L}\displaystyle\int_0^h B_y^{\mathrm{inc}}(x,0)\mathrm{d}z\\ I_2=\dfrac{1}{L}\displaystyle\int_0^h B_y^{\mathrm{inc}}(x,l)\mathrm{d}z\end{cases} \tag{4-44}$$

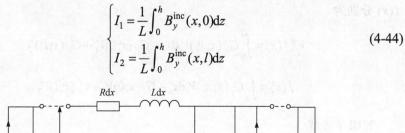

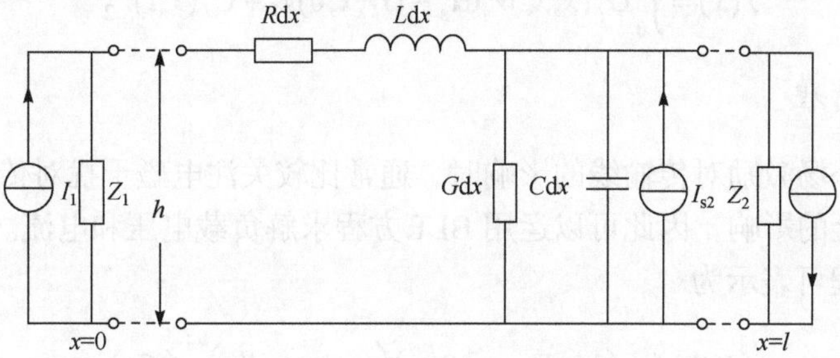

图 4-4　Rachidi 法电磁场激励单位长度传输线等效电路

4.2　方程的解析解

4.2.1　频域解

1. 格林函数

场线耦合方程连同边界条件，可以用格林函数方法求解，格林函数表示由点电压源和点电流源引起的线电流和电压。本节给出基于 Agrawal 模型的解。

考虑一个具有单位幅度的电压源位于线上位置 x_s 处，对于线上的电流和电压，格林函数分别为

$$G_V(x;x_\mathrm{s})=\frac{\mathrm{e}^{-\gamma l}}{2Z_0(1-\varGamma_1\varGamma_2\mathrm{e}^{-2\gamma l})}[\mathrm{e}^{-\gamma(x_>-l)}-\varGamma_2\mathrm{e}^{\gamma(x_>-l)}](\mathrm{e}^{\gamma x_<}-\varGamma_1\mathrm{e}^{-\gamma x_<}) \tag{4-45}$$

$$G_I(x;x_\mathrm{s})=\frac{\delta\mathrm{e}^{-\gamma l}}{2Z_0(1-\varGamma_1\varGamma_2\mathrm{e}^{-2\gamma l})}[\mathrm{e}^{-\gamma(x_>-l)}+\delta\varGamma_2\mathrm{e}^{\gamma(x_>-l)}](\mathrm{e}^{\gamma x_<}-\delta\varGamma_1\mathrm{e}^{-\gamma x_<}) \tag{4-46}$$

式中，x_s 为外场在传输线上形成的点激励源的位置；标准符号 $x_<$ 表示 x 和 x_s 中的较小者，$x_>$ 表示 x 和 x_s 中的较大者；δ 是一个折返函数，定义为 $\delta=2U(x-x_\mathrm{s})-1$，

这里$U(x-x_s)$是单位阶跃函数，当$x>x_s$时$\delta=1$，当$x<x_s$时$\delta=-1$；$Z_0=\sqrt{Z/Y}$为传输线特性阻抗；$\gamma=\sqrt{ZY}$为传播常数；$\varGamma_1$和$\varGamma_2$为电缆两端负载处的反射系数，$\varGamma_1=\dfrac{Z_1-Z_0}{Z_1+Z_0}$，$\varGamma_2=\dfrac{Z_2-Z_0}{Z_2+Z_0}$，$Z_1$和$Z_2$分别为电缆两端端接阻抗。

基于 Agrawal 模型，可得电缆沿线散射电压$V^{\text{sca}}(x)$和感应电流的传输线分量$I(x)$分别为

$$V^{\text{sca}}(x)=\int_0^l G_V(x;x_s)V_s\mathrm{d}x_s-G_V(x;0)V_1+G_V(x;l)V_2 \tag{4-47}$$

$$I(x)=\int_0^l G_I(x;x_s)V_s\mathrm{d}x_s-G_I(x;0)V_1+G_I(x;l)V_2 \tag{4-48}$$

2. BLT 方程

在研究外场激励对传输线的影响时，通常比较关注电磁干扰对传输线及其网络终端负载上的影响，因此可以运用 BLT 方程求解负载电压和电流。

BLT 方程可表示为

$$\begin{pmatrix}V(0)\\V(l)\end{pmatrix}=\begin{pmatrix}1+\varGamma_1 & 0\\0 & 1+\varGamma_2\end{pmatrix}\begin{pmatrix}-\varGamma_1 & \mathrm{e}^{\gamma l}\\\mathrm{e}^{\gamma l} & -\varGamma_2\end{pmatrix}^{-1}\begin{pmatrix}S_1\\S_2\end{pmatrix} \tag{4-49}$$

$$\begin{pmatrix}I(0)\\I(l)\end{pmatrix}=\frac{1}{Z_0}\begin{pmatrix}1-\varGamma_1 & 0\\0 & 1-\varGamma_2\end{pmatrix}\begin{pmatrix}-\varGamma_1 & \mathrm{e}^{\gamma l}\\\mathrm{e}^{\gamma l} & -\varGamma_2\end{pmatrix}^{-1}\begin{pmatrix}S_1\\S_2\end{pmatrix} \tag{4-50}$$

这里使用 Agrawal 法进行分析，式(4-50)中的激励源项可以表示为

$$\begin{pmatrix}S_1\\S_2\end{pmatrix}=\begin{pmatrix}\dfrac{1}{2}\displaystyle\int_0^l \mathrm{e}^{\gamma x_s}V_{s2}(x_s)\mathrm{d}x_s-\dfrac{V_1}{2}+\dfrac{V_2}{2}\mathrm{e}^{\gamma l}\\ \dfrac{1}{2}\displaystyle\int_0^l \mathrm{e}^{\gamma(l-x_s)}V_{s2}(x_s)\mathrm{d}x_s+\dfrac{V_1}{2}\mathrm{e}^{\gamma l}-\dfrac{V_2}{2}\end{pmatrix} \tag{4-51}$$

4.2.2 时域解

在时域求解耦合函数方程可以有多种途径。这里针对无损耗线给出一种简单的解析形式解，它包含无穷项求和。

在无损耗假定条件下，可以得到外部电磁场激励下传输线瞬态响应的解析解。无损耗线的传播常数为纯虚数$\gamma=\mathrm{j}\omega/C$，特性阻抗为纯实数$Z_0=\sqrt{L/C}$。若进一步假定负载阻抗为纯电阻，则反射系数$\varGamma_1$和$\varGamma_2$也是实数。由于$\left|\varGamma_1\varGamma_2\mathrm{e}^{-2\gamma l}\right|<1$，因此格林函数中的分母可以展开为

$$\frac{1}{1-\Gamma_1\Gamma_2\mathrm{e}^{-2\gamma l}}=\sum_{n=0}^{\infty}(\Gamma_1\Gamma_2\mathrm{e}^{-\mathrm{j}\omega 2l/C}) \tag{4-52}$$

该方程对反射系数均为 1 的情况不成立，因为在许多谐振频率点上会使得 $\left|\Gamma_1\Gamma_2\mathrm{e}^{-2\gamma l}\right|=1$，所以使得解无界。

由上述变换很容易看出式(4-49)和式(4-50)中频率相关的项具有 $\mathrm{e}^{-\mathrm{j}\omega\tau}$ 的形式，τ 为常数。因此，可以用解析方法将频域变换到时域，得到下述负载电压瞬态响应：

$$v(0,t)=(1+\Gamma_1)\sum_{n=0}^{\infty}(\Gamma_1\Gamma_2)^n\frac{1}{2}\left[\Gamma_2 v_{\mathrm{s}}\left(t-\frac{2(n+1)l-x_{\mathrm{s}}}{C}\right)-v_{\mathrm{s}}\left(t-\frac{2nl+x_{\mathrm{s}}}{C}\right)\right] \tag{4-53}$$

$$v(l,t)=(1+\Gamma_2)\sum_{n=0}^{\infty}(\Gamma_1\Gamma_2)^n\frac{1}{2}\left[v_{\mathrm{s}}\left(t-\frac{2(n+1)l-x_{\mathrm{s}}}{C}\right)-\Gamma_1 v_{\mathrm{s}}\left(t-\frac{2(l+1)+x_{\mathrm{s}}}{C}\right)\right] \tag{4-54}$$

式中

$$v_{\mathrm{s}}(t)=\int_0^l E_x^{\mathrm{inc}}(x_{\mathrm{s}},h,t)\mathrm{d}x_{\mathrm{s}}+\int_0^d E_z^{\mathrm{inc}}(0,z,t)\mathrm{d}z-\int_0^d E_z^{\mathrm{inc}}(l,z,t)\mathrm{d}z \tag{4-55}$$

注意，$E_x^{\mathrm{inc}}(x_{\mathrm{s}},d,t)$、$E_z^{\mathrm{inc}}(0,z,t)$、$E_z^{\mathrm{inc}}(l,z,t)$ 都是激励场的时域分量。

4.2.3　解析法的应用

以有损大地上架空线缆为例，对于有损大地，单导体电缆单位长度的分布阻抗 Z 和分布导纳 Y 可表示为

$$Z=\mathrm{j}\omega L+Z_{\omega}+Z_{\mathrm{g}} \tag{4-56}$$

$$Y=\mathrm{j}\omega C\,//\,Y_{\mathrm{g}}=\frac{\mathrm{j}\omega C\cdot Y_{\mathrm{g}}}{\mathrm{j}\omega C+Y_{\mathrm{g}}} \tag{4-57}$$

式中，L、C 分别为电缆导体的单位长度分布电感、分布电容；Z_{ω} 为电缆导体单位长度上的内阻抗；Z_{g} 为单位长度大地阻抗；Y_{g} 为单位长度大地导纳。

设土壤电导率 $\sigma_{\mathrm{g}}=10^{-3}\mathrm{S/m}$，相对介电常数 $\varepsilon_{\mathrm{r}}=10$，相对磁导率 $\mu_{\mathrm{r}}=1$。线长 $L=30\mathrm{m}$，架高 $h=1\mathrm{m}$，线半径 $r=1.52\mathrm{mm}$。两端端接阻抗为 $Z_1=Z_2=100\Omega$，入射波含贝尔实验室标准高空核电磁脉冲，入射极化角 $\alpha=0$，方位角 $\varphi=0$，俯仰角 $\psi=\pi/6$。图 4-5 为利用 Agrawal 模型计算感应电流时，水平和垂直电场分量对感应电流的贡献。

由图 4-5 可以看出，水平电场对计算结果的贡献要远大于垂直电场的贡献。

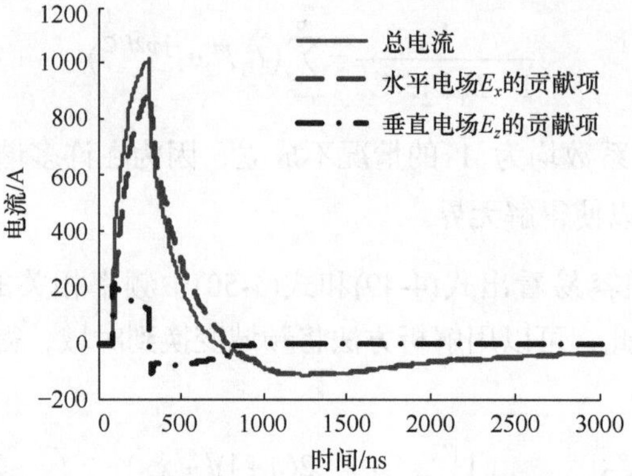

图 4-5　水平和垂直电场对 Agrawal 模型的贡献

1. 线-面回路和线-线回路传输线的关系

有时传输线以地面作为信号回路，有时也以另一导线作为信号回路，这两种情况都具有广泛应用。对于常见的平行双线、同轴线、带状线和微带线等线-线回路传输线，通过分析可以发现其与线-面回路传输线有以下区别：

(1) 导电平面对入射电磁波存在反射，因此线-面回路传输线的激励场由入射场和反射场两个分量组成，双线传输线则不包括导电平面的反射场。

(2) 线-线回路传输线的单位长度电感和电容与线-面回路传输线不同。对于线-线回路传输线，由于镜像效应，当用 $2h$ 代替 h，并且取终端的负载为线-面回路传输线两倍时，可以发现两者的反射系数和传输常数相同、前者单位长度电感为后者的两倍、单位长度的电容为后者的 50%、特性阻抗为后者的两倍。

利用线-面回路传输线推导电报方程的方法推导线-线回路传输线的电报方程，可以获得以下结论：两种传输线的电报方程表达式相同，只不过激励源的计算公式不同，这主要是由导电平面反射电磁波引起的。

2. 传输线耦合外界电磁场的变化规律研究

为了解外界电磁场激励下架空线缆感应信号的变化规律，这里利用 Agrawal 模型，分析线-面回路传输线架设高度、传输线长度、入射波角度等参数对感应信号的影响。

1) 传输线架设高度的影响

当传输线架设高度变化时，利用 Agrawal 模型计算的传输线末端电流如图 4-6 所示。分析可见，感应电流随高度增加而变大。这主要是因为当线缆离地面高度变大时，线缆与作为参考导体的大地间的面积将会变大，因此对同一入射场来说，就会有更多的电磁能量耦合到传输线中。入射电场在良导体表面才能被完全反射，而大地不是良导体，其表面处仍有电场分量，因此置于地面上的线缆仍有感应。

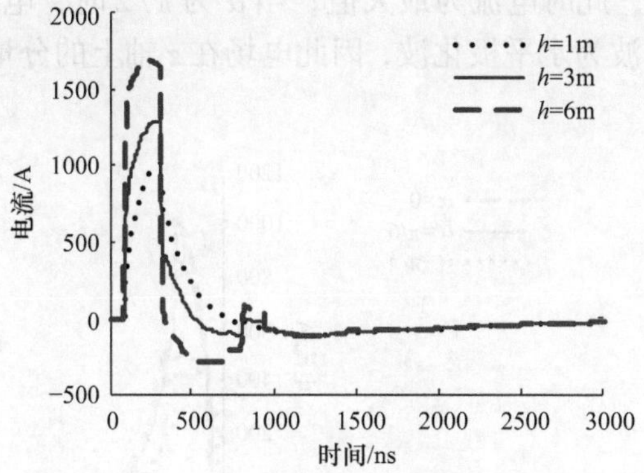

图 4-6　传输线架设高度的影响

2) 传输线长度的影响

当传输线长度变化时，计算的传输线末端电流如图 4-7 所示。分析可见：①感应电流随传输线长度增加而变大；②随着传输线长度的增加，感应电流脉冲宽度增大，即响应时间随传输线长度增加而增加。这是因为，感应信号的振荡周期由传输线长度和电磁波沿电缆的传播速度决定，即 $T = l/(2v)$ ，当其他条件相同时，v 相同，因而 T 随传输线长度的增加而增加，即脉冲宽度变大。

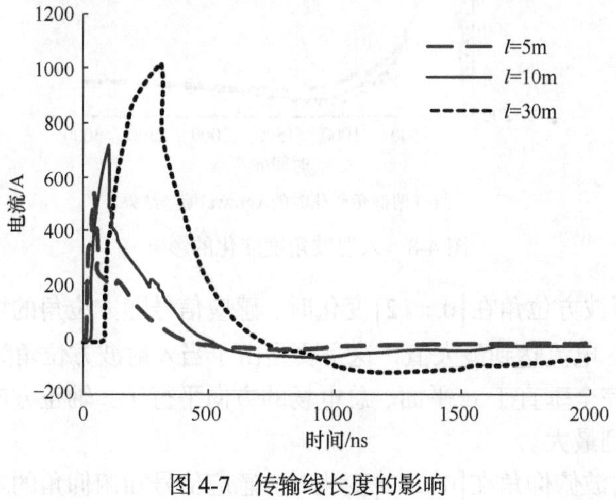

图 4-7　传输线长度的影响

3) 入射波角度的影响

当电磁场入射波角度变化时，电缆末端电流如图 4-8 所示。分析可见：

(1) 当入射波极化角在 $[0,\pi/2]$ 变化时，感应信号峰值随极化角的增大而减小，因为极化角是入射电场与电磁波入射平面波之间的夹角，它将对入射电场在 z

轴方向的分量大小起到重要影响。当α为 0 时，电磁波为垂直极化波，入射电场方向平行于z轴，此时电流为最大值；当α为$\pi/2$时，电磁波的电场方向垂直于xz平面，电磁波为水平极化波，因此电场在z轴上的分量为 0，此时电流也为零。

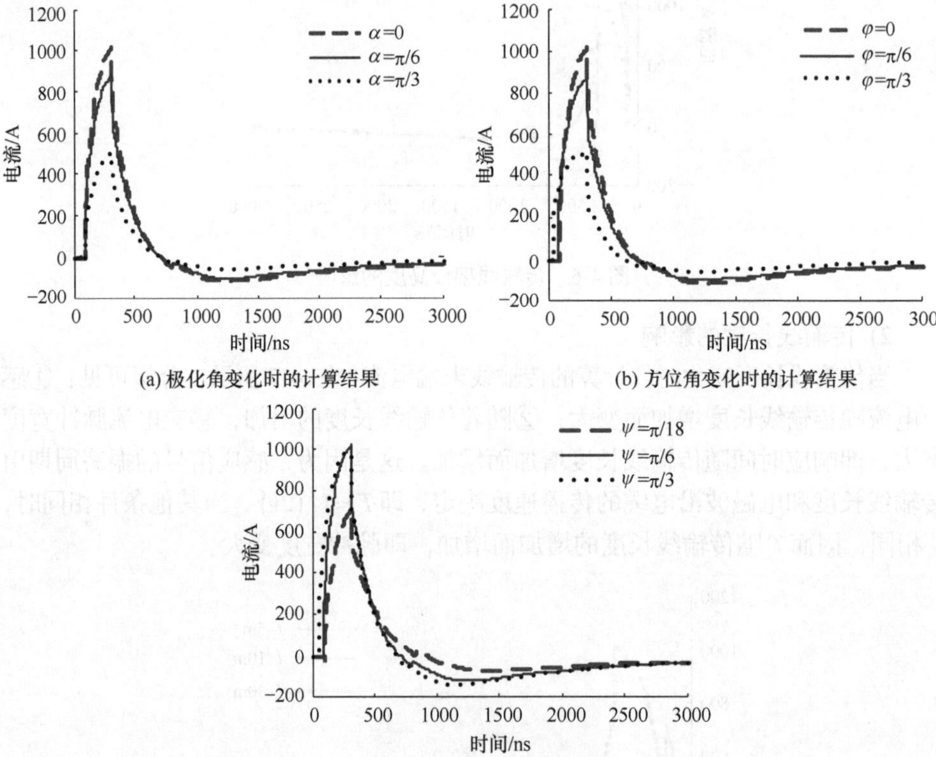

(a) 极化角变化时的计算结果　　(b) 方位角变化时的计算结果

(c) 俯仰角变化时的Agrawal模型结果

图 4-8　入射波角度变化的影响

(2) 当入射波方位角在$[0,\pi/2]$变化时，感应信号随方位角的增大而减小，当方位角为 0 时，电流达到最大值，这主要是由于当入射波方位角为 0 时电磁波总磁场方向刚好完全垂直于xz平面、总电场的方向平行于z轴正方向，从而使等效散射电压源达到最大。

(3) 当入射波俯仰角在$[0,\pi/2]$变化时，感应信号随俯仰角的增大而增大。当ψ为 0 时，由于α和φ也都为 0，此时电磁波为传播方向，平行于x轴，电磁场的电场沿x轴的切向分量为零，入射电磁波会在传输线两端的负载上产生两个电压源，此种情况下感应电流主要由这两个电压源产生；随着ψ的增加，电磁波总电场在x轴的切向分量也逐渐增大，电流的幅值逐渐增加。

4) 传输线端接阻抗的影响

当传输线端接阻抗变化时，计算的电缆末端电流如图 4-9 所示。分析可见：①线缆两端都接地时，线上感应电流最大；②当线缆单端接地时，线上感应电流随另一端所接阻抗的增大而减小；③当线缆两端所接阻抗与特性阻抗匹配时，线上感应电流最小。这是因为，端接阻抗对反射系数有直接影响，传输线一端接地或绝缘时，反射系数的模值$|\Gamma|=1$，导致感应信号在有限长的传输线上叠加，从而达到很大值；当传输线终端阻抗为特性阻抗时，反射系数模值$|\Gamma|=0$，反射达到最小状态，此时感应信号不在两端发生反射，没有叠加，感应信号的幅值相对较小。

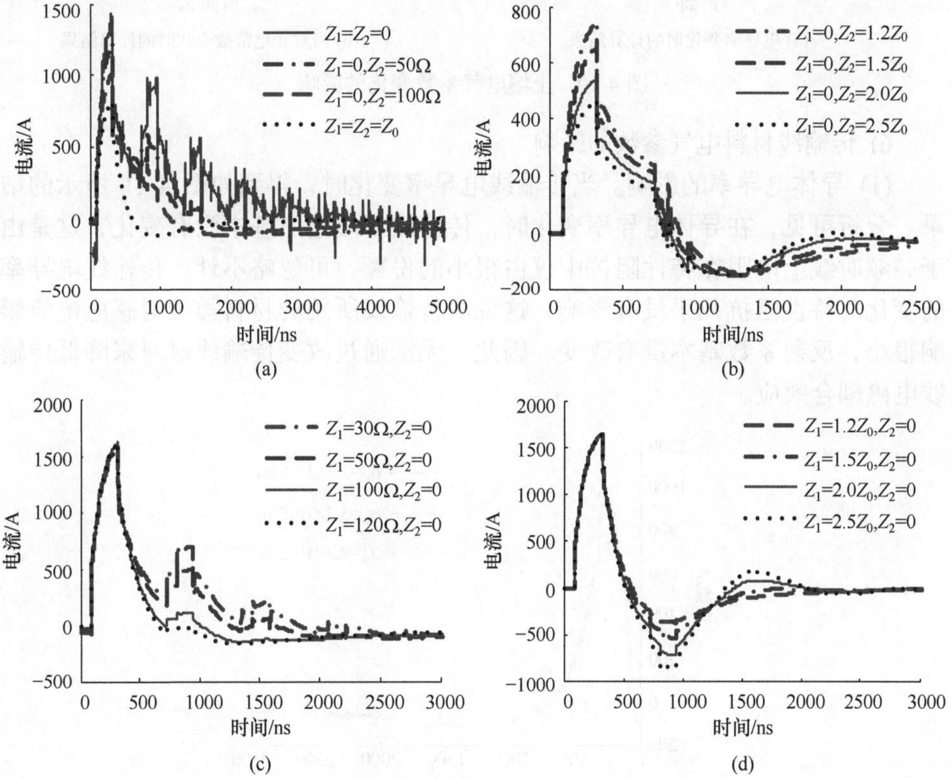

图 4-9　端接阻抗变化的影响

5) 土壤电气参数的影响

当土壤电气参数变化时，计算的电缆末端电流如图 4-10 所示。分析可见：①随着大地电导率的减小，感应电流呈增大趋势；②随着大地相对介电常数的增大，感应电流呈减小趋势。这主要是因为，随着大地电导率和相对介电常数的减小，地面对入射波的反射减弱，反射波的水平电场分量对空间入射波的水平电场分量抵消减小，使得耦合到电缆上的能量增多。

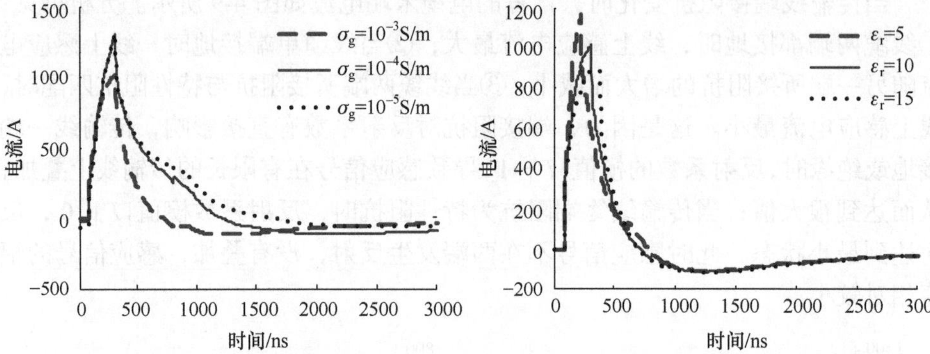

(a) 电导率变化时的计算结果　　(b) 相对介电常数变化时的计算结果

图 4-10　土壤电气参数变化的影响

6) 传输线材料电气参数的影响

(1) 导体电导率的影响。当传输线电导率变化时，得到如图 4-11 所示的结果。分析可见，在导体电导率变化时，传输线末端电流基本没有变化，这是由于高频时线上电阻在特性阻抗中仅占很小的份额，可忽略不计，传输线电导率的变化对特性阻抗几乎没有影响，这说明传输线所用的材料类型对感应电流影响很小，反射系数基本没有改变。因此，无法通过改变传输线材料来降低传输线电磁耦合效应。

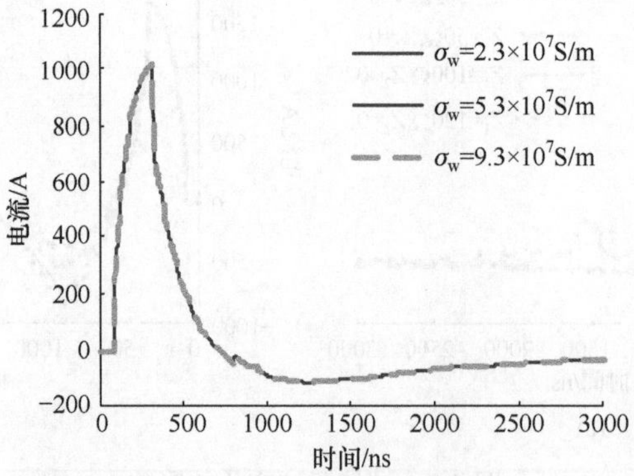

图 4-11　导体电导率变化的影响

(2) 线径的影响。当线缆半径变化时，得到如图 4-12 所示的结果。分析可见，计算结果反映出感应电流随线缆半径增大而变大，但增加的程度有限，即线缆半径对电缆耦合效应的影响有限。这主要是因为，当线缆半径变大时，线缆的特性阻抗减小，反射系数的模值随之变大，故感应信号变大；由线径变化导致的特性阻抗变化有限，故感应信号随线径增大而增加的程度有限。

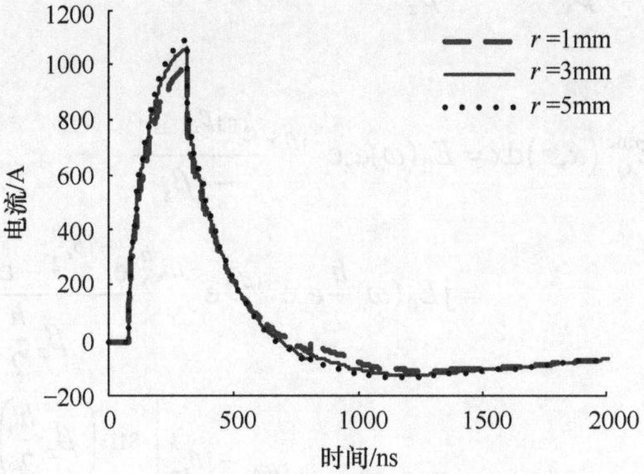

图 4-12　线径变化的影响

4.3　时域有限差分数值解

4.3.1　时域有限差分法

时域有限差分法是一种求解传输线系统时域数值解的常用方法。考虑本章 4.1 节所推导的 Taylor 模型方程，入射场分量可以写为

$$\frac{\partial}{\partial x}\int_0^h E_z^{\text{inc}}(x,z)\mathrm{d}z-[E_x^{\text{inc}}(x,h)-E_x^{\text{inc}}(x,0)]=\frac{\partial}{\partial t}\int_0^h B_y^{\text{inc}}(x,z)\mathrm{d}z \tag{4-58}$$

将式(4-58)代入传输线的第一个电报方程(4-14)，可写出入射场激励下无耗传输线的基本时域偏微分方程为

$$\frac{\partial}{\partial x}V(x,t)+L\frac{\partial}{\partial t}I(x,t)=-\frac{\partial}{\partial x}\int_0^h E_z^{\text{inc}}(x,z,t)\mathrm{d}z+[E_x^{\text{inc}}(x,h,t)-E_x^{\text{inc}}(x,0,t)] \tag{4-59}$$

根据传输线的第二个方程(4-18)可得其时域偏微分方程为

$$\frac{\partial I(x,t)}{\partial x}+c\frac{\partial V(x,t)}{\partial t}=-c\frac{\partial}{\partial t}\int_0^h E_z^{\text{inc}}(x,z,t)\mathrm{d}z \tag{4-60}$$

式中，$E_z^{\text{inc}}(x,z,t)$ 为激励场的时域分量。

假设传输线在均匀平面波的辐照下，则入射场的频域表达式为

$$\boldsymbol{E}^{\text{inc}}=E_0(w)\left(e_x\boldsymbol{a}_x+e_y\boldsymbol{a}_y+e_z\boldsymbol{a}_z\right)\mathrm{e}^{-\mathrm{j}\beta_x x}\mathrm{e}^{-\mathrm{j}\beta_y y}\mathrm{e}^{-\mathrm{j}\beta_z z} \tag{4-61}$$

在时域，式(4-61)变为

$$\boldsymbol{E}_z^{\text{inc}}(x,y,z,t)=\left(e_x\boldsymbol{a}_x+e_y\boldsymbol{a}_y+e_z\boldsymbol{a}_z\right)E_0\left(t-\frac{x}{v_x}-\frac{x}{v_y}-\frac{x}{v_z}\right) \tag{4-62}$$

式中，$v_x=\dfrac{\omega}{\beta_x}$；$v_y=\dfrac{\omega}{\beta_y}$；$v_z=\dfrac{\omega}{\beta_z}$。

此时有

$$\begin{aligned}\int_0^h E_x^{\mathrm{inc}}(x,z)\mathrm{d}x&=E_0(\omega)e_z\mathrm{e}^{-\mathrm{j}\beta_x x}\frac{\mathrm{e}^{-\mathrm{j}\beta_z h}-1}{-\mathrm{j}\beta_z}\\&=\mathrm{j}E_0(\omega)\frac{h}{2}e_z\mathrm{e}^{-\mathrm{j}\beta_x x}\mathrm{e}^{-\mathrm{j}\beta_z\frac{h}{2}}\frac{\mathrm{e}^{-\mathrm{j}\beta_z\frac{h}{2}}-\mathrm{e}^{\mathrm{j}\beta_z\frac{h}{2}}}{\beta_z\dfrac{h}{2}}\\&=E_0(\omega)he_z\mathrm{e}^{-\mathrm{j}\beta_x x}\mathrm{e}^{-\mathrm{j}\beta_z\frac{h}{2}}\left[\frac{\sin\left(\beta_z\dfrac{h}{2}\right)}{\beta_z\dfrac{h}{2}}\right]\end{aligned}\tag{4-63}$$

$$\begin{aligned}E_x^{\mathrm{inc}}(x,h)-E_x^{\mathrm{inc}}(x,0)&=E_0(\omega)e_x\mathrm{e}^{-\mathrm{j}\beta_x x}(\mathrm{e}^{-\mathrm{j}\beta_z h}-1)\\&=E_0(\omega)\beta_z\frac{h}{2}e_x\mathrm{e}^{-\mathrm{j}\beta_x x}\mathrm{e}^{-\mathrm{j}\beta_z\frac{h}{2}}\frac{\mathrm{e}^{-\mathrm{j}\beta_z\frac{h}{2}}-\mathrm{e}^{\mathrm{j}\beta_z\frac{h}{2}}}{\beta_z\dfrac{h}{2}}\\&=-\mathrm{j}E_0(\omega)\beta_z he_x\mathrm{e}^{-\mathrm{j}\beta_x x}\mathrm{e}^{-\mathrm{j}\beta_z\frac{h}{2}}\left[\frac{\sin\left(\beta_z\dfrac{h}{2}\right)}{\beta_z\dfrac{h}{2}}\right]\\&=-\mathrm{j}\omega E_0(\omega)h\frac{e_x}{v_z}\mathrm{e}^{-\mathrm{j}\beta_x x}\mathrm{e}^{-\mathrm{j}\beta_z\frac{h}{2}}\left[\frac{\sin\left(\beta_z\dfrac{h}{2}\right)}{\beta_z\dfrac{h}{2}}\right]\end{aligned}\tag{4-64}$$

在式(4-63)和式(4-64)中

$$\frac{\sin\left(\beta_z\dfrac{h}{2}\right)}{\beta_z\dfrac{h}{2}}=\frac{\sin\left(\dfrac{\omega}{v_z}\dfrac{h}{2}\right)}{\dfrac{\omega}{v_z}\dfrac{h}{2}}=\frac{\sin\left(\pi f\dfrac{h}{v_z}\right)}{\pi f\dfrac{h}{v_z}}=\frac{\sin(\pi fT_z)}{\pi fT_z}\tag{4-65}$$

式中，$T_z=\dfrac{h}{v_z}$为波在传输线两导体间沿 z 方向的传输时延。

因此，式(4-65)在时域上等效为一个脉冲函数，即

$$p(t)=\begin{cases}0, & t<-\dfrac{T_z}{2}\\ \dfrac{1}{T_z}, & -\dfrac{T_z}{2}<t<\dfrac{T_z}{2}\\ 0, & t>\dfrac{T_z}{2}\end{cases} \tag{4-66}$$

式(4-66)所示的脉冲函数近似为一个冲击函数 $\delta(t)$，由于 $f(t)*\delta(t)=f(t)$，因此式(4-65)所示项对求解式(4-63)和式(4-64)的时域结果的影响可以忽略不计。

式(4-63)和式(4-64)中的 $\mathrm{e}^{-\mathrm{j}\beta_z\frac{h}{2}}$ 在时域上相当于在 z 方向的一个延时 $T_z/2$，相当于 $E_0(t)$ 中有一个该延时 $T_z/2$，若在计算过程中将该延时省略，在最终的解上加上该项延时，则可以得到原始解。

因此，式(4-63)和式(4-64)的时域形式可简化为

$$\int_0^h E_z^{\mathrm{inc}}(x,z,t)\,\mathrm{d}z = he_zE_0\left(t-\frac{x}{v_x}\right) \tag{4-67}$$

和

$$E_x^{\mathrm{inc}}(x,h,t)-E_x^{\mathrm{inc}}(x,0,t)=-h\frac{e_x}{v_z}\frac{\partial}{\partial t}E_0\left(t-\frac{x}{v_x}\right) \tag{4-68}$$

将式(4-67)代入式(4-59)，可得

$$\begin{aligned}
&\frac{\partial}{\partial z}v(x,t)+L\frac{\partial}{\partial t}i(x,t)\\
&=-he_z\frac{\partial}{\partial x}E_0\left(t-\frac{x}{v_x}\right)-h\frac{e_x}{v_z}\frac{\partial}{\partial t}E_0\left(t-\frac{x}{v_x}\right)\\
&=-he_z\left[\frac{\partial E_0\left(t-\frac{x}{v_x}\right)}{\partial\left(t-\frac{x}{v_x}\right)}\frac{\partial\left(t-\frac{x}{v_x}\right)}{\partial x}\right]-h\frac{e_x}{v_z}\left[\frac{\partial E_0\left(t-\frac{x}{v_x}\right)}{\partial\left(t-\frac{x}{v_x}\right)}\frac{\partial\left(t-\frac{x}{v_x}\right)}{\partial t}\right]\\
&=-he_z\left[\frac{\partial E_0\left(t-\frac{x}{v_x}\right)}{\partial\left(t-\frac{x}{v_x}\right)}\left(-\frac{1}{v_x}\right)\right]-h\frac{e_x}{v_z}\left[\frac{\partial E_0\left(t-\frac{x}{v_x}\right)}{\partial\left(t-\frac{x}{v_x}\right)}\right]\\
&=-h\left(\frac{e_z}{v_x}-\frac{e_x}{v_z}\right)\frac{\partial E_0\left(t-\frac{x}{v_x}\right)}{\partial\left(t-\frac{x}{v_x}\right)}
\end{aligned} \tag{4-69}$$

将式(4-68)代入式(4-60)，可得

$$\frac{\partial}{\partial z}i(x,t)+C\frac{\partial}{\partial t}v(x,t)=-Che_z\frac{\partial E_0\left(t-\dfrac{x}{v_x}\right)}{\partial\left(t-\dfrac{x}{v_x}\right)} \tag{4-70}$$

为了离散式(4-69)和式(4-70)，将总的求解时间划分成 M 个时间段，每段长度为 Δt 。为了保证离散化的稳定性和二阶计算精度，将电压点和电流点作如图 3-22 所示的交织。

采用中心差分离散式(4-69)可得

$$\begin{aligned}&\frac{1}{\Delta x}\left(V_{n+1}^{m+1}-V_n^{m+1}\right)+\frac{1}{\Delta t}L\left(I_n^{m+3/2}-I_n^{m+1/2}\right)=\frac{h}{\Delta t}\left(\frac{1}{v_x}e_z-\frac{1}{v_z}e_x\right)\\&\cdot\left[E_0\left(t^{m+3/2}-\frac{(n-1/2)\Delta x}{v_x}\right)-E_0\left(t^{m+1/2}-\frac{(n-1/2)\Delta x}{v_x}-\right)\right]\end{aligned} \tag{4-71}$$

式中，n=1,2,⋯,N。

同理，离散式(4-70)可得

$$\begin{aligned}&\frac{1}{\Delta x}\left(I_n^{m+1/2}-I_{n-1}^{m+1/2}\right)+\frac{1}{\Delta t}C\left(V_n^{m+1}-V_n^{m}\right)\\&=-C\frac{h}{\Delta t}e_z\left[E_0\left(t^{m+1}-\frac{(n-1)x}{v_x}\right)-E_0\left(t^{m}-\frac{(n-1)x}{v_x}\right)\right]\end{aligned} \tag{4-72}$$

式中，n=2,3,⋯,N。

这里定义:

$$V_n^m=V((n-1)\Delta x,m\Delta t) \tag{4-73}$$

$$I_n^m=I((n-1/2)\Delta x,m\Delta t) \tag{4-74}$$

将式(4-71)和式(4-72)进行变形，可得电压和电流的递推关系如下:

$$\begin{aligned}I_n^{m+3/2}=&I_n^{m+1/2}-\frac{\Delta t}{\Delta x}L^{-1}(V_{n+1}^{m+1}-V_n^{m+1})\\&+\mathrm{d}L^{-1}\left(\frac{1}{v_x}e_z-\frac{1}{v_z}e_x\right)\left[E_0\left(t^{m+3/2}-\frac{(n-1/2)\Delta x}{v_x}\right)-E_0\left(t^{m+1/2}-\frac{(n-1/2)\Delta x}{v_x}\right)\right]\end{aligned} \tag{4-75}$$

$$V_n^{m+1} = V_n^m - \frac{\Delta t}{\Delta x} C^{-1} \left(I_n^{m+1/2} - I_{n-1}^{m+1/2} \right) - he_z \left[E_0 \left(t^{m+1} - \frac{(n-1)x}{v_x} \right) - E_0 \left(t^m - \frac{(n-1)x}{v_x} \right) \right] \tag{4-76}$$

方程(4-75)和(4-76)采用蛙跳方式求解。首先，在给定时刻，根据式(4-76)，可以由前一时刻的计算结果获得沿传输线的电压值。然后，根据式(4-75)，可以由式(4-76)得到的电压及以前的电流值得到当前的电流值。初始化求解时，传输线上的电压和电流值均为零。

接下来，分析两边终端的情况。在源端，方程(4-70)可以离散化为

$$\frac{1}{\Delta x/2}\left[I_1^{m+1/2} - \frac{I_{\mathrm{s}}^{m+1} + I_{\mathrm{s}}^m}{2} \right] + \frac{1}{\Delta t} C \left(V_1^{m+1} - V_1^m \right) = -C \frac{h}{\Delta t} e_z \left[E_0(t^{m+1}) - E_0(t^m) \right] \tag{4-77}$$

在负载端，方程(4-70)可以离散化为

$$\frac{1}{\Delta x/2}\left[\frac{I_{\mathrm{L}}^{m+1} + I_{\mathrm{L}}^m}{2} - I_N^{m+1/2} \right] + \frac{1}{\Delta t} C \left(V_{N+1}^{m+1} - V_{N+1}^m \right) = -C \frac{h}{\Delta t} e_z \left[E_0 \left(t^{m+1} - \frac{N\Delta x}{v_x} \right) - E_0 \left(t^m - \frac{N\Delta x}{v_x} \right) \right] \tag{4-78}$$

假设终端为阻性负载，则终端电压、电流有如下关系：

$$V_1 = V_{\mathrm{s}} - I_{\mathrm{s}} R_{\mathrm{s}} \tag{4-79}$$

$$V_{N+1} = V_{\mathrm{L}} + I_{\mathrm{L}} R_{\mathrm{L}} \tag{4-80}$$

将上面两式进行形式变换，用电压来表示电流，可得

$$I_{\mathrm{s}} = -G_{\mathrm{s}} V_1 + G_{\mathrm{s}} V_{\mathrm{s}} \tag{4-81}$$

$$I_{\mathrm{L}} = G_{\mathrm{L}} V_{N+1} - G_{\mathrm{L}} V_{\mathrm{L}} \tag{4-82}$$

将式(4-81)和式(4-82)代入式(4-77)和式(4-78)，可得 V_1 和 V_{N+1} 的递推关系：

$$V_1^{m+1} = \left(1 + \frac{\Delta x}{\Delta t} C R_{\mathrm{s}} \right)^{-1} \left\{ \left(\frac{\Delta x}{\Delta t} C R_{\mathrm{s}} - 1 \right) V_1^m - 2 R_{\mathrm{s}} I_1^{m+1/2} + V_{\mathrm{s}}^{m+1} + V_{\mathrm{s}}^m - he_x \frac{\Delta x}{\Delta t} C R_{\mathrm{s}} \left[E_0(t^{m+1}) - E_0(t^m) \right] \right\} \tag{4-83}$$

$$V_{N+1}^{m+1} = \left(1 + \frac{\Delta x}{\Delta t} C R_{\mathrm{L}} \right)^{-1} \left\{ \left(\frac{\Delta x}{\Delta t} C R_{\mathrm{s}} - 1 \right) V_{N+1}^m + 2 R_{\mathrm{L}} I_N^{m+1/2} + V_{\mathrm{L}}^{m+1} + V_{\mathrm{L}}^m - he_x \frac{\Delta x}{\Delta t} C R_{\mathrm{L}} \left[E_0 \left(t^{m+1} - \frac{N\Delta x}{v_x} \right) - E_0 \left(t^m - \frac{N\Delta x}{v_x} \right) \right] \right\} \tag{4-84}$$

同样，为了保证求解的稳定性，位置和时间的离散化必须满足 Courant 条件：

$$\Delta t \leqslant \frac{\Delta x}{v} \tag{4-85}$$

4.3.2 实验验证

下面将利用脉冲源注入吉赫兹横电磁波(Gigahertz transverse electro magnetic，GTEM)室产生的近似均匀平面波对双导体传输线进行辐照实验。GTEM 室基于传输线理论，在其腔体内形成均匀的垂直极化电磁场。脉冲源与 GTEM 室连接情况如图 4-13 所示。脉冲源为双指数脉冲源，采用时域电场探头对双指数脉冲源激励场进行监测，脉冲电场测量系统(图 4-14)采用光纤传输。脉冲源波形和电场探头测量得到 GTEM 室内场强波形，如图 4-15 所示。

双导体传输线为微带线，长度为 33cm，宽度为 5mm，两端各接 50Ω 的电阻负载。首先，利用电流探头测量负载处感应电流，通过电光转换模块将测量的电信号转为光信号，然后利用光纤将测量结果传到接收模块和示波器。线缆及终端响应电流测量装置如图 4-16 所示。

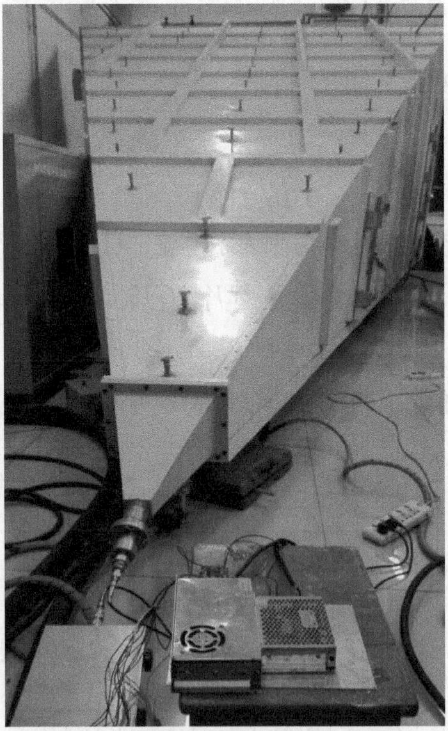

图 4-13　脉冲源与 GTEM 室连接图

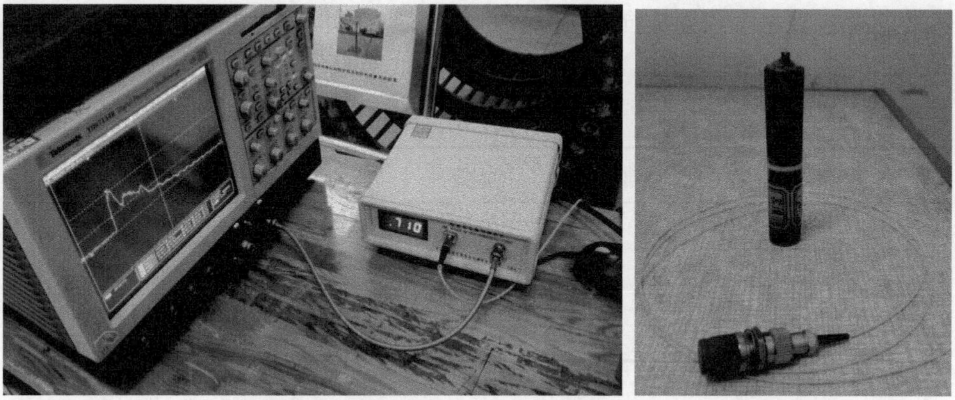

(a) 光电转换装置和示波器　　(b) 电场探头

图 4-14　脉冲电场测量系统

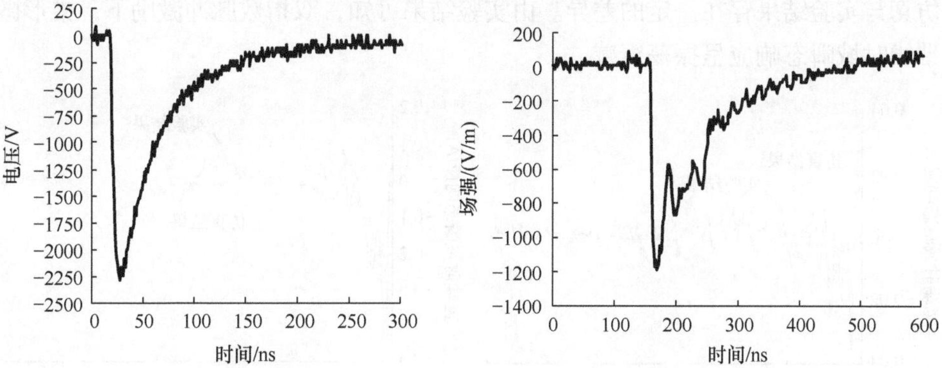

(a) 脉冲源波形　　(b) 场波形

图 4-15　脉冲源波形和场波形

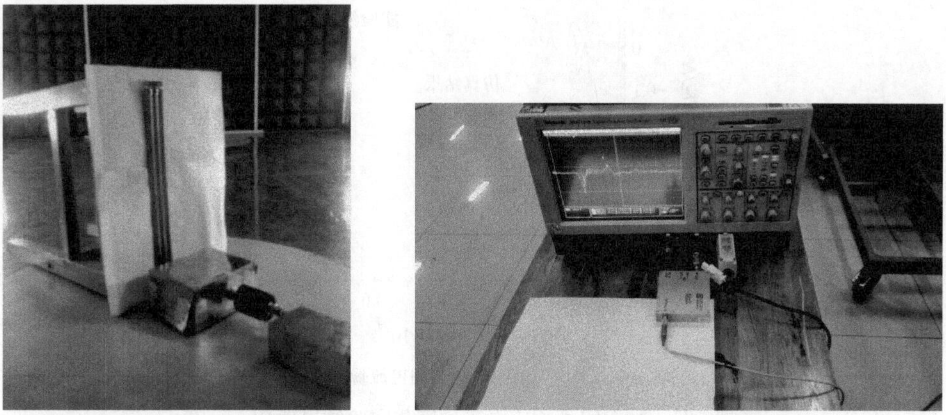

(a) GTEM室内线缆与电光转换装置　　(b) 光电转换装置和示波器

图 4-16　线缆及终端响应电流测量装置

实验选取三个入射方向对传输线进行辐照，不同入射方向的参数如表 4-1 所示。

表 4-1　不同入射方向的参数

实验编号	极化角 α	俯仰角 φ	方位角 θ
1	0	0	$\pi/2$
2	0	$\pi/4$	$\pi/2$
3	0	$\pi/2$	$\pi/2$

图 4-17 给出了以上三种入射方向下的时域瞬态响应仿真与实验结果的对比。由图可见，实验结果后期有小幅度振荡，这是由 GTEM 室的反射造成的，其导致仿真与实验结果存在一定的差异。由实验结果可知，双指数脉冲激励下，锥形微带线时域瞬态响应呈振荡衰减。

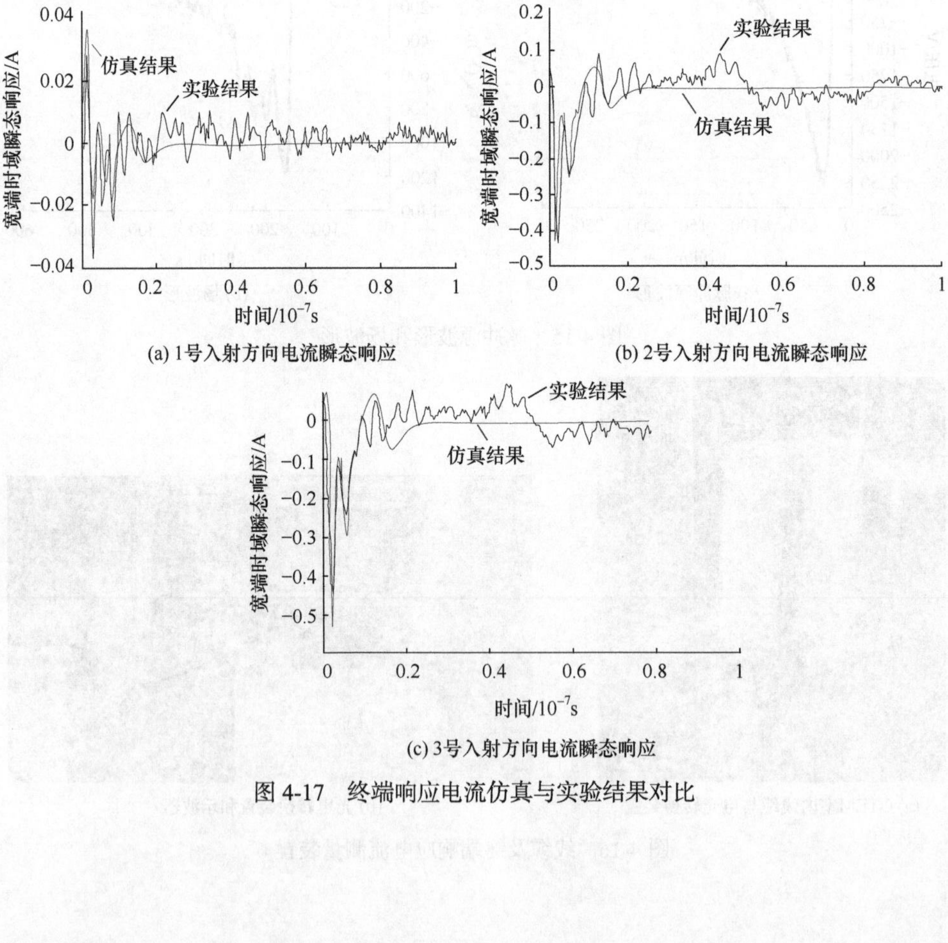

(a) 1号入射方向电流瞬态响应　(b) 2号入射方向电流瞬态响应

(c) 3号入射方向电流瞬态响应

图 4-17　终端响应电流仿真与实验结果对比

4.4 等效电路法

4.4.1 等效电路模型的建立

频域链参数矩阵给出传输线一端的向量电压和电流与另一端向量电压和电流间的关系为

$$\begin{pmatrix} V(L) \\ I(L) \end{pmatrix} = \Phi(L)\begin{pmatrix} V(0) \\ I(0) \end{pmatrix} + \begin{pmatrix} V_{\mathrm{FT}}(L) \\ I_{\mathrm{FT}}(L) \end{pmatrix} \tag{4-86}$$

这里链参数矩阵为

$$\Phi(L) = \begin{pmatrix} \phi_{11}(L) & \phi_{12}(L) \\ \phi_{21}(L) & \phi_{22}(L) \end{pmatrix} \tag{4-87}$$

对于无损耗传输，链参数矩阵中的各项分别为

$$\phi_{11}(L) = \cos(\beta L) = \frac{\mathrm{e}^{\mathrm{j}\beta L} + \mathrm{e}^{-\mathrm{j}\beta L}}{2} \tag{4-88}$$

$$\phi_{12}(L) = -\mathrm{j}Z_0\sin(\beta L) = -Z_0\frac{\mathrm{e}^{\mathrm{j}\beta L} - \mathrm{e}^{-\mathrm{j}\beta L}}{2} \tag{4-89}$$

$$\phi_{21}(L) = -\mathrm{j}Z_0\sin(\beta L) = -\frac{1}{Z_0}\frac{\mathrm{e}^{\mathrm{j}\beta L} - \mathrm{e}^{-\mathrm{j}\beta L}}{2} \tag{4-90}$$

$$\phi_{22}(L) = \cos(\beta L) = \frac{\mathrm{e}^{\mathrm{j}\beta L} + \mathrm{e}^{-\mathrm{j}\beta L}}{2} \tag{4-91}$$

因此式(4-86)可写为

$$V(L) = \phi_{11}(L)V(0) + \phi_{12}(L)I(0) + V_{\mathrm{FT}}(L) \tag{4-92}$$

$$I(L) = \phi_{21}(L)V(0) + \phi_{22}(L)I(0) + I_{\mathrm{FT}}(L) \tag{4-93}$$

对其做拉普拉斯变换，并将两式分别相加和相减，可得

$$V(0,s) - Z_0I(0,s) = \mathrm{e}^{-sT_{\mathrm{D}}}\left[V(L,s) - Z_0I(L,s)\right] - \mathrm{e}^{-sT_{\mathrm{D}}}V^-(s) \tag{4-94}$$

$$V(L,s) + Z_0I(L,s) = \mathrm{e}^{-sT_{\mathrm{D}}}\left[V(0,s) - Z_0I(0,s)\right] + V^+(s) \tag{4-95}$$

式中

$$V^-(s) = V_{\mathrm{FT}}(L,s) - Z_0I_{\mathrm{FT}}(L,s) \tag{4-96}$$

$$V^+(s) = V_{\mathrm{FT}}(L,s) + Z_0I_{\mathrm{FT}}(L,s) \tag{4-97}$$

利用拉普拉斯变换的性质：

$$\mathrm{e}^{\pm sT_{\mathrm{D}}}F(s) \Leftrightarrow f(t \pm T_{\mathrm{D}}) \tag{4-98}$$

在时域，式(4-94)和式(4-95)可变为

$$V(0,t)-Z_0I(0,t)=\left[V(L,t-T_{\rm D})-Z_0I(L,t-T_{\rm D})\right]-V^-(t-T_{\rm D}) \tag{4-99}$$

$$V(L,t)+Z_0I(L,t)=\left[V(0,t-T_{\rm D})+Z_0I(L,t-T_{\rm D})\right]+V^+(t) \tag{4-100}$$

式中，$V^+(t)$和$V^-(t)$为

$$\begin{aligned}V^+(t)&=\left[V_{\rm FT}(L,t)-Z_0I_{\rm FT}(L,t)\right]\\&\approx h\left[e_z-e_x\left(\frac{L}{v_z(T_x-T_{\rm D})}\right)\right]\left[E_0(t-T_{\rm D})-E_0(t-T_x)\right]\end{aligned} \tag{4-101}$$

$$\begin{aligned}V^-(t-T_{\rm D})&=\left[V_{\rm FT}(L,t-T_{\rm D})-Z_{\rm C}I_{\rm FT}(L,t-T_{\rm D})\right]\\&\approx h\left[e_z-e_x\left(\frac{L}{v_z(T_x+T_{\rm D})}\right)\right]\left[E_0(t)-E_0(t-T_{\rm D}-T_x)\right]\end{aligned} \tag{4-102}$$

如前所述，这里省略了电场的$T_x/2$时延项，因此可在求得终端电压和电流波形的解后，再对这些解作$T_x/2$延时，从而变回到原始解。

由理想延迟线和受控源组成的等效电路模型如图 4-18 所示。传输线的外部终

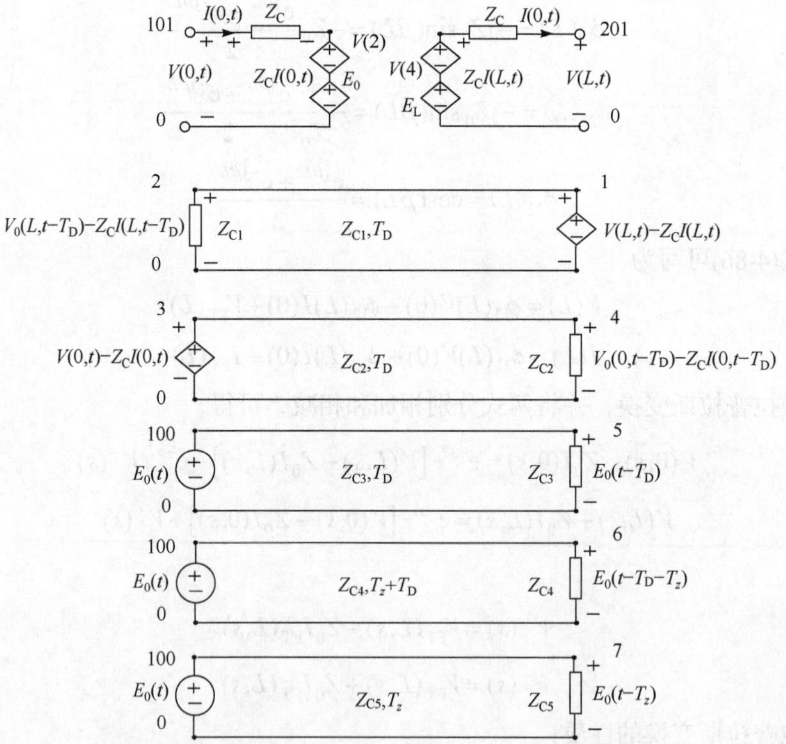

图 4-18　平面波激励下无损双导体传输线等效电路模型

端表示为 101 和 201，其共用地 0 节点。模型中的受控源由$V(2)$和$V(4)$表示，有

$$E_0(t) = -h\left[e_z - e_x\left(\frac{L}{v_z(T_x + T_D)}\right)\right]\left[V(100) - V(6)\right] \tag{4-103}$$

$$E_0(t) = h\left[e_z - e_x\left(\frac{L}{v_z(T_x - T_D)}\right)\right]\left[V(5) - V(7)\right] \tag{4-104}$$

式中，$V(n)$表示节点 n 的电压。5 条辅助延迟线的特性阻抗 Z_{C1}、Z_{C2}、Z_{C3}、Z_{C4} 和 Z_{C5} 无须与原始传输线的特性阻抗 Z_C 相等，但每条线必须与所选定的特性阻抗匹配，以防止在线上产生反射，同时保证具有理想延迟。传播速度和传输线的长度(或对应传输线的时间延迟)必须如图 4-18 中所表明。类似地，如果波仅沿 x 方向传播，$T_x = \pm T_D$，则式(4-103)或式(4-104)中的 e_x 项将被忽略。

4.4.2　模型的应用

为了找出辐照脉冲场对双导体传输线负载处感应波形的影响规律，这里采用理想梯形脉冲场对双导体传输线进行辐照，梯形脉冲场峰值为 2000V/m，脉宽为 50ns，上升沿和下降沿均为 2ns。下面分别调整脉冲场的形状和双导体传输线的结构，研究耦合规律。

1. 脉冲场的影响

双导体传输线结构不变，入射角度不变，分别改变梯形脉冲场的脉冲宽度、峰值、上升沿和下降沿，得到远端负载处的电压响应波形如图 4-19 所示。

由图 4-19(a)可以看出，负载处感应电压在脉冲场上升沿和下降沿处最大，这是由于脉冲场上升沿和下降沿处高频成分丰富，耦合响应最大。由图 4-19(b)可以看出，上升沿和下降沿越陡，负载感应电压峰值越高，这是由于上升沿和下降沿越陡，频率越高，电场变化越快，感应越强。由图 4-19(c)可以看出，脉冲峰值越高，负载感应电压峰值越高。

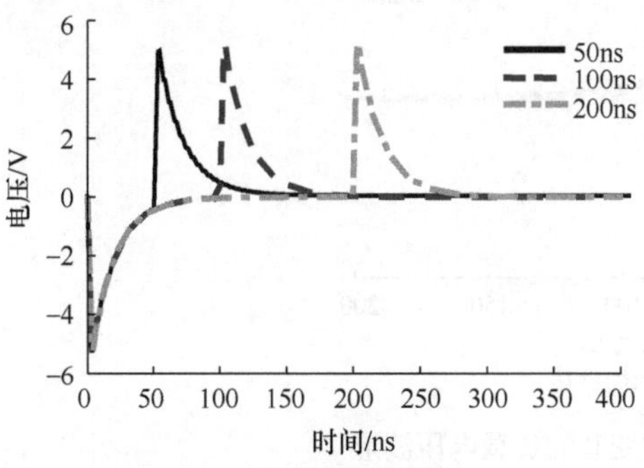

(a) 不同脉冲宽度

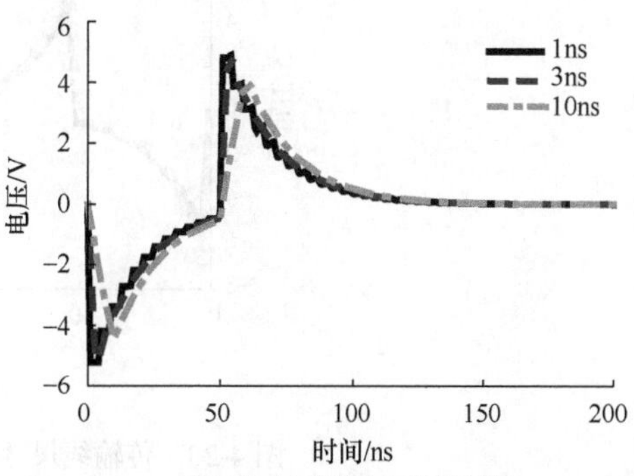

(b) 不同上升沿和下降沿时间

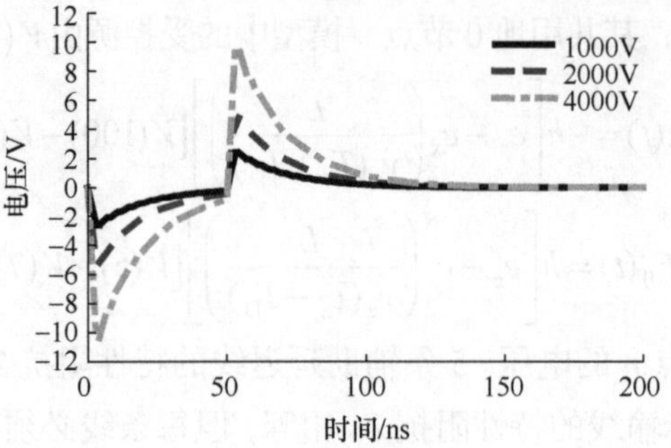

(c) 不同幅值

图 4-19　脉冲场改变时的负载电压波形

2. 传输线尺寸的影响

采用梯形脉冲上升沿和下降沿均为 3ns，幅值为 2000V/m，脉冲宽度为 50ns。入射角度不变，通过调整双导体传输线的长度、两线间的距离、线的半径，得到负载处的响应波形如图 4-20 所示。

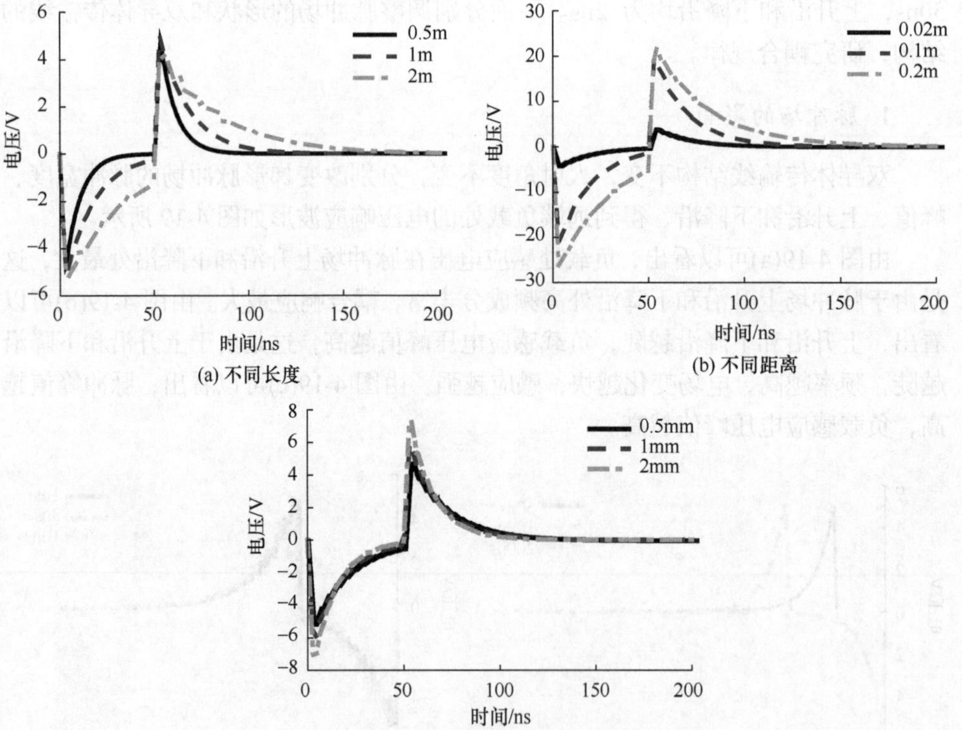

(a) 不同长度　　(b) 不同距离

(c) 不同半径

图 4-20　传输线尺寸改变时的负载电压波形

由图 4-20(a)可以看出，双导体传输线长度增加时，负载上感应电压脉冲宽度增大；由图 4-20(b)可以看出，在该入射角度下，双线间距离增加时，负载上感应电压幅值变大；由图 4-20(c)可以看出，双导体传输线的半径增大时，负载上感应电压幅值增加。

4.4.3　实验验证

利用 4.3.2 节所示的装置，对平行双铜线进行实验验证，导线半径为 0.54mm，长度为 1.22m，间距为 26mm，两端各接电阻为 50Ω 的负载，如图 4-21 所示。

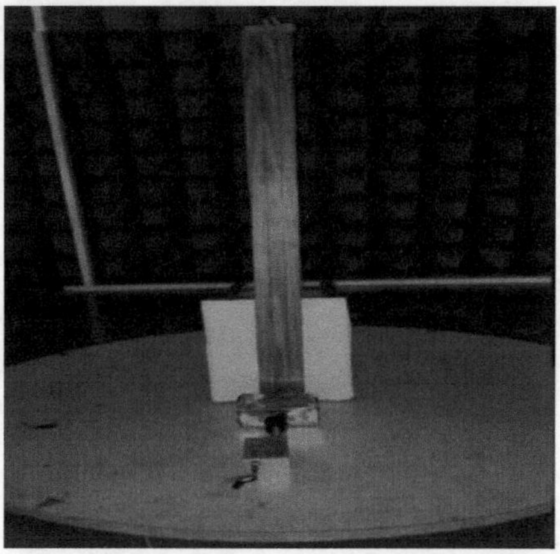

图 4-21　双导体传输线辐照实验装置

当 $\theta_{\mathrm{p}}=1/2\pi$ 、 $\theta_{\mathrm{E}}=0$ 、 $\phi_{\mathrm{p}}=1/2\pi$ 时，实验和仿真得到负载上的电流波形如图 4-22 所示。

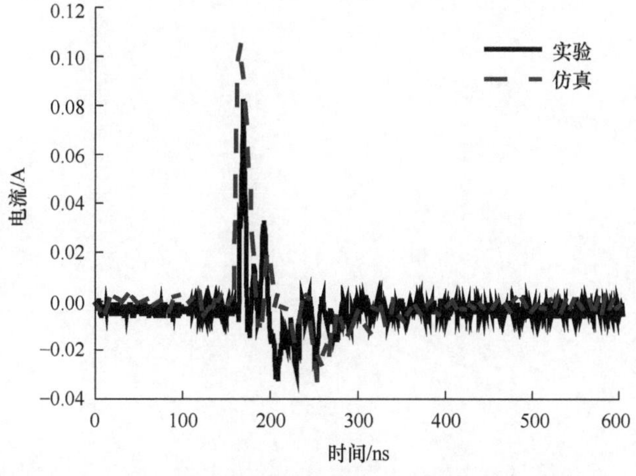

图 4-22　双导体传输线辐照实验中负载上的电流波形

由图 4-22 可以看出，仿真和实验结果具有较高的一致性，局部差异主要是由负载和传输线连接处感应杂波引起的。

参 考 文 献

[1] Taylor C D, Scatterwhite R S, Harrison C W. The Response of a terminated two-wire transmission line excited by a nonuniform electromagnetic field[J]. IEEE Transactions on Antennas and Propagation, 1965, 13(6): 987-989

[2] Agrawal A K. Transient response of multiconductor transmission line excited by a nonuniform electromagnetic field[J]. IEEE Transactions on Electromagnetic Compatibility, 1980, 22(2): 119-129

[3] Rachidi F. Formulation of the field-to-transmission line coupling equations in terms of magnetic excitation field[J]. IEEE Transactions on Electromagnetic Compatibility, 1993, 35(3): 404-407

第 5 章　电磁脉冲对多导体传输线的辐射耦合

5.1　多导体传输线方程及其频域解

5.1.1　Taylor 模型外推的多导体传输线方程

根据 4.1.1 节的双导体场-线耦合 Taylor 模型，可将双导体传输线耦合方程扩展到多导体传输线。根据式(4-14)和式(4-18)，可推出电磁脉冲场辐照下多导体传输线时域方程为[1]

$$\frac{\partial \boldsymbol{V}(x,t)}{\partial x}+\boldsymbol{RI}(x,t)+\boldsymbol{L}\frac{\partial \boldsymbol{I}(x,t)}{\partial t}=\boldsymbol{V}_{\mathrm{F}}(x,t) \tag{5-1}$$

$$\frac{\partial \boldsymbol{I}(x,t)}{\partial x}+\boldsymbol{GV}(x,t)+\boldsymbol{C}\frac{\partial \boldsymbol{V}(x,t)}{\partial t}=\boldsymbol{I}_{\mathrm{F}}(x,t) \tag{5-2}$$

式中

$$\boldsymbol{V}(x,t)=\begin{pmatrix} V_1(x,t) \\ \vdots \\ V_k(x,t) \\ \vdots \\ V_n(x,t) \end{pmatrix} \tag{5-3}$$

$$\boldsymbol{I}(x,t)=\begin{pmatrix} I_1(x,t) \\ \vdots \\ I_k(x,t) \\ \vdots \\ I_n(x,t) \end{pmatrix} \tag{5-4}$$

$$\boldsymbol{V}_{\mathrm{F}}(x,t)=-\frac{\partial}{\partial t}\begin{pmatrix} \int_0^{h_1} B_y^{\mathrm{inc}}(x,z,t)\,\mathrm{d}z \\ \vdots \\ \int_0^{h_k} B_y^{\mathrm{inc}}(x,z,t)\,\mathrm{d}z \\ \vdots \\ \int_0^{h_n} B_y^{\mathrm{inc}}(x,z,t)\,\mathrm{d}z \end{pmatrix} \tag{5-5}$$

$$\boldsymbol{I}_{\mathrm{F}}(x,t)=-\boldsymbol{C}\frac{\partial}{\partial t}\begin{pmatrix}\int_0^{h_1}E_z^{\mathrm{inc}}(x,z,t)\,\mathrm{d}z\\ \vdots\\ \int_0^{h_k}E_z^{\mathrm{inc}}(x,z,t)\,\mathrm{d}z\\ \vdots\\ \int_0^{h_n}E_z^{\mathrm{inc}}(x,z,t)\,\mathrm{d}z\end{pmatrix}-\boldsymbol{G}\begin{pmatrix}\int_0^{h_1}E_z^{\mathrm{inc}}(x,z,t)\,\mathrm{d}z\\ \vdots\\ \int_0^{h_k}E_z^{\mathrm{inc}}(x,z,t)\,\mathrm{d}z\\ \vdots\\ \int_0^{h_n}E_z^{\mathrm{inc}}(x,z,t)\,\mathrm{d}z\end{pmatrix} \tag{5-6}$$

式(5-3)～式(5-6)中，下标 k 表示 n 条多导体传输线中的第 k 条；h_k 表示第 k 条导线与参考导体的距离。

在频域，多导体方程表示为

$$\frac{\mathrm{d}\boldsymbol{V}(x)}{\mathrm{d}x}+\boldsymbol{ZI}(x)=\boldsymbol{V}_{\mathrm{F}}(x) \tag{5-7}$$

$$\frac{\mathrm{d}\boldsymbol{I}(x)}{\mathrm{d}x}+\boldsymbol{YV}(x)=\boldsymbol{I}_{\mathrm{F}}(x) \tag{5-8}$$

式中

$$\boldsymbol{Z}=\boldsymbol{R}+\mathrm{j}\omega\boldsymbol{L} \tag{5-9}$$

$$\boldsymbol{Y}=\boldsymbol{G}+\mathrm{j}\omega\boldsymbol{C} \tag{5-10}$$

$$\boldsymbol{V}_{\mathrm{F}}(x)=-\mathrm{j}\omega\begin{pmatrix}\int_0^{h_1}B_y^{\mathrm{inc}}(x,z)\,\mathrm{d}z\\ \vdots\\ \int_0^{h_k}B_y^{\mathrm{inc}}(x,z)\,\mathrm{d}z\\ \vdots\\ \int_0^{h_n}B_y^{\mathrm{inc}}(x,z)\,\mathrm{d}z\end{pmatrix} \tag{5-11}$$

$$\boldsymbol{I}_{\mathrm{F}}(x)=-\boldsymbol{Y}\begin{pmatrix}\int_0^{h_1}E_z^{\mathrm{inc}}(x,z)\,\mathrm{d}z\\ \vdots\\ \int_0^{h_k}E_z^{\mathrm{inc}}(x,z)\,\mathrm{d}z\\ \vdots\\ \int_0^{h_n}E_z^{\mathrm{inc}}(x,z)\,\mathrm{d}z\end{pmatrix} \tag{5-12}$$

5.1.2 Agrawal 模型外推的多导体传输线方程

多导体传输线上 n 个感应散射电压和 n 个感应电流矢量分别用 $\boldsymbol{V}^{\mathrm{sca}}(x)$ 和 $\boldsymbol{I}(x)$ 表示，则由双导体 Agrawal 模型的传输线耦合方程推导得到多导体的时域传输线方程为

$$\frac{\partial \boldsymbol{V}^{\mathrm{sca}}(x,t)}{\partial x}+\boldsymbol{R}\boldsymbol{I}(x,t)+\boldsymbol{L}\frac{\partial \boldsymbol{I}(x,t)}{\partial t}=\boldsymbol{V}_{\mathrm{F}}^{\mathrm{s}}(x,t) \tag{5-13}$$

$$\frac{\partial \boldsymbol{I}(x,t)}{\partial t}+\boldsymbol{G}\boldsymbol{V}^{\mathrm{sca}}(x,t)+\boldsymbol{C}\frac{\partial \boldsymbol{V}^{\mathrm{sca}}(x,t)}{\partial t}=0 \tag{5-14}$$

式中

$$\boldsymbol{V}_{\mathrm{F}}^{\mathrm{s}}(x,t)=\begin{pmatrix} E_x^{\mathrm{inc}}(x,h_1,t)-E_x^{\mathrm{inc}}(x,0,t) \\ \vdots \\ E_x^{\mathrm{inc}}(x,h_k,t)-E_x^{\mathrm{inc}}(x,0,t) \\ \vdots \\ E_x^{\mathrm{inc}}(x,h_n,t)-E_x^{\mathrm{inc}}(x,0,t) \end{pmatrix} \tag{5-15}$$

将式(5-13)和式(5-14)写成频域形式为

$$\frac{\mathrm{d}\boldsymbol{V}^{\mathrm{sca}}(x)}{\mathrm{d}x}+\boldsymbol{Z}\boldsymbol{I}(x)=\boldsymbol{V}_{\mathrm{F}}^{\mathrm{s}}(x) \tag{5-16}$$

$$\frac{\mathrm{d}\boldsymbol{I}(x)}{\mathrm{d}x}+\boldsymbol{Y}\boldsymbol{V}^{\mathrm{sca}}(x)=\boldsymbol{0} \tag{5-17}$$

式中

$$\boldsymbol{V}_{\mathrm{F}}^{\mathrm{s}}(x)=\begin{pmatrix} E_x^{\mathrm{inc}}(x,h_1)-E_x^{\mathrm{inc}}(x,0) \\ \vdots \\ E_x^{\mathrm{inc}}(x,h_k)-E_x^{\mathrm{inc}}(x,0) \\ \vdots \\ E_x^{\mathrm{inc}}(x,h_n)-E_x^{\mathrm{inc}}(x,0) \end{pmatrix} \tag{5-18}$$

多导体传输线感应散射电压 $\boldsymbol{V}^{\mathrm{sca}}(x)$ 与全电压 $\boldsymbol{V}(x)$ 的关系如下：

$$\boldsymbol{V}^{\mathrm{sca}}(x)=\boldsymbol{V}(x)-\int_0^h \boldsymbol{E}_z^{\mathrm{inc}}(x,z)\mathrm{d}z \tag{5-19}$$

5.2 多导体方程的解析解

以 5.1.2 节建立的 Agrawal 模型多导体传输线方程为例，该方程与一阶电路全

响应形式类似，因此可借助状态转移矩阵的概念求解该方程：

$$\begin{pmatrix} \boldsymbol{V}^{\mathrm{sca}}(x) \\ \boldsymbol{I}(x) \end{pmatrix} = \boldsymbol{\Phi}(x)\begin{pmatrix} \boldsymbol{V}^{\mathrm{sca}}(0) \\ \boldsymbol{I}(0) \end{pmatrix} + \int_0^x \boldsymbol{\Phi}(x-\tau)\begin{pmatrix} \boldsymbol{V}_{\mathrm{s}T}(\tau) \\ 0 \end{pmatrix}\mathrm{d}\tau \tag{5-20}$$

令 $\boldsymbol{A} = \begin{pmatrix} 0 & -\boldsymbol{Z} \\ -\boldsymbol{Y} & 0 \end{pmatrix}$，对于每一个频点，$\boldsymbol{A}$ 为定常矩阵，则状态转移矩阵可写为

$$\boldsymbol{\Phi}(x) = \begin{pmatrix} \boldsymbol{\Phi}_{11}(x) & \boldsymbol{\Phi}_{12}(x) \\ \boldsymbol{\Phi}_{21}(x) & \boldsymbol{\Phi}_{22}(x) \end{pmatrix} = \mathrm{e}^{\boldsymbol{A}x} \tag{5-21}$$

在负载端，状态转移矩阵(5-21)中各子矩阵的表达式可以通过模变换矩阵写为

$$\boldsymbol{\Phi}_{11}(L)=0.5\boldsymbol{Y}^{-1}\boldsymbol{T}(\mathrm{e}^{\boldsymbol{\gamma}L}+\mathrm{e}^{-\boldsymbol{\gamma}L})\boldsymbol{T}^{-1}\boldsymbol{Y} \tag{5-22a}$$

$$\boldsymbol{\Phi}_{12}(L)=-0.5\boldsymbol{Y}^{-1}\boldsymbol{T}\boldsymbol{\gamma}(\mathrm{e}^{\boldsymbol{\gamma}L}+\mathrm{e}^{-\boldsymbol{\gamma}L})\boldsymbol{T}^{-1} \tag{5-22b}$$

$$\boldsymbol{\Phi}_{21}(L)=-0.5\boldsymbol{T}(\mathrm{e}^{\boldsymbol{\gamma}L}-\mathrm{e}^{-\boldsymbol{\gamma}L})\boldsymbol{\gamma}^{-1}\boldsymbol{T}^{-1}\boldsymbol{Y} \tag{5-22c}$$

$$\boldsymbol{\Phi}_{22}(L)=0.5\boldsymbol{T}(\mathrm{e}^{\boldsymbol{\gamma}L}+\mathrm{e}^{-\boldsymbol{\gamma}L})\boldsymbol{T}^{-1} \tag{5-22d}$$

根据式(5-20)～式(5-22)，两个负载端电流、电压可写为

$$\begin{pmatrix} \boldsymbol{V}^{\mathrm{sca}}(L) \\ \boldsymbol{I}(L) \end{pmatrix} = \begin{pmatrix} \boldsymbol{\Phi}_{11}(L) & \boldsymbol{\Phi}_{12}(L) \\ \boldsymbol{\Phi}_{21}(L) & \boldsymbol{\Phi}_{22}(L) \end{pmatrix}\begin{pmatrix} \boldsymbol{V}^{\mathrm{sca}}(0) \\ \boldsymbol{I}(0) \end{pmatrix} + \begin{pmatrix} \boldsymbol{V}_{\mathrm{s}T}(L) \\ \boldsymbol{I}_{\mathrm{s}T}(L) \end{pmatrix} \tag{5-23}$$

式(5-23)等号右边第二项是零状态响应项，展开为

$$\begin{cases} \boldsymbol{V}_{\mathrm{s}T}(L) = \int_0^L [\boldsymbol{\Phi}_{11}(L-\tau)\boldsymbol{V}_{\mathrm{s}}(\tau)]\mathrm{d}\tau \\ \boldsymbol{I}_{\mathrm{s}T}(L) = \int_0^L [\boldsymbol{\Phi}_{21}(L-\tau)\boldsymbol{V}_{\mathrm{s}}(\tau)]\mathrm{d}\tau \end{cases} \tag{5-24}$$

根据式(5-22)和式(5-24)，可得

$$\begin{cases} \boldsymbol{V}_{\mathrm{s}T}(L) = \boldsymbol{Y}^{-1}\boldsymbol{T}\boldsymbol{D}_0\boldsymbol{T}^{-1}\boldsymbol{Y}\boldsymbol{V}_0 \\ \boldsymbol{I}_{\mathrm{s}T}(L) = -\boldsymbol{T}\boldsymbol{D}_{\mathrm{L}}\boldsymbol{\gamma}^{-1}\boldsymbol{T}^{-1}\boldsymbol{Y}\boldsymbol{V}_0 \end{cases} \tag{5-25}$$

式中，$\boldsymbol{D}_0$ 和 $\boldsymbol{D}_{\mathrm{L}}$ 为对角矩阵，其矩阵元素为

$$\begin{cases} D_0(i,i) = \dfrac{\mathrm{e}^{-\mathrm{j}k_0\cos\psi\cos(\varphi L)} - \cosh(\gamma_i L)}{\gamma_i^2 + k_0^2\cos^2\psi\cos^2\varphi}\mathrm{j}k_0\cos\psi\cos\varphi + \dfrac{\gamma_i\sinh(\gamma_i L)}{\gamma_i^2 + k_0^2\cos^2\psi\cos^2\varphi} \\ D_0(i,k) = D_0(k,i) = \dfrac{\mathrm{e}^{-\mathrm{j}k_0\cos\psi\cos(\varphi L)} - 1}{-\mathrm{j}k_0\cos\psi\cos\varphi} \\ D_{\mathrm{L}}(i,i) = \dfrac{\gamma_i\left[\cosh(\gamma_i L) - \mathrm{e}^{-\mathrm{j}k_0\cos\psi\cos(\varphi L)}\right]}{\gamma_i^2 + k_0^2\cos^2\psi\cos^2\varphi} - \dfrac{\mathrm{j}k_0\cos\psi\cos\varphi\sinh(\gamma_i L)}{\gamma_i^2 + k_0^2\cos^2\psi\cos^2\varphi} \\ D_{\mathrm{L}}(i,k) = D_{\mathrm{L}}(k,i) = 0 \end{cases} \tag{5-26}$$

以上各式中，$i=1,2,\cdots n$，$k=1,2,\cdots n$，$i\neq k$。式(5-16)和式(5-17)中的 $\boldsymbol{Z}$ 和 $\boldsymbol{Y}$ 为满秩矩阵，各芯线上电压、电流相互耦合。由于直接求解非常复杂，这里采用相模变换的方法将方程解耦。通过矩阵 $\boldsymbol{T}$ 将电流、电压 $\boldsymbol{I}(x)$、$\boldsymbol{V}^{\text{sca}}(x)$ 变换为模电流、模电压 $\boldsymbol{I}_{\text{m}}(x)$、$\boldsymbol{V}_{\text{m}}(x)$，解耦的模量在各线缆上的传播为指数形式并满足叠加关系。相似变换矩阵 $\boldsymbol{T}$ 和模传播常数矩阵 $\boldsymbol{\gamma}$ 存在以下关系：

$$\boldsymbol{T}^{-1}\boldsymbol{YZT}=\text{diag}(\gamma_i^2)=\boldsymbol{\gamma}^2 \tag{5-27}$$

式中，$i=1,2,\cdots,n$。式(5-27)表示将矩阵 $\boldsymbol{YZ}$ 对角化；$\boldsymbol{\gamma}$ 为对角化矩阵 $\boldsymbol{YZ}$ 的开方(取正值)。

在外界电磁场的激励下，为求解线缆上任意位置 x 处的电压、电流，可以将入射场在芯线中的感应等效为在芯线 x 位置处的集总等效电流、电压源。例如，若求解芯线 L 处端接负载的电流、电压，则根据式(5-23)的形式，可将外场激励的贡献等效为线缆端点 L 处的集总源 $\boldsymbol{V}_{\text{s}T}(L)$ 和 $\boldsymbol{I}_{\text{s}T}(L)$，如图 5-1 所示。再由式(5-22)～式(5-27)，结合 Agrawal 模型的边界条件，通过式(5-28)求得线上前向和后向模量的传播常数 $\boldsymbol{C}_{\text{m}}^{+}$、$\boldsymbol{C}_{\text{m}}^{-}$ 为

$$\begin{pmatrix} (\boldsymbol{Z}_{\text{c}}+\boldsymbol{Z}_0)\boldsymbol{T} & (\boldsymbol{Z}_{\text{c}}-\boldsymbol{Z}_{\text{L}})\boldsymbol{T} \\ (\boldsymbol{Z}_{\text{c}}-\boldsymbol{Z}_{\text{L}})\boldsymbol{T}\text{e}^{-\gamma L} & (\boldsymbol{Z}_{\text{c}}+\boldsymbol{Z}_{\text{L}})\boldsymbol{T}\text{e}^{\gamma L} \end{pmatrix}\begin{pmatrix} \boldsymbol{C}_{\text{m}}^{+} \\ \boldsymbol{C}_{\text{m}}^{-} \end{pmatrix}=\begin{pmatrix} \boldsymbol{V}_{\text{s}} \\ \boldsymbol{V}_{\text{L}}-\boldsymbol{V}_{\text{s}T}(L)+\boldsymbol{Z}_{\text{L}}\boldsymbol{I}_{\text{s}T}(L) \end{pmatrix} \tag{5-28}$$

式中，特性阻抗矩阵 $\boldsymbol{Z}_{\text{c}}=\boldsymbol{ZT\gamma}^{-1}\boldsymbol{T}^{-1}$；$\boldsymbol{V}_{\text{s}}$ 和 $\boldsymbol{V}_{\text{L}}$ 为端接集总源。该式适用于多导体传输线的激励源为外界电磁场、集总源或外界电磁场加集总源三种情况。

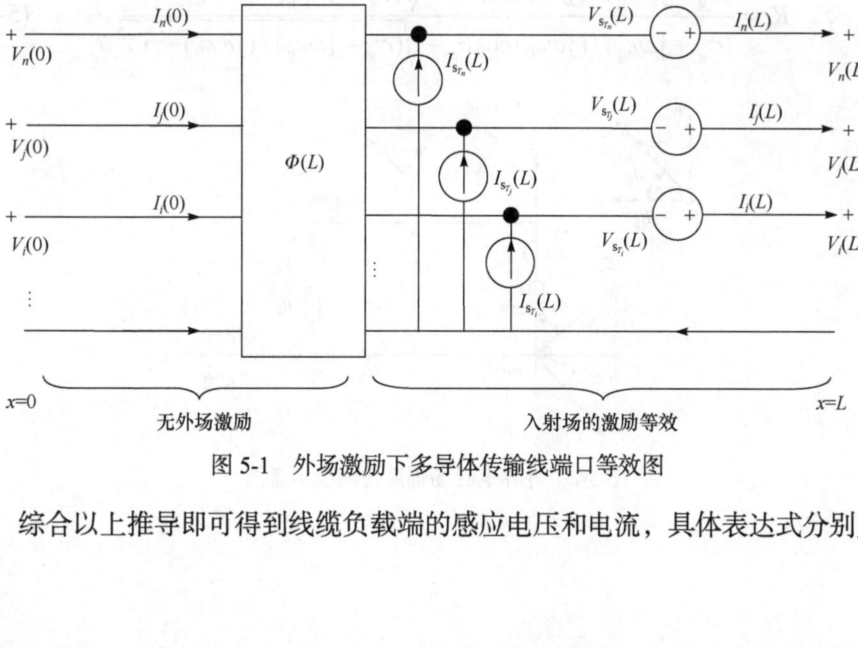

图 5-1　外场激励下多导体传输线端口等效图

综合以上推导即可得到线缆负载端的感应电压和电流，具体表达式分别为

$$\begin{cases} \boldsymbol{V}^{\text{sca}}(0) = \boldsymbol{Z}_\text{c}\boldsymbol{T}(\boldsymbol{C}_\text{m}^+ + \boldsymbol{C}_\text{m}^-) \\ \boldsymbol{V}^{\text{sca}}(L) = \boldsymbol{V}_{\text{s}T}(L) + \boldsymbol{Z}_\text{c}\boldsymbol{T}(\text{e}^{-\gamma L}\boldsymbol{C}_\text{m}^+ + \text{e}^{\gamma L}\boldsymbol{C}_\text{m}^-) \end{cases} \tag{5-29}$$

$$\begin{cases} \boldsymbol{I}(0) = -\boldsymbol{Z}_1^{-1}\boldsymbol{Z}_\text{c}\boldsymbol{T}(\boldsymbol{C}_\text{m}^+ + \boldsymbol{C}_\text{m}^-) \\ \boldsymbol{I}(L) = \boldsymbol{Z}_2^{-1}[\boldsymbol{V}_{\text{s}T}(L) + \boldsymbol{Z}_\text{c}\boldsymbol{T}(\text{e}^{-\gamma L}\boldsymbol{C}_\text{m}^+ + \text{e}^{\gamma L}\boldsymbol{C}_\text{m})] \end{cases} \tag{5-30}$$

通过上述推导，建立了多芯电缆芯线上首、末端感应电压、电流的求解公式。

5.3　时域有限差分数值解

5.3.1　时域有限差分法

此处针对 5.1.2 节建立的多导体方程，建立多导体传输线时域有限差分迭代公式。传输线始端端接纯阻性负载矩阵，末端信号导体与参考导体之间端接负载都为频变负载，信号导体之间没有负载连接。为表述方便，将散射电压记为 M。

本节针对架设于非理想导电地面上方的多导体传输线系统进行时域有限差分分析。此时需要考虑大地阻抗对传输线系统分布参数的影响，且激励场必须考虑地面反射的影响。

建立如图 5-2 所示的坐标系，设入射均匀平面波电场入射角、方位角和极化角分别为 θ_p、φ_p 和 θ_E。由 Snell 公式可得地面对入射波的垂直极化和水平极化反射系数分别为

$$R_\text{v} = \frac{(\sigma_\text{g} + \text{j}\omega\varepsilon_\text{g})/(\text{j}\omega\varepsilon_0)\cos\theta_\text{p} - \sqrt{(\sigma_\text{g} + \text{j}\omega\varepsilon_\text{g})/(\text{j}\omega\varepsilon_0) - \sin^2\theta_\text{p}}}{(\sigma_\text{g} + \text{j}\omega\varepsilon_\text{g})/(\text{j}\omega\varepsilon_0)\cos\theta_\text{p} + \sqrt{(\sigma_\text{g} + \text{j}\omega\varepsilon_\text{g})/(\text{j}\omega\varepsilon_0) - \sin^2\theta_\text{p}}} \tag{5-31}$$

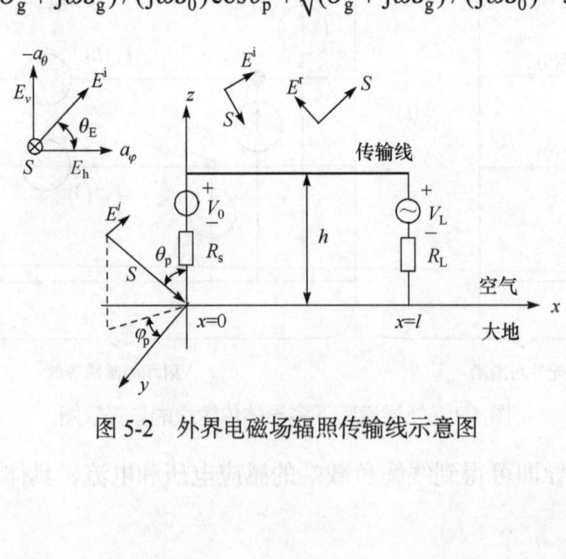

图 5-2　外界电磁场辐照传输线示意图

$$R_{\mathrm{h}}=\frac{\cos\theta_{\mathrm{p}}-\sqrt{(\sigma_{\mathrm{g}}+\mathrm{j}\omega\varepsilon_{\mathrm{g}})/(\mathrm{j}\omega\varepsilon_0)-\sin^2\theta_{\mathrm{p}}}}{\cos\theta_{\mathrm{p}}+\sqrt{(\sigma_{\mathrm{g}}+\mathrm{j}\omega\varepsilon_{\mathrm{g}})/(\mathrm{j}\omega\varepsilon_0)-\sin^2\theta_{\mathrm{p}}}} \tag{5-32}$$

忽略导线内阻抗和大地导纳的影响，根据外界电磁场激励下基于 Agrawal 模型外推的 N+1 导体传输线频域电报方程，终端边界条件为

$$\boldsymbol{V}^{\mathrm{s}}(0)=-\boldsymbol{R}_{\mathrm{s}}\boldsymbol{I}(0)+\boldsymbol{V}_0 \tag{5-33a}$$

$$\boldsymbol{V}^{\mathrm{s}}(l)=\boldsymbol{R}_{\mathrm{L}}\boldsymbol{I}(l)+\boldsymbol{V}_{\mathrm{L}} \tag{5-33b}$$

式中

$$\boldsymbol{V}_0=\int_0^h[\boldsymbol{E}_z^{\mathrm{i}}(0,z)+\boldsymbol{E}_z^{\mathrm{r}}(0,z)]\mathrm{d}z \tag{5-34a}$$

$$\boldsymbol{V}_{\mathrm{L}}=\int_0^h[\boldsymbol{E}_z^{\mathrm{i}}(l,z)+\boldsymbol{E}_z^{\mathrm{r}}(l,z)]\mathrm{d}z \tag{5-34b}$$

由式(5-31)和式(5-32)计算可得到入射波反射电场的频域表达式 $\boldsymbol{E}^{\mathrm{r}}$。由于架空线的截面尺寸与架空高度远小于入射波波长，将 $\boldsymbol{E}^{\mathrm{i}}$ 和 $\boldsymbol{E}^{\mathrm{r}}$ 代入式(5-18)和式(5-31)，可得均匀平面波激励时 $\boldsymbol{V}_{\mathrm{F}}^{\mathrm{s}}(x)$、$\boldsymbol{V}_0$ 和 $\boldsymbol{V}_{\mathrm{L}}$ 的频域表达式为

$$\boldsymbol{V}_{\mathrm{F}}^{\mathrm{s}}(x)\approx\boldsymbol{E}_0(\omega)f(\omega)\mathrm{e}^{-\mathrm{j}\beta_z x} \tag{5-34c}$$

$$\boldsymbol{V}_0(\omega)\approx\boldsymbol{E}_0(\omega)g(\omega) \tag{5-34d}$$

$$\boldsymbol{V}_{\mathrm{L}}(\omega)\approx\boldsymbol{E}_0(\omega)\mathrm{e}^{-\mathrm{j}\beta_z l} \tag{5-34e}$$

式中，$f(\omega)\approx e_{z1}(1-R_{\mathrm{v}})+e_{z2}(1+R_{\mathrm{h}})$，$e_{z1}=-\sin\theta_{\mathrm{E}}\cos\theta_{\mathrm{p}}\sin\varphi_{\mathrm{p}}$，$e_{z2}=\cos\theta_{\mathrm{E}}\cos\varphi_{\mathrm{p}}$；$g(\omega)\approx e_x h(1+R_{\mathrm{v}})$，$e_x=\sin\theta_{\mathrm{E}}\sin\theta_{\mathrm{p}}$；$\beta_z=-\omega/c\cdot\sin\theta_{\mathrm{p}}\sin\varphi_{\mathrm{p}}$，$c$ 为自由空间中的光速。

为便于瞬态分析，在复频域中应用 3.3.4 节的矢量匹配法将架空多导体传输线的频域形式大地阻抗 $\boldsymbol{Z}_{\mathrm{g}}$ [见式(3-38)]以及 $f(\omega)$、$g(\omega)$ 分别展开为如下形式：

$$Z_{\mathrm{g}ij}=\sum_{s=1}^{\mathrm{NF}}\frac{sc_{ijs}}{s-a_{ijs}} \tag{5-35a}$$

$$f=d_2+\sum_{s=1}^{\mathrm{NF}}\frac{c_{2s}}{s-a_{2s}} \tag{5-35b}$$

$$g=d_3+\sum_{s=1}^{\mathrm{NF}}\frac{c_{3s}}{s-a_{3s}} \tag{5-35c}$$

式中，c_{ijs} $(i,j=1, 2, \cdots, N)$、c_{2s} 和 c_{3s} 分别为 $Z_{\mathrm{g}ij}$、f 和 g 的第 s 个极点；a_{ijs}、a_{2s}

和 a_{3s} 分别为 Z_{gij}、f 和 g 的第 m 个留数；NF 为矢量匹配法的拟合阶数。将式(5-35)进行拉普拉斯逆变换，得到其时域形式，可以方便地进行时域卷积计算。

将式(5-35)代入式(5-13)和式(5-14)，可以分别得到如下方程：

$$\frac{\partial \boldsymbol{V}^{\text{sca}}(x,t)}{\partial x}+\boldsymbol{L}\frac{\partial \boldsymbol{I}(x,t)}{\partial t}+\boldsymbol{Z}'_{\text{g}}(t)*\frac{\partial \boldsymbol{I}(x,t)}{\partial t}=\left(d_2\delta(t)+\sum_{s=1}^{\text{NF}}c_{2s}\text{e}^{a_{2s}t}\right)*\boldsymbol{E}_0\left(t-\frac{x}{v_x}\right) \tag{5-36a}$$

$$\frac{\partial \boldsymbol{I}(x,t)}{\partial x}+\boldsymbol{C}\frac{\partial \boldsymbol{V}^{\text{sca}}(x,t)}{\partial t}=0 \tag{5-36b}$$

式中

$$\boldsymbol{Z}'_{\text{g}}(t)=\begin{pmatrix} \sum\limits_{s=1}^{\text{NF}}c_{11s}\text{e}^{a_{11s}t} & \sum\limits_{s=1}^{\text{NF}}c_{12s}\text{e}^{a_{12s}t} & \cdots & \sum\limits_{s=1}^{\text{NF}}c_{1Ns}\text{e}^{a_{1Ns}t} \\ \sum\limits_{s=1}^{\text{NF}}c_{21s}\text{e}^{a_{21s}t} & \sum\limits_{s=1}^{\text{NF}}c_{22s}\text{e}^{a_{22s}t} & \cdots & \sum\limits_{s=1}^{\text{NF}}c_{2Ns}\text{e}^{a_{2Ns}t} \\ \vdots & \vdots & & \vdots \\ \sum\limits_{s=1}^{\text{NF}}c_{N1s}\text{e}^{a_{N1s}t} & \sum\limits_{s=1}^{\text{NF}}c_{N2s}\text{e}^{a_{N2s}t} & \cdots & \sum\limits_{s=1}^{\text{NF}}c_{NNs}\text{e}^{a_{NNs}t} \end{pmatrix}_{N\times N}$$

$Z'_{\text{g}}(t)$ 为运用矢量匹配法拟合得到的大地阻抗时域表达式。为表述方便起见，不妨将其简记为 $Z'_{\text{g}}(t)=\sum\limits_{s=1}^{\text{NF}}c_{ijs}\text{e}^{a_{ijs}t}$，$i,j=1,2,\cdots,N$，$v_x=-c/(\sin\theta_{\text{p}}\sin\varphi_{\text{p}})$。

1. 传输线始端电压迭代公式

设 $\boldsymbol{M}_0$ 为由外场在传输线始端等效的集总电压源，$\boldsymbol{M}_1$ 为负载端感应电压，根据 $\boldsymbol{V}^{\text{s}}(0)=-\boldsymbol{R}_{\text{s}}\boldsymbol{I}(0)+\boldsymbol{V}_0$ 可得纯阻性负载端电流为

$$\boldsymbol{I}_0=\boldsymbol{R}_{\text{s}}^{-1}\left(\boldsymbol{M}_0-\boldsymbol{M}_1\right) \tag{5-37}$$

应用一阶中心差分法对其进行离散，可得

$$\boldsymbol{I}_0^{n+0.5}=\boldsymbol{R}_{\text{s}}^{-1}(\boldsymbol{M}_0^{n+0.5}-\boldsymbol{M}_1^{n+0.5})=0.5\boldsymbol{R}_{\text{s}}^{-1}[(\boldsymbol{M}_0^{n+1}+\boldsymbol{M}_0^{n})-(\boldsymbol{M}_1^{n+1}+\boldsymbol{M}_1^{n})] \tag{5-38}$$

应用一阶中心差分法对传输线第二个方程(5-14)进行离散，可得

$$\frac{\boldsymbol{I}_1^{n+0.5}-\boldsymbol{I}_0^{n+0.5}}{\Delta z/2}+C\frac{\boldsymbol{M}_1^{n+1}-\boldsymbol{M}_1^{n}}{\Delta t}=\boldsymbol{0} \tag{5-39}$$

将式(5-38)代入式(5-39)，化简可得传输线始端散射电压表达式为

$$\boldsymbol{M}_1^{n+1}=\left(\boldsymbol{R}_{\text{s}}\boldsymbol{C}\frac{\Delta z}{\Delta t}+\boldsymbol{1}_{N\times N}\right)^{-1}\left[\left(\boldsymbol{R}_{\text{s}}\boldsymbol{C}\frac{\Delta z}{\Delta t}-\boldsymbol{1}_{N\times N}\right)\boldsymbol{M}_1^{n}-2\boldsymbol{R}_{\text{s}}\boldsymbol{I}_1^{n+0.5}+2\boldsymbol{M}_0^{n+0.5}\right] \tag{5-40}$$

式中，$\boldsymbol{M}_0^{n+0.5}$ 为外场在传输线始端等效的集总电压源，其推导过程如下：

$$
\begin{aligned}
\boldsymbol{M}_0^{n+0.5} &= \left[d_3\delta(t) + \sum_{i=1}^{N} c_{3i}\mathrm{e}^{a_{3i}t} \right] * \boldsymbol{E}_0\left(t - \frac{0}{v_z}\right) \\
&= d_3\delta(t) * \boldsymbol{E}_0\left(t - \frac{0}{v_z}\right) + \left(\sum_{s=1}^{\mathrm{NF}} c_{3s}\mathrm{e}^{a_{3s}t}\right) * \boldsymbol{E}_0\left(t - \frac{0}{v_z}\right) \\
&= d_3\delta(t) * \boldsymbol{E}_0\left(t - \frac{0}{v_z}\right) + \int_0^t \left(\sum_{s=1}^{\mathrm{NF}} c_{3s}\mathrm{e}^{a_{3s}\tau}\right) \boldsymbol{E}_0\left(t - \tau - \frac{0}{v_z}\right)\mathrm{d}\tau \\
&\approx d_3\boldsymbol{E}_0\left[(n+0.5)\Delta t - \frac{0}{v_z}\right] + \int_0^{(n+0.5)\Delta t} \left(\sum_{s=1}^{\mathrm{NF}} c_{3s}\mathrm{e}^{a_{3s}\tau}\right) \boldsymbol{E}_0[(n+0.5)\Delta t - \tau]\mathrm{d}\tau \\
&\approx d_3\boldsymbol{E}_0^{n+0.5} + \sum_{m=0}^{n} \boldsymbol{E}_0^{n+0.5-m} \int_m^{m+1} \Delta t \left(\sum_{s=1}^{\mathrm{NF}} c_{3s}\mathrm{e}^{a_{3s}m\Delta t}\right)\mathrm{d}m \\
&= d_3\boldsymbol{E}_0^{n+0.5} + \sum_{m=0}^{n} \boldsymbol{E}_0^{n+0.5-m} \sum_{s=1}^{\mathrm{NF}} \frac{c_{3s}}{a_{3s}}(\mathrm{e}^{a_{3s}(m+1)\Delta t} - \mathrm{e}^{a_{3s}m\Delta t}) \\
&= d_3\boldsymbol{E}_0^{n+0.5} + \sum_{s=1}^{\mathrm{NF}} \sum_{m=0}^{n} \boldsymbol{E}_0^{n+0.5-m} \frac{c_{3s}}{a_{3s}}(\mathrm{e}^{a_{3s}(m+1)\Delta t} - \mathrm{e}^{a_{3s}m\Delta t}) \\
&= d_3\boldsymbol{E}_0^{n+0.5} + \sum_{s=1}^{\mathrm{NF}} \boldsymbol{f}_{1s}^n
\end{aligned}
\tag{5-41}
$$

式中

$$
\boldsymbol{f}_{1s}^n = \sum_{m=0}^{n} \boldsymbol{E}_0^{n+0.5-m} \frac{c_{3s}}{a_{3s}}(\mathrm{e}^{a_{3s}(m+1)\Delta t} - \mathrm{e}^{a_{3s}m\Delta t}) = \boldsymbol{E}_0^{n+0.5} \frac{c_{3s}}{a_{3s}}(\mathrm{e}^{a_{3s}\Delta t} - 1) + \mathrm{e}^{a_{3s}\Delta t}\boldsymbol{f}_{1s}^{n-1} \tag{5-42}
$$

因为 m 从 0 开始,而 n 是从 1 开始,所以 f 初值不为 0, $\boldsymbol{f}_{1s}^0 = \boldsymbol{E}_0^{0.5}\dfrac{c_{3s}}{a_{3s}}(\mathrm{e}^{a_{3s}\Delta t} - 1)$ 。

2. 传输线沿线各点散射电压公式

传输线沿线各点散射电压公式推导较为简单，这里直接给出

$$
\boldsymbol{M}_k^{n+1} = \boldsymbol{M}_k^n - \frac{\Delta t}{\Delta z}\boldsymbol{C}^{-1}(\boldsymbol{I}_k^{n+0.5} - \boldsymbol{I}_{k-1}^{n+0.5}), \quad k = 2,3,\cdots,N \tag{5-43}
$$

3. 端接频变负载端散射电压公式

末端端接频变负载时，其感应电压公式推导非常复杂，下面对此进行详细说明。末端负载处电流为

$$
\boldsymbol{I}_{\mathrm{L}}^{n+0.5} = P(\boldsymbol{M}_{N+1}^{n+1} - \boldsymbol{M}_{\mathrm{L}}^{n+1}) + Q(\boldsymbol{M}_{N+1}^n - \boldsymbol{M}_{\mathrm{L}}^n) + \boldsymbol{I}_t^{n+1} \tag{5-44}
$$

式中， $P = x_{0,t} - \xi_{0,t} + g/2 + h/\Delta t$ ， $Q = \xi_{0,t} + g/2 - h/\Delta t$ ； $\boldsymbol{I}_t^{n+1}$ 的表达式为

$$\boldsymbol{I}_t^n = \frac{1}{2}\sum_{s=1}^{N_r}(\rho_s+1)\boldsymbol{I}_{z,s}^n + \sum_{s=N_r+1}^{\mathrm{NF}}\mathrm{Re}[(\rho_s+1)\boldsymbol{I}_{z,s}^n] \tag{5-45}$$

式中，N_r 为 $\boldsymbol{I}_{x,s}^n$ 实数极点个数；$\mathrm{NF}-N_r$ 为 $\boldsymbol{I}_{x,s}^n$ 复数极点个数。

由于存在外场激励，此时 $\boldsymbol{I}_{x,s}^n$ 表达式为

$$\boldsymbol{I}_{x,s}^{n+1} = (x_{0,s}-\xi_{0,s})\boldsymbol{V}_x^{n+1} + \xi_{0,s}\boldsymbol{V}_x^n + \rho_s\boldsymbol{I}_{x,s}^n \tag{5-46}$$

末端负载处电压为$\boldsymbol{V}_x = \boldsymbol{M}_{N_x+1} - \boldsymbol{M}_\mathrm{L}$，其中$\boldsymbol{M}_\mathrm{L}$为由垂直电场在末端负载处形成的等效集总电压源，其时域表达式为

$$\begin{aligned}
\boldsymbol{M}_\mathrm{L}^n &= d_3\delta(t)*\boldsymbol{E}_0\left(t-N\frac{\Delta z}{v_z}\right)+\left(\sum_{s=1}^{\mathrm{NF}}c_{3s}\mathrm{e}^{a_{3s}t}\right)*\boldsymbol{E}_0\left(t-N\frac{\Delta z}{v_z}\right)\\
&= d_3\boldsymbol{E}_0\left(t-N\frac{\Delta z}{v_z}\right)+\int_0^t\left(\sum_{s=1}^{\mathrm{NF}}c_{3s}\mathrm{e}^{a_{3s}\tau}\right)\boldsymbol{E}_0\left(t-\tau-N\frac{\Delta z}{v_z}\right)\mathrm{d}\tau\\
&\approx d_3\boldsymbol{E}_0\left(n\Delta t-N\frac{\Delta z}{v_z}\right)\\
&\quad+\int_0^{(n+0.5)\Delta t}\left(\sum_{s=1}^{\mathrm{NF}}c_{3s}\mathrm{e}^{a_{3s}\tau}\right)\boldsymbol{E}_0\left(n\Delta t-\tau-N\frac{\Delta z}{v_z}\right)\mathrm{d}\tau\\
&\approx d_3\boldsymbol{E}_0^{n-N\Delta z/(v_z\cdot\Delta t)}+\sum_{m=0}^{n}\boldsymbol{E}_0^{n-m-N\Delta z/(v_z\cdot\Delta t)}\int_m^{m+1}\Delta t\sum_{s=1}^{\mathrm{NF}}c_{3s}\mathrm{e}^{a_{3s}m\Delta t}\mathrm{d}m\\
&= d_3\boldsymbol{E}_0^{n-N\Delta z/(v_z\cdot\Delta t)}+\sum_{m=0}^{n}\boldsymbol{E}_0^{n-m-N\Delta z/(v_z\cdot\Delta t)}\sum_{s=1}^{\mathrm{NF}}\frac{c_{3s}}{a_{3s}}(\mathrm{e}^{a_{3s}(m+1)\Delta t}-\mathrm{e}^{a_{3s}m\Delta t})\\
&= d_3\boldsymbol{E}_0^{n-N\Delta z/(v_z\cdot\Delta t)}+\sum_{s=1}^{\mathrm{NF}}\boldsymbol{f}_{2s}^n
\end{aligned} \tag{5-47}$$

式中

$$\boldsymbol{f}_{2s}^n = \boldsymbol{E}_0^{n-N\Delta z/(v_z\cdot\Delta t)}\frac{c_{3s}}{a_{3s}}(\mathrm{e}^{a_{3s}\Delta t}-1)+\mathrm{e}^{a_{3s}\Delta t}\boldsymbol{f}_{2s}^{n-1} \tag{5-48}$$

因为 m 从 0 开始，而 n 从 1 开始，所以 $\boldsymbol{f}_{2s}$ 的初始值为

$$\boldsymbol{f}_{2s}^0 = \boldsymbol{E}_0^{-N\Delta z/(v_z\cdot\Delta t)}\frac{c_{3i}}{a_{3i}}(\mathrm{e}^{a_{3i}\Delta t}-1)=0 \tag{5-49}$$

传输线末端电压公式可离散为

$$\frac{(\boldsymbol{I}_\mathrm{L}^{n+1}+\boldsymbol{I}_\mathrm{L}^n)/2-\boldsymbol{I}_N^{n+0.5}}{\Delta z/2}+\boldsymbol{C}\frac{\boldsymbol{M}_{N+1}^{n+1}-\boldsymbol{M}_{N+1}^n}{\Delta t}=0 \tag{5-50}$$

式中，$(\boldsymbol{I}_\mathrm{L}^{n+1}+\boldsymbol{I}_\mathrm{L}^n)/2=\boldsymbol{I}_\mathrm{L}^{n+0.5}$。

将频变负载两端的电压电流关系式(5-44)代入式(5-50)中，可得负载端的展开式为

$$\begin{aligned}&\frac{\boldsymbol{G}_1(\boldsymbol{M}_{N+1}^{n+1}-\boldsymbol{M}_{\mathrm{L}}^{n+1})+\boldsymbol{G}_2(\boldsymbol{M}_{N+1}^{n}-\boldsymbol{M}_{\mathrm{L}}^{n})}{\Delta z/2}+\frac{\boldsymbol{I}_t^{n+1}-\boldsymbol{I}_N^{n+0.5}}{\Delta z/2}\\&+\boldsymbol{C}\frac{\boldsymbol{M}_{N+1}^{n+1}-\boldsymbol{M}_{N+1}^{n}}{\Delta t}=0\end{aligned}\tag{5-51}$$

式中，$\boldsymbol{G}_1=\mathrm{diag}[P\quad P\quad\cdots\quad P]_{N\times N}$，$\boldsymbol{G}_2=\mathrm{diag}[Q\quad Q\quad\cdots\quad Q]_{N\times N}$。变换式(5-51)的形式可得频变负载端的电压表达式为

$$\boldsymbol{M}_{N+1}^{n+1}=\left(\boldsymbol{G}_1+\frac{\boldsymbol{C}\Delta z}{2\Delta t}\right)^{-1}\left[\left(\frac{\boldsymbol{C}\Delta z}{2\Delta t}-\boldsymbol{G}_2\right)\boldsymbol{M}_{N+1}^{n}+(\boldsymbol{G}_1\boldsymbol{M}_{\mathrm{L}}^{n+1}+\boldsymbol{G}_2\boldsymbol{M}_{\mathrm{L}}^{n})-\boldsymbol{I}_t^{n}+\boldsymbol{I}_N^{n+0.5}\right]\tag{5-52}$$

4. 沿线电流迭代公式

根据式(5-36a)可得

$$\begin{aligned}&\frac{\boldsymbol{M}_{k+1}^{n+1}-\boldsymbol{M}_{k}^{n+1}}{\Delta z}+\boldsymbol{L}\frac{\boldsymbol{I}_k^{n+1.5}-\boldsymbol{I}_k^{n+0.5}}{\Delta t}+\boldsymbol{Z}_{\mathrm{g}}'(t)*\frac{\partial\boldsymbol{I}(z,t)}{\partial t}\\&=\left[d_2\delta(t)+\sum_{s=1}^{\mathrm{NF}}c_{2s}\mathrm{e}^{a_{2s}t}\right]*\boldsymbol{E}_0\left(t-\frac{z}{v_z}\right)\end{aligned}\tag{5-53}$$

式中，两个卷积项的求解过程分别如下：

$$\begin{aligned}\boldsymbol{Z}_{\mathrm{g}}'(t)*\frac{\partial\boldsymbol{I}(z,t)}{\partial t}&=\int_0^t\sum_{s=1}^{\mathrm{NF}}c_{ijs}\mathrm{e}^{a_{ijs}\tau}\frac{\partial}{\partial(t-\tau)}\boldsymbol{I}(z,t-\tau)\mathrm{d}\tau\\&\approx\int_0^{(n+1)\Delta t}\sum_{s=1}^{\mathrm{NF}}c_{ijs}\mathrm{e}^{a_{ijs}\tau}\frac{\boldsymbol{I}(z,(n+1.5)\Delta t-\tau)-\boldsymbol{I}(z,(n+0.5)\Delta t-\tau)}{\Delta t}\mathrm{d}\tau\\&\approx\sum_{m=0}^{n}\int_m^{m+1}\sum_{s=1}^{\mathrm{NF}}c_{ijs}\mathrm{e}^{a_{ijs}m\Delta t}\mathrm{d}m(\boldsymbol{I}_k^{n+1.5-m}-\boldsymbol{I}_k^{n+0.5-m})\\&=\sum_{m=0}^{n}\sum_{s=1}^{\mathrm{NF}}\frac{c_{ijs}}{a_{ijs}\Delta t}(\mathrm{e}^{a_{ijs}(m+1)\Delta t}-\mathrm{e}^{a_{ijs}m\Delta t})(\boldsymbol{I}_k^{n+1.5-m}-\boldsymbol{I}_k^{n+0.5-m})\end{aligned}\tag{5-54}$$

式中，$i,j=1,2,\cdots,N$。

式(5-53)等号右边的卷积式可表示为

$$\begin{aligned}&\left(d_2\delta(t)+\sum_{s=1}^{\mathrm{NF}}c_{2s}\mathrm{e}^{a_{2s}t}\right)*\boldsymbol{E}_0\left(t-\frac{z}{v_z}\right)\\&=d_2\boldsymbol{E}_0^{n+1-(k-0.5)\Delta z/(v_z\cdot\Delta t)}+\sum_{m=0}^{n}\boldsymbol{E}_0^{n+1-m-(k-0.5)\Delta z/(v_z\cdot\Delta t)}\cdot\sum_{s=1}^{\mathrm{NF}}\frac{c_{2s}}{a_{2s}}(\mathrm{e}^{a_{2s}(m+1)\Delta t}-\mathrm{e}^{a_{2s}m\Delta t})\end{aligned}\tag{5-55}$$

根据以上各式可得传输线沿线各点的电流为

$$\boldsymbol{I}_k^{n+1.5} = \boldsymbol{I}_k^{n+0.5} - \frac{\Delta z}{\Delta t}\boldsymbol{F}^{-1}\left[\boldsymbol{\psi}_i^n - (\boldsymbol{M}_{k+1}^{n+1} - \boldsymbol{M}_k^{n+1}) + d_2\Delta z\boldsymbol{E}_0^{n+1-(k-0.5)\Delta z/(\Delta t\cdot v_z)} + \Delta z\sum_{s=1}^{\mathrm{NF}}\boldsymbol{f}_{3s}^n\right] \tag{5-56}$$

式中，$\boldsymbol{F} = \left(\boldsymbol{L} + \sum_{s=1}^{\mathrm{NF}}\frac{c_{ijs}}{a_{ijs}}(\mathrm{e}^{a_{ijs}\Delta t} - 1)\right)\frac{\Delta z}{\Delta t}$；$\boldsymbol{\psi}_i^n = \sum_{s=1}^{\mathrm{NF}}\frac{c_{ijs}}{a_{ijs}}(\mathrm{e}^{a_{ijs}2\Delta t} - \mathrm{e}^{a_{ijs}\Delta t})(\boldsymbol{I}_k^{n+0.5} - \boldsymbol{I}_k^{n-0.5}) + \mathrm{e}^{a_{ijs}\Delta t}\boldsymbol{\psi}_i^{n-1}$，$\boldsymbol{\psi}_i^0 = 0$，$k = 1,2,\cdots,N$，$i,j = 1,2,\cdots,N$。

$\boldsymbol{f}_{3s}^n$ 可表示为

$$\boldsymbol{f}_{3s}^n = \boldsymbol{E}_0^{n+1-(k-0.5)\Delta z/(v_z\cdot\Delta t)}\frac{c_{2s}}{a_{2s}}(\mathrm{e}^{a_{2s}\Delta t} - 1) + \mathrm{e}^{a_{2s}\Delta t}\boldsymbol{f}_{3s}^{n-1} \tag{5-57}$$

因为 m 从 0 开始，n 从 1 开始，所以 $\boldsymbol{f}_{3s}$ 的初值为 $\boldsymbol{f}_{3s}^0 = \boldsymbol{E}_0^{1-(k-0.5)\Delta z/(v_z\cdot\Delta t)}\cdot c_{2s}(\mathrm{e}^{a_{2s}\Delta t} - 1)/a_{2s}$。

以上各式中，Δz 和 Δt 分别为空间离散步长和时间离散步长，N 为传输线空间离散段数。为了确保算法稳定，必须满足 $\Delta t \leqslant \Delta z/v$ 的条件，取等号时 Δt 定义为最佳时间步长，其中 v 可取为光速。

5.3.2　方法应用

1. 端接纯阻性负载多导体传输线电磁耦合计算

设有一种供电电缆为 YC 型重型橡套软电缆，该型电缆耐压 450/750V。电缆分布参数见 3.1.2 节。设电缆长 $L = 20\mathrm{m}$，铺设在地面上(高度 h=1.8cm)，两端接阻抗矩阵为 $Z_1 = Z_2 = \mathrm{diag}(50\ 50\ 50\ 50)\Omega$。入射波为远场平面波，含贝尔实验室标准高空核电磁脉冲信号，极化角 α=0，方位角 φ=0，俯仰角 ψ=π/3。根据本节方法，计算得到传输线两端负载处的电流响应，如图 5-3 所示。

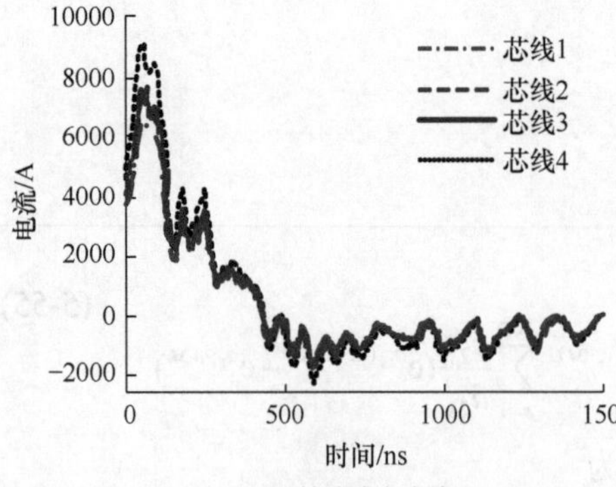

(a) 始端感应电流

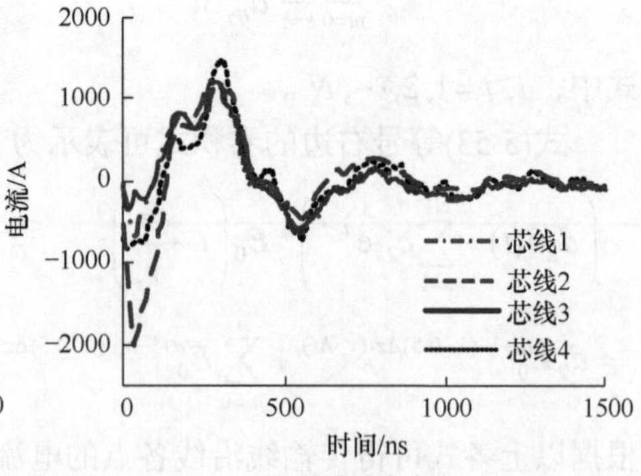

(b) 终端感应电流

图 5-3　多导体传输线负载处感应电流

由图 5-3 可以看出，一根铺设在地面上的 20m 长电缆两端感应信号竟可达到数千安。这对电缆以及端接设备都会造成很大的干扰，甚至起到破坏作用。

2. 外场激励下多导体传输线响应不同方法计算结果对比

仿真用电缆型号及端接负载同上，电缆长 $L=20\text{m}$，架高 $h=0.1\text{m}$，坐标系统如图 5-2 所示。电缆激励场为贝尔实验室标准高空核电磁脉冲，入射极化角 $\alpha=0$，方位角 $\varphi=0$，俯仰角 $\psi=\pi/3$。利用解析法和时域有限差分法计算得到电缆两端负载处感应电流，如图 5-4 所示。可以看出，两种方法计算结果十分吻合。

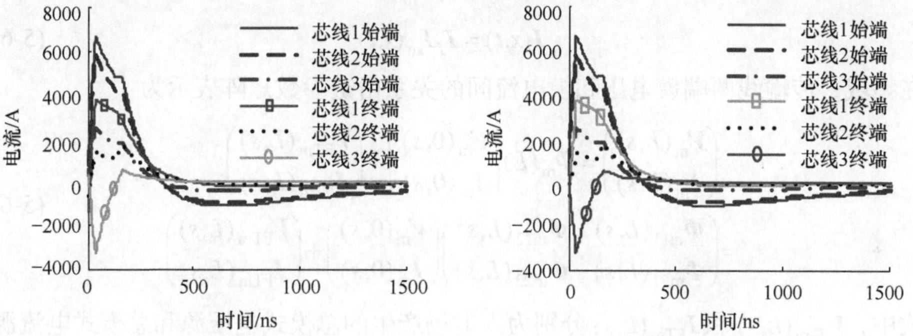

(a) 解析法计算结果　(b) 时域有限差分法计算结果

图 5-4　多导体电缆负载端感应电流波形

研究表明，多导体传输线端接负载处感应信号也呈现出很强的规律性，传输线长度、架空高度、电磁脉冲入射角度、传输线材料参数、端接负载及土壤电气参数对单导体、多导体传输线的影响相同。

5.4　等效电路法

5.4.1　无损传输线等效电路模型

1. 模型的建立

下面简单推导电磁脉冲场辐照下无损多导体传输线等效电路模型建立过程。在式(3-93a)和式(3-93b)基础上，电磁脉冲场辐照下 n 条无损多导体传输线时域方程为

$$\frac{\partial \boldsymbol{V}(x,t)}{\partial x}=-\boldsymbol{L}\frac{\partial \boldsymbol{I}(x,t)}{\partial t}+\boldsymbol{V}_{\mathrm{F}}(x,t) \tag{5-58}$$

$$\frac{\partial \boldsymbol{I}(x,t)}{\partial z}=-\boldsymbol{C}\frac{\partial \boldsymbol{V}(x,t)}{\partial t}+\boldsymbol{I}_{\mathrm{F}}(x,t) \tag{5-59}$$

式中，$\boldsymbol{V}_{\mathrm{F}}(x,t)$ 和 $\boldsymbol{I}_{\mathrm{F}}(x,t)$ 分别为由入射场产生的单位长度分布电压源和分布电流源。可以找到一个实正交变换矩阵 $\boldsymbol{U}$，对实对称正定矩阵 $\boldsymbol{C}$ 进行对角化，即 $\boldsymbol{U}^{\mathrm{T}}\boldsymbol{C}\boldsymbol{U}=\boldsymbol{\Theta}^2$，其中 $\boldsymbol{\Theta}^2$ 为对角矩阵，$\boldsymbol{U}^{\mathrm{T}}$ 为矩阵 $\boldsymbol{U}$ 的转置。还可以找到一个实正交变换矩阵 $\boldsymbol{S}$，满足 $\boldsymbol{S}^{\mathrm{T}}(\boldsymbol{\Theta}\boldsymbol{U}^{\mathrm{T}}\boldsymbol{L}\boldsymbol{U}\boldsymbol{\Theta})\boldsymbol{S}=\boldsymbol{\Lambda}^2$，其中 $\boldsymbol{\Lambda}^2$ 为对角矩阵。定义矩阵 $\boldsymbol{T}=\boldsymbol{U}\boldsymbol{\Theta}\boldsymbol{S}$，各列对统一长度进行归一化，可得 $\boldsymbol{T}_{\mathrm{norm}}=\boldsymbol{T}\boldsymbol{\alpha}$，其中 $\boldsymbol{\alpha}$ 为对角矩阵。

定义 $\boldsymbol{T}_I=\boldsymbol{T}_{\mathrm{norm}}=\boldsymbol{U}\boldsymbol{\Theta}\boldsymbol{S}\boldsymbol{\alpha}$，$\boldsymbol{T}_V=\boldsymbol{U}\boldsymbol{\Theta}^{-1}\boldsymbol{S}\boldsymbol{\alpha}^{-1}$，$\boldsymbol{T}_V\boldsymbol{T}_I^{\mathrm{T}}=\boldsymbol{1}_n$。将线电压矩阵 $\boldsymbol{V}(x,t)$ 和线电流矩阵 $\boldsymbol{I}(x,t)$ 变换为模电压矩阵 $\boldsymbol{V}_{\mathrm{m}}(x,t)$ 和模电流矩阵 $\boldsymbol{I}_{\mathrm{m}}(x,t)$：

$$\boldsymbol{V}(x,t)=\boldsymbol{T}_V\boldsymbol{V}_{\mathrm{m}}(x,t) \tag{5-60}$$

$$\boldsymbol{I}(x,t)=\boldsymbol{T}_I\boldsymbol{I}_{\mathrm{m}}(x,t) \tag{5-61}$$

在频域，传输线两端模电压和模电流间的关系由链参数矩阵表示为

$$\begin{aligned}\begin{pmatrix}\boldsymbol{V}_{\mathrm{m}}(L,s)\\ \boldsymbol{I}_{\mathrm{m}}(L,s)\end{pmatrix}&=\boldsymbol{\Phi}_{\mathrm{m}}(L)\begin{pmatrix}\boldsymbol{V}_{\mathrm{m}}(0,s)\\ \boldsymbol{I}_{\mathrm{m}}(0,s)\end{pmatrix}+\begin{pmatrix}\boldsymbol{V}_{\mathrm{FTm}}(L,s)\\ \boldsymbol{I}_{\mathrm{FTm}}(L,s)\end{pmatrix}\\ &=\begin{pmatrix}\boldsymbol{\Phi}_{\mathrm{m11}}(L,s) & \boldsymbol{\Phi}_{\mathrm{m12}}(L,s)\\ \boldsymbol{\Phi}_{\mathrm{m21}}(L,s) & \boldsymbol{\Phi}_{\mathrm{m22}}(L,s)\end{pmatrix}\begin{pmatrix}\boldsymbol{V}_{\mathrm{m}}(0,s)\\ \boldsymbol{I}_{\mathrm{m}}(0,s)\end{pmatrix}+\begin{pmatrix}\boldsymbol{V}_{\mathrm{FTm}}(L,s)\\ \boldsymbol{I}_{\mathrm{FTm}}(L,s)\end{pmatrix}\end{aligned} \tag{5-62}$$

式中，$\boldsymbol{V}_{\mathrm{FTm}}(L,s)$ 和 $\boldsymbol{I}_{\mathrm{FTm}}(L,s)$ 分别为入射场产生的总模式电压源和总模式电流源。定义特性阻抗矩阵 $\boldsymbol{Z}_{\mathrm{c}}=\boldsymbol{C}^{-1}\boldsymbol{T}_I\boldsymbol{\Lambda}\boldsymbol{T}_I^{-1}$，模特性阻抗矩阵为 $\boldsymbol{Z}_{\mathrm{cm}}=\boldsymbol{\alpha}^2\boldsymbol{\Lambda}=\boldsymbol{T}_V^{-1}\boldsymbol{Z}_{\mathrm{c}}\boldsymbol{T}_I$。将模链参数子矩阵代入式(5-62)后，整理得

$$\boldsymbol{V}_{\mathrm{m}}(0,s)-\boldsymbol{Z}_{\mathrm{cm}}\boldsymbol{I}_{\mathrm{m}}(0,s)=\mathrm{e}^{-s\boldsymbol{\Lambda}L}[\boldsymbol{V}_{\mathrm{m}}(L,s)-\boldsymbol{Z}_{\mathrm{cm}}\boldsymbol{I}_{\mathrm{m}}(L,s)]+\boldsymbol{E}_0(L,s) \tag{5-63}$$

$$\boldsymbol{V}_{\mathrm{m}}(L,s)+\boldsymbol{Z}_{\mathrm{cm}}\boldsymbol{I}_{\mathrm{m}}(L,s)=\mathrm{e}^{-s\boldsymbol{\Lambda}L}[\boldsymbol{V}_{\mathrm{m}}(0,s)+\boldsymbol{Z}_{\mathrm{cm}}\boldsymbol{I}_{\mathrm{m}}(0,s)]+\boldsymbol{E}_{\mathrm{L}}(L,s) \tag{5-64}$$

式中，$\boldsymbol{E}_0(L,s)=-\mathrm{e}^{-s\boldsymbol{\Lambda}L}[\boldsymbol{V}_{\mathrm{FTm}}(L,s)-\boldsymbol{Z}_{\mathrm{cm}}\boldsymbol{I}_{\mathrm{FTm}}(L,s)]$，$\boldsymbol{E}_{\mathrm{L}}(L,s)=\boldsymbol{V}_{\mathrm{FTm}}(L,s)+\boldsymbol{Z}_{\mathrm{cm}}\boldsymbol{I}_{\mathrm{FTm}}(L,s)$。

利用基本的时延变换 $\mathrm{e}^{-sT}F(s)\Leftrightarrow F(t-T)$，可得上述公式的时域形式，其第 k 行可表示为

$$\begin{aligned}&\left(\boldsymbol{V}_{\mathrm{m}}(0,t)-\boldsymbol{Z}_{\mathrm{cm}}\boldsymbol{I}_{\mathrm{m}}(0,t)\right)_k\\ &=\left(\boldsymbol{V}_{\mathrm{m}}(L,t-T_j)-\boldsymbol{Z}_{\mathrm{cm}}\boldsymbol{I}_{\mathrm{m}}(L,t-T_j)\right)_k+\left(\boldsymbol{E}_0(t)\right)_k\end{aligned} \tag{5-65}$$

$$\begin{aligned}&\left(\boldsymbol{V}_{\mathrm{m}}(L,t)+\boldsymbol{Z}_{\mathrm{cm}}\boldsymbol{I}_{\mathrm{m}}(L,t)\right)_k\\ &=\left(\boldsymbol{V}_{\mathrm{m}}(0,t-T_j)+\boldsymbol{Z}_{\mathrm{cm}}\boldsymbol{I}_{\mathrm{m}}(0,t-T_j)\right)_k+\left(\boldsymbol{E}_{\mathrm{L}}(t)\right)_k\end{aligned} \tag{5-66}$$

式中

$$\left(\boldsymbol{E}_0(t)\right)_k=-\left(\boldsymbol{V}_{\mathrm{FTm}}(L,t-T_k)-\boldsymbol{Z}_{\mathrm{cm}}\boldsymbol{I}_{\mathrm{FTm}}(L,t-T_k)\right)_k \tag{5-67}$$

$$\left(\boldsymbol{E}_{\mathrm{L}}(t)\right)_k = -\left(\boldsymbol{V}_{\mathrm{FTm}}(L,t) + \boldsymbol{Z}_{\mathrm{cm}}\boldsymbol{I}_{\mathrm{FTm}}(L,t)\right)_k \tag{5-68}$$

时延 $T_k = L / v_{\mathrm{m}k} = \Lambda_k L$。传输线上的电压和电流的逆变换由式(5-60)和式(5-61)所给的模式变换可得

$$\left(\boldsymbol{V}(x,t)\right)_k = \sum_{j=1}^{n}\left\{\left(\boldsymbol{T}_V\right)_{kj}\left(\boldsymbol{V}_{\mathrm{m}}(x,t)\right)_j\right\} \tag{5-69}$$

$$\left(\boldsymbol{I}_{\mathrm{m}}(x,t)\right)_k = \sum_{j=1}^{n}\left\{\left(\boldsymbol{T}_I^{-1}\right]_{kj}\left[\boldsymbol{I}(x,t)\right)_j\right\} \tag{5-70}$$

当入射场为均匀平面波时，假设参考导体位于坐标系原点，如图 5-5 所示。其中，$\boldsymbol{E}$ 为电场矢量，$\boldsymbol{H}$ 为磁场矢量，$\boldsymbol{\eta}$ 为电磁波传播方向。

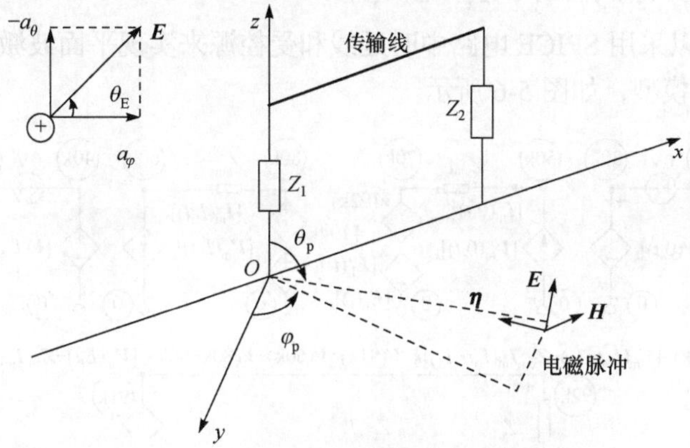

图 5-5　平面波辐照理想传输线方位示意图

$$\boldsymbol{E}(x,y,z) = E_0(s)(e_x\boldsymbol{a}_x + e_y\boldsymbol{a}_y + e_z\boldsymbol{a}_z)\mathrm{e}^{-s(\kappa_x x+\kappa_y y+\kappa_z z)} \tag{5-71}$$

式中

$$e_z = \sin\theta_{\mathrm{E}}\sin\theta_{\mathrm{p}} \tag{5-72}$$

$$e_y = -\sin\theta_{\mathrm{E}}\cos\theta_{\mathrm{p}}\cos\varphi_{\mathrm{p}} - \cos\theta_{\mathrm{E}}\sin\varphi_{\mathrm{p}} \tag{5-73}$$

$$e_x = -\sin\theta_{\mathrm{E}}\cos\theta_{\mathrm{p}}\sin\varphi_{\mathrm{p}} + \cos\theta_{\mathrm{E}}\cos\varphi_{\mathrm{p}} \tag{5-74}$$

$$\kappa_z = \frac{\cos\theta_{\mathrm{p}}}{c} = \frac{\cos\theta_{\mathrm{p}}}{v_0}\sqrt{u_{\mathrm{r}}\varepsilon_{\mathrm{r}}} \tag{5-75}$$

$$\kappa_y = \frac{\sin\theta_{\mathrm{p}}\cos\varphi_{\mathrm{p}}}{c} = \frac{\sin\theta_{\mathrm{p}}\cos\varphi_{\mathrm{p}}}{v_0}\sqrt{u_{\mathrm{r}}\varepsilon_{\mathrm{r}}} \tag{5-76}$$

$$\kappa_x = \frac{\sin\theta_{\mathrm{p}}\sin\varphi_{\mathrm{p}}}{c} = \frac{\sin\theta_{\mathrm{p}}\sin\varphi_{\mathrm{p}}}{v_0}\sqrt{u_{\mathrm{r}}\varepsilon_{\mathrm{r}}} \tag{5-77}$$

强制函数可简化为

$$\left(\boldsymbol{E}_0(t)\right)_k = \left(\boldsymbol{\alpha}_0\right)_k \left(\frac{E_0(t)-E_0(t-T_k-T_x)}{T_k+T_x}\right) \tag{5-78}$$

$$\left(\boldsymbol{E}_{\mathrm{L}}(t)\right)_k = \left(\boldsymbol{\alpha}_{\mathrm{L}}\right)_k \left(\frac{E_0(t-T_k)-E_0(t-T_x)}{T_k-T_x}\right) \tag{5-79}$$

$$\left(\boldsymbol{\alpha}_0\right)_k = \sum_{j=1}^{n}\left\{\left(e_x T_{zyj} L-(e_z z_j+e_y y_j)(T_k+T_x)\right)\left(\boldsymbol{T}_I^{\mathrm{T}}\right)_{kj}\right\} \tag{5-80}$$

$$\left(\boldsymbol{\alpha}_{\mathrm{L}}\right)_k = \sum_{j=1}^{n}\left\{\left(e_x T_{zyj} L+(e_z z_j+e_y y_j)(T_k-T_x)\right)\left(\boldsymbol{T}_I^{\mathrm{T}}\right)_{kj}\right\} \tag{5-81}$$

式中，$T_{zyj}=z_j/v_z+y_j/v_y$；$T_x=L/v_x$。

这样，可以采用 SPICE 电路中时延线和受控源来实现平面波激励下多导体传输线等效电路模型，如图 5-6 所示。

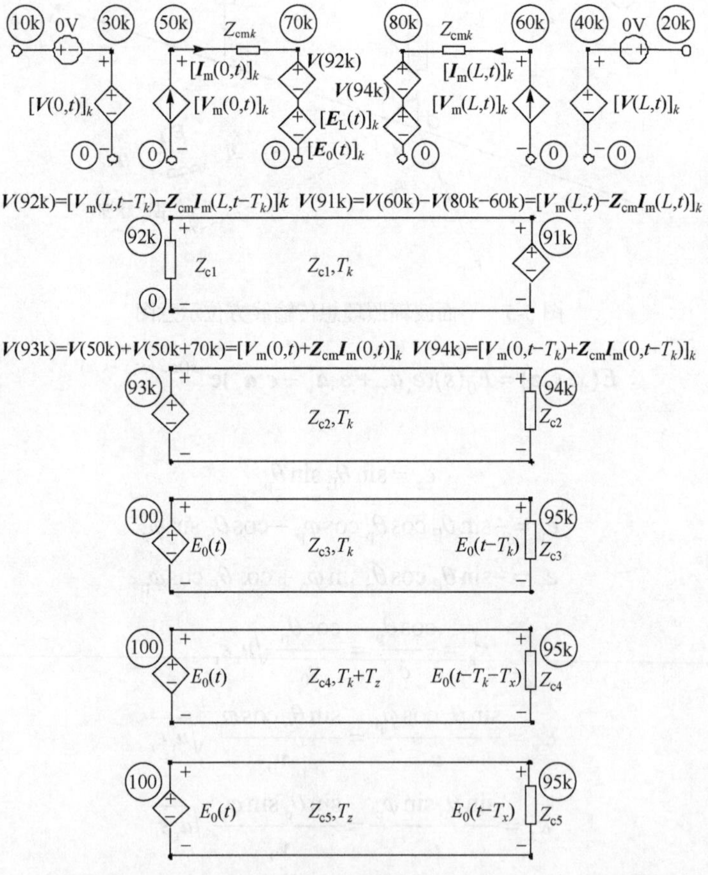

图 5-6　平面波激励下无损多导体传输线等效电路模型(10k 指 10kΩ，余同)

2. 模型的应用

以电磁脉冲场辐照于一根理想地面上水平架空传输线为例，对比分析本节方法的优势[2]。线长 $L=30\text{m}$，架高 $h=1\text{m}$，线半径 $r=0.5\text{mm}$。电缆两端端接阻抗为 $Z_1=Z_2=100\Omega$，入射电磁波为贝尔实验室标准高空核电磁脉冲，其表达式为 $E_0(t)=52.5(\text{e}^{-4\times10^6 t}-\text{e}^{-4.76\times10^8 t})\text{kV/m}$。$\theta_\text{p}=\pi/2$，$\theta_\text{E}=\pi/2$，$\varphi_\text{p}=\pi/2$。利用 MATLAB 和 SPICE 方法对模型进行了仿真，计算得到电缆两端负载响应如图 5-7 所示。

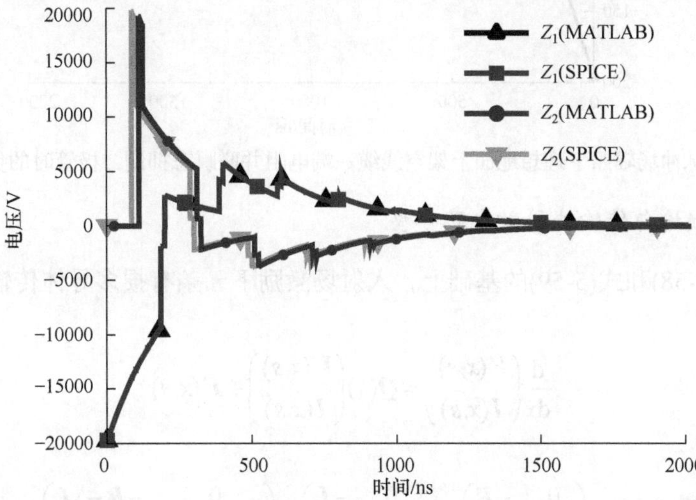

图 5-7　脉冲场辐照下理想地面上架空线缆两端负载响应

由图 5-7 看出，SPICE 方法与直接利用 MATLAB 编程计算所得结果一致，证明了本节编写的 SPICE 代码的正确性。将辐射脉冲调整为 $E_0(t)=525(\text{e}^{-4\times10^6 t}-\text{e}^{-4.76\times10^8 t})\text{V/m}$，在负载 Z_2 处并联一个型号为 1.5KE39CA 的瞬态抑制二极管，所得负载响应如图 5-8 所示。

由图 5-8 可以看出，瞬态抑制二极管将 Z_2 处感应电压控制在 48V，符合该型号瞬态抑制二极管的理想特性，同时看出等效电路方法能够实现对非线性器件的仿真预测。

5.4.2　有损非均匀多导体传输线等效电路模型

本节首先推导电磁脉冲场辐照下有损均匀传输线的等效电路模型，然后建立电磁脉冲场辐照下有损非均匀传输线的等效电路模型。

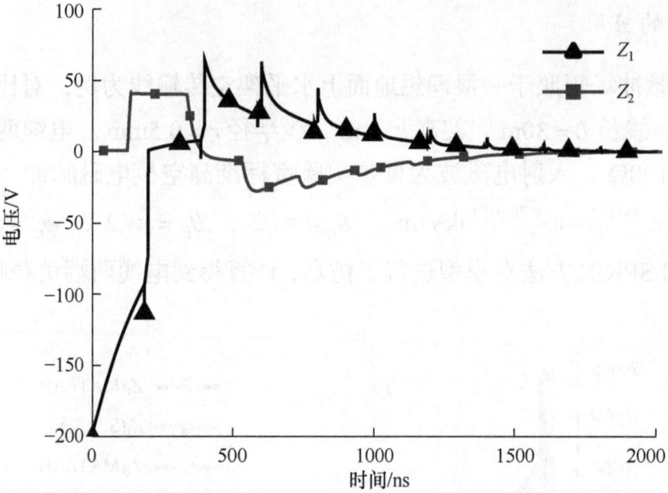

图 5-8　脉冲场辐照下理想地面上架空线缆一端电阻并联瞬态抑制二极管时的负载响应

1. 有损均匀传输线等效电路模型

在式(5-58)和式(5-59)的基础上，入射场激励下 n 条有损多导体传输线总电压方程为

$$\frac{\mathrm{d}}{\mathrm{d}x}\begin{pmatrix}\boldsymbol{V}(x,s)\\ \boldsymbol{I}(x,s)\end{pmatrix}=\boldsymbol{Q}(s)\begin{pmatrix}\boldsymbol{V}(x,s)\\ \boldsymbol{I}(x,s)\end{pmatrix}+\boldsymbol{F}(x,s) \tag{5-82}$$

式中

$$\boldsymbol{Q}(s)=\begin{pmatrix}0 & -\boldsymbol{R}\\ -\boldsymbol{G} & 0\end{pmatrix}+s\begin{pmatrix}0 & -\boldsymbol{L}\\ -\boldsymbol{C} & 0\end{pmatrix}=\begin{pmatrix}0 & -\boldsymbol{R}-s\boldsymbol{L}\\ -\boldsymbol{G}-s\boldsymbol{C} & 0\end{pmatrix} \tag{5-83}$$

$$\boldsymbol{F}(x,s)=\begin{pmatrix}\boldsymbol{V}_{\mathrm{F}}(x,s)\\ \boldsymbol{I}_{\mathrm{F}}(x,s)\end{pmatrix}=\begin{pmatrix}\dfrac{\mathrm{d}}{\mathrm{d}x}\boldsymbol{V}_t^{\mathrm{inc}}(x,s)+\boldsymbol{V}_x^{\mathrm{inc}}(x,s)\\ (\boldsymbol{G}+s\boldsymbol{C})\boldsymbol{V}_t^{\mathrm{inc}}(x,s)\end{pmatrix} \tag{5-84}$$

式中

$$\boldsymbol{V}_t^{\mathrm{inc}}(x,s)=-\begin{pmatrix}\displaystyle\int_{\rho(z_1,y_1)} E_t^{\mathrm{inc}}(\rho,x)\mathrm{d}\rho\\ \vdots\\ \displaystyle\int_{\rho(z_i,y_i)} E_t^{\mathrm{inc}}(\rho,x)\mathrm{d}\rho\\ \vdots\\ \displaystyle\int_{\rho(z_n,y_n)} E_t^{\mathrm{inc}}(\rho,x)\mathrm{d}\rho\end{pmatrix} \tag{5-85}$$

$$V_x^{\text{inc}}(x,s)=\begin{pmatrix} E_x^{\text{inc}}(z_1,y_1,x)-E_x^{\text{inc}}(z_0,y_0,x) \\ \vdots \\ E_x^{\text{inc}}(z_i,y_i,x)-E_x^{\text{inc}}(z_0,y_0,x) \\ \vdots \\ E_x^{\text{inc}}(z_n,y_n,x)-E_x^{\text{inc}}(z_0,y_0,x) \end{pmatrix} \tag{5-86}$$

式中，E_t^{inc} 和 E_x^{inc} 分别为入射场水平分量和垂直分量。考虑散射电压形式：

$$\boldsymbol{V}(x,s)=[\boldsymbol{V}^{\text{sca}}(x,s)+\boldsymbol{V}_t^{\text{inc}}(x,s)] \tag{5-87}$$

式中，$\boldsymbol{V}^{\text{sca}}(x,s)$ 为散射电压。

式(5-82)可化简为

$$\begin{aligned}\frac{\mathrm{d}}{\mathrm{d}x}\begin{pmatrix}\boldsymbol{V}^{\text{sca}}(x,s)\\ \boldsymbol{I}(x,s)\end{pmatrix}&=\boldsymbol{Q}(s)\begin{pmatrix}\boldsymbol{V}^{\text{sca}}(x,s)\\ \boldsymbol{I}(x,s)\end{pmatrix}-\begin{pmatrix}\dfrac{\mathrm{d}}{\mathrm{d}x}\boldsymbol{V}_t^{\text{inc}}(x,s)\\ 0\end{pmatrix}\\ &\quad+\begin{pmatrix}0\\ -(\boldsymbol{G}+s\boldsymbol{C})\boldsymbol{V}_t^{\text{inc}}(x,s)\end{pmatrix}+\boldsymbol{F}(x,s)\end{aligned} \tag{5-88}$$

式(5-88)可表示为

$$\frac{\mathrm{d}}{\mathrm{d}x}\begin{pmatrix}\boldsymbol{V}^{\text{sca}}(x,s)\\ \boldsymbol{I}(x,s)\end{pmatrix}=\boldsymbol{Q}(s)\begin{pmatrix}\boldsymbol{V}^{\text{sca}}(x,s)\\ \boldsymbol{I}(x,s)\end{pmatrix}+\boldsymbol{F}(x,s) \tag{5-89}$$

式中

$$\boldsymbol{F}(x,s)=\begin{pmatrix}\boldsymbol{V}_x^{\text{inc}}(x,s)\\ 0\end{pmatrix} \tag{5-90}$$

可求得

$$\begin{pmatrix}\boldsymbol{V}^{\text{sca}}(L,s)\\ \boldsymbol{I}(L,s)\end{pmatrix}=\mathrm{e}^{\boldsymbol{Q}(s)L}\begin{pmatrix}\boldsymbol{V}^{\text{sca}}(0,s)\\ \boldsymbol{I}(0,s)\end{pmatrix}+\boldsymbol{J}_1(s) \tag{5-91}$$

式中，$\boldsymbol{J}_1(s)=\int_0^L \mathrm{e}^{\boldsymbol{Q}(s)(L-x)}\boldsymbol{F}(x,s)\mathrm{d}x$。

当入射场为平面波时，根据 5.4.1 节平面波入射角度，可得

$$\boldsymbol{V}_x^{\text{inc}}(x,s)=\begin{pmatrix} E_0(s)e_x(\mathrm{e}^{-s(\kappa_z z_1+\kappa_y y_1)}-1)\mathrm{e}^{-s\kappa_x x} \\ \vdots \\ E_0(s)e_x(\mathrm{e}^{-s(\kappa_z z_i+\kappa_y y_i)}-1)\mathrm{e}^{-s\kappa_x x} \\ \vdots \\ E_0(s)e_x(\mathrm{e}^{-s(\kappa_z z_n+\kappa_y y_n)}-1)\mathrm{e}^{-s\kappa_x x} \end{pmatrix} \tag{5-92}$$

由于传输线的横截面尺寸相对最小波长是非常小的，可看成准 TEM 模，因此可以按照幂指数 Taylor 级数展开进行简化：

$$\mathrm{e}^{\eta}=1+\eta+\frac{\eta^2}{2!}+\cdots+\frac{\eta^n}{n!}+\cdots \tag{5-93}$$

据此有

$$\boldsymbol{V}_x^{\text{inc}}(x,s)\approx-\begin{pmatrix} E_0(s)e_x s(\kappa_z z_1+\kappa_y y_1)\mathrm{e}^{-s\kappa_x x} \\ \vdots \\ E_0(s)e_x s(\kappa_z z_i+\kappa_y y_i)\mathrm{e}^{-s\kappa_x x} \\ \vdots \\ E_0(s)e_x s(\kappa_z z_n+\kappa_y y_n)\mathrm{e}^{-s\kappa_x x} \end{pmatrix} \tag{5-94}$$

故有

$$\boldsymbol{F}(x,s)=\begin{pmatrix} \boldsymbol{V}_x^{\text{inc}}(x,s) \\ 0 \end{pmatrix}\approx \mathrm{e}^{-s\kappa_x x}\boldsymbol{\varGamma}(s)=\mathrm{e}^{-s\kappa_x x}sE_0(s)\begin{pmatrix} \boldsymbol{V}_{\text{F1}} \\ 0 \end{pmatrix} \tag{5-95}$$

式中

$$\boldsymbol{V}_{\text{F1}}=\begin{pmatrix} -e_x(\kappa_z z_1+\kappa_y y_1) \\ \vdots \\ -e_x(\kappa_z z_i+\kappa_y y_i) \\ \vdots \\ -e_x(\kappa_z z_n+\kappa_y y_n) \end{pmatrix} \tag{5-96}$$

针对微带线结构有

$$\boldsymbol{V}_{\text{F1}}=\begin{pmatrix} -2e_x\kappa_y y_1 \\ \vdots \\ -2e_x\kappa_y y_i \\ \vdots \\ -2e_x\kappa_y y_n \end{pmatrix} \tag{5-97}$$

考虑平面波情况，有 $\frac{z}{\rho}=\frac{z_i}{d}$，$\frac{y}{\rho}=\frac{y_i}{d}$，$d=\sqrt{{z_i}^2+{y_i}^2}$。

$$V_t^{\text{inc}}(x,s)=-\begin{pmatrix}\int_0^d E_0(s)\dfrac{e_z z_1+e_y y_1}{d}\mathrm{e}^{-s(\kappa_z z_1+\kappa_y y_1)\frac{\rho}{d}}\mathrm{e}^{-s\kappa_x x}\mathrm{d}\rho\\ \vdots\\ \int_0^d E_0(s)\dfrac{e_z z_i+e_y y_i}{d}\mathrm{e}^{-s(\kappa_z z_i+\kappa_y y_i)\frac{\rho}{d}}\mathrm{e}^{-s\kappa_x x}\mathrm{d}\rho\\ \vdots\\ \int_0^d E_0(s)\dfrac{e_z z_n+e_y y_n}{d}\mathrm{e}^{-s(\kappa_z z_n+\kappa_y y_n)\frac{\rho}{d}}\mathrm{e}^{-s\kappa_x x}\mathrm{d}\rho\end{pmatrix} \tag{5-98}$$

$$=-\begin{pmatrix}E_0(s)\mathrm{e}^{-s\kappa_x x}\dfrac{e_z z_1+e_y y_1}{s(\kappa_z z_1+\kappa_y y_1)}[1-\mathrm{e}^{-s(\kappa_z z_1+\kappa_y y_1)}]\\ \vdots\\ E_0(s)\mathrm{e}^{-s\kappa_x x}\dfrac{e_z z_i+e_y y_i}{s(\kappa_z z_i+\kappa_y y_i)}[1-\mathrm{e}^{-s(\kappa_z z_i+\kappa_y y_i)}]\\ \vdots\\ E_0(s)\mathrm{e}^{-s\kappa_x x}\dfrac{e_z z_n+e_y y_n}{s(\kappa_z z_n+\kappa_y y_n)}[1-\mathrm{e}^{-s(\kappa_z z_n+\kappa_y y_n)}]\end{pmatrix}$$

利用幂指数 Taylor 级数展开对其进行简化，可得

$$V_t^{\text{inc}}(x,s)\approx-\begin{pmatrix}E_0(s)\mathrm{e}^{-s\kappa_x x}(e_z z_1+e_y y_1)\\ \vdots\\ E_0(s)\mathrm{e}^{-s\kappa_x x}(e_z z_i+e_y y_i)\\ \vdots\\ E_0(s)\mathrm{e}^{-s\kappa_x x}(e_z z_n+e_y y_n)\end{pmatrix}=\mathrm{e}^{-s\kappa_x x}E_0(s)V_{\mathrm{F2}} \tag{5-99}$$

式中

$$V_{\mathrm{F2}}=\begin{pmatrix}-(e_z z_1+e_y y_1)\\ \vdots\\ -(e_z z_i+e_y y_i)\\ \vdots\\ -(e_z z_n+e_y y_n)\end{pmatrix} \tag{5-100}$$

针对微带线结构有

$$\boldsymbol{V}_{\mathrm{F2}}=\begin{pmatrix}-2e_z z_1\\ \vdots\\ -2e_z z_i\\ \vdots\\ -2e_z z_n\end{pmatrix} \tag{5-101}$$

其时域形式为

$$\boldsymbol{V}_t^{\mathrm{inc}}(x,t)\approx E_0(t-\kappa_x x)\boldsymbol{V}_{\mathrm{F2}} \tag{5-102}$$

按照 3.5.2 节的方法，将传输线分成 m 段，每一段分别建立两个无损部分和一个有损部分的等效电路模型，并将 $\boldsymbol{J}_1(s)$ 等效成受控源形式。下面针对第 k+1 段情况进行详细说明。

1) 第一个无损部分

由式(5-91)可知，第一个无损部分两端散射电压矩阵和散射电流矩阵的关系为

$$\begin{pmatrix}\boldsymbol{V}_2^{\mathrm{sca}}(s)\\ I_2(s)\end{pmatrix}=\mathrm{e}^{s\boldsymbol{B}\frac{L}{2m}}\begin{pmatrix}\boldsymbol{V}_1^{\mathrm{sca}}(s)\\ \boldsymbol{I}_1(s)\end{pmatrix}+\int_{x_1}^{x_2}\mathrm{e}^{s\boldsymbol{B}(x_2-x)}\boldsymbol{F}(x,s)\mathrm{d}x \tag{5-103}$$

式中，$x_1=kL/m$；$x_2=(k+1/2)L/m$，k=0, 1, 2, ⋯, m。

$$\begin{aligned}&\int_{x_1}^{x_2}\mathrm{e}^{s\boldsymbol{B}(x_2-x)}\boldsymbol{F}(x,s)\mathrm{d}x\\ &=\mathrm{e}^{s\boldsymbol{B}\frac{L}{2m}}E_0(s)\mathrm{e}^{-s\kappa_x x_1}\begin{pmatrix}\kappa_x\boldsymbol{U}_n & -\boldsymbol{L}\\ -\boldsymbol{C} & \kappa_x\boldsymbol{U}_n\end{pmatrix}^{-1}\begin{pmatrix}\boldsymbol{V}_{\mathrm{F1}}\\ 0\end{pmatrix}\\ &\quad -E_0(s)\mathrm{e}^{-s\kappa_x x_2}\begin{pmatrix}\kappa_x\boldsymbol{U}_n & -\boldsymbol{L}\\ -\boldsymbol{C} & \kappa_x\boldsymbol{U}_n\end{pmatrix}^{-1}\begin{pmatrix}\boldsymbol{V}_{\mathrm{F1}}\\ 0\end{pmatrix}\end{aligned} \tag{5-104}$$

式(5-103)可以进一步表示为

$$\begin{pmatrix}\boldsymbol{V}_2^{\mathrm{sca}}(s)\\ \boldsymbol{I}_2(s)\end{pmatrix}=\mathrm{e}^{s\boldsymbol{B}\frac{L}{2m}}\left\{\begin{pmatrix}\boldsymbol{V}_1^{\mathrm{sca}}(s)\\ \boldsymbol{I}_1(s)\end{pmatrix}+\begin{pmatrix}\boldsymbol{V}_a^k(s)\\ \boldsymbol{I}_a^k(s)\end{pmatrix}\right\}+\begin{pmatrix}\boldsymbol{V}_b^k(s)\\ \boldsymbol{I}_b^k(s)\end{pmatrix} \tag{5-105}$$

式中

$$\begin{pmatrix}\boldsymbol{V}_a^k(s)\\ \boldsymbol{I}_a^k(s)\end{pmatrix}=E_0(s)\mathrm{e}^{-s\kappa_x x_1}\begin{pmatrix}\kappa_x\boldsymbol{U}_n & -\boldsymbol{L}\\ -\boldsymbol{C} & \kappa_x\boldsymbol{U}_n\end{pmatrix}^{-1}\begin{pmatrix}\boldsymbol{V}_{\mathrm{F1}}\\ 0\end{pmatrix} \tag{5-106}$$

$$\begin{pmatrix}\boldsymbol{V}_b^k(s)\\ \boldsymbol{I}_b^k(s)\end{pmatrix}=-E_0(s)\mathrm{e}^{-s\kappa_x x_2}\begin{pmatrix}\kappa_x\boldsymbol{U}_n & -\boldsymbol{L}\\ -\boldsymbol{C} & \kappa_x\boldsymbol{U}_n\end{pmatrix}^{-1}\begin{pmatrix}\boldsymbol{V}_{\mathrm{F1}}\\ 0\end{pmatrix} \tag{5-107}$$

对应的时域形式为

$$\begin{pmatrix} \boldsymbol{V}_a^k(t) \\ \boldsymbol{I}_a^k(t) \end{pmatrix} = E_0(t-\kappa_x x_1)\begin{pmatrix} \kappa_x \boldsymbol{U}_n & -\boldsymbol{L} \\ -\boldsymbol{C} & \kappa_x \boldsymbol{U}_n \end{pmatrix}^{-1}\begin{pmatrix} \boldsymbol{V}_{\mathrm{F1}} \\ 0 \end{pmatrix} \tag{5-108}$$

$$\begin{pmatrix} \boldsymbol{V}_b^k(t) \\ \boldsymbol{I}_b^k(t) \end{pmatrix} = -E_0(t-\kappa_x x_2)\begin{pmatrix} \kappa_x \boldsymbol{U}_n & -\boldsymbol{L} \\ -\boldsymbol{C} & \kappa_x \boldsymbol{U}_n \end{pmatrix}^{-1}\begin{pmatrix} \boldsymbol{V}_{\mathrm{F1}} \\ 0 \end{pmatrix} \tag{5-109}$$

其等效电路可在第一个无损部分的近端和远端分别加上受控源。

2) 第二个无损部分

类似可得

$$\begin{pmatrix} \boldsymbol{V}_4^{\mathrm{sca}}(s) \\ \boldsymbol{I}_4(s) \end{pmatrix} = \mathrm{e}^{s\boldsymbol{B}\frac{L}{2m}}\begin{pmatrix} \boldsymbol{V}_3^{\mathrm{sca}}(s) \\ \boldsymbol{I}_3(s) \end{pmatrix} + \int_{x_2}^{x_3} \mathrm{e}^{s\boldsymbol{B}(x_2-x)}\boldsymbol{F}(x,s)\mathrm{d}x \tag{5-110}$$

式中，$x_3=(k+1)L/m$。

进而得

$$\begin{pmatrix} \boldsymbol{V}_4^{\mathrm{sca}}(s) \\ \boldsymbol{I}_4(s) \end{pmatrix} = \mathrm{e}^{s\boldsymbol{B}\frac{L}{2m}}\left\{\begin{pmatrix} \boldsymbol{V}_3^{\mathrm{sca}}(s) \\ \boldsymbol{I}_3(s) \end{pmatrix} - \begin{pmatrix} \boldsymbol{V}_b^k(s) \\ \boldsymbol{I}_b^k(s) \end{pmatrix}\right\} + \begin{pmatrix} \boldsymbol{V}_c^k(s) \\ \boldsymbol{I}_c^k(s) \end{pmatrix} \tag{5-111}$$

式中

$$\begin{pmatrix} \boldsymbol{V}_c^k(s) \\ \boldsymbol{I}_c^k(s) \end{pmatrix} = -E_0(s)\mathrm{e}^{-s\kappa_x x_3}\begin{pmatrix} \kappa_x \boldsymbol{U}_n & -\boldsymbol{L} \\ -\boldsymbol{C} & \kappa_x \boldsymbol{U}_n \end{pmatrix}^{-1}\begin{pmatrix} \boldsymbol{V}_{\mathrm{F1}} \\ 0 \end{pmatrix} \tag{5-112}$$

对应的时域形式为

$$\begin{pmatrix} \boldsymbol{V}_c^k(t) \\ \boldsymbol{I}_c^k(t) \end{pmatrix} = -E_0(t-\kappa_x x_3)\begin{pmatrix} \kappa_x \boldsymbol{U}_n & -\boldsymbol{L} \\ -\boldsymbol{C} & \kappa_x \boldsymbol{U}_n \end{pmatrix}^{-1}\begin{pmatrix} \boldsymbol{V}_{\mathrm{F1}} \\ 0 \end{pmatrix} \tag{5-113}$$

其等效电路可在第二个无损部分的近端和远端分别加上受控源。

3) 有损部分

根据 3.5.2 节所述，当单位长度参数矩阵与频率无关时，有损部分可以等效为纯电阻网络。据此其两端的受控源可以合并，有

$$\begin{aligned}\begin{pmatrix} \boldsymbol{V}_d^k(s) \\ \boldsymbol{I}_d^k(s) \end{pmatrix} &= \mathrm{e}^{\boldsymbol{A}\frac{L}{m}}\begin{pmatrix} \boldsymbol{V}_b^k(s) \\ \boldsymbol{I}_b^k(s) \end{pmatrix} - \begin{pmatrix} \boldsymbol{V}_b^k(s) \\ \boldsymbol{I}_b^k(s) \end{pmatrix} \\ &= E_0(s)\mathrm{e}^{-s\kappa_x x_2}\left(\boldsymbol{U}-\mathrm{e}^{\boldsymbol{A}\frac{L}{m}}\right)\begin{pmatrix} \kappa_x \boldsymbol{U}_n & -\boldsymbol{L} \\ -\boldsymbol{C} & \kappa_x \boldsymbol{U}_n \end{pmatrix}^{-1}\begin{pmatrix} \boldsymbol{V}_{\mathrm{F1}} \\ 0 \end{pmatrix}\end{aligned} \tag{5-114}$$

对应的时域形式为

$$\begin{pmatrix} \boldsymbol{V}_d^k(t) \\ \boldsymbol{I}_d^k(t) \end{pmatrix} = E_0(t-\kappa_x x_2)\left(\boldsymbol{U}-\mathrm{e}^{\boldsymbol{A}\frac{L}{m}}\right)\begin{pmatrix} \kappa_x \boldsymbol{U}_n & -\boldsymbol{L} \\ -\boldsymbol{C} & \kappa_x \boldsymbol{U}_n \end{pmatrix}^{-1}\begin{pmatrix} \boldsymbol{V}_{\mathrm{F1}} \\ 0 \end{pmatrix} \tag{5-115}$$

将 m 段等效电路串联起来即可得到有损均匀传输线散射电压的等效电路模型[3]。

根据式(5-87)，总电压可表示为

$$\begin{pmatrix} \boldsymbol{V}(L,s) \\ \boldsymbol{I}(L,s) \end{pmatrix} = \mathrm{e}^{\boldsymbol{Q}(s)L}\left\{\begin{pmatrix} \boldsymbol{V}(0,s) \\ \boldsymbol{I}(0,s) \end{pmatrix} - \begin{pmatrix} \boldsymbol{V}_t^{\mathrm{inc}}(0,s) \\ 0 \end{pmatrix}\right\} + \boldsymbol{J}_1(s) + \begin{pmatrix} \boldsymbol{V}_t^{\mathrm{inc}}(L,s) \\ 0 \end{pmatrix} \tag{5-116}$$

根据式(5-102)，有

$$\boldsymbol{V}_t^{\mathrm{inc}}(0,t) \approx E_0(t)\boldsymbol{V}_{\mathrm{F2}} \tag{5-117}$$

$$\boldsymbol{V}_t^{\mathrm{inc}}(L,t) \approx E_0(t-\kappa_x L)\boldsymbol{V}_{\mathrm{F2}} \tag{5-118}$$

可以在散射电压等效电路模型的两端分别加上受控源来建立传输线的总电压等效电路模型，如图 5-9 所示。

2. 有损非均匀传输线等效电路模型

根据 3.5.3 节电磁脉冲注入下等效电路模型的建立思路，电磁脉冲场辐照下有损非均匀传输线等效电路模型同样可以采用分段逼近级联方式建立。即将有损非均匀传输线分成 n_0 个小段，每个小段看成均匀传输线，先建立电磁脉冲场辐照下每个小段的等效电路模型，然后将它们级联组成整个非均匀传输线的等效电路模型。其中，每个小段迭代次数为 m_0，有损部分长度为 $L/(m_0n_0)$，无损部分长度为 $L/(2m_0n_0)$。

为了简化模型，提高计算效率，根据 3.5.3 节的分析，可以将迭代次数 m_0 取为 1，通过增大 n_0 来保证精度，设 $N \geqslant n_0m_0$，则有损非均匀传输线的等效电路模型如图 5-10 所示。

图中的相关参数设置如下：

$$\begin{pmatrix} \boldsymbol{V}_a(t)_i \\ \boldsymbol{I}_a(t)_i \end{pmatrix} = E_0(t)\begin{pmatrix} \kappa_x \boldsymbol{U}_n & -\boldsymbol{L}_i \\ -\boldsymbol{C}_i & \kappa_x \boldsymbol{U}_n \end{pmatrix}^{-1}\begin{pmatrix} \boldsymbol{V}_{\mathrm{F1}i} \\ 0 \end{pmatrix} \tag{5-119}$$

$$\begin{pmatrix} \boldsymbol{V}_c(t)_i \\ \boldsymbol{I}_c(t)_i \end{pmatrix} = -E_0\left(t-\kappa_x\frac{L}{N}\right)\begin{pmatrix} \kappa_x \boldsymbol{U}_n & -\boldsymbol{L}_i \\ -\boldsymbol{C}_i & \kappa_x \boldsymbol{U}_n \end{pmatrix}^{-1}\begin{pmatrix} \boldsymbol{V}_{\mathrm{F1}i} \\ 0 \end{pmatrix} \tag{5-120}$$

$$\begin{pmatrix} \boldsymbol{V}_d(t)_i \\ \boldsymbol{I}_d(t)_i \end{pmatrix} = E_0\left(t-\kappa_x\frac{L}{2N}\right)\left(\boldsymbol{U}-\mathrm{e}^{A_i\frac{L}{N}}\right)\begin{pmatrix} \kappa_x \boldsymbol{U}_n & -\boldsymbol{L}_i \\ -\boldsymbol{C}_i & \kappa_x \boldsymbol{U}_n \end{pmatrix}^{-1}\begin{pmatrix} \boldsymbol{V}_{\mathrm{F1}i} \\ 0 \end{pmatrix} \tag{5-121}$$

$$\boldsymbol{V}_t^{\mathrm{inc}}(0,t)_i \approx E_0(t)\boldsymbol{V}_{\mathrm{F2}i} \tag{5-122}$$

$$\boldsymbol{V}_t^{\mathrm{inc}}(L,t)_i \approx E_0\left(t-\kappa_x\frac{L}{N}\right)\boldsymbol{V}_{\mathrm{F2}i} \tag{5-123}$$

式中，i 代表第 i 段。

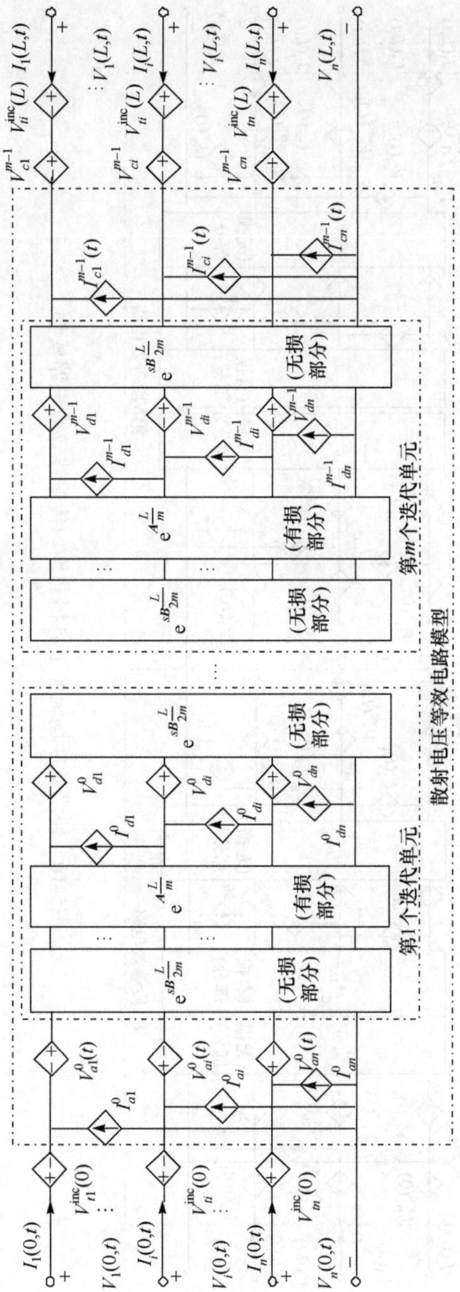

图5-9　快沿脉冲场辐照下有损均匀传输线等效电路模型

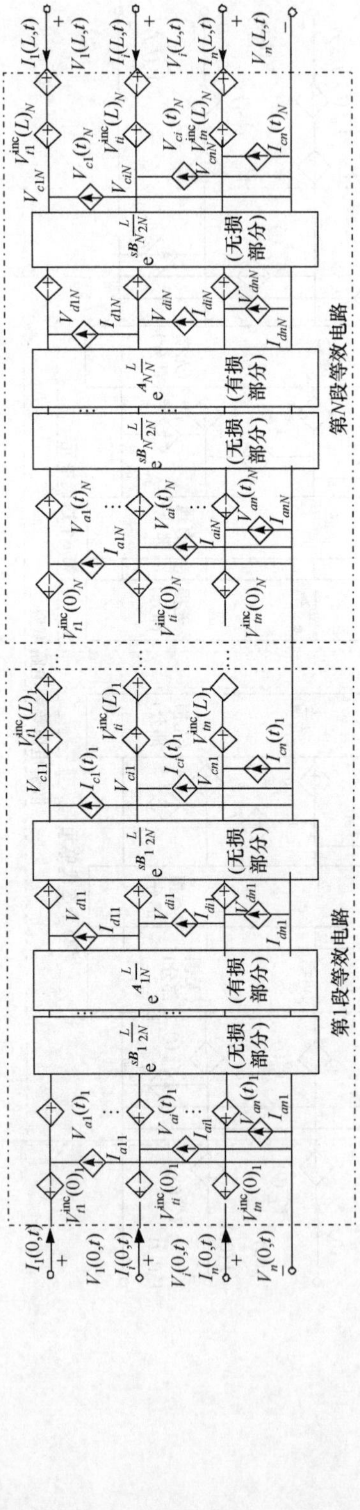

图5-10　快沿脉冲场辐照下有损非均匀传输线等效电路模型

5.4.3　实验验证

为了验证前面所建等效电路模型的正确性，本节对比分析电磁脉冲辐照下有损均匀传输线、有损非均匀传输线的响应情况。首先对电磁脉冲辐照下典型有损均匀传输线端接线性和非线性负载的响应情况进行实验和仿真对比分析，然后对电磁脉冲辐照下典型有损非均匀传输线端接线性和非线性负载的响应情况进行实验和仿真对比分析。

1. 电磁脉冲场辐照下典型有损均匀传输线实验和仿真对比分析

1) 有损多芯线

采用芯橡套软电缆进行辐照实验，同样采用 30 级脉冲源注入 GTEM 室，利用 GTEM 室远端测试区域进行实验，辐照实验装置如图 5-11 所示。各芯线端均接 50Ω 电阻负载。实验与仿真得到的第一根芯线下端电阻上电流波形如图 5-12 所示。

图 5-11　有损多芯电缆辐照实验装置

由该图可以看出，仿真和实验结果吻合良好，响应电流峰值达到 0.06A，即负载电阻上响应电压峰值为 3V。为了分析非线性负载的响应情况，将注入源改为 50 级双指数脉冲源，在 GTEM 室近端测试区域进行测试，场强波形与图 4-17(a)类似，幅度更大。实验和仿真得到的电阻负载上的响应电流波形如图 5-13(a)所示，可见响应电流峰值为−0.35A 左右，即响应电压峰值为 12.5V 左右。当并联型号为 1.5KE6.8a 的瞬态抑制二极管时，实验和仿真得到的电阻负载上的响应电流波形如图 5-13(b)所示，实验得到响应电流峰值为−0.17A 左右，即响应电压峰值为−8V 左右，而仿真得到响应电流峰值为−0.1A 左右，即响应电压峰值为−5V 左右。对

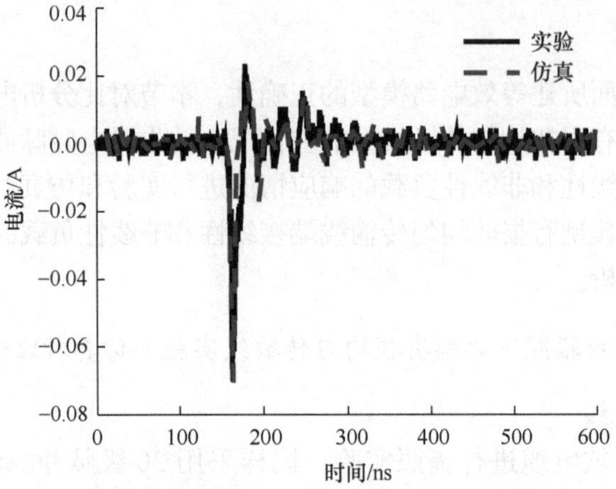

图 5-12　30 级脉冲场辐照下有损多芯电缆电阻负载上的电流波形

比可以看出，端接线性负载时，实验和仿真结果吻合很好，并联瞬态抑制二极管后，响应峰值有所降低，但是由于响应波形脉宽较窄，存在尖峰泄漏问题，仿真较为理想，表明并联瞬态抑制二极管的等效电路模型与实际稍有差距。

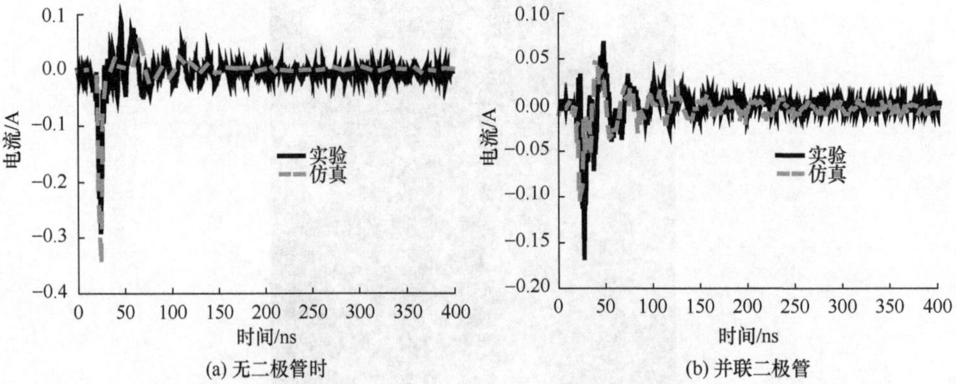

图 5-13　50 级脉冲场辐照下有损多芯电缆电阻负载上的响应电流波形

为了对比双指数脉冲场与方波脉冲场辐照下线缆负载响应情况，利用型号为 INS-4040 的高频噪声模拟发生器注入 GTEM 室进行辐照实验，如图 5-14 所示。其能产生幅度为 4000V、脉冲宽度为 50ns、脉冲上升时间小于 1ns 的方波脉冲。利用电场探头测量得到 GTEM 室远端测试区中心部分场强如图 5-15 所示。实验和仿真得到电阻负载上的电流波形如图 5-16(a)所示。可以看出，实验和仿真结果吻合很好，负载响应主要在脉冲源上升沿和下降沿处，此结论与 4.4.2 节仿真结果具有一致性。当并联型号为 1.5KE6.8a 的瞬态抑制二极管时，电阻负载上的电流波形如图 5-16(b)所示，同样可以看出响应电流峰值稍有降低，仍存在尖峰泄漏现象，仿真得到的响应电流峰值偏低。

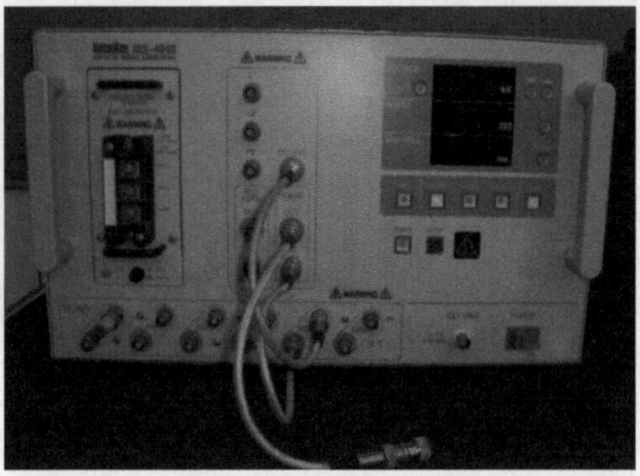

图 5-14　高频噪声发生器

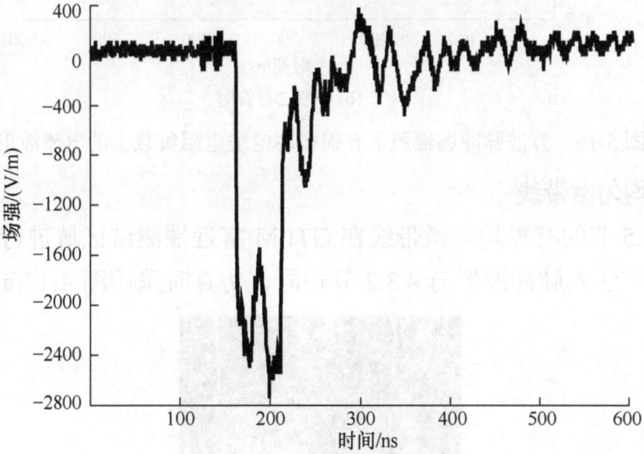

图 5-15　方波脉冲场波形

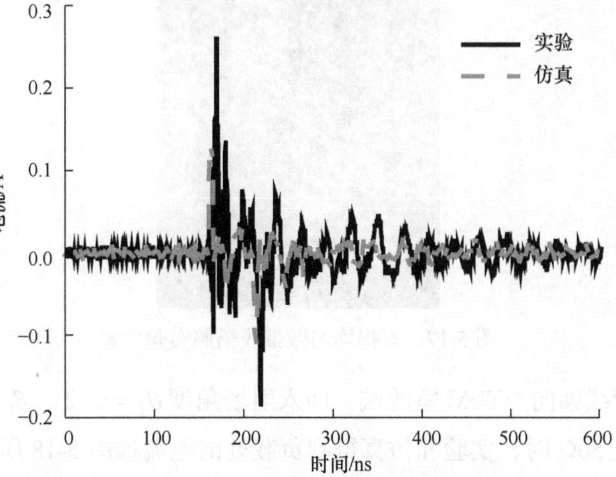

(a) 无二极管时

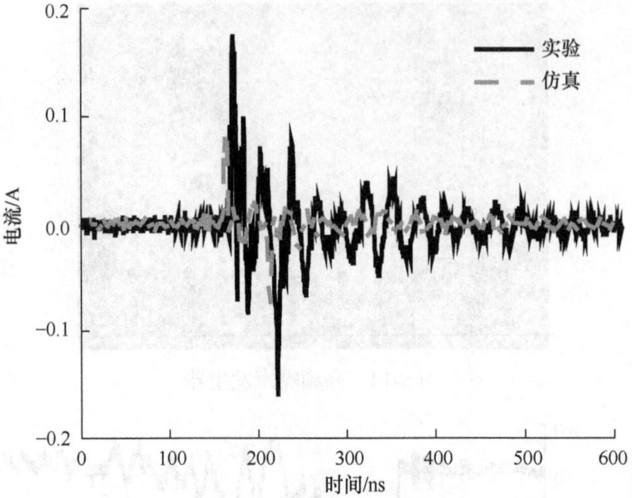

(b) 并联二极管时

图 5-16　方波脉冲场辐照下有损多芯电缆电阻负载上的电流波形

2) 有损均匀微带线

采用 3.5.5 节的有损均匀微带线在 GTEM 室近端测试区域进行辐照实验，如图 5-17 所示。注入脉冲波形与 4.3.2 节相同，仿真时采用图 4-17(a)中的波形。

图 5-17　有损均匀微带线辐照实验装置

当将微带线朝向 GTEM 室源端，即入射场角度 $\theta_{\mathrm{p}}=\pi/2$、$\theta_{\mathrm{E}}=\pi$、$\varphi_{\mathrm{p}}=0$ 且四个负载都是 50Ω 时，实验和仿真得到负载处的电流如图 5-18 所示。

由该图可以看出，实验和仿真结果具有较好的一致性，电阻负载上电流峰值为–0.7A 左右，即响应电压峰值为–35V 左右。当在电阻负载上并联型号为 1.5KE6.8a 的瞬态抑制二极管时，实验和仿真结果如图 5-19 所示。

由该图可以看出，实验和仿真结果总体一致性良好，实验波形存在尖峰泄漏，泄漏电流峰值为–0.7A 左右，脉冲宽度为 3ns 左右。对比图 5-18 也能看出，并联瞬态抑制二极管后，负载响应脉冲宽度变窄，尾端振荡减小。

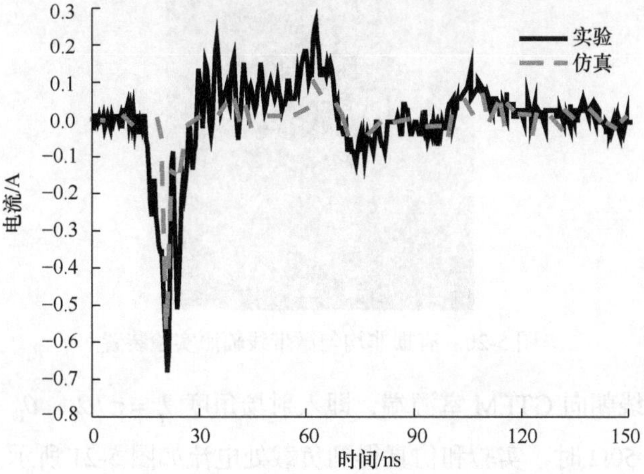

图 5-18　有损均匀微带线辐照实验中电阻负载上的电流波形

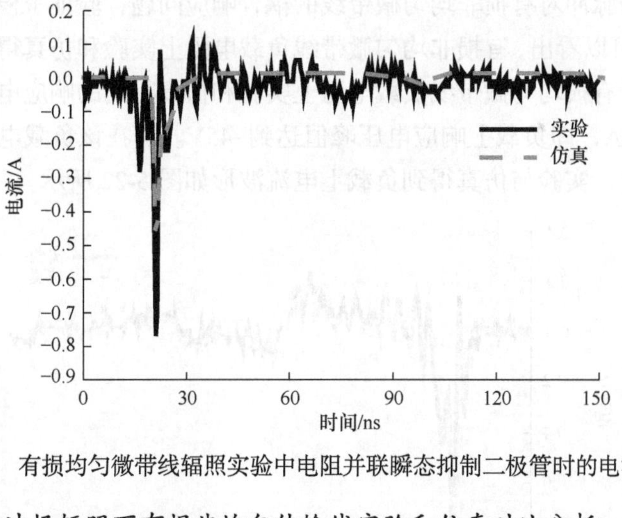

图 5-19　有损均匀微带线辐照实验中电阻并联瞬态抑制二极管时的电流波形

2. 电磁脉冲场辐照下有损非均匀传输线实验和仿真对比分析

下面采用 3.5.4 节的有损非均匀微带线进行辐照实验，验证所建电磁脉冲辐照下有损非均匀传输线等效电路模型的正确性。同样在 GTEM 室近端测试区域进行辐照实验，注入源同样采用 30 级脉冲源，实验装置如图 5-20 所示。

图 5-20　有损非均匀微带线辐照实验装置

当将微带线朝向 GTEM 室源端，即入射场角度 $\theta_{\mathrm{p}}=\pi/2$ 、$\theta_{\mathrm{E}}=\pi$ 、$\varphi_{\mathrm{p}}=0$ 且四个负载都是 50Ω 时，实验和仿真得到负载处电流如图 5-21 所示。

由该图可以看出，实验和仿真结果具有较好的一致性，证明本节方法能很好地仿真出电磁脉冲对有损非均匀微带线的耦合响应问题，验证了模型的正确性。对比图 5-18 可以看出，有损非均匀微带线负载电阻上实验和仿真得到的响应电流峰值都略大于有损均匀微带线负载电阻上实验和仿真得到的响应电流峰值。电流峰值达到−0.9A，即负载上响应电压峰值达到−45V。当在该负载电阻上并联瞬态抑制二极管时，实验与仿真得到负载上电流波形如图 5-22 所示。

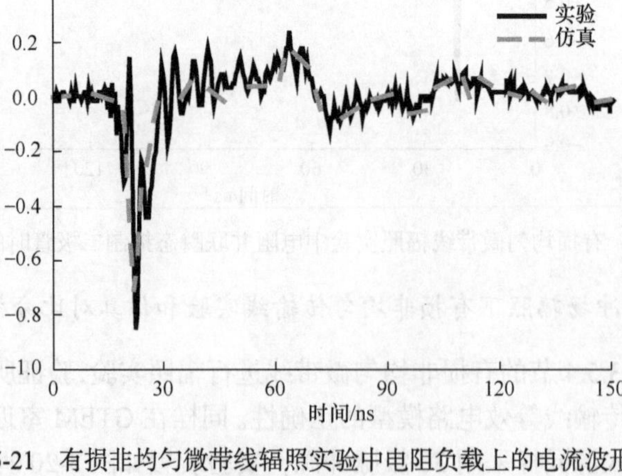

图 5-21　有损非均匀微带线辐照实验中电阻负载上的电流波形

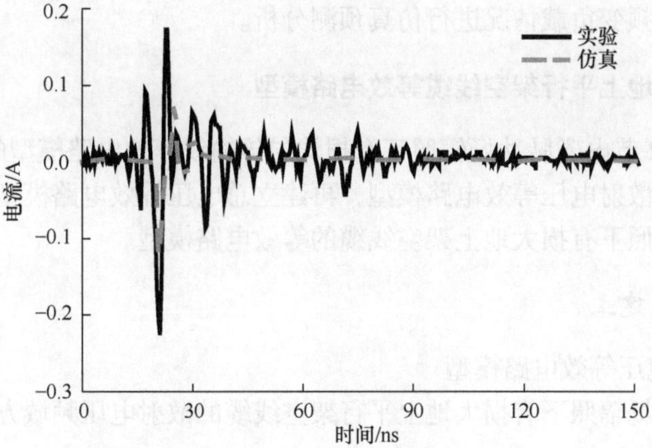

图 5-22　有损非均匀微带线辐照实验中电阻并联瞬态抑制二极管时的电流波形

由该图可以看出，仿真与实验波形具有较好的一致性，实验波形电流峰值达到−0.22A，50Ω 负载上电压峰值达到−11V。仿真得到电流峰值为−0.12A，对应电压峰值为−6V。根据瞬态抑制二极管 1.5KE7.5A 的特性，其理论上最大钳位电压为 11.3V。可以看出，实验和仿真结果都在理论值下，峰值的差异是由该型号瞬态抑制二极管模型过于理想造成的。

5.5　有损大地上架空多导体等效电路模型

有损大地的地阻抗表达式很复杂，与频率相关，而且相对理想地面，电磁脉冲场辐照下，它的反射场的场强一般小于入射场，会有一部分传播到地下，导致电磁脉冲作用下有损大地上架空线缆的响应研究很复杂。目前，关于有损大地上架空线缆的响应研究主要采用傅里叶逆变换法和时域有限差分法，这两种方法便于求解线性负载问题，但对于非线性负载问题，求解非常复杂。现有等效电路模型不能解决电磁脉冲注入和辐照下考虑大地损耗时架空线缆的响应问题，因此急需建立电磁脉冲注入和辐照下有损大地上架空线缆的等效电路模型。

本节在第 3 章、第 4 章的基础上建立有损大地上架空线缆的等效电路模型。首先，利用矢量匹配法对地阻抗等参量进行矢量匹配，基于 SPICE 软件中的受控源建立电磁脉冲注入下有损大地上架空线缆的等效电路模型。然后，结合散射项的等效电路模型建立电磁脉冲场辐照下有损大地上平行架空线缆的散射电压等效电路模型，结合垂直电压分量的等效电路模型建立电磁脉冲场辐照下有损大地上平行架空线缆的总电压等效电路模型。接着，按照分段逼近级联方式建立电磁脉冲场辐照下有损大地上弧垂架空线缆等效电路模型，并对模型的简化进行研究。最后，利用时域有限差分法对线性负载情况下所建模型的正确性进行验证，并对非线性负载及频变负载情况进行仿真预测分析。

5.5.1 有损大地上平行架空线缆等效电路模型

根据 5.4.2 节电磁脉冲场辐照下有损均匀传输线等效电路模型的建立思路，本节按照先建立散射电压等效电路模型，再建立总电压等效电路模型的顺序，建立电磁脉冲场辐照下有损大地上架空线缆的等效电路模型。

1. 模型的建立

1) 散射电压等效电路模型

电磁脉冲场辐照下有损大地上平行架空线缆的散射电压频域方程为

$$\frac{\mathrm{d}}{\mathrm{d}x}\begin{pmatrix} \boldsymbol{V}^{\mathrm{sca}}(x,s) \\ \boldsymbol{I}(x,s) \end{pmatrix} = \boldsymbol{Q}(s)\begin{pmatrix} \boldsymbol{V}^{\mathrm{sca}}(x,s) \\ \boldsymbol{I}(x,s) \end{pmatrix} + \boldsymbol{F}^{\mathrm{sca}}(x,s) \tag{5-124}$$

式中

$$\boldsymbol{F}^{\mathrm{sca}}(x,s)=\begin{pmatrix} E_{x1}^{\mathrm{inc}}(x,s)+E_{x1}^{\mathrm{ref}}(x,s) \\ \vdots \\ E_{xn}^{\mathrm{inc}}(x,s)+E_{xn}^{\mathrm{ref}}(x,s) \\ 0 \\ \vdots \\ 0 \end{pmatrix}$$

传输线沿 x 方向，$\boldsymbol{V}^{\mathrm{sca}}(x,s)$ 为散射电压矩阵；$\boldsymbol{I}(x,s)$ 为电流矩阵；$E_{xi}^{\mathrm{inc}}(x,s)$ 为第 i 根线缆处入射电场在 x 方向的分量；$E_{xi}^{\mathrm{ref}}(x,s)$ 为第 i 根线缆处反射电场在 x 方向的分量。

其解可表示为

$$\begin{pmatrix} \boldsymbol{V}^{\mathrm{sca}}(L,s) \\ \boldsymbol{I}(L,s) \end{pmatrix} = \mathrm{e}^{\boldsymbol{Q}(s)L}\begin{pmatrix} \boldsymbol{V}^{\mathrm{sca}}(0,s) \\ \boldsymbol{I}(0,s) \end{pmatrix} + \boldsymbol{J}^{\mathrm{sca}}(s) \tag{5-125}$$

式中

$$\boldsymbol{J}^{\mathrm{sca}}(s)=\begin{pmatrix} \boldsymbol{V}^{\mathrm{f}}(s) \\ \boldsymbol{I}^{\mathrm{f}}(s) \end{pmatrix} = \int_0^L \mathrm{e}^{\boldsymbol{Q}(s)(L-x)}\boldsymbol{F}^{\mathrm{sca}}(x,s)\mathrm{d}x \tag{5-126}$$

可将式(5-125)分两步建立散射电压等效电路模型。首先不考虑散射项 $\boldsymbol{J}^{\mathrm{sca}}(s)$ 的影响，建立有损大地上平行架空线缆的等效电路模型，然后建立散射项 $\boldsymbol{J}^{\mathrm{sca}}(s)$ 的等效电路模型，两者结合成有损大地上平行架空线缆的散射电压等效电路模型。

(1) 不考虑散射项时的等效电路模型。不考虑散射项 $\boldsymbol{J}^{\text{sca}}(s)$ 时，式(5-125)变为

$$\begin{pmatrix} \boldsymbol{V}^{\text{sca}}(L,s) \\ \boldsymbol{I}(L,s) \end{pmatrix} = \mathrm{e}^{\boldsymbol{Q}(s)L} \begin{pmatrix} \boldsymbol{V}^{\text{sca}}(0,s) \\ \boldsymbol{I}(0,s) \end{pmatrix} \tag{5-127}$$

其等效电路模型可以根据前面的电磁脉冲注入下有损大地上平行架空线缆等效电路模型建立。将传输线分成 m 段，每段又分成两个无损部分和一个有损部分来建立，通过串联迭代组成整个传输线的等效电路模型。

(2) 散射项等效电路模型。为了求得散射项的具体表达式，下面首先分别求得入射场、反射场及地面下传输场的垂直和水平极化分量，然后计算散射项的具体表达式。

图 5-23 为平面波辐照有损大地上第 i 根架空线缆的示意图。图中 α 、φ 和 ψ 分别为入射波的极化角、方位角和俯仰角，两端端接阻抗分别为 Z_{i1} 和 Z_{i2}。

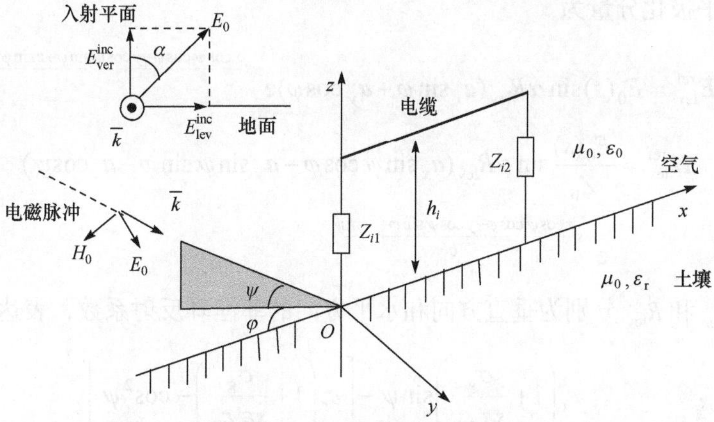

图 5-23　平面波辐照有损大地上架空线缆的示意图

图 5-23 中，E_0 表示入射电场，当入射角为 (ψ,φ) 时，入射场垂直极化分量为

$$\begin{aligned} \boldsymbol{E}_{\text{ver}}^{\text{inc}} &= E_0(s)\cos\alpha(\boldsymbol{a}_x \sin\psi\cos\varphi \\ &\quad - \boldsymbol{a}_y \sin\psi\sin\varphi + \boldsymbol{a}_z\cos\psi)\mathrm{e}^{-s\frac{x\cos\psi\cos\varphi - y\cos\psi\sin\varphi - z\sin\psi}{c}} \end{aligned} \tag{5-128}$$

$$\boldsymbol{H}_{\text{ver}}^{\text{inc}} = \frac{E_0(s)}{Z_0}\cos\alpha(-\boldsymbol{a}_x\sin\varphi - \boldsymbol{a}_y\cos\varphi)\mathrm{e}^{-s\frac{x\cos\psi\cos\varphi - y\cos\psi\sin\varphi - z\sin\psi}{c}} \tag{5-129}$$

入射场水平极化分量为

$$\boldsymbol{E}_{\text{lev}}^{\text{inc}} = E_0(s)\sin\alpha(\boldsymbol{a}_x\sin\varphi + \boldsymbol{a}_y\cos\varphi)\mathrm{e}^{-s\frac{x\cos\psi\cos\varphi - y\cos\psi\sin\varphi - z\sin\psi}{c}} \tag{5-130}$$

$$\boldsymbol{H}_{\text{lev}}^{\text{inc}} = \frac{E_0(s)}{Z_0}\sin\alpha(\boldsymbol{a}_x \sin\psi\cos\varphi - \boldsymbol{a}_y \sin\psi\sin\varphi + \boldsymbol{a}_z\cos\psi) \cdot \mathrm{e}^{-s\frac{x\cos\psi\cos\varphi - y\cos\psi\sin\varphi - z\sin\psi}{c}} \tag{5-131}$$

式中，$Z_0 = \sqrt{\mu/\varepsilon} = 377\Omega$，为自由空间中的波阻抗。

通过入射波场和菲涅耳反射系数求得反射场，其垂直极化分量为

$$\boldsymbol{E}_{\text{ver}}^{\text{ref}} = E_0(s)\cos\alpha R_{\text{ver}}(-\boldsymbol{a}_x \sin\psi\cos\varphi + \boldsymbol{a}_y \sin\psi\sin\varphi + \boldsymbol{a}_z\cos\psi) \cdot \mathrm{e}^{-s\frac{x\cos\psi\cos\varphi - y\cos\psi\sin\varphi + z\sin\psi}{c}} \tag{5-132}$$

$$\boldsymbol{H}_{\text{ver}}^{\text{ref}} = \frac{E_0(s)}{Z_0}\cos\alpha R_{\text{ver}}(-\boldsymbol{a}_x \sin\varphi - \boldsymbol{a}_y\cos\varphi)\mathrm{e}^{-s\frac{x\cos\psi\cos\varphi - y\cos\psi\sin\varphi + z\sin\psi}{c}} \tag{5-133}$$

反射场水平极化分量为

$$\boldsymbol{E}_{\text{lev}}^{\text{ref}} = E_0(s)\sin\alpha R_{\text{lev}}(\boldsymbol{a}_x \sin\varphi + \boldsymbol{a}_y\cos\varphi)\mathrm{e}^{-s\frac{x\cos\psi\cos\varphi - y\cos\psi\sin\varphi + z\sin\psi}{c}} \tag{5-134}$$

$$\boldsymbol{H}_{\text{lev}}^{\text{ref}} = \frac{E_0(s)}{Z_0}\sin\alpha R_{\text{lev}}(\boldsymbol{a}_x \sin\psi\cos\varphi - \boldsymbol{a}_y \sin\psi\sin\varphi - \boldsymbol{a}_z\cos\psi) \cdot \mathrm{e}^{-s\frac{x\cos\psi\cos\varphi - y\cos\psi\sin\varphi + z\sin\psi}{c}} \tag{5-135}$$

式中，R_{ver} 和 R_{lev} 分别为垂直方向和水平方向的菲涅耳反射系数，表达式为

$$R_{\text{ver}} = \frac{\varepsilon_{\text{r}}\left(1+\dfrac{\sigma_{\text{g}}}{s\varepsilon_{\text{r}}\varepsilon_0}\right)\sin\psi - \left[\varepsilon_{\text{r}}\left(1+\dfrac{\sigma_{\text{g}}}{s\varepsilon_{\text{r}}\varepsilon_0}\right) - \cos^2\psi\right]^{1/2}}{\varepsilon_{\text{r}}\left(1+\dfrac{\sigma_{\text{g}}}{s\varepsilon_{\text{r}}\varepsilon_0}\right)\sin\psi + \left[\varepsilon_{\text{r}}\left(1+\dfrac{\sigma_{\text{g}}}{s\varepsilon_{\text{r}}\varepsilon_0}\right) - \cos^2\psi\right]^{1/2}} \tag{5-136}$$

$$R_{\text{lev}} = \frac{\sin\psi - \left[\varepsilon_{\text{r}}\left(1+\dfrac{\sigma_{\text{g}}}{s\varepsilon_{\text{r}}\varepsilon_0}\right) - \cos^2\psi\right]^{1/2}}{\sin\psi + \left[\varepsilon_{\text{r}}\left(1+\dfrac{\sigma_{\text{g}}}{s\varepsilon_{\text{r}}\varepsilon_0}\right) - \cos^2\psi\right]^{1/2}} \tag{5-137}$$

地面下传输场垂直极化分量为

$$\boldsymbol{E}_{\text{ver}}^{\text{t}} = E_0(s)\cos\alpha T_{\text{ver}}(\boldsymbol{a}_x \sin\psi_{\text{t}}\cos\varphi - \boldsymbol{a}_y \sin\psi_{\text{t}}\sin\varphi + \boldsymbol{a}_z\cos\psi_{\text{t}}) \cdot \mathrm{e}^{-\gamma_{\text{g}}(x\cos\psi_{\text{t}}\cos\varphi - y\cos\psi_{\text{t}}\sin\varphi - z\sin\psi_{\text{t}})} \tag{5-138}$$

$$\boldsymbol{H}_{\text{ver}}^{\text{t}} = \frac{E_0(s)}{Z_{0\text{g}}} \cos\alpha T_{\text{ver}} (-\boldsymbol{a}_x \sin\varphi - \boldsymbol{a}_y \cos\varphi) \text{e}^{-\gamma_\text{g}(x\cos\psi_\text{t}\cos\varphi - y\cos\psi_\text{t}\sin\varphi - z\sin\psi_\text{t})} \tag{5-139}$$

水平极化分量为

$$\boldsymbol{E}_{\text{lev}}^{\text{t}} = E_0(s)\sin\alpha T_{\text{lev}} (\boldsymbol{a}_x \sin\varphi + \boldsymbol{a}_y \cos\varphi) \text{e}^{-\gamma_\text{g}(x\cos\psi_\text{t}\cos\varphi - y\cos\psi_\text{t}\sin\varphi - z\sin\psi_\text{t})} \tag{5-140}$$

$$\begin{aligned} \boldsymbol{H}_{\text{lev}}^{\text{t}} = & \frac{E_0(s)}{Z_{0\text{g}}} \sin\alpha T_{\text{lev}} (\boldsymbol{a}_x \sin\psi_\text{t}\cos\varphi - \boldsymbol{a}_y \sin\psi_\text{t}\sin\varphi + \boldsymbol{a}_z\cos\psi_\text{t}) \\ & \cdot \text{e}^{-\gamma_\text{g}(x\cos\psi_\text{t}\cos\varphi - y\cos\psi_\text{t}\sin\varphi - z\sin\psi_\text{t})} \end{aligned} \tag{5-141}$$

式中，$Z_{0\text{g}}$ 为土壤的波阻抗，其值为

$$Z_{0\text{g}} = \sqrt{\frac{s\mu_0}{\sigma_\text{g} + s\varepsilon_\text{r}\varepsilon_0}} \tag{5-142}$$

传输系数为

$$T_{\text{ver}} = \frac{2Z_{0\text{g}}\sin\psi}{Z_0\sin\psi + Z_{0\text{g}}\sin\psi_\text{t}} \tag{5-143}$$

$$T_{\text{lev}} = \frac{2Z_{0\text{g}}\sin\psi}{Z_{0\text{g}}\sin\psi + Z_0\sin\psi_\text{t}} \tag{5-144}$$

式中，ψ_t 为传输角，其正弦函数值为

$$\sin\psi_\text{t} = \sqrt{1 - \left(\frac{s^2\cos^2\psi}{c^2{\gamma_\text{g}}^2}\right)} \tag{5-145}$$

据此求得

$$\begin{aligned} E_{xi}^{\text{inc}}(x,s) + E_{xi}^{\text{ref}}(x,s) = E_0(s) \Bigg[& \cos\alpha\sin\psi\cos\varphi \left(\text{e}^{s\frac{h_i\sin\psi}{c}} - R_{\text{ver}}\text{e}^{-s\frac{h_i\sin\psi}{c}} \right) \\ & + \sin\alpha\sin\varphi \left(\text{e}^{s\frac{h_i\sin\psi}{c}} + R_{\text{lev}}\text{e}^{-s\frac{h_i\sin\psi}{c}} \right) \Bigg] \text{e}^{-s\frac{x\cos\psi\cos\varphi}{c}} \end{aligned} \tag{5-146}$$

在此基础上可求得散射项为

$$\boldsymbol{J}^{\text{sca}}(s) = E_0(s)\boldsymbol{f}(s) \tag{5-147}$$

式中

$$\boldsymbol{f}(s)=\begin{pmatrix}\boldsymbol{f}^{V}(s)\\ \boldsymbol{f}^{I}(s)\end{pmatrix}=\int_{0}^{L}\mathrm{e}^{\boldsymbol{Q}(s)(L-x)}\mathrm{e}^{-s\frac{x\cos\psi\cos\varphi}{c}}\mathrm{d}x\cdot\begin{pmatrix}\cos\alpha\sin\psi\cos\varphi\left(\mathrm{e}^{s\frac{h_1\sin\psi}{c}}-R_{\mathrm{ver}}\mathrm{e}^{-s\frac{h_1\sin\psi}{c}}\right)\\ +\sin\alpha\sin\varphi\left(\mathrm{e}^{s\frac{h_1\sin\psi}{c}}+R_{\mathrm{lev}}\mathrm{e}^{-s\frac{h_1\sin\psi}{c}}\right)\\ \vdots\\ \cos\alpha\sin\psi\cos\varphi\left(\mathrm{e}^{s\frac{h_n\sin\psi}{c}}-R_{\mathrm{ver}}\mathrm{e}^{-s\frac{h_n\sin\psi}{c}}\right)\\ +\sin\alpha\sin\varphi\left(\mathrm{e}^{s\frac{h_n\sin\psi}{c}}+R_{\mathrm{lev}}\mathrm{e}^{-s\frac{h_n\sin\psi}{c}}\right)\\ 0\\ \vdots\\ 0\end{pmatrix}\tag{5-148}$$

其时域形式为

$$\boldsymbol{J}^{\mathrm{sca}}(t)=\begin{pmatrix}\boldsymbol{V}^{\mathrm{f}}(t)\\ \boldsymbol{I}^{\mathrm{f}}(t)\end{pmatrix}=\begin{pmatrix}E_0(t)*f_1^{V}(t)\\ \vdots\\ E_0(t)*f_n^{V}(t)\\ E_0(t)*f_1^{I}(t)\\ \vdots\\ E_0(t)*f_n^{I}(t)\end{pmatrix}\tag{5-149}$$

利用矢量匹配法将控制量 $f_i^V(s)$ 和 $f_i^I(s)$ 变为有理函数形式。利用 SPICE 中电压控制电压源和电压控制电流源分别表示 $V_i^{\mathrm{f}}(t)$ 和 $I_i^{\mathrm{f}}(t)$ 。

将无散射项时的等效电路模型与散射项等效的受控源电路相连就得到电磁脉冲场辐照下有损大地上平行架空线缆的散射电压等效电路模型，如图 5-24 所示。

2) 总电压等效电路模型

根据散射电压方程，得到电磁脉冲场辐照下有损大地上平行架空线缆的总电压频域方程，表达式为

$$\begin{pmatrix}\boldsymbol{V}(L,s)\\ \boldsymbol{I}(L,s)\end{pmatrix}=\mathrm{e}^{\boldsymbol{Q}(s)L}\left\{\begin{pmatrix}\boldsymbol{V}(0,s)\\ \boldsymbol{I}(0,s)\end{pmatrix}-\begin{pmatrix}\boldsymbol{V}_z^{\mathrm{ex}}(0,s)\\ 0\end{pmatrix}\right\}+\boldsymbol{J}^{\mathrm{sca}}(s)+\begin{pmatrix}\boldsymbol{V}_z^{\mathrm{ex}}(L,s)\\ 0\end{pmatrix}\tag{5-150}$$

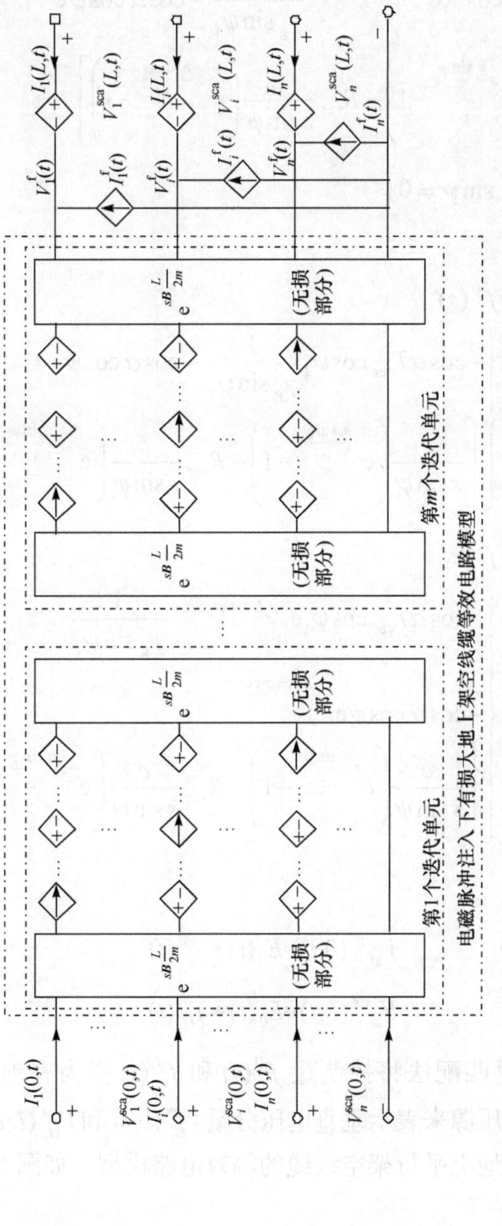

图5-24　电磁脉冲场辐照下有损大地上多导体架空线缆的散射电压等效电路模型

平面波激励下，垂直电压分量为

$$V_{zi}^{\text{ex}}(x,s)=-\int_{-\infty}^{h}E_{zi}^{\text{ex}}(x,z)\mathrm{d}z=-\int_{-\infty}^{h}[E_{zi}^{\text{inc}}(x,z)+E_{zi}^{\text{ref}}(x,z)]\mathrm{d}z$$

$$=E_0(s)\left\{\begin{array}{l}-\cos\alpha T_{\text{ver}}\cos\varphi_{\text{t}}\mathrm{e}^{-\gamma_{\text{g}}x\cos\psi_{\text{t}}\cos\varphi}\dfrac{1}{\gamma_{\text{g}}\sin\psi_{\text{t}}}-\cos\alpha\cos\psi\mathrm{e}^{-s\frac{x\cos\psi\cos\varphi}{c}}\\ \cdot\left[\dfrac{c}{s\sin\psi}\left(\mathrm{e}^{s\frac{h_i\sin\psi}{c}}-1\right)-R_{\text{ver}}\dfrac{c}{s\sin\psi}\left(\mathrm{e}^{-s\frac{h_i\sin\psi}{c}}-1\right)\right]\end{array}\right\} \tag{5-151}$$

式中，$\gamma_{\text{g}}\sin\psi_{\text{t}}\neq 0$，$\sin\psi\neq 0$。

据此求得

$$V_{zi}{}^{\text{ex}}(0,s)=E_0(s)f^0(s)$$

$$=E_0(s)\left\{\begin{array}{l}-\cos\alpha T_{\text{ver}}\cos\psi_{\text{t}}\dfrac{1}{\gamma_{\text{g}}\sin\psi_{\text{t}}}-\cos\alpha\cos\psi\\ \cdot\left[\dfrac{c}{s\sin\psi}\left(\mathrm{e}^{s\frac{h_i\sin\psi}{c}}-1\right)-R_{\text{ver}}\dfrac{c}{s\sin\psi}\left(\mathrm{e}^{-s\frac{h_i\sin\psi}{c}}-1\right)\right]\end{array}\right\} \tag{5-152}$$

$$V_{zi}{}^{\text{ex}}(L,s)=E_0(s)f^L(s)$$

$$=E_0(s)\left\{\begin{array}{l}-\cos\alpha T_{\text{ver}}\cos\psi_{\text{t}}\mathrm{e}^{-\gamma_{\text{g}}L\cos\psi_{\text{t}}\cos\varphi}\dfrac{1}{\gamma_{\text{g}}\sin\psi_{\text{t}}}\\ -\cos\alpha\cos\psi\mathrm{e}^{-s\frac{L\cos\psi\cos\varphi}{c}}\\ \cdot\left[\dfrac{c}{s\sin\psi}\left(\mathrm{e}^{s\frac{h_i\sin\psi}{c}}-1\right)-R_{\text{ver}}\dfrac{c}{s\sin\psi}\left(\mathrm{e}^{-s\frac{h_i\sin\psi}{c}}-1\right)\right]\end{array}\right\} \tag{5-153}$$

其时域形式表示为

$$V_{zi}{}^{\text{ex}}(0,t)=E_0(t)*f_i^0(t) \tag{5-154}$$

$$V_{zi}{}^{\text{ex}}(L,t)=E_0(t)*f_i^L(t) \tag{5-155}$$

同样，利用矢量匹配法将控制量 $f_i^0(s)$ 和 $f_i^L(s)$ 变为有理函数形式。利用 SPICE 中电压控制电压源来表示垂直电压分量 $V_{zi}^{\text{ex}}(0,t)$ 和 $V_{zi}^{\text{ex}}(L,t)$。由此得到电磁脉冲场辐照下有损大地上平行架空线缆的等效电路模型，如图 5-25 所示。

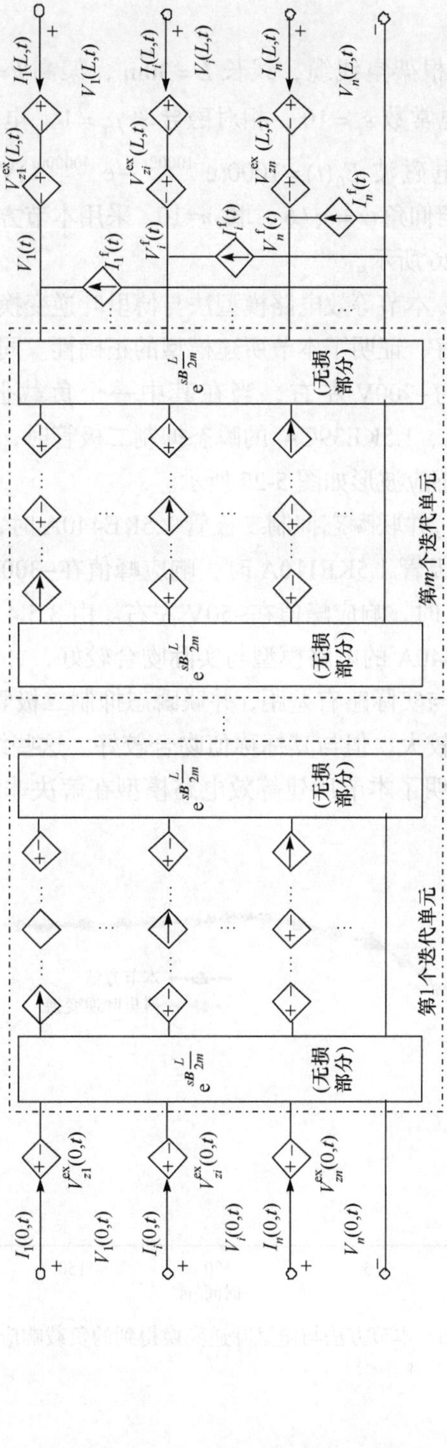

图5-25　电磁脉冲场辐照下有损大地上平行多导体架空线缆的等效电路模型

2. 模型的应用

1) 单根架空线

考虑有损大地上一根架空线缆，线长 $L=30\text{m}$，架高 $h=1\text{m}$。土壤电导率 $\sigma_{\text{g}}=10^{-3}\text{S/m}$，相对介电常数 $\varepsilon_{\text{r}}=10$，相对磁导率 $\mu_{\text{r}}=1$。电缆两端端接阻抗为 $Z_1=Z_2=100\Omega$，入射电磁波 $E_0(t)=1000(\text{e}^{-10000t}-\text{e}^{-400000t})\text{V/m}$，入射极化角 $\alpha=0$，方位角 $\varphi=0$，俯仰角 $\psi=\pi/6$，取 m=10。采用本节方法与傅里叶逆变换得到的负载响应如图 5-26 所示。

由图 5-26 可以看出，本节等效电路模型法与傅里叶逆变换求解得到的负载处感应电压波形一致性很好，证明了本节所建模型的正确性。同时可以看出，负载电阻上响应电压峰值为−900V 左右，当在其中一个负载上分别并联型号为 1.5KE440A、1.5KE110A、1.5KE39CA 的瞬态抑制二极管时，采用本节所建等效电路模型仿真得到负载感应波形如图 5-27 所示。

由图 5-27 可以看出，并联瞬态抑制二极管 1.5KE440A 时，响应峰值在−700V 左右；并联瞬态抑制二极管 1.5KE110A 时，响应峰值在−300V 左右；并联瞬态抑制二极管 1.5KE39CA 时，响应峰值在−50V 左右。由 3.5.4 节分析可知，并联瞬态抑制二极管 1.5KE440A 的电路模型与实际吻合较好，并联瞬态抑制二极管 1.5KE110A 的电路模型与实际略有差距，并联瞬态抑制二极管 1.5KE39CA 的等效电路模型与实际差距较大，但与其标称值吻合较好。这些结论与图 5-27 仿真预测结果吻合较好，证明了本节所建等效电路模型在解决非线性负载问题上的有效性。

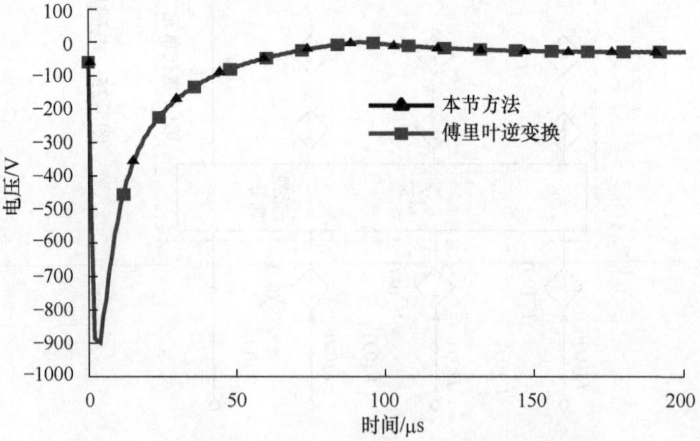

图 5-26　本节方法与傅里叶逆变换得到的负载响应

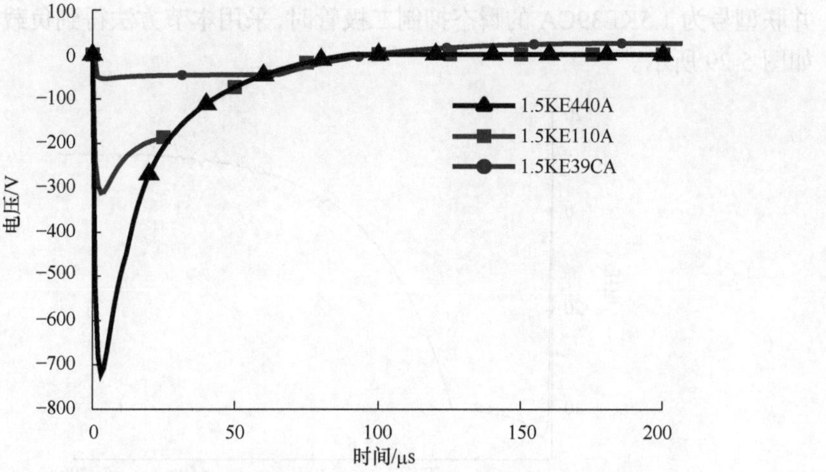

图 5-27　并联不同瞬态抑制二极管时负载感应波形

2) 多根架空线

考虑有损大地上两根平行架空线缆，线长 $L = 40\text{m}$，架高 $h = 3.3\text{m}$。土壤电导率 $\sigma_{\text{g}} = 0.016\text{S/m}$，相对介电常数 $\varepsilon_{\text{r}} = 10$，相对磁导率 $\mu_{\text{r}} = 1$。电缆两端端接阻抗 $Z_{11} = Z_{12} = Z_{21} = Z_{22} = 50\Omega$，入射电磁波 $E_0(t) = 1000(\text{e}^{-10000t} - \text{e}^{-400000t})\text{V/m}$，入射极化角 $\alpha = 0$，方位角 $\varphi = 0$，俯仰角 $\psi = \pi/6$。取 m=20，采用本节方法与时域有限差分法得到的负载响应如图 5-28 所示。

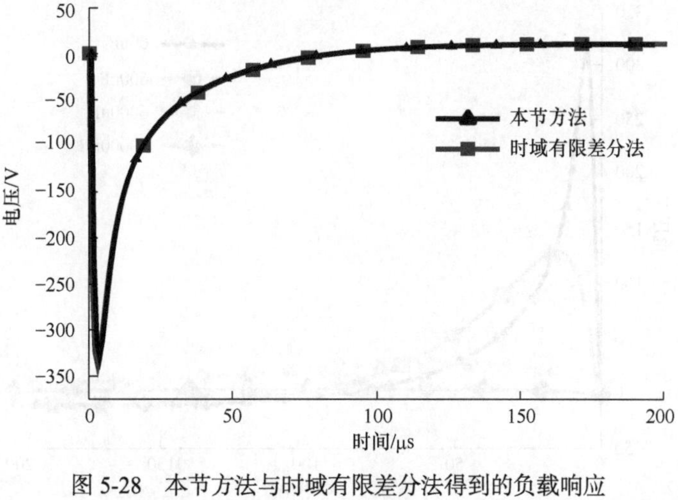

图 5-28　本节方法与时域有限差分法得到的负载响应

由图 5-28 可以看出，本节等效电路模型法与时域有限差分法求解得到负载处感应电压波形一致性很好，证明了本节所建等效电路模型能够准确解决电磁脉冲场辐照下有损大地上多导体架空线缆的时域响应问题。当在其中一个电阻负载上并联型号为 1.5KE39CA 的瞬态抑制二极管时，采用本节方法得到负载处感应波形如图 5-29 所示。

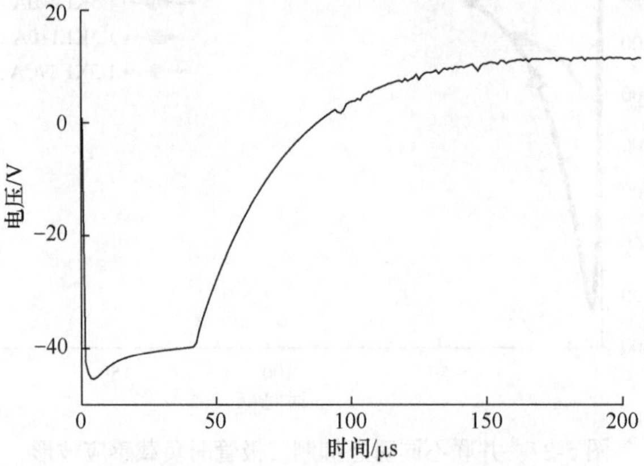

图 5-29　并联瞬态抑制二极管时负载感应波形

由图 5-29 可以看出，二极管将负载响应电压峰值控制在其最大钳位电压以内，与该型号瞬态抑制二极管的理想特性一致，进一步证明了本节方法在解决非线性负载上的有效性。

当在电阻 Z_{11} 旁分别并联 60000nF、6000nF、600nF、60nF 的电容滤波器时，负载上的响应情况如图 5-30 所示。

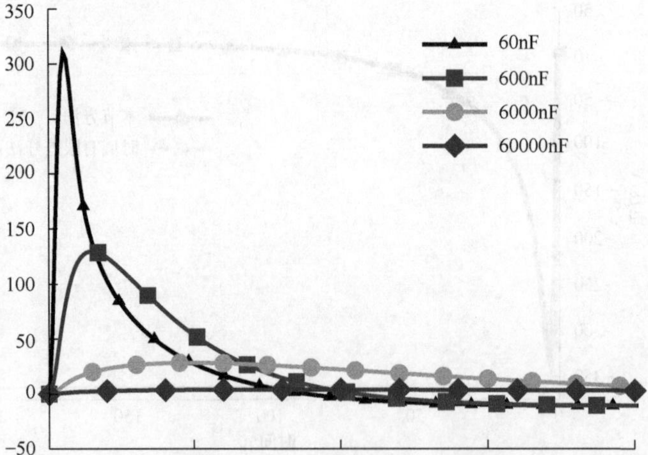

图 5-30　并联不同电容时负载响应波形

由该图可以看出电容通高频阻低频的特性，电容值越大，截止频率越低，负载响应脉冲幅值越小。

5.5.2　有损大地上弧垂架空线缆等效电路模型

由于重力作用，实际中的架空线缆不是完全平行于地面的，而是有弧垂。5.5.1 节建立了平行架空线缆的等效电路模型。为了真实地反映电磁脉冲对线缆的耦合情况，本节首先对弧垂架空传输线的架高进行计算，然后采用 5.4.3 节的思路，建立电磁脉冲场辐照下有损大地上弧垂架空线缆的等效电路模型，并与时域有限差分法进行对比，验证所建模型的正确性，研究弧垂对响应电压的影响。

1. 弧垂计算

悬挂点等高时，有损大地上多导体架空线缆其中一根线的弧垂如图 5-31 所示，其计算公式如下：

$$h'(x)=2\frac{\sigma_0}{g}\mathrm{sh}\left(\frac{g}{2\sigma_0}x\right)\mathrm{sh}\left(\frac{g}{2\sigma_0}(L-x)\right) \tag{5-156}$$

式中，σ_0 为水平应力，即导线最低点应力；g 为导线比载。

可求得该线缆架高为

$$h(x)=h-h'(x) \tag{5-157}$$

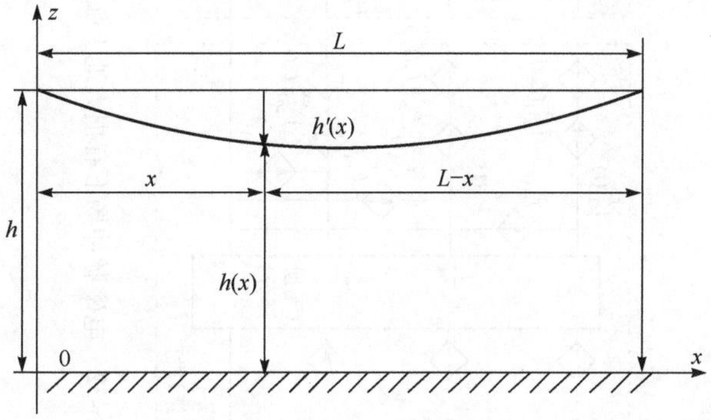

图 5-31　弧垂架空线示意图

2. 等效电路模型建立

由于单位长度参数 $\boldsymbol{L}$ 、$\boldsymbol{C}$ 、$\boldsymbol{Z}(s)$ 都是随高度变化的，为了解决弧垂问题，采用分段逼近级联法建立每一段的等效电路模型，再进行级联形成整根线缆的等效电路。

采用 5.4.3 节的思路，将传输线分成 N 段，每段看成高度一致的线段，每段的迭代次数为 1。这样，第 k 段电压频域方程表示为

$$\begin{pmatrix}\boldsymbol{V}_k(L,s)\\ \boldsymbol{I}_k(L,s)\end{pmatrix}=\mathrm{e}^{\boldsymbol{Q}_k(s)L}\left\{\begin{pmatrix}\boldsymbol{V}_k(0,s)\\ \boldsymbol{I}_k(0,s)\end{pmatrix}-\begin{pmatrix}\boldsymbol{V}_{zk}^{\mathrm{ex}}(0,s)\\ 0\end{pmatrix}\right\}+\boldsymbol{J}_k^{\mathrm{sca}}(s)+\begin{pmatrix}\boldsymbol{V}_{zk}^{\mathrm{ex}}(L,s)\\ 0\end{pmatrix} \tag{5-158}$$

将每一段等效电路模型串联起来得到总电压的等效电路模型，如图 5-32 所示。

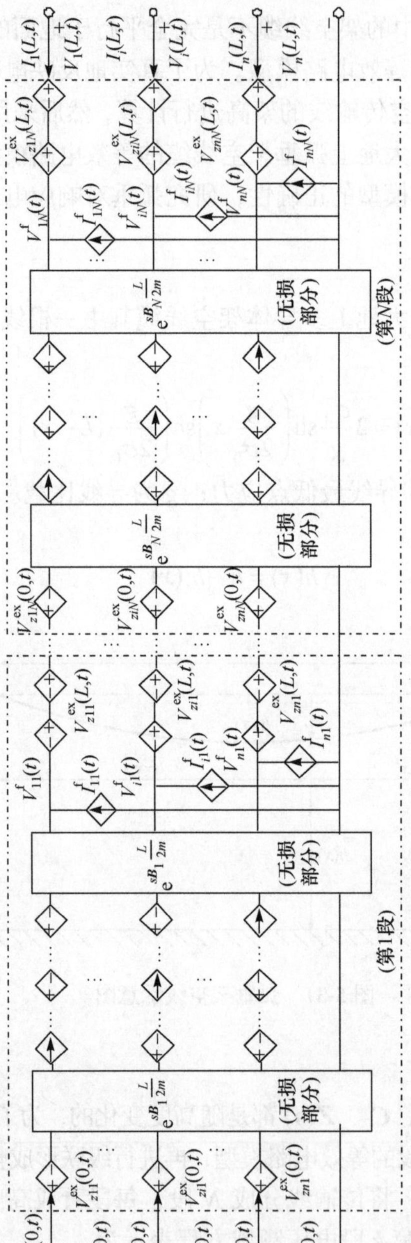

图5-32 电磁脉冲场下有损大地上弧垂多导体架空线缆的等效电路模型

由于

$$\boldsymbol{J}_k^{\text{sca}}(s)=\begin{pmatrix}\boldsymbol{V}_k^{\text{f}}(s)\\ \boldsymbol{I}_k^{\text{f}}(s)\end{pmatrix}=\int_0^L \mathrm{e}^{\boldsymbol{Q}_k(s)(L-x)}\boldsymbol{F}_k^{\text{sca}}(x,s)\mathrm{d}x \tag{5-159}$$

将式(5-158)整理为

$$\begin{pmatrix}\boldsymbol{V}_k(L,s)\\ \boldsymbol{I}_k(L,s)\end{pmatrix}=\mathrm{e}^{\boldsymbol{Q}_k(s)L}\left\{\begin{pmatrix}\boldsymbol{V}_k(0,s)\\ \boldsymbol{I}_k(0,s)\end{pmatrix}-\begin{pmatrix}\boldsymbol{V}_{zk}^{\text{ex}}(0,s)\\ 0\end{pmatrix}\right\}+\begin{pmatrix}\boldsymbol{V}_k^{\text{fex}}(s)\\ \boldsymbol{I}_k^{\text{f}}(s)\end{pmatrix} \tag{5-160}$$

式中

$$\boldsymbol{V}_k^{\text{fex}}(s)=\boldsymbol{V}_k^{\text{f}}(s)+\boldsymbol{V}_{zk}^{\text{ex}}(L,s) \tag{5-161}$$

针对第 i 条线缆，其时域形式同样利用矢量匹配法表示为$V_{ik}^{\text{fex}}(t)$，同时将相邻子电路中的$V_k^{\text{fex}}(t)$与$V_{z(k+1)}^{\text{ex}}(0,t)$合并成$V_k^{\text{fex}0}(t)$，此处$1\leqslant k<n$。此时，简化等效电路如图 5-33 所示。

3. 模型的应用及讨论

考虑有损大地上两根架空线缆，线长$L=40\text{m}$，架高$h=3.3\text{m}$。土壤电导率$\sigma_{\text{g}}=0.016\text{S/m}$，相对介电常数$\varepsilon_{\text{r}}=10$，相对磁导率$\mu_{\text{r}}=1$。$\sigma_0=20\text{MPa}$，$g=0.057\text{N/(m}\cdot\text{mm)}^2$，电缆两端端接阻抗$Z_{11}=Z_{12}=Z_{21}=Z_{22}=50\Omega$，入射电磁波$E_0(t)=1000(\mathrm{e}^{-10000t}-\mathrm{e}^{-400000t})\text{V/m}$，入射极化角$\alpha=0$，方位角$\varphi=0$，俯仰角$\psi=\pi/6$。取 m=10，采用本节方法与时域有限差分法所得弧垂线负载响应如图 5-34 所示。

可以看出，本节所建等效电路模型求解结果与时域有限差分法计算结果具有很好的一致性，证明了所建模型的正确性。将其与架空高度为 3.3m 的平行架空线缆负载响应进行对比，如图 5-35 所示。

由图 5-35 可以看出，弧垂线负载响应峰值要低于平行架空线负载响应峰值，而且响应前沿变慢。

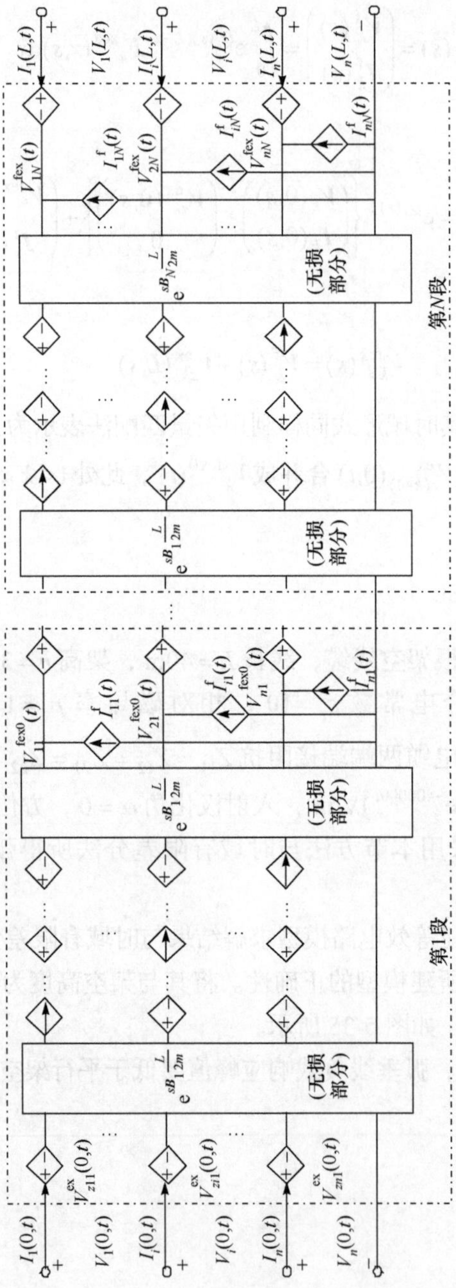

图5-33　人射场下有损大地上弧垂多导体架空线缆的简化等效电路模型

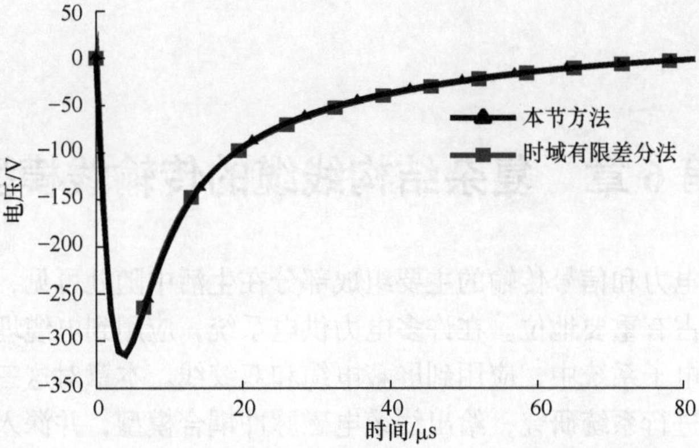

图 5-34　本节方法与时域有限差分法所得弧垂线负载响应

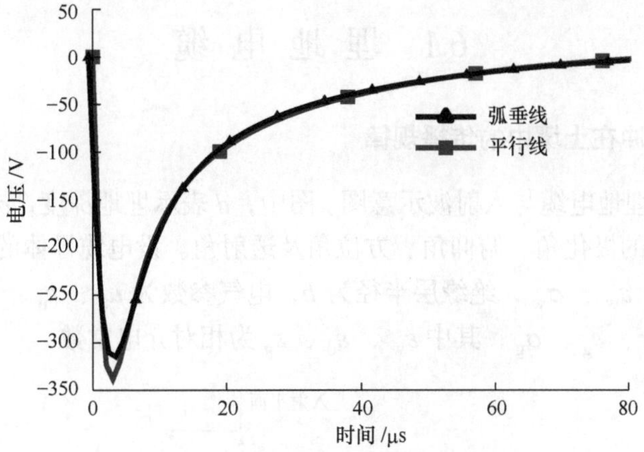

图 5-35　弧垂线与平行线负载响应

参 考 文 献

[1] Teche F M, Ianoz M, Karlsson T. EMC Analysis Methods and Computational Models[M]. New York: Wiley, 1997

[2] 王川川, 朱长青, 周星, 等. 利用电磁暂态分析软件实现 Taylor 模型的方法研究[J]. 高电压技术, 2012, 38(9): 2360-2365

[3] Yang Q, Wang Q, Zhou X. Equivalent circuit for the overhead lines above the lossy ground with incident fields[J]. IEICE Electronics Express, 2015, 12(13): 1-7

第 6 章　复杂结构线缆的传输线模型

电缆作为电力和信号传输的主要组成部分在生活中随处可见，在电力系统和信号系统中也占有重要地位。在许多电力供电系统，应用到电缆埋地的电缆铺设方式。在多种电子系统中，应用到屏蔽电缆和双绞线。本章对这三类线缆的电磁脉冲耦合问题进行系统研究，给出线缆电磁脉冲耦合模型，并深入分析电磁脉冲耦合的关键参数及耦合规律。

6.1　埋 地 电 缆

6.1.1　电磁脉冲在土壤中的传播规律

图 6-1 为埋地电缆与入射波示意图。图中，d 表示埋地深度，α 、ψ 、ϕ 及 ψ_t 分别为入射波的极化角、俯仰角、方位角及透射角。设电缆导体的半径为 a，电气参数为 μ_0 、ε_w 、σ_w ，绝缘层半径为 b，电气参数为 μ_0 、ε_d 、σ_d ，地表土壤电气参数为 μ_0 、ε_g 、σ_g ，其中 ε_w 、ε_d 、ε_g 为相对介电常数。

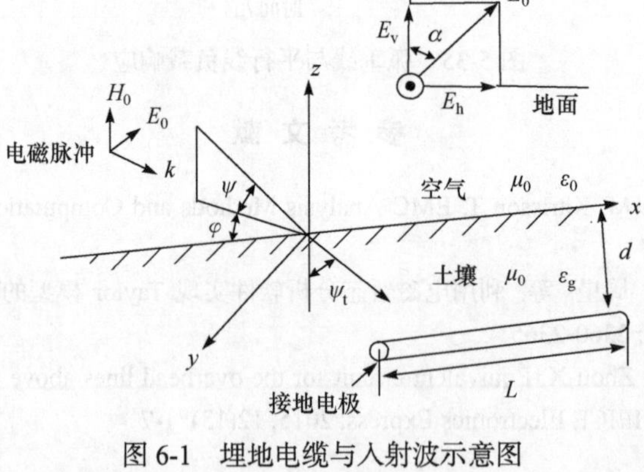

图 6-1　埋地电缆与入射波示意图

如图 6-1 所示，平面波以 (α,φ,ψ) 角入射到地面，设大地为非铁磁性、线性、各向同性的有耗介质。距离地面 d 深度处，x 轴方向水平电场的频域表达式为

$$E_x(x)=(E_vT_v\sin\theta_t\cos\varphi+E_hT_h\sin\varphi)e^{-k_g d\sin\psi_t-jk_0x\cos\psi\cos\varphi} \tag{6-1}$$

y 轴方向磁场的频域表达式为

$$H_y(x)=\left(E_\mathrm{v}T_\mathrm{v}n\cos\varphi/Z_0-E_\mathrm{h}T_\mathrm{h}\sin\varphi/Z_0\sqrt{n^2-\cos^2\psi}\right)\mathrm{e}^{-k_\mathrm{g}d\sin\psi_\mathrm{t}-\mathrm{j}k_0x\cos\psi\cos\varphi} \tag{6-2}$$

式中，$Z_0=\sqrt{\mu_0/\varepsilon_0}\approx 377\Omega$ 为空气中的波阻抗；E_v 和 E_h 分别为入射电场的垂直和水平极化分量：

$$E_\mathrm{v}=E_\mathrm{in}\cos\alpha \tag{6-3}$$

$$E_\mathrm{h}=E_\mathrm{in}\sin\alpha \tag{6-4}$$

k_0 为电磁场在空气中的传播常数；k_g 为电磁场在土壤中的传播常数：

$$k_0=\sqrt{\omega^2\mu_0\varepsilon_0} \tag{6-5}$$

$$k_\mathrm{g}=\sqrt{\mathrm{j}\omega\mu_0\sigma_\mathrm{g}-\omega^2\mu_0\varepsilon_\mathrm{g}\varepsilon_0} \tag{6-6}$$

T_v 和 T_h 为根据菲涅耳公式计算而得的传输系数，分别表示为

$$T_\mathrm{v}=\frac{2n\sin\psi}{n^2\sin\psi+\sqrt{n^2-\cos^2\psi}} \tag{6-7}$$

$$T_\mathrm{h}=\frac{2\sin\psi}{\sin\psi+\sqrt{n^2-\cos^2\psi}} \tag{6-8}$$

式中，n 为大地的复数反射系数：

$$n=\sqrt{\varepsilon_\mathrm{g}+\frac{\sigma_\mathrm{g}}{\mathrm{j}\omega\varepsilon_0}} \tag{6-9}$$

地面的透射角 ψ_t 与入射俯仰角的关系为 $n\cos\psi_\mathrm{t}=\cos\psi$ 。

下面以高空核电磁脉冲为例，讨论电磁脉冲在土壤中的传播规律。

设深度 $d=1\mathrm{m}$ ，大地电导率 $\sigma_\mathrm{g}=10^{-3}\mathrm{S/m}$ ，相对介电常数 $\varepsilon_\mathrm{r}=5$ ，相对磁导率 $\mu_\mathrm{r}=1$ ，采用贝尔实验室标准高空核电磁脉冲入射，极化角 $\alpha=0$ ，方位角 $\varphi=0$ ，俯仰角 $\psi=\pi/4$ 。

1. 深度对高空核电磁脉冲传播的影响

当深度 d 变化时，得到如图 6-2 所示波形。

由图 6-2 可以看出，随着深度的增加，电场和磁场峰值减小，上升沿变缓，脉冲宽度变窄。这表明，高空核电磁脉冲在土壤中传播时，大部分能量主要集中于大地表层传播。

电磁脉冲在土壤中传播时，峰值衰减的程度与深度的关系依赖于大地电导率 σ_g 和脉冲频率 ω 。电磁波向导体中传播时会随深度的增加而迅速衰减，一般高频

分量只能存在于导体的一个薄层内，这种现象称为趋肤效应。电磁波场强振幅衰减到表面处$1/e$的深度，称为趋肤深度。

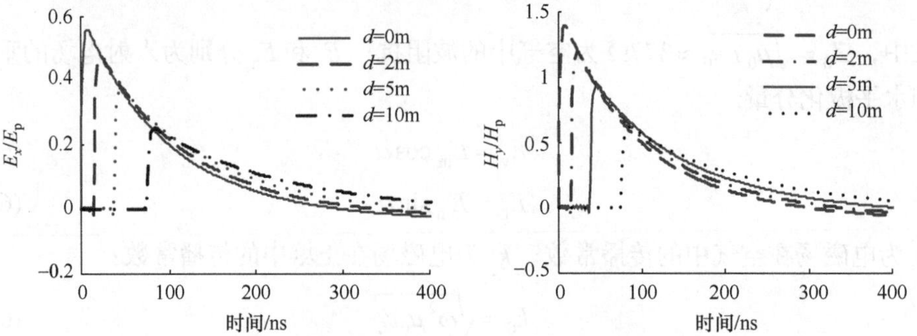

(a) 水平电场随深度的变化　　　(b) 水平磁场随深度的变化

图 6-2　地下不同深度处的水平电场和磁场波形(归一化值)

对于高空核电磁脉冲，认为大地是不良导体，其趋肤深度δ可表示为[1]

$$\delta = \left\{ \omega \sqrt{\frac{\mu \varepsilon_g}{2} \left[\sqrt{1 + \left(\frac{\sigma_g}{\omega \varepsilon_g} \right)^2} - 1 \right]} \right\}^{-1} \tag{6-10}$$

由式(6-10)可以看出，电磁波低频分量的趋肤深度大，因此衰减慢，高频分量的趋肤深度小，因此衰减快。高空核电磁脉冲的能量主要集中在频率100MHz以下，因此趋肤深度较小，随着深度的增大，波形中变化较快的部分(对应高频分量)衰减较大，而波形中变化较缓的部分(对应低频分量)衰减很小。

相对于高空核电磁脉冲，雷电电磁脉冲能量主要集中在低频段，且其功率谱密度高于其他高功率电磁环境。比较高空核电磁脉冲和超宽带电磁脉冲在土壤中的衰减情况发现：雷电电磁脉冲的衰减要比高空核电磁脉冲和超宽带电磁脉冲慢。分析认为，由于雷电电磁脉冲覆盖的频段较低，其随深度的衰减较慢。这表明，对于核电磁脉冲等高频电磁脉冲，适当增加通信或电力线路、设备的埋地深度，将会起到很好的电磁防护作用。对于诸如雷电电磁脉冲这样的低频电磁脉冲，只依赖于大地对雷电电磁脉冲的衰减，靠增加埋地深度达到对雷电电磁脉冲的防护并不会取得理想效果。

2. 大地电导率对地中高空核电磁脉冲传播的影响

图 6-3 显示了大地电导率对地中高空核电磁脉冲传播的影响，从图中可以看出，随着大地电导率的减小，地中电场峰值呈增大趋势，且时域脉冲宽度增大。这是因为随着大地电导率的减小，大地对电磁脉冲的透射能力增强，进入大地中

的电磁脉冲衰减减小，且波形更趋近于入射波。当铺设埋地通信或电力线路时，最好选择较湿润的地块进行，因为水能增强土壤的导电性，湿润土壤将比干燥土壤对外界电磁波的反射能力强，因此线缆受到的干扰更小。

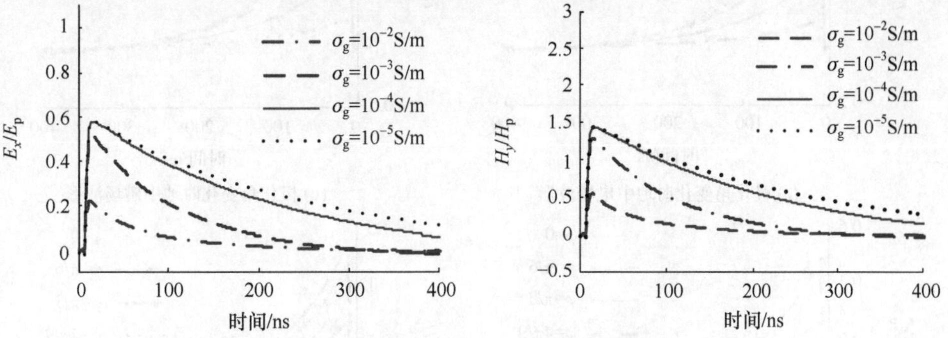

图 6-3　大地电导率变化时地中电场和磁场波形(归一化值)

3. 大地介电常数对地中高空核电磁脉冲传播的影响

图 6-4 显示了大地介电常数对地中高空核电磁脉冲传播的影响。从图 6-4 中可以看出，随着大地相对介电常数的增大，地中电场峰值呈减小趋势，时域脉冲宽度变化不大，这与由式(6-1)～式(6-9)分析所得结论是一致的。

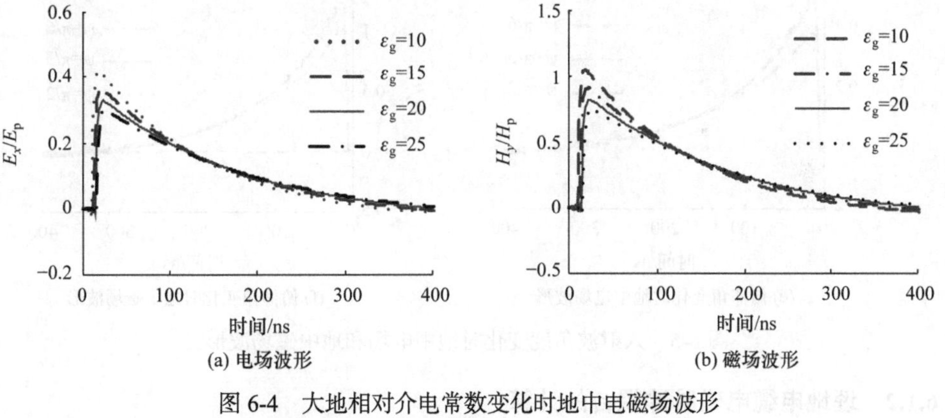

(a) 电场波形　(b) 磁场波形

图 6-4　大地相对介电常数变化时地中电磁场波形

4. 入射角度对地中高空核电磁脉冲传播的影响

图 6-5 显示了入射角度对地中高空核电磁脉冲传播的影响。从图中可以看出，随着入射波极化角和方位角的增大，投射进地中的电场峰值减小，当俯仰角从 0 到 π/2 增大时，投射进地中的电场峰值增大，但入射波角度对电场的时域宽度基本没有影响。

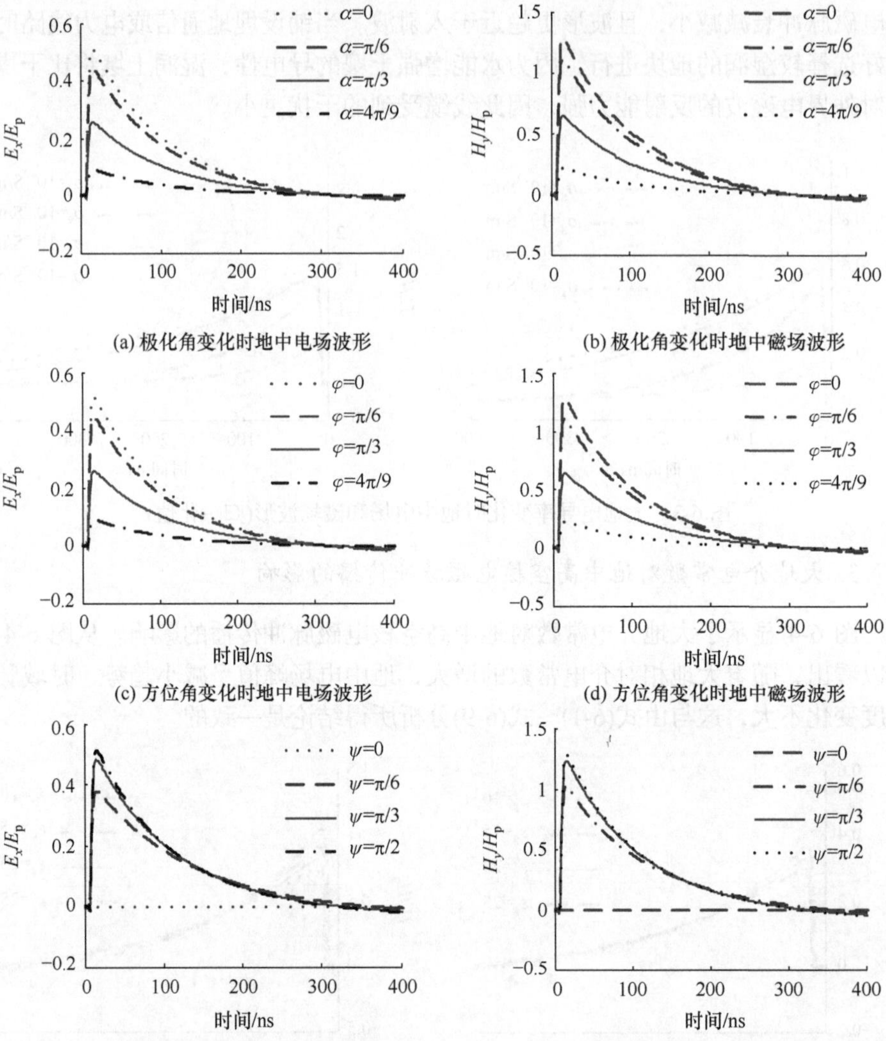

(a) 极化角变化时地中电场波形 (b) 极化角变化时地中磁场波形

(c) 方位角变化时地中电场波形 (d) 方位角变化时地中磁场波形

(e) 俯仰角变化时地中电场波形 (f) 俯仰角变化时地中磁场波形

图 6-5 入射波角度变化时地中电场和地中磁场波形

6.1.2 埋地电缆电磁脉冲耦合的计算

埋地电缆的分布参数包括单位长度分布阻抗和分布导纳，分别表示为 $Z = Z_w + Z_g + j\omega L$ 和 $Y = Y_c \, // \, Y_g$。其中，Z_w 为导线内阻抗、$j\omega L$ 为电缆绝缘层阻抗，Z_g 为大地阻抗。Y_c 为绝缘层导纳，Y_g 为大地导纳。大地导纳与大地阻抗的关系为 $Y_g = \gamma_g^2 / Z_g$，其中 γ_g 为电磁波在土壤中的传播常数。埋地电缆分布参数的重要组成部分为电缆的大地阻抗。目前，学者们提出了多种大地阻抗计算公式。

作者从理论和仿真两方面对几种常用大地阻抗的计算公式进行了比较，分析了大地阻抗和大地导纳随土壤电导率的变化规律，并研究了大地导纳对埋地电缆电磁暂态响应的影响。结果表明，Theethayi[2]提出的大地阻抗计算公式比较合理、精确，其表达式为

$$Z_g = \frac{j\omega\mu_0}{2\pi}\left[\ln\left(\frac{1+\gamma_g b}{\gamma_g b}\right) + \frac{2e^{-2d|\gamma_g|}}{4+\gamma_g^2 b^2}\right] \tag{6-11}$$

采用该表达式的原因如下：

(1) 式(6-11)形式比较简洁，不含特殊函数或无穷积分，不需要再对其进行特殊的数值处理。

(2) 式(6-11)中，土壤中电磁波传播常数为 $\gamma_g = \sqrt{j\omega\mu_0(\sigma_g + j\omega\varepsilon_g)}$，考虑了土壤介电常数引起的位移电流对大地阻抗的影响，使计算结果更符合物理实际。

(3) 由于 $\lim\limits_{\omega\to\infty} Z_g = \sqrt{\mu_0/\varepsilon_g}/(2\pi b)$，在高频情况下，式(6-11)具有很好的渐近特性，该式时域形式在 $t=0$ 处不会出现奇点。

一些学者在研究埋地电缆电磁干扰问题时，认为与架空传输线一样，大地导纳的贡献很小，因此忽略了大地导纳的贡献。分析表明，在计算埋地电缆的分布阻抗时考虑与不考虑大地导纳的贡献，波的传播特性及电缆上的感应信号计算结果差别很大。由此可知，大地导纳对埋地电缆分布阻抗的贡献是很大的，不可随意忽略，否则将产生重大偏差，这与架空传输线是不同的。

确定了埋地电缆的激励场及分布参数，长度为 L 的电缆终端感应电流的计算就可以用电报方程来实现。电缆两端负载上感应电压、电流的 BLT 方程可表示为

$$\begin{pmatrix} V(0) \\ V(L) \end{pmatrix} = \begin{pmatrix} 1+\rho_1 & 0 \\ 0 & 1+\rho_2 \end{pmatrix} \begin{pmatrix} -\rho_1 & e^{k_g L} \\ e^{k_g L} & -\rho_2 \end{pmatrix}^{-1} \begin{pmatrix} S_1 \\ S_2 \end{pmatrix} \tag{6-12}$$

$$\begin{pmatrix} I(0) \\ I(L) \end{pmatrix} = \frac{1}{Z_0} \begin{pmatrix} 1-\rho_1 & 0 \\ 0 & 1-\rho_2 \end{pmatrix} \begin{pmatrix} -\rho_1 & e^{k_g L} \\ e^{k_g L} & -\rho_2 \end{pmatrix}^{-1} \begin{pmatrix} S_1 \\ S_2 \end{pmatrix} \tag{6-13}$$

在平面波入射情况下，激励函数为式(6-1)，于是计算可得 BLT 方程的激励源项为

$$\begin{pmatrix} S_1 \\ S_2 \end{pmatrix} = \begin{pmatrix} 0.5\int_0^L e^{k_g x} V'_{S1}(x)\mathrm{d}x \\ -0.5\int_0^L e^{k_g (L-x)} V'_{S2}(x)\mathrm{d}x \end{pmatrix} = \begin{pmatrix} \dfrac{0.5E_0(\psi,\varphi)[e^{(k_g - jk_0\cos\psi\cos\varphi)L} - 1]}{k_g - jk_0\cos\psi\cos\varphi} \\ \dfrac{0.5e^{k_g L}E_0(\psi,\varphi)[e^{(-k_g - jk_0\cos\psi\cos\varphi)L} - 1]}{k_g + jk_0\cos\psi\cos\varphi} \end{pmatrix} \tag{6-14}$$

设瞬态入射电场为指数形式，其表达式为

$$E_0(t) = 1000\mathrm{e}^{-t/(8.85\times10^{-8})}(\mathrm{V/m}) \tag{6-15}$$

仿真参数为：大地电导率 $\sigma_{\mathrm{g}} = 10^{-3}\mathrm{S/m}$ ，相对介电常数 $\varepsilon_{\mathrm{g}} = 10$ 。电缆长度 $L = 100\mathrm{m}$ ，埋地深度 $d = 5\mathrm{m}$ ，导体半径 $a = 1\mathrm{cm}$ ，相对磁导率 $\mu_{\mathrm{ra}} = 1$ ，电导率 $\sigma_{\mathrm{w}} = 2.3\times10^7\mathrm{S/m}$ ，外绝缘层半径 $b = 1.5\mathrm{cm}$ ，相对磁导率 $\mu_{\mathrm{rb}} = 1$ ，相对介电常数 $\varepsilon_{\mathrm{d}} = 5$ 。两端端接阻抗均为 5Ω 。电磁脉冲入射极化角 α=0 ，方位角 φ=0 ，俯仰角 ψ=π/4 。埋地电缆电磁脉冲耦合计算结果如图 6-6 所示。

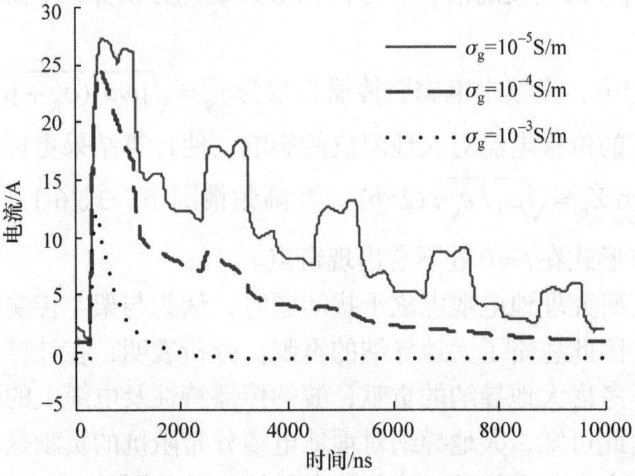

图 6-6　埋地电缆电磁脉冲耦合计算结果

6.1.3　架空和埋地电缆的比较

为了验证埋地电缆的抗电磁干扰能力，本节将架空和埋地电缆感应电流进行对比，电缆的电气参数相同。仿真参数设置为：电缆种类为绝缘电缆，导体半径为 $a = 1\mathrm{cm}$ ，绝缘层半径为 1.5cm，绝缘层相对介电常数为 5，电缆长度为 50m，土壤电导率 $\sigma_{\mathrm{g}} = 10^{-2}\mathrm{S/m}$ ，相对介电常数 $\varepsilon_{\mathrm{g}} = 10$ 。绝缘电缆的埋地深度 $d = 10\mathrm{cm}$ ，架空高度为 $h = 5\mathrm{cm}$ 。相对电导率 $\sigma_{\mathrm{w}} = 5.8\times10^7\mathrm{S/m}$ ，相对磁导率 $\mu_{\mathrm{ra}} = 1$ 。电缆的两端端接阻抗均为 5Ω 。入射平面波中瞬态电场为贝尔实验室标准高空核电磁脉冲，其极化角 α=0 ，方位角 φ=0 ，俯仰角 ψ=π/4 。根据以上参数设置，架空和埋地电缆始端和终端负载处感应电流对比如图 6-7 所示。

从图 6-7 中可以看出，埋地电缆相较于架空电缆来说，终端感应电流明显偏小，这说明埋地电缆对同样参数的外界电磁场耦合能量较小，因此将电缆埋地铺设将比地面铺设或架空铺设有更强的抗电磁干扰能力。

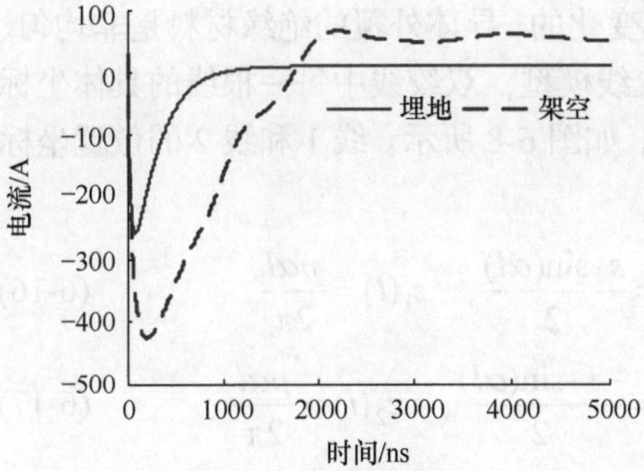

(a) 始端电流

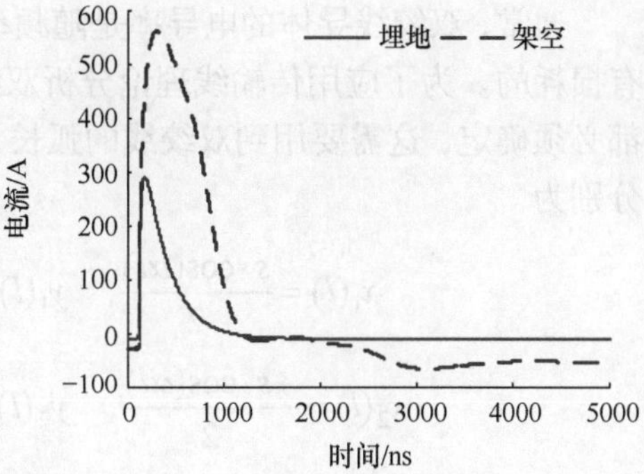

(b) 终端电流

图 6-7　架空和埋地裸导体电缆感应电流的比较

6.2　双　绞　线

双绞线是一对互相绝缘且绞合的导线。在电子系统中，双绞线是综合布线工程中最常用的一种传输介质，与其他传输介质相比，双绞线虽然在传输距离、信道宽度和数据传输速度等方面均受到一定限制，但其抗干扰能力强、布线容易、可靠性高、使用方便、价格低廉，因此广泛应用于工业控制系统以及干扰较大的场所。

6.2.1　计算模型和方法

在高频情况下，双绞线必须看成分布参数传输线系统。本节利用传输线理论，推导双绞线在外界电磁场干扰下其始端和终端感应信号的电压、电流表达式。

1. 双绞线的研究模型

双绞线的双螺旋结构模型如图 6-8 所示。

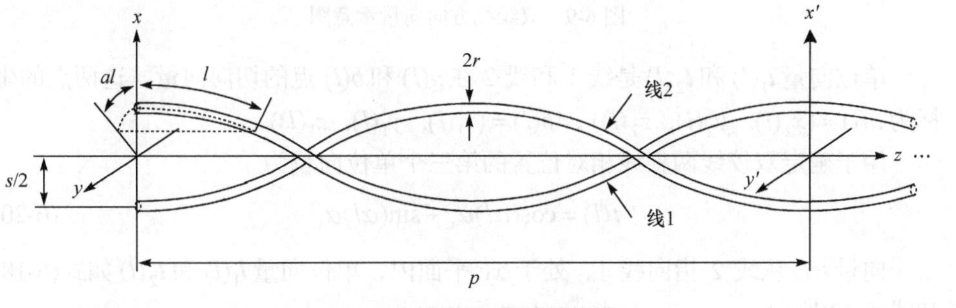

图 6-8　双绞线的双螺旋结构模型

通常，双绞线导体的电导率是随频率变化的，导体外覆的绝缘材料是非均匀、有损耗的。为了应用传输线理论分析双绞线模型，双绞线中每一根线的具体坐标都必须确定，这需要用到双绞线的弧长 l，如图 6-8 所示。线 1 和线 2 的位置坐标分别为

$$x_1(l)=\frac{s\cdot\cos(\alpha l)}{2},\quad y_1(l)=\frac{s\cdot\sin(\alpha l)}{2},\quad z_1(l)=\frac{p\alpha l}{2\pi} \tag{6-16}$$

$$x_2(l)=\frac{-s\cdot\cos(\alpha l)}{2},\quad y_2(l)=\frac{-s\cdot\sin(\alpha l)}{2},\quad z_2(l)=\frac{p\alpha l}{2\pi} \tag{6-17}$$

式中，双绞线旋度参数 $\alpha=2/\sqrt{s^2+p^2/\pi^2}$ 。

如图 6-9 所示，线 1 和线 2 上任意点的切线方向向量分别为

$$\boldsymbol{l}_1(l)=-\frac{s\alpha}{2}[\boldsymbol{\alpha}_x\sin(\alpha l)-\boldsymbol{\alpha}_y\cos(\alpha l)]+\frac{\alpha p}{2\pi}\boldsymbol{\alpha}_z \tag{6-18}$$

$$\boldsymbol{l}_2(l)=\frac{s\alpha}{2}[\boldsymbol{\alpha}_x\sin(\alpha l)-\boldsymbol{\alpha}_y\cos(\alpha l)]+\frac{\alpha p}{2\pi}\boldsymbol{\alpha}_z \tag{6-19}$$

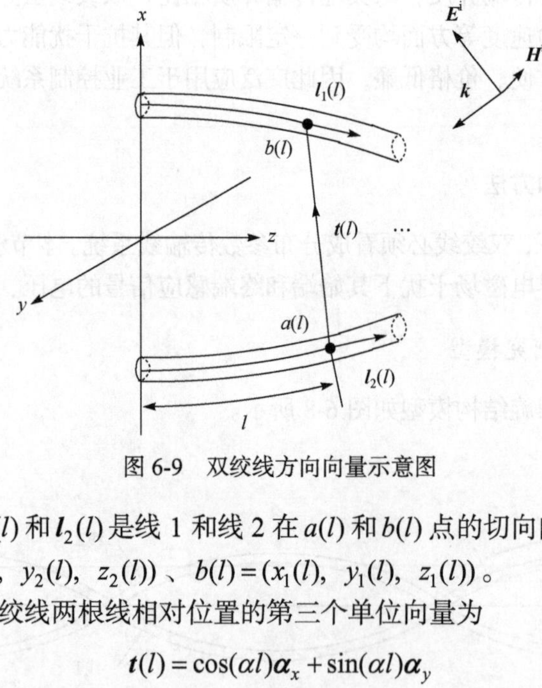

图 6-9　双绞线方向向量示意图

单位向量 $\boldsymbol{l}_1(l)$ 和 $\boldsymbol{l}_2(l)$ 是线 1 和线 2 在 $a(l)$ 和 $b(l)$ 点的切向向量。这两点的坐标为 $a(l)=(x_2(l),\ y_2(l),\ z_2(l))$ 、$b(l)=(x_1(l),\ y_1(l),\ z_1(l))$ 。

用于确定双绞线两根线相对位置的第三个单位向量为

$$\boldsymbol{t}(l)=\cos(\alpha l)\boldsymbol{\alpha}_x+\sin(\alpha l)\boldsymbol{\alpha}_y \tag{6-20}$$

向量 $\boldsymbol{t}(l)$ 从线 2 指向线 1，处于 xy 平面内，单位向量 $\boldsymbol{l}_1(l)$ 和 $\boldsymbol{l}_2(l)$ 如式(6-18)和式(6-19)所示。

2. 双绞线终端感应信号的计算

双绞线的终端感应信号可以通过求解传输线方程得到。在非均匀电磁场的辐照下，双绞线的频域传输线方程为

$$\frac{\mathrm{d}V(l)}{\mathrm{d}l} = -ZI(l) + V_{\mathrm{F}}(l) \tag{6-21a}$$

$$\frac{\mathrm{d}I(l)}{\mathrm{d}l} = -YV(l) + I_{\mathrm{F}}(l) \tag{6-21b}$$

式中，Z 为单位长度阻抗；包括单位长度内部阻抗 Z_{i} 和单位长外电感 L_{e} 的贡献项；Y 为单位长度导纳，包括单位长电导 G 和单位长电容 C 的贡献项；l 为双绞线的弧长，这是唯一决定双绞线沿线所有观测点位置的变量。

$V_{\mathrm{F}}(l)$ 和 $I_{\mathrm{F}}(l)$ 分别为由外场形成的分布电压激励源和电流激励源，可表示为

$$V_{\mathrm{F}}(l) = -\frac{\partial}{\partial l}\int_{a(l)}^{b(l)} \boldsymbol{E}^{\mathrm{i}}(\rho,l)d\cdot\boldsymbol{\rho} + \boldsymbol{E}^{\mathrm{i}}(x_1(l),y_1(l),z_1(l))\cdot\boldsymbol{l}_1 - \boldsymbol{E}^{\mathrm{i}}(x_2(l),y_2(l),z_2(l))\cdot\boldsymbol{l}_2 \tag{6-22a}$$

$$I_{\mathrm{F}}(l) = -Y\frac{\partial}{\partial l}\int_{a(l)}^{b(l)} \boldsymbol{E}^{\mathrm{i}}(\rho,l)\cdot\mathrm{d}\boldsymbol{\rho} \tag{6-22b}$$

式中，微分向量 $\mathrm{d}\boldsymbol{\rho}$ 可表示为 $\mathrm{d}\boldsymbol{\rho} = \boldsymbol{t}(l)\mathrm{d}\rho$，$\rho$ 为径向的柱坐标。$\boldsymbol{E}^{\mathrm{i}}(x,y,z)$ 为入射电磁场的电场向量；$V(l)$ 为双绞线的线电压[在 $b(l)$ 处为正号，在 $a(l)$ 处为负号]；$I(l)$ 为双绞线线电流[向 $\boldsymbol{l}_1(l)$ 方向流动，向 $-\boldsymbol{l}_2(l)$ 方向返回]。

在根据给定的终端条件求解式(6-21)表示的传输线方程之前，先对其进行简要分析：

(1) 式(6-21)在严格意义上只适用于双绞线绝缘层为各向同性介质的情况。实际上，双绞线外绝缘层通常并非各向同性介质，但一般双绞线的绝缘层厚度远小于入射场分量的最短波长，绝缘层对传输线的影响可通过传输线单位长度导纳 Y 来体现。

(2) 作为一种特例，双绞线的分布电感 L_{e} 和分布电容 C 可看成与双绞线的位置无关。这种处理方式是对实际情况的一种近似，这是有道理的：在设定的 xy 横截面上，两根线分开的距离是恒定的；并且螺距 p 远大于线距 s。L_{e} 和 C 与位置无关的特性使得式(6-21)的求解难度大大降低，式(6-21)可以看成一种改进的传输线方程，其激励源的计算中已考虑双绞线是绞合线的特征。

(3) 由于已设定 $p \gg s$，双绞线的单位长度分布参数的计算可参照平行传输线参数之间的关系来获得。

基于以上分析和假设，可根据双绞线终端约束条件来求解传输线方程(6-21)。假设双绞线中每条线的总弧长都是 L，双绞线在 $x=0$ 和 $x=L$ 处端接负载分别为 Z_s 和 Z_L，如图 6-10 所示。

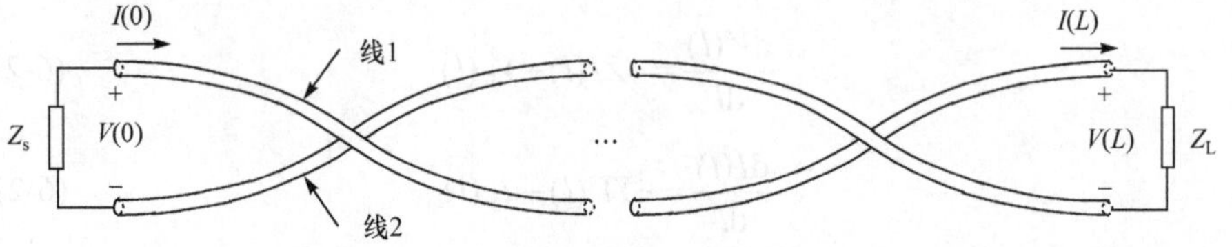

图 6-10　双绞线端接负载示意图

参照均匀传输线的分析方法，可求得外场激励下双绞线始端和终端的感应电流表达式为

$$
\begin{aligned}
I(0)=&\frac{1}{D}\int_0^L\left(\cosh(\gamma(L-x))+\frac{Z_L}{Z_c}\sinh(\gamma(L-x))\right)\cdot[\boldsymbol{E}^{\mathrm{i}}(x_1,y_1,z_1)\boldsymbol{l}_1(x)\\
&-\boldsymbol{E}^{\mathrm{i}}(x_2,y_2,z_2)\boldsymbol{l}_2(x)]\mathrm{d}x-\frac{1}{D}\int_{a(x)}^{b(x)}\boldsymbol{E}^{\mathrm{i}}(\rho,x)\mathrm{d}\boldsymbol{\rho}\bigg|_{x=L}\\
&+\frac{1}{D}\int_0^L\left[\cosh(\gamma L)+\frac{Z_L}{Z_c}\sinh(\gamma L)\right]\cdot\int_{a(x)}^{b(x)}\boldsymbol{E}^{\mathrm{i}}(\rho,x)\mathrm{d}\boldsymbol{\rho}\bigg|_{x=0}
\end{aligned}
\tag{6-23a}
$$

$$
\begin{aligned}
I(L)=&\frac{1}{D}\int_0^L\left(\cosh(\gamma x)+\frac{Z_s}{Z_c}\sinh(\gamma x)\right)\cdot[\boldsymbol{E}^{\mathrm{i}}(x_1,y_1,z_1)\boldsymbol{l}_1(x)\\
&-\boldsymbol{E}^{\mathrm{i}}(x_2,y_2,z_2)\boldsymbol{l}_2(x)]\mathrm{d}x+\frac{1}{D}\int_{a(x)}^{b(x)}\boldsymbol{E}^{\mathrm{i}}(\rho,x)\mathrm{d}\boldsymbol{\rho}\bigg|_{x=0}\\
&-\frac{1}{D}\left[\cosh(\gamma L)+\frac{Z_L}{Z_c}\sinh(\gamma L)\right]\cdot\int_{a(x)}^{b(x)}\boldsymbol{E}^{\mathrm{i}}(\rho,x)\mathrm{d}\boldsymbol{\rho}\bigg|_{x=L}
\end{aligned}
\tag{6-23b}
$$

式中，$D=\cosh(\gamma L)(Z_s+Z_L)+\sinh(\gamma L)(Z_c+Z_sZ_L/Z_c)$；$\gamma=\sqrt{(Z_i+\mathrm{j}\omega L_e)(G+\mathrm{j}\omega C)}$。

双绞线两端负载上的感应电压 $V(0)$ 和 $V(L)$ 可根据式(6-23)利用伏安定律获得。

3. 均匀平面波辐照下双绞线终端响应

式(6-23)是时域下 TWP 的终端响应。在频域，式(6-23)可以进一步简化。设均匀平面波入射如图 6-11 所示，θ_p、φ_p 和 θ_E 分别为入射波的俯仰角、方位角和极化角。

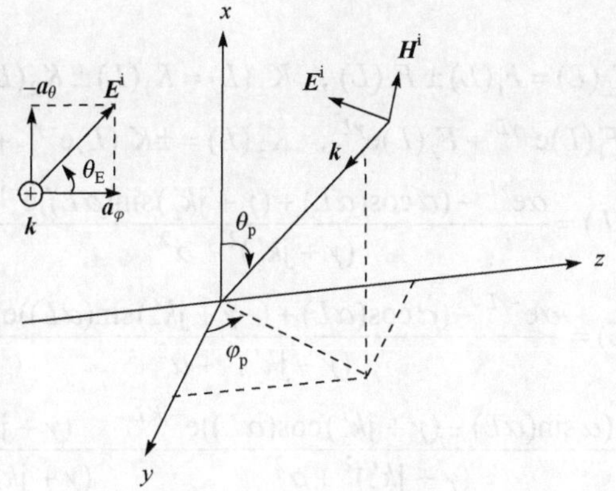

图 6-11　均匀平面波入射角的定义

根据图 6-11，入射均匀平面波电场可表示为

$$\boldsymbol{E}^{\mathrm{inc}}(x,y,z)=E^{\mathrm{inc}}(e_x\boldsymbol{a}_x+e_y\boldsymbol{a}_y+e_z\boldsymbol{a}_z)\mathrm{e}^{-\mathrm{j}(k_x x+k_y y+k_z z)} \tag{6-24}$$

式中

$$\begin{cases}e_x=\sin\theta_{\mathrm{E}}\sin\theta_{\mathrm{p}}\\ e_y=-\sin\theta_{\mathrm{E}}\cos\theta_{\mathrm{p}}\cos\varphi_{\mathrm{p}}-\cos\theta_{\mathrm{E}}\sin\varphi_{\mathrm{p}}\\ e_z=-\sin\theta_{\mathrm{E}}\cos\theta_{\mathrm{p}}\sin\varphi_{\mathrm{p}}+\cos\theta_{\mathrm{E}}\cos\varphi_{\mathrm{p}}\end{cases},\quad \begin{cases}k_x=-k\cos\theta_{\mathrm{p}}\\ k_y=-k\sin\theta_{\mathrm{p}}\cos\varphi_{\mathrm{p}}\\ k_z=-k\sin\theta_{\mathrm{p}}\sin\varphi_{\mathrm{p}}\end{cases}$$

其中，$k=\omega/c_0=2\pi/\lambda$ 为真空中波的传播常数；ω 为入射波的角频率；λ 为入射波的波长；c_0 为真空中的光速。

为了得到双绞线的负载端电流响应，需将式(6-24)代入式(6-23)中。然而，当进行这个代换时，式(6-23)等号右边的第一个积分是十分复杂的。尽管如此，利用 $\lambda\gg s$ 的条件，得到一系列 $I(0)$ 和 $I(L)$ 有用的近似值是可能的，式(6-23)可近似为

$$\begin{aligned}I(0)=\frac{-E^{\mathrm{i}}s}{2D}\Bigg[&(\alpha e_x+\mathrm{j}k_y e_z)\left(F_+(L)+\frac{Z_{\mathrm{L}}}{Z_{\mathrm{c}}}F_-(L)\right)-(\alpha e_y-\mathrm{j}k_x e_z)\left(K_+(L)+\frac{Z_{\mathrm{L}}}{Z_{\mathrm{c}}}K_-(L)\right)\\&+2(e_x\cos(\alpha L)+e_y\sin(\alpha L))\mathrm{e}^{-\mathrm{j}k_z L}-2e_x\left(\cosh(\gamma L)+\frac{Z_{\mathrm{L}}}{Z_{\mathrm{c}}}\sinh(\gamma L)\right)\Bigg]\end{aligned} \tag{6-25a}$$

$$\begin{aligned}I(L)=\frac{-E^{\mathrm{i}}s}{2D}\Bigg[&(\alpha e_x+\mathrm{j}k_y e_z)\left(F_+^*(L)+\frac{Z_{\mathrm{L}}}{Z_{\mathrm{c}}}F_-^*(L)\right)-(\alpha e_y-\mathrm{j}k_x e_z)\left(K_+^*(L)+\frac{Z_{\mathrm{s}}}{Z_{\mathrm{c}}}K_-^*(L)\right)\\&+2\left(\cosh(\gamma L)+\frac{Z_{\mathrm{s}}}{Z_{\mathrm{c}}}\sinh(\gamma L)\right)(e_x\cos(\alpha L)+e_y\sin(\alpha L))\mathrm{e}^{-\mathrm{j}k_z L}-2e_x\Bigg]\end{aligned} \tag{6-25b}$$

式中

$$F_{\pm}(L)=F_1(L)\pm F_2(L)\,,\quad K_{\pm}(L)=K_1(L)\pm K_2(L)$$

$$F_{\pm}^{*}(L)=\pm F_1(L)\mathrm{e}^{-\gamma L}+F_2(L)\mathrm{e}^{\gamma L}\,,\quad K_{\pm}^{*}(L)=\pm K_1(L)\mathrm{e}^{-\gamma L}+K_2(L)\mathrm{e}^{\gamma L}$$

$$F_1(L)=\frac{\alpha\mathrm{e}^{\gamma L}-(\alpha\cos(\alpha L)+(\gamma+\mathrm{j}k_z')\sin(\alpha L))\mathrm{e}^{-\mathrm{j}k_z'L}}{(\gamma+\mathrm{j}k_z')^2+\alpha^2}$$

$$F_2(L)=\frac{\alpha\mathrm{e}^{-\gamma L}-(\alpha\cos(\alpha L)+(-\gamma+\mathrm{j}k_z')\sin(\alpha L))\mathrm{e}^{-\mathrm{j}k_z'L}}{(\gamma-\mathrm{j}k_z')^2+\alpha^2}$$

$$K_1(L)=\frac{(\alpha\sin(\alpha L)-(\gamma+\mathrm{j}k_z')\cos(\alpha L))\mathrm{e}^{-\mathrm{j}k_z'L}}{(\gamma+\mathrm{j}k_z')^2+\alpha^2}+\frac{(\gamma+\mathrm{j}k_z')\mathrm{e}^{\gamma L}}{(\gamma+\mathrm{j}k_z')^2+\alpha^2}$$

$$K_2(L)=\frac{(\alpha\sin(\alpha L)+(\gamma-\mathrm{j}k_z')\cos(\alpha L))\mathrm{e}^{-\mathrm{j}k_z'L}}{(\gamma-\mathrm{j}k_z')^2+\alpha^2}+\frac{(-\gamma+\mathrm{j}k_z')\mathrm{e}^{-\gamma L}}{(\gamma-\mathrm{j}k_z')^2+\alpha^2}$$

$$k_x'=\frac{k_x\alpha p}{2\pi},\quad k_y'=\frac{k_y\alpha p}{2\pi},\quad k_z'=\frac{k_z\alpha p}{2\pi}$$

6.2.2　双绞线和平行线感应信号的对比

人们采用双绞线主要是为了提高抗电磁干扰能力，下面用一个算例说明双绞线对外界电磁干扰的抑制能力。研究用的双绞线型号为 24-AWG，其螺距为 p ，轴向长度(即在坐标轴上的投影长度) $L_z=30\text{m}$ ，双绞线轴向长度 L_z 和总弧长 L 的关系为 $L_z=p\alpha L/(2\pi)$ ，端接负载分别为 Z_s 和 Z_L 。24-AWG 型双绞线的横截面示意图如图 6-12 所示，导体材料为铜，电导率 $\sigma_\mathrm{dc}=5.8\times10^7\text{S/m}$ ，绝缘层相对介电常数 $\varepsilon_\mathrm{r}=3.2$ ，两线间距 $s=1.28\text{mm}$ ，线导体半径 $r=0.25\text{mm}$ ，外绝缘层半径 $r_\mathrm{d}=s/2$ 。

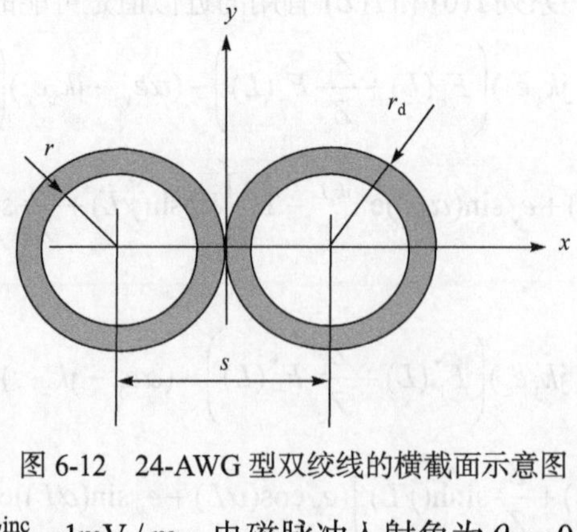

图 6-12　24-AWG 型双绞线的横截面示意图

假设激励源为 $E^{\mathrm{inc}}=1\text{mV/m}$ ，电磁脉冲入射角为 $\theta_\mathrm{E}=0$ 、$\theta_\mathrm{p}=0$ 、$\varphi_\mathrm{p}=\pi/2$ ，则双绞线终端感应信号功率谱如图 6-13 所示。

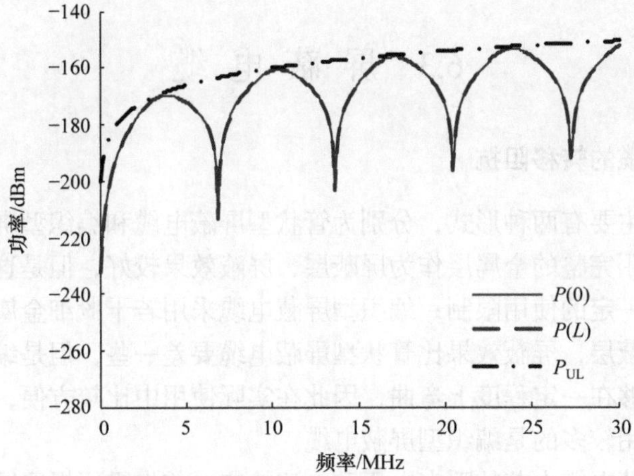

图 6-13　双绞线终端感应信号功率谱

设入射波的电磁脉冲数学表达式为 $E^{\mathrm{inc}}(t)=52.5\left[\exp(-4\times10^{6}t)-\exp(-4.76\times10^{8}t)\right]\mathrm{kV/m}$，入射波的极化角 $\theta_{\mathrm{E}}=0$、俯仰角 $\theta_{\mathrm{p}}=0$、方位角 $\varphi_{\mathrm{p}}=\pi/3$。线长、两线间距、线导体电导率、线导体半径、外绝缘层参数、端接阻抗及入射波参数同 24-AWG。具体为：线长 L=44m，两线间距 d=1.28mm，线半径 r=0.25mm，端接阻抗 Z_{s}=Z_{L}=135Ω。当双绞线的螺距 p 分别为 11cm、24cm、30cm 时，双绞线和平行双传输线 Z_{L} 端的感应电流对比如图 6-14 所示。

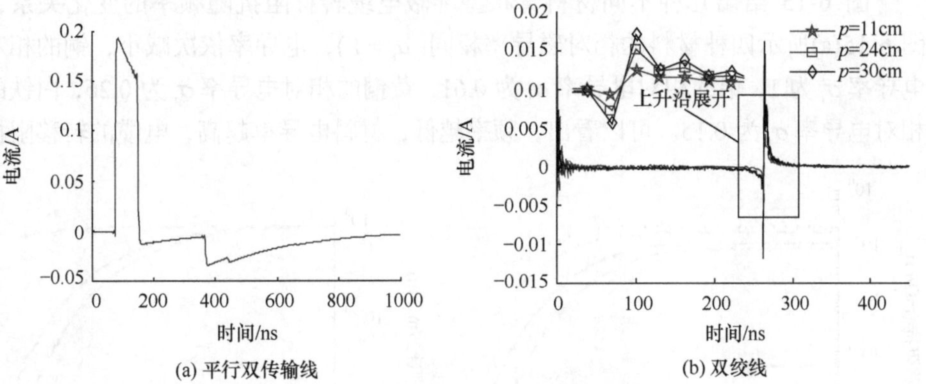

图 6-14　平行双传输线和双绞线感应电流对比

由图 6-14 可以看出，双绞线与平行双传输线相比，感应的电流幅值明显要小，且双绞线末端负载上的感应信号随着螺距的减小(即纽数的增大)而减小。由此可见，双绞线相较于平行线，在一定程度上确实可以减少电磁脉冲对传输线的耦合效应，减弱干扰的影响。

6.3 屏蔽电缆

6.3.1 屏蔽电缆的转移阻抗

屏蔽电缆主要有两种形式，分别为管状型屏蔽电缆和编织型屏蔽电缆。管状型屏蔽电缆采用完整的金属层作为屏蔽层，屏蔽效果较好，但是这种类型的线缆不能弯曲，有一定的使用限制；编织型屏蔽电缆采用若干股细金属线互相缠绕编织起来作为屏蔽层，屏蔽效果比管状型屏蔽电缆要差一些，但是编织型屏蔽电缆韧性较好，能够在一定程度上弯曲，因此在实际使用中比较方便，适合于多种场合。目前，使用较多的是编织型屏蔽电缆。

要预测屏蔽电缆内芯的瞬态电压和电流响应，首先需要提取屏蔽电缆的转移阻抗和转移导纳，其中转移阻抗的影响远大于转移导纳。转移阻抗包含把屏蔽层电流与屏蔽层内纵向电场联系起来的分量，这是因为屏蔽层材料具有有限的导电率。此外，若屏蔽层有缝隙(如编织型屏蔽层)，则转移阻抗公式中将包含互感项，此项考虑了电场、磁场穿越屏蔽层内缝隙的影响。低频转移阻抗主要由屏蔽层的扩散作用决定；高频电磁能量透过屏蔽层中的缝隙耦合到线缆内部，转移阻抗主要由透射场决定。

1. 管状型屏蔽电缆转移阻抗影响因素

图 6-15 给出几种不同材料管状型屏蔽电缆转移阻抗随频率的变化关系，图 6-15(a)所示四种材料的相对磁导率相同($\mu_r=1$)，电导率依次减小，铜的相对电导率σ_r为 1，铝的相对电导率σ_r为 0.61，黄铜的相对电导率σ_r为 0.26，白铁的相对电导率σ_r为 0.15。可以看出，频率越低，材料电导率越高，电缆的转移阻抗

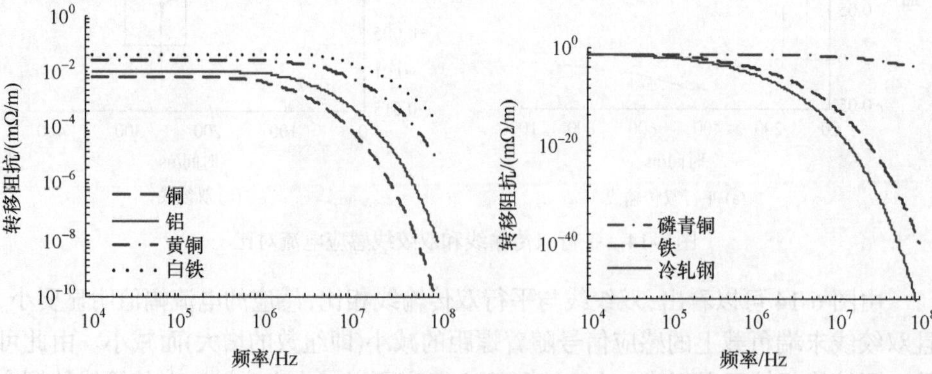

图 6-15 屏蔽层材料改变时转移阻抗随频率的变化关系

模值越小，且随着频率的升高，高电导率的材料转移阻抗模值减小加快。图 6-15(b)所示三种材料的电导率基本相同，但磁导率依次增加，磷青铜的相对磁导率 μ_r 为 1，铁的相对磁导率 μ_r 为 50～1000，冷轧钢的相对磁导率 μ_r 为 180。可以看出，在材料电导率相同的情况下，磁导率越高，电缆的转移阻抗模值越小，且随着频率的升高，减小越快，因而其屏蔽效果越好。

2. 编织型屏蔽电缆转移阻抗影响因素

为了了解编织型屏蔽电缆转移阻抗随参数的变化规律，下面对其进行分析。研究中，以表 6-1 所示 URM43 编织型屏蔽电缆参数为基础。

表 6-1　URM43 编织型屏蔽电缆几何尺寸和编织参数

编织束数	编织束内导线数 n	编织线直径 d/mm	绝缘层直径 D_0/mm	编织角 θ/(°)
16	6	0.15	2.95	25.2

1) 转移阻抗随屏蔽材料的变化

图 6-16 给出了几种不同材料编织型屏蔽电缆转移阻抗随频率的变化关系。图 6-16(a)所示的铜、铝、黄铜、白铁四种材料的相对磁导率相同($\mu_r=1$)，电导率依次减小。可以看出，频率越低，材料电导率越高，电缆的转移阻抗模值越小，但随着频率的升高，材料导电性的差异对高频情况下的转移阻抗值已不能产生大的影响，因此频率较低时，应该选用高导电率材料的屏蔽电缆，频率太高时，则相同磁导率、不同导电率材料的屏蔽电缆效果差别不大。如图 6-16(b)所示的磷青铜、铁和冷轧钢三种材料的电导率基本相同，但磁导率依次增加。可以看出，编织型屏蔽电缆不同于管状型屏蔽电缆，在材料电导率相同的情况下，频率较低时，编织型屏蔽电缆的转移阻抗并不随磁导率的增大而呈现线性增大或减小趋势，但频率较高时，电缆的转移阻抗趋同。

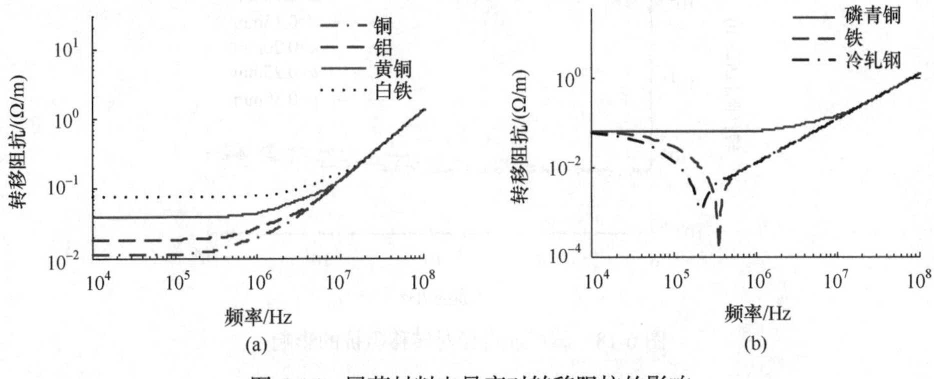

图 6-16　屏蔽材料电导率对转移阻抗的影响

2) 转移阻抗随编织角的变化

编织型屏蔽电缆的编织角通常都要求小于 45°，这是因为当编织角小于 45°时，编织电感与小孔耦合电感符号相反，转移阻抗较小。图 6-17 表示 $f=10\text{MHz}$ 时，URM43 型电缆转移阻抗模值随编织角在 $[0°, 45°]$ 范围内的变化曲线。可以看出，编织角为 45° 时转移阻抗值为零。这是因为编织角为 45° 时，编织电感与小孔耦合电感值相等而符号相反，故相互抵消而使转移阻抗值为零。随着编织角的增大，转移阻抗值先是呈增大趋势，后呈减小趋势。

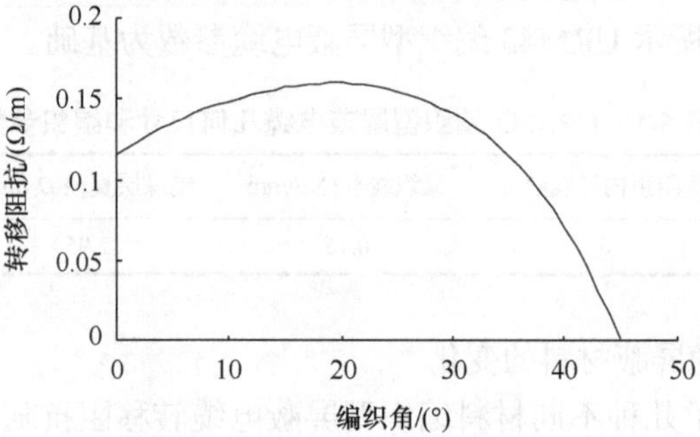

图 6-17　编织角对转移阻抗的影响

3) 转移阻抗随编织线直径的变化

图 6-18 是在 URM43 型电缆的基础上改变编织线直径 d 得到的转移阻抗随频率的变化曲线。由图可见，随着编织线直径 d 的增大，转移阻抗的模值并非单调增加或减小，当编织线直径设置为 $d=0.20\text{mm}$ 时，转移阻抗值突然变得很大。因此，在设计屏蔽电缆时，应采用最优化理论以获得最小的转移阻抗。

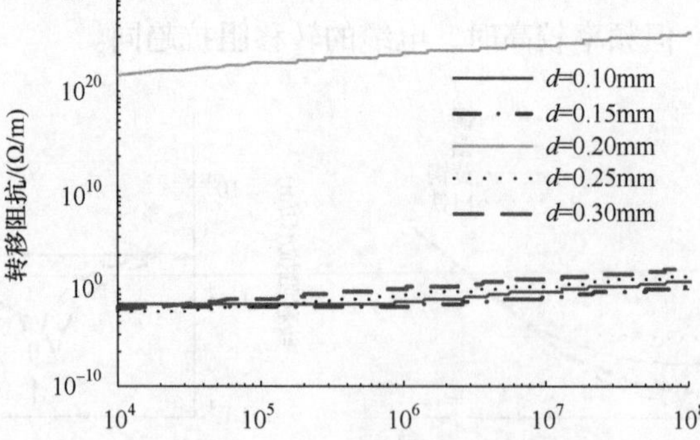

图 6-18　编织线直径对转移阻抗的影响

4) 转移阻抗随编织束数的变化

图 6-19 是在 URM43 型电缆参数的基础上改变编织束数 C 得到的转移阻抗随频率的变化曲线。可以看出，在频率较低时，转移阻抗模值随编织束数 C 的增加而减小，但随着频率的升高，转移阻抗的模值不再随着编织束数的增加而增大。

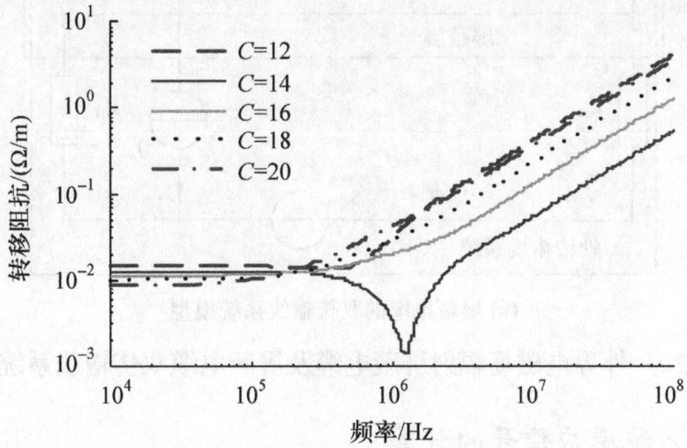

图 6-19　编织束数对转移阻抗的影响

6.3.2　屏蔽电缆电磁脉冲耦合的计算

图 6-20(a)为外界电磁脉冲辐射水平架设屏蔽电缆的示意图。图中，α 、φ 和 ψ 分别为入射波的极化角、方位角和俯仰角，电缆架设高度为 h，屏蔽层两端与地面的端接负载分别为 Z_{s1} 和 Z_{l1}，屏蔽层的特性阻抗和波传播常数分别为 Z_{c1} 和 γ_1，芯线两端与屏蔽层的端接负载分别为 Z_{s2} 和 Z_{l2}，芯线的特性阻抗和波传播常数分别为 Z_{c2} 和 γ_2 。下面采用双传输线模型分析外部电磁环境与屏蔽电缆的耦合效应，如图 6-20(b)所示。双传输线模型将屏蔽电缆与空间辐射场耦合问题分解为内外两个传输线系统。外传输线系统由电缆屏蔽层与其电流回路(大地)构成，用来求解屏蔽层的耦合电流；内传输线系统由芯线与屏蔽层内表面构成，通过屏蔽层的转移阻抗、转移导纳和外表皮感应电流，计算芯线上的分布电压源和分布电流源，从而计算得到芯线上的感应信号。

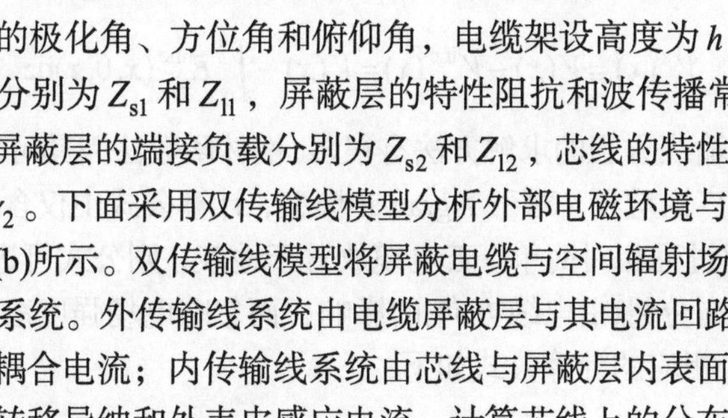

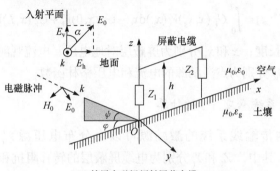

(a) 外界电磁场辐射屏蔽电缆

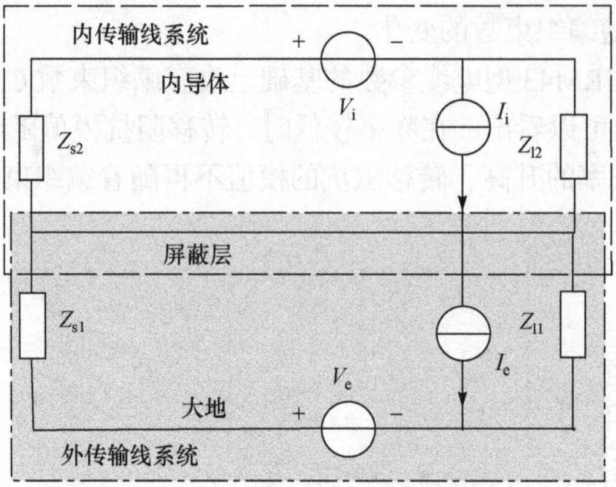

(b) 屏蔽电缆的双传输线系统模型

图 6-20　外界电磁场辐射屏蔽电缆及屏蔽电缆双传输线系统模型

1. 外传输线系统感应信号的计算

首先对电缆屏蔽层与参考导体大地组成的外传输线系统进行分析，以获得屏蔽层上的感应信号，为求解内传输线系统打下基础。由 Agrawal 模型方程(4-33)，可得散射电压$V^s(x)$与全电压$V(x)$关系如下：

$$V^s(x)=V(x)-V^{inc}(x)=V(x)-\int_0^h E_z^{inc}(x,0,z)dz \tag{6-26}$$

场线耦合传输线方程的求解方法有很多，格林函数法因其可以求解沿线电压、电流分布而得到广泛应用。对于 Agrawal 模型，计算公式中仅含有分布电压源(即电场强度)，求解过程相对简单。若电缆放置于地表，则公式可进一步简化，只需考虑电场强度切向分量(沿电缆方向)的影响，而忽略电场强度法向分量(垂直地表面方向)的影响，相应的计算公式如下：

$$I(x)=\int_0^L G_I(x,x_s)V_s(x_s)dx_s-G_I(x,0)V_1+G_I(x,L)V_2 \tag{6-27a}$$

$$V^s(x)=\int_0^L G_V(x,x_s)V_s(x_s)dx_s-G_V(x,0)V_1+G_V(x,L)V_2 \tag{6-27b}$$

式中，L为电缆长度；x和x_s分别为屏蔽层对地电压、电流观测点坐标和点激励源坐标；G_I和G_V分别为点激励源的电流和电压格林函数。

2. 内传输线系统感应信号的计算

屏蔽电缆内传输线系统的激励源可以由分布电压源$V'_{si}=Z_tI_e$和电流源$I'_{si}=-Y_tV_e$确定。其中，Z_t和Y_t分别为电缆屏蔽层的转移阻抗和转移导纳。对于

编织型屏蔽电缆，内部电流源表示为

$$I'_{\mathrm{si}} = -\mathrm{j}\omega S_{\mathrm{s}} C' Q'_{\mathrm{s}} \tag{6-28}$$

式中，C' 为屏蔽电缆的内导体分布电容；S_{s} 为静电屏蔽泄漏参数；Q'_{s} 为屏蔽体的外部电荷，可以根据屏蔽层外部感应电压与外传输线系统分布电容表示为 $Q'_{\mathrm{s}} = C_{\mathrm{e}} V_{\mathrm{e}}$。

静电屏蔽泄漏参数可表示为

$$S_{\mathrm{s}} \approx \begin{cases} \dfrac{\pi}{6\varepsilon C}(1-K)^{3/2}\dfrac{1}{E(e)}, & \alpha \leqslant 45^\circ \\ \dfrac{\pi}{6\varepsilon C}(1-K)^{3/2}\dfrac{1}{(1-\mathrm{e}^2)E(e)}, & \alpha > 45^\circ \end{cases} \tag{6-29}$$

式中，ε 为电缆芯线与屏蔽层之间绝缘介质的介电常数；C 为编织束数；K 为投影覆盖率；e 为椭圆离心率。

用内传输线系统的相关参数在其激励源 V'_{s} 和 I'_{s} 上积分，利用 BLT 方程，就可以确定内传输线系统的电流和电压响应。内传输线系统 BLT 方程中源 S_1 和 S_2 分别可表示为

$$S_1 = 0.5\int_0^L \mathrm{e}^{\gamma_i x_{\mathrm{s}}}[V'_{\mathrm{si}}(x_{\mathrm{s}}) + Z_{\mathrm{c}}^i I'_{\mathrm{si}}(x_{\mathrm{s}})]\mathrm{d}x_{\mathrm{s}} \tag{6-30a}$$

$$S_2 = -0.5\int_0^L \mathrm{e}^{\gamma_i (L-x_{\mathrm{s}})}[V'_{\mathrm{si}}(x_{\mathrm{s}}) + Z'_{\mathrm{c}} I'_{\mathrm{si}}(x_{\mathrm{s}})]\mathrm{d}x_{\mathrm{s}} \tag{6-30b}$$

3. 算例及分析

算例 1：管状型屏蔽电缆感应信号计算

电缆长度 $L = 6\mathrm{m}$，架设在损耗大地上，高度 $h = 0.8\mathrm{m}$，大地电导率 $\sigma_{\mathrm{g}} = 0.01\mathrm{S/m}$，相对介电常数 $\varepsilon_{\mathrm{rg}} = 10$。电缆芯线材料为铜，其半径 $c = 0.735\mathrm{mm}$，电缆芯线与屏蔽层之间的绝缘介质相对介电常数 $\varepsilon_{\mathrm{r}} = 1.45$。屏蔽层材料为铜，其外半径 $a = 3.825\mathrm{mm}$，内半径 $b = 3.625\mathrm{mm}$。电缆屏蔽层两端接地电阻 $Z_1 = Z_2 = 100\Omega$，电缆屏蔽层与芯线之间端接电阻均等于两者构成的传输线系统的特性阻抗。

瞬态电磁场为贝尔实验室标准高空核电磁脉冲，入射俯仰角 $\varphi = 60^\circ$，入射极化角和方位角均为零。采用格林函数与 BLT 方程计算得到电缆屏蔽层两端感应电流，如图 6-21 所示。

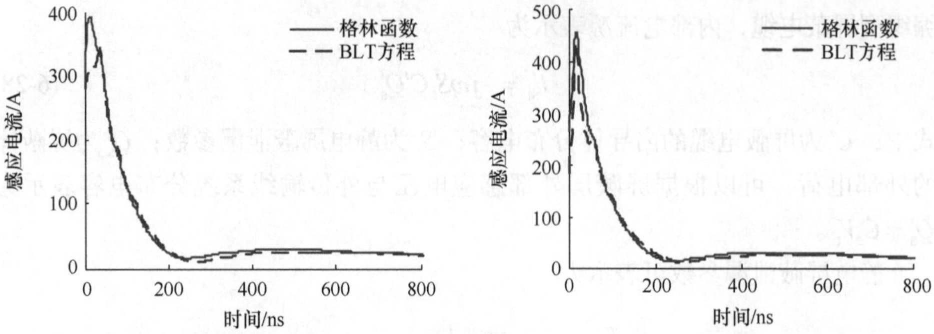

(a) 始端感应电流　　(b) 终端感应电流

图 6-21　电缆屏蔽层两端感应电流

由图 6-21 可以看出，采用格林函数与 BLT 方程计算得到的结果近似。以格林函数计算结果为基础，得到了管状型屏蔽电缆芯线两端的感应信号，如图 6-22 所示。

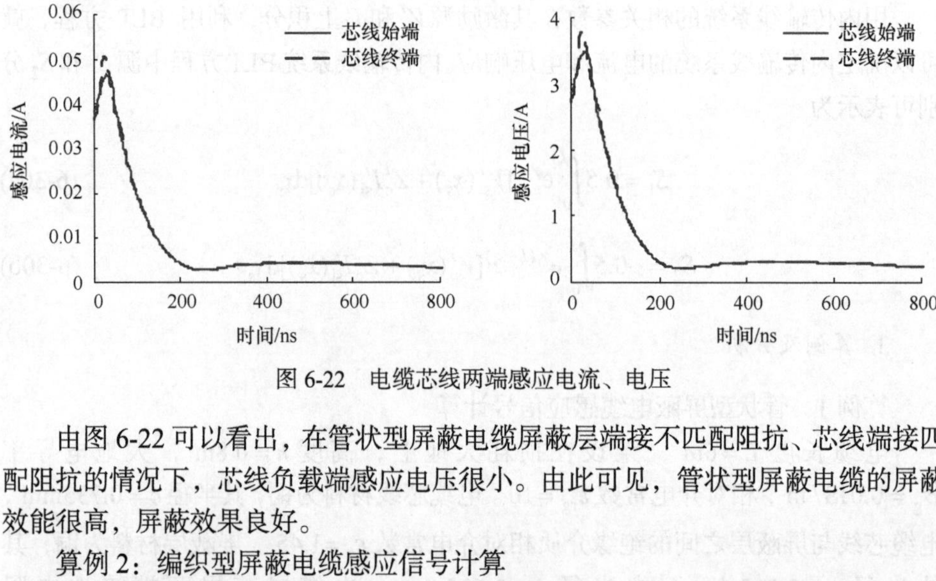

图 6-22　电缆芯线两端感应电流、电压

由图 6-22 可以看出，在管状型屏蔽电缆屏蔽层端接不匹配阻抗、芯线端接匹配阻抗的情况下，芯线负载端感应电压很小。由此可见，管状型屏蔽电缆的屏蔽效能很高，屏蔽效果良好。

算例 2：编织型屏蔽电缆感应信号计算

编织型屏蔽电缆型号为 RG-58A/U。电缆长度 $L=30\text{m}$，架设在损耗大地上，高度 $h=1\text{m}$，大地电导率 $\sigma_g=0.01\text{S}/\text{m}$，相对介电常数 $\varepsilon_{rg}=10$。电缆屏蔽层外半径 $a=1.602\text{mm}$，内半径 $b=1.475\text{mm}$，芯线半径 $c=0.25\text{mm}$，屏蔽层和芯线之间绝缘层的相对介电常数 $\varepsilon_r=4.53$。电缆屏蔽层和芯线单位长度阻抗和导纳的计算未考虑地面的损耗效应。屏蔽层两端端接负载 $R_1=R_2=100\Omega$，芯线端接负载 $R_3=R_4=50\Omega$（等于芯线的特性阻抗）。屏蔽层的直流电阻 $R_0=14.2\text{m}\Omega/\text{m}$，网孔

泄漏电感 $L_a = 1.0\text{nH/m}$，静电屏蔽泄漏参数 $S_s = 6.6\times10^7\text{m/F}$。

平面波入射，波形为贝尔实验室标准高空核电磁脉冲，入射极化角 $\alpha = 0°$，方位角 $\varphi = 0°$，俯仰角 $\psi = 60°$。由以上参数设置可得电缆的响应如图 6-23 所示。

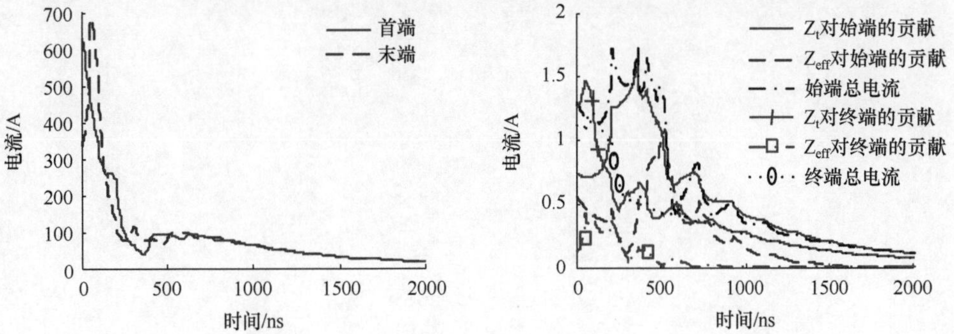

(a) 屏蔽层　　(b) 芯线

图 6-23　编织型屏蔽电缆两端负载处感应电流

由图 6-23 可以看出，在外场干扰下，屏蔽电缆的芯线相对于屏蔽层上的感应信号明显要小很多，因此可以对外场起到很好的屏蔽作用。

参 考 文 献

[1] Theethayi N, Liu Y, Montano R, et al. On the influence of conductor heights and lossy ground in multi-conductor transmission lines for lightning interaction studies in railway overhead traction systems[J]. Electric Power Systems Research, 2004, 10: 186-193

[2] Theethayi N. Electromagnetic interference in distributed outdoor electrical systems, with an emphasis on lightning interaction with electrified railway network[D]. Sweden: Uppsala University, 2005